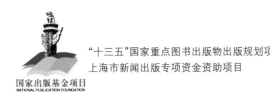

国家出版基金项目
NATIONAL PUBLICATION FOUNDATION
“十三五”国家重点图书出版物出版规划项目
上海市新闻出版专项资金资助项目

四川乡村人居环境

李艳菊　著

同济大学出版社·上海

图书在版编目(CIP)数据

四川乡村人居环境 / 李艳菊著. —上海：同济大学出版社，2021.12
（中国乡村人居环境研究丛书 / 张立主编）
ISBN 978-7-5765-0093-6

Ⅰ. ①四… Ⅱ. ①李… Ⅲ. ①乡村—居住环境—研究—四川 Ⅳ. ①X21

中国版本图书馆 CIP 数据核字(2021)第 277146 号

"十三五"国家重点图书出版物出版规划项目
上海市新闻出版项目基金资助项目
国家自然科学基金青年科学基金项目(51408075)
国家留学基金委西部地区人才培养特别项目(201308515021)
四川省哲学社会科学规划项目(SC22B173)
四川省留学回国人员科技活动项目择优资助(2020 年度)
四川省社会科学重点研究基地国家公园研究中心(GJGY2021-ZD001)
成都市哲学社会科学规划项目(2021AS096)
成都理工大学中青年骨干教师培养计划(2020 年度)

中国乡村人居环境研究丛书
四川乡村人居环境
李艳菊 著

丛书策划 华春荣 高晓辉 翁 晗
责任编辑 尚来彬
责任校对 徐春莲
封面设计 王 翔

出版发行 同济大学出版社 www.tongjipress.com.cn
（地址：上海市四平路 1239 号 邮编：200092 电话：021－65985622）
经 销 全国各地新华书店、建筑书店、网络书店
排版制作 南京文脉图文设计制作有限公司
印 刷 上海安枫印务有限公司
开 本 710mm×1000mm 1/16
印 张 22.75
字 数 455 000
版 次 2021 年 12 月第 1 版
印 次 2021 年 12 月第 1 次印刷
书 号 ISBN 978-7-5765-0093-6
定 价 188.00 元

地图审图号：川 S【2022】00068 号

内容提要

本书及其所属的丛书是同济大学等高校团队多年来的社会调查和分析研究成果展现，并与所承担的住房和城乡建设部课题“我国农村人口流动与安居性研究”密切相关；本丛书被纳入“十三五”国家重点图书出版物出版规划项目。

丛书的撰写以党的十九大提出的乡村振兴战略为指引，以对我国13个省（自治区、直辖市）、480个村的大量一手调查资料和城乡统计数据分析为基础。书稿撰写借鉴了本领域国内外的相关理论和研究方法，建构了本土乡村人居环境分析的理论框架；具体的研究工作涉及乡村人口流动与安居、公共服务设施、基础设施、生态环境保护，以及乡村治理和运作机理等诸多方面。这些内容均关系到对社会主义新农村建设的现实状况的认知，以及对我国城乡关系的历史性变革和转型的深刻把握。

本书以北纬26°03′～34°19′，东经97°21′～108°12′为研究区域范围，以东部绿色盆地和西部生态高原的不同生态功能分区为研究区域，以四川地区5个县域、46个村、861户、2 977名家庭成员的现场调查、访谈及数据采集资料为基础研究样本，以“三生空间”环境为研究主线，展开基于2015年田野调查成果的拓展性研究。具体研究内容包括四川乡村人居环境政策及聚落形态演变，生态人文环境、生产经济环境、生活物质环境，依据“三个尺度”，即宏观县域人居环境、中观村落人居环境、微观乡村住宅及邻里环境的四川县域人居环境质量评价，基于六大生态功能二级分区的乡村健康人居环境区划，总结四川乡村人居环境SWOT特征，提出差异化人居环境提升对策及可持续发展建议。本书根据2015年田野调查发现的问题，进一步研究2020年年底四川省干旱河谷地区仅余的7个国家级贫困县经济发展滞后的根源；基于世界文化景观遗产评估标准（Ⅴ）的川西林盘分级保护措施；“基层首诊”政策下，乡村医疗设施在“黄金抢救时间”不同生态功能区的可达性配置等。本书较为全面系统地展示了四川乡村人居环境在乡村振兴方面的建设成效、发展机遇及挑战。本书旨在为四川乡村地域差异性发展规划及标准规范的制定提供参考依据。四川乡村人居环境在全国而言具有其特殊性和复杂性，涉及人地关系等多方面耦合因素的相互影响，众多深层次内容值得专家学者不断地深入研究。

本书可供各级政府制定乡村振兴政策、措施时参考使用，可作为政府农业农村、规划、建设等部门及“三农”问题研究者的参考书，也可供高校相关专业师生延伸阅读。

序　一

我欣喜地得知,“中国乡村人居环境研究丛书”即将问世,并有幸阅读了部分书稿。这是乡村研究领域的大好事、一件盛事,是对乡村振兴战略的一次重要学术响应,具有重要的现实意义。

乡村是社会结构(经济、社会、空间)的重要组成部分。在很长的历史时期,乡村一直是社会发展的主体,即使在城市已经兴起的中世纪欧洲,政治经济主体仍在乡村,商人只是地主和贵族的代言人。只是在工业革命以后,随着工业化和城市化进程的推进,乡村才逐渐失去了主体的光环,沦落为依附的地位。然而,乡村对城市的发展起到了十分重要的作用。乡村孕育了城市,以自己的资源、劳力、空间支撑了城市,为社会、为城市发展作出了重大的奉献和牺牲。

中国自古以来以农立国,是一个农业大国,有着丰富的乡土文化和独特的经济社会结构。对乡村的研究历来有之,20 世纪 30 年代费孝通的“江村经济”是这个时期的代表。中国的乡村也受到国外学者的关注,大批的外国人以各种角色(包括传教士)进入乡村开展各种调查。1949 年以来,国家的经济和城市得到迅速发展,人口、资源、生产要素向城市流动,乡村逐渐走向衰败,沦为落后、贫困、低下的代名词。但是乡村作为国家重要的社会结构具有无可替代的价值,是永远不会消失的。中央审时度势,综览全局,及时对乡村问题发出多项指令,从“三农”到乡村振兴,大大改变了乡村面貌,乡村的价值(文化、生态、景观、经济)逐步为人们所认识。城乡统筹、城乡一体,更使乡村走向健康、协调发展之路。乡村兴,国家才能兴;乡村美,国土才能美。但是,总体而言,学界、业界乃至政界对乡村的关注、了解和研究是远远不够的。今天中国进入一个新的历史时期,无论从国家的整体发展还是从圆百年之梦而言,乡村必须走向现代化,乡村研究必须快步追上。中国的乡村是非常复杂的,在广袤的乡村土地上,由于自然地形、历史进程、经济水平、人口分布、民族构成等方面的不同,千万个乡村呈现出巨大的差异,要研究乡村、了解乡村还是相当困难和艰苦的。同济大学团队借承担住房和城乡建设部乡村人居环境研究的课题,利用在国内各地多个规划项目的积累,联合国内多所高校和研究设计机构，开展了全国性的乡村田野调查，总结撰写了一套共10个分册的“中国乡村人居环境研究丛书”，适逢其时，为乡村的研究提供了丰富的基础性资料和研究经验，为当代的乡村研究起到示范借鉴作用，为乡村振兴作出了有价值的贡献！

纵观本套丛书，具有以下特点和价值。

(1) 研究基础扎实，科学依据充分。由100多名教师和500多名学生组成的调查团队，在13个省(自治区、直辖市)、85个县区、234个乡镇、480个村开展了多地区、多类型、多样本的全国性的乡村田野调查，行程10万余公里，撰写了100万字的调研报告，在此基础上总结提炼，撰写成书，对我国主要区域、不同类型的乡村人居环境特点、面貌、建设状况及其差异作了系统的解析和描述，绘就了一幅微缩的、跃然纸上的乡居画卷。而其深入村落，与7 578位村民面对面的访谈，更反映了村庄实际和村民心声，反映了乡村振兴“为人民”的初心和“为满足美好生活需要”而研究的历史使命。近几年来，全国开展村庄调查的乡村研究已渐成风气。江苏省开展全省性乡村调查，出版了《2012江苏乡村调查》和《百年历程百村变迁:江苏乡村的百年巨变》等科研成果，其他多地也有相当多的成果。但对全国的乡村调查且以乡村人居环境为中心，在国内尚属首次。

(2) 构建了一个由理论支撑、方法统一、组织有机、运行有效的多团体的科研协作模式。作为团队核心的同济大学，首先构建了阐释乡村人居环境特征的理论框架，举办了培训班，统一了研究方法、调研方式、调查内容、调查对象。同时，同济大学团队成员还参与了协作高校和规划设计机构的调研队伍，以保证传导内容的一致性。同时，整个研究工作采用统分结合的方式——调研工作讲究统一要求，而书稿写作强调发挥各学校的能动性和积极性，根据各区域实际，因地制宜反映地方特色(如章节设置、乡村类型划分、历史演进、问题剖析、未来思考)，使丛书丰富多样，具有新鲜感。我曾在20世纪90年代组织过一次中美两国十多所高校和研究设计机构共同开展的“中国自下而上的城镇化发展研究”，以小城镇为中心进行了覆盖全国十多个省区、几十个小城镇的多类型调研，深知团队合作的不易。因此，从调研到出版的组织合作经验是难能可贵的。

(3) 提出了一些乡村人居环境研究领域颇具见地的观点和看法。例如，总结提出了国内外乡村人居环境研究的“乡村—乡村发展—乡村转型”三阶段，乡村人居环境特征构成的三要素(住房建设、设施供给、环卫景观);构建了乡村人居环境、村民满意度评价指标体系;提出了宜居性的概念和评价指标,探析了乡村人居环境的运行机理等。这些对乡村研究和人居环境研究都有很大的启示和借鉴意义。

丛书主题突出、思路清晰、内容全面、特色鲜明,是一次系统性、综合性的对中国乡村人居环境的全面探索。丛书的出版有重要的现实意义和开创价值,对乡村研究和人居环境研究都具有基础性、启示性、引领性的作用。

崔功豪
南京大学
2021 年 12 月

序　二

这是一套旨在帮助我们进一步认识中国乡村的丛书。

我们为什么要“进一步认识乡村”?

第一,最直接的原因,是因为我们对乡村缺乏基本的了解。“我们”是谁,是“城里人”还是“乡下人”? 我想主要是城里人——长期居住在城市里的居民。

我们对于乡村的认识可以说是一鳞半爪,而我们的这些少得可怜的知识,可能是一些基于亲戚朋友的感性认知、文学作品里的生动描述,或者是来自节假日休闲时浮光掠影的印象。而这些表象的、浅层的了解,难以触及乡村发展中最本质的问题,当然不足以作为决策的科学支撑。所以,我们才不得不用城市规划的方式规划村庄,以管理城市的方式管理乡村。

这样的认知水平,不是很多普通市民的“专利”,即便是一些著名的科学家,对于乡村的理解也远比不上对城市来得深刻。笔者曾参加过一个顶级的科学会议,专门讨论乡村问题,会上我求教于各位院士专家,“什么是乡村规划建设的科学问题?”,并没有得到完美的解答。

基本科学问题不明确,恰恰反映了学术界对于乡村问题的把握,尚未进入“自由王国”的境界,甚至可以说,乡村问题的学术研究在一定程度上仍然处在迷茫和不清晰的境地。

第二,我们对于乡村的理解尚不全面不系统,有时甚至是片面的。比如,从事规划建设的专家,多关注农房、厕所、供水等;从事土地资源管理的专家,多关注耕地保护、用途管制;从事农学的专家,多关注育种、种植;从事环境问题的专家,多关注秸秆燃烧和化肥带来的污染;等等。

但是,乡村和城市一样,是一个生命体,虽然其功能不及城市那样复杂,规模也不像城市那么庞大,但所谓“麻雀虽小,五脏俱全”,其系统性特征非常明显。仅从部门或行业视角观察,往往容易带来机械主义的偏差,缺乏总揽全局、面向长远的能力,因而容易产生片面的甚至是功利主义的政策产出。

如果说现代主义背景的《雅典宪章》提出居住、工作、休憩、交通是城市的四大基本活动，由此奠定了现代城市规划的基础和功能分区的意识，那么，迄今为止还没有出现一个能与之媲美的系统认知乡村的科学模型。

农业、农村、农民这三个维度构成的“三农”，为我们认识乡村提供了重要的政策视角，并且孕育了乡村振兴战略、连续十多年以“三农”为主题的中央一号文件，以及机构设置上的高配方案。不过，政策视角不能替代学术研究，目前不少乡村研究仍然停留在政策解读或实证研究层面，没有达到规范性研究的水平。反过来，这种基于经验性理论研究成果拟定的政策行动，难免采取“头痛医头，脚痛医脚”的策略，甚至出现政策之间彼此矛盾、相互掣肘的局面。

第三，我们对于乡村的理解缺乏必要的深度，一般认为乡村具有很强的同质性。姑且不去考虑地形地貌的因素，全国200多万个自然村中，除去那些当代“批量”“任务式”“运动式”的规划所“打造”的村庄，很难找到两个完全相同的。形态如此，风貌如此，人口和产业构成更表现出很大的差异。

如果把乡村作为一种文化现象考察，全国层面表现出来的丰富多彩，足以抵消一定地域内部的同质性。况且，作为人居环境体系的起源，乡村承载了更加丰富多元的中华文明，蕴含着农业文明的空间基因，它们与基于工业文明的城市具有同等重要的文化价值。

从这一点来说，研究乡村离不开城市。问题是不能拿研究城市的理论生搬硬套。事实上，我国传统的城乡关系，从来就不是对立的，而是相互依存的“国—野”关系。只是工业化的到来，导致了人们对资源的争夺，特别是近代租界的强势嵌入和西方自治市制度的引入，才使得城乡之间逐步走向某种程度的抗争和对立。

在建设生态文明的今天，重新审视新型城乡关系，乡村因为其与自然环境天然的依存关系，生产、生活和生态空间的融合，成为城市规划建设竞相仿效的范式。在国际上，联合国近年来采用的城乡连续体（rural-urban continuum）的概念，可以说也是对于乡村地位与作用的重新认知。乡村人居环境不改善，城市问题无法很好地解决；“城市病”的治理，离不开我们对乡村地位的重新认识。

显而易见，乡村从来就不只是居民点，乡村不是简单、弱势的代名词，它所承载的信息是十分丰富的，它对于中华民族伟大复兴的宏伟目标非常重要。党的十九大报告提出乡村振兴战略，以此作为决战全面建成小康社会、全面建设社会主义现代化国家的重大历史任务。在“全面建成了小康社会，历史性地解决了绝对贫困问题”之际，“十四五”规划更提出了“全面推进乡村振兴”的战略部署，这是一个涵盖农业发展、农村治理和农民生活的系统性战略，以实现缩小城乡差别、城乡生活品质趋同的目标，成为城乡人居体系中稳住农民、吸引市民的重要环节。

实现这些目标的基础，首先必须以更宽广的视角、更系统的调查、更深入的解剖，去深刻认识乡村。“中国乡村人居环境研究丛书”试图在这方面做一些尝试。比如，借助组织优势，作者们对于全国不同地区的乡村进行了广泛覆盖，形成具有一定代表性的时代“快照”；不只是对于农房和耕地等基本要素的调查，也涉及产业发展、收入水平、生态环境、历史文化等多个侧面的内容，使得这一“快照”更加丰满、立体。为了数据的准确、可靠，同济大学等团队坚持采取入户调查的方法，调查甚至涉及对于各类设施的满意度、邻里关系、进城意愿等诸多情感领域问题，使得这套丛书的内容十分丰富、信息可信度高，但仍有不少进一步挖掘的空间。

眼下我国正进入城镇化高速增长与高质量发展并行的阶段，农村地区人口减少、老龄化的趋势依然明显，随着乡村振兴战略的实施，农业生产的现代化程度和农村公共服务水平不断提高，乡村生活方式的吸引力也开始显现出来。

乡村不仅不是弱势的，不仅是有吸引力的，而且在政策、技术和学术研究的层面，是与城市有着同等重要性的人居形态，是迫切需要展开深入学术研究的领域。

作为一种空间形态，乡村空间不只存在着资源价值、生产价值、生态价值，正如哈维所说，也存在着心灵价值和情感价值，这或许会成为破解乡村科学问题的一把钥匙。乡村研究其实是一种文化空间的问题，是一种认同感的培养。

对于一个有着五千多年历史、百分之六七十的人口已经居住在城市的大国而言，城市显然是影响整个国家发展的决定性因素之一，而乡村人居环境问题，也是名副其实的重中之重。这套丛书的作者们正是胸怀乡村发展这个“国之大者”，从乡村人居环境的理论与方法、乡村人居环境的评价、运行机理与治理策略等多个维度，对 13 个省(自治区、直辖市)、480 个村的田野调查数据进行了系统的梳理、分析与挖掘，其中揭示了不少值得关注的学术话题，使得本书在数据与资料价值的基础上，增添了不少理论色彩。

“三农”问题，特别是乡村问题需要全面系统深入的学术研究，前提是科学可靠的调查与数据，是对其科学问题的界定与挖掘，而这显然不仅仅是单一学科的研究，起码应该涵盖公共管理学、城乡规划学、农学、经济学、社会学等诸多学科。正是出于对乡村人居环境问题的兴趣，笔者推动中国城市规划学会这个专注于城市和规划研究的学术团体，成立了乡村规划与建设学术委员会。出于同样的原因，应中国城市规划学会小城镇规划学术委员会张立秘书长之邀为本书作序。

石　楠

中国城市规划学会常务副理事长兼秘书长

2021 年 12 月

序　　三

历时5年有余编写完成的“中国乡村人居环境研究丛书”近期即将出版，这是对我国乡村人居环境进行系统性研究的一项基础性工作，也是我国乡村研究领域的一项最新成果。

我国是名副其实的农业大国。根据住房和城乡建设部2020年村镇统计数据，我国共有51.52万个行政村、252.2万个自然村。根据第七次全国人口普查，居住在乡村的人口约为5.1亿，占全国人口的36.11%。协调城乡发展、建设现代化乡村对于中国这样一个有着广大乡村地区和庞大乡村人口基数的发展中国家而言，意义尤为重大。但是，我国长期以来的城乡二元政策使得乡村人居环境建设严重滞后，直到进入21世纪，城乡统筹、新农村建设被提到国家战略高度，系统性的乡村建设工作在全国范围内陆续展开，乡村人居环境才得以逐步改善。

纵观开展新农村建设以来的近20年，我国乡村人居环境在住房建设、农村基础设施和公共服务补短板、村容村貌提升等方面取得了巨大的成就。根据2021年8月国务院新闻发布会，目前我国已经历史性地解决了农村贫困群众的住房安全问题。全面实施脱贫攻坚农村危房改造以来，790万户农村贫困家庭危房得到改造，惠及2 568万人；行政村供水普及率达80%以上，农村生活垃圾进行收运处理的行政村比例超过90%，农村居民生活条件显著改善，乡村面貌发生了翻天覆地的变化。

虽然我国的乡村建设政策与时俱进，但乡村建设面临的问题众多，情况复杂。我国各区域发展很不平衡，东部沿海发达地区部分乡村乘着改革开放的春风走出了“乡村城镇化”的特色发展道路，农民收入、乡村建设水平都实现了质的飞跃。而在2020年全面建成小康社会之前，我国仍有十四片集中连片特困地区，广泛分布着量大面广的贫困乡村。发达地区的乡村建设需求与落后地区有很大不同，国家要短时间内实现乡村人居环境水平的全面提升，必然面临着诸多现实问题与困难。

从2005年党的十六届五中全会通过的《中共中央关于制定国民经济和社会

发展第十一个五年规划的建议》提出“扎实推进社会主义新农村建设”，到 2015 年同济大学承担住房和城乡建设部“我国农村人口流动与安居性研究”课题并组织开展全国乡村田野调研工作，我国的新农村建设工作已开展了十年，正值一个很好的对乡村人居环境建设工作进行全面的阶段性观察、总结和提炼的时机。从即将出版的“中国乡村人居环境研究丛书”成果来看，同济大学带领的研究团队很好地抓住了这个时机并克服了既往乡村统计数据匮乏、难以开展全国性研究、乡村地区长期得不到足够重视等难题，进而为乡村研究领域贡献了这样一套系统性、综合性兼具，较为全面、客观反映全国乡村人居环境建设情况的研究成果。

本套丛书共由 10 种单本组成，1 本《中国乡村人居环境总貌》为“总述”，其余 9 本分别为江浙地区、江淮地区、上海地区、长江中游地区、黄河下游地区、东北地区、内蒙古地区、四川地区和西南地区等 9 个不同地域乡村人居环境研究的“分述”，10 种单本能够汇集而面世，实属不易。我想，这首先得益于同济大学研究团队长期以来在全国各地区开展的村镇研究工作经验积累，从而能够在明确课题开展目的的基础上快速形成有针对性、可高效执行的调研工作计划。其次，通过实施系统性的乡村调研培训，向各地高校/设计单位清晰传达了工作开展方法和材料汇集方式，确保多家单位、多个地区可以在同一套行动框架中开展工作，进而保证调研行为的统一性和成果的可汇总性。这一工作方式无疑为乡村调研提供了方法借鉴。而最核心的支撑工作，当数各调研团队深入各地开展的村庄调研活动，与当地干部、村主任、村民面对面的访谈和对村庄物质建设第一手素材的采集，能够向读者生动地展示当时当地某个村的真实建设水平或某类村民的真实生活面貌。

我曾参与了课题“我国农村人口流动与安居性研究”的研究设计，也多次参加了关于本套丛书写作的研讨，特别认同研究团队对我国乡村样本多样性的坚持。10 所高校共 600 余名师生历时 128 天行程超过 10 万公里完成了面向全国 13 个省（自治区、直辖市）、480 个村、28 593 个农村家庭的乡村田野调查，一路不畏辛劳，不畏艰险——甚至在偏远山区，还曾遭遇过汽车抛锚、山体滑坡等危险状况。也正因有了这些艰难的经历，才能让读者看到滇西边境山区、大凉山地区等在当时尚属集中连片特殊困难地区的乡村真实面貌，也更能体会以国家战略推行的乡村扶贫和人居环境提升是一项多么艰巨且意义重大的世界性工程。最后，得益于研究团队的不懈坚持与有效组织，以及他们对于多年乡村田野调查工作的不舍与热情，这套丛书最终能够在课题研究丰硕成果的基础上与广大读者见面。

纵观本套丛书，其价值与意义在于能够直面我国巨大的地域差异和乡村聚落个体差异，通过量大面广的乡村调研为读者勾勒出全国层面的乡村人居环境建设画卷，较为系统地识别并描述了我国宏大的、广泛的乡村人居环境建设工程呈现出的差异性特征，对于一直缺位的我国乡村人居环境基础性研究工作具有引领、开创的意义，并为这次调研尚未涉及的地域留下了求索的想象空间。而本次全国乡村调研的方法设计、组织模式和成果展示也为乡村研究领域提供了有益借鉴。对于本套丛书各位作者的不懈努力和辛勤付出，为我国乡村人居环境研究领域留下了重要一笔，表以敬意。当然，也必须指出，时值我国城乡关系从城乡统筹走向城乡融合，乡村人居环境建设亦在持续推进，面临的形势与需求更加复杂，对乡村人居环境的研究必然需要学界秉持辩证的态度持续关注，不断更新、探索、提升。由此，也特别期待本套丛书的作者团队能够持续建立起历时性的乡村田野跟踪调查，这将对推动我国乡村人居环境研究具有不可估量的意义。

彭震伟
同济大学党委副书记
中国城市规划学会常务理事
2021 年 12 月

序　四

改革开放 40 余年来，中国的城镇化和现代化建设取得了巨大成就，但城乡发展矛盾也逐步加深，特别是进入 21 世纪以来，“三农”问题得到国家层面前所未有的重视。党的十九大报告将实施乡村振兴上升到国家战略高度，指出农业、农村、农民问题是关系国计民生的根本性问题，是全党工作重中之重。

解决好“三农”问题是中国迈向现代化的关键，这是国情背景和所处的发展阶段决定的。我国是人口大国，也是农业大国，从目前的发展状况来看，农业产值比重已经只有 7%，但农业就业比重仍然超过 23%，农村人口占 36%，达到 5.1 亿人，同时有一至两亿进城务工人员游离在城乡之间。我国城镇化具有时空压缩的特点，并且规模大、速度快。20 世纪 90 年代的乡村尚呈现繁荣景象，但 20 多年后的今天，不少乡村已呈凋敝状。第二代进城务工的群体已经形成，农业劳动力面临代际转换。可以讲，中国现代化建设成败的关键之一将取决于能否有效化解城乡发展矛盾，特别是在当前的转折时期，能否从城乡发展失衡转向城乡融合发展。

乡村振兴离不开规划引领，城乡规划作为面向社会实践的应用性学科，在国家实施乡村振兴战略中有所作为，是新时代学科发展必须担负起的历史责任。开展乡村规划离不开对“三农”问题的理解和认识，不可否认，对乡村发展规律和“三农”问题的认识不足是城乡规划学科的薄弱环节。我国的乡村发展地域差异大，既需要对基本面有所认识，也需要对具体地区进一步认知和理解。乡村地区的调查研究，关乎社会学、农学、人类学、生态学等学科领域，这些学科的积累为其提供了认识基础，但从城乡规划学科视角出发的系统性的调查研究工作不可或缺。

“中国乡村人居环境研究丛书”依托于住房和城乡建设部课题，围绕乡村人居环境开展了全国性乡村田野调查。本次调研工作的价值有三个方面：

（1）这是城乡规划学科首次围绕乡村人居环境开展大规模调研，运用了田野调查方法，从一个历史断面记录了这些地区乡村发展状态，具有重要学术意义；

(2) 调研工作经过周密的前期设计，调研结果有助于认识不同地区间的发展差异，对于建立我国不同地区整体的认知框架具有重要价值，有助于推动我国的乡村规划研究工作；

(3) 调研团队结合各自长期的研究积累，所开展的地域性研究工作对于支撑乡村规划实践具有积极的意义。

本套丛书的出版凝聚了调研团队辛勤的努力和汗水，在此表达敬意，也希望这些成果对于各地开展更加广泛深入、长期持续的乡村调查和乡村规划研究工作起到助推的作用。

张尚武
同济大学建筑与城市规划学院副院长
中国城市规划学会乡村规划与建设学术委员会主任委员
2021 年 12 月

总 前 言

只有联系实际才能出真知，实事求是才能懂得什么是中国的特点。

——费孝通

自21世纪初期国家提出城乡统筹、新农村建设、美丽乡村等政策以来，乡村人居环境建设取得了很大成就。全国各地都在积极推进乡村规划工作，着力解决乡村建设的无序问题。与此同时，我国乡村人居环境的基础性研究却一直较为缺位。虽然大家都认为全国各地的乡村聚落的本底状况和发展条件各不相同，但是如何识别差异、如何描述差异以及如何应对差异化的发展诉求，则是一个难度很大而少有触及的课题。

2010年前后，同济大学相关学科团队在承担地方规划实践项目的基础上，深入村镇地区开展田野调查，试图从乡村视角去理解城乡人口等要素流动的内在机理。多年的村镇调查使我们积累了较多的深切认识。此后的2015年住房和城乡建设部启动了一系列乡村人居环境研究课题，同济大学团队有幸受委托承担了"我国农村人口流动与安居性研究"课题。该课题的研究目标明确，即探寻乡村人居环境改善和乡村人口流动之间的关系，以辨析乡村人居环境优化的逻辑起点。面对这一次难得的学术研究机遇，在国家和地方有关部门的支持下，同济大学课题组牵头组织开展了较大地域范围的中国乡村调查研究。考虑到我国乡村基础资料匮乏、乡村居民的文化水平不高、运作的难度较大等现实情况，课题组确定以田野调查为主要工作方法来推进本项工作；同时也扩展了既定的研究内容，即不局限于受委托课题的目标，而是着眼于对乡村人居环境实情的把握和围绕对"乡村人"的认知而展开更加全面的基础性调研工作。

本次田野调查主要由同济大学和各合作高校的师生所组成的团队完成，这项工作得到了诸多部门和同行的支持。具体工作包括下乡踏勘、访谈、发放调查问卷等环节；不仅访谈乡村居民，还访谈了城镇的进城务工人员，形成了双向同步的乡村人口流动的意愿验证。为确保调查质量，课题组对参与调研的全体成员进行了培训。2015年5月，项目调研开始筹备；7月1日，正式开始调研培训；

7月5日，华中科技大学团队率先启程赴乡村调查；11月5日，随着内蒙古工业大学团队返回呼和浩特，调研的主体工作顺利完成。整个调研工作历时128天，100多名教师（含西宁市规划院工作人员）和500多名学生参与其中，撰写原始调查报告100余万字。本次调查合计访谈了7 578名乡村居民，涉及13个省（自治区、直辖市）的85个县区、234个乡镇、480个行政村和28 593个家庭成员。此外，还完成了524份进城务工人员问卷调查，丰富了对城乡人口等要素流动的认识。

本次调研工作可谓量大面广，为深化认知和研究我国乡村人居环境及乡村居民的状况提供了大量有价值的基础数据。然而，这么丰富的研究素材，如果仅是作为一项委托课题的成果提交后就结项，不免令人意犹未尽，或有所缺憾。因而经过与参与调查工作的各高校课题组商讨，团队决定以此次调查的资料为基础，以乡村居民点为主要研究对象，进一步开展我国乡村人居环境总貌及地域研究工作。这一想法得到了住房和城乡建设部村镇司的热忱支持。各课题组很快就研究的地域范畴划分达成了共识，即按照江浙地区、上海地区、江淮地区、长江中游地区、黄河下游地区、东北地区、内蒙古地区、四川地区和西南地区等为地域单元深化分析研究和撰写书稿，以期编撰一套"中国乡村人居环境研究丛书"。为提高丛书的学术质量，同济大学课题组将所有调研数据和分析数据共享给各合作单位，并要求全部书稿最终展现为学术专著。这项延伸工程具有很大的挑战性，在一定程度上乡村人居环境研究仍是一个新的领域，没有系统的理论框架和学术传承。为了创新、求实、探索，丛书的编写没有事先拟定共同的写作框架，而是让各课题组自主探索，以图形成契合本地域特征的写作框架和主体内容。

丛书的撰写自2016年年底启动，在各方的支持下，我们组织了4次集体研讨和多次个别沟通。在各课题组不懈努力和有关专家学者的悉心指导和把关下，书稿得以逐步完成和付梓，最终完整地呈现给各地的读者。丛书入选"十三五"国家重点图书出版物出版规划项目，获得国家出版基金以及上海市新闻出版专项资金资助。

中国地域辽阔，我们的调研工作客观上难以覆盖全国的乡村地域，因而丛书的内涵覆盖亦存在一定局限性。然而万事开头难，希望既有的探索性工作能够激发更多、更深入的相关研究；希望通过对各地域乡村的系统调研和分析，在不远的将来可以更为完整地勾勒出中国乡村人居环境的整体图景。在研究的地域方面，除了本丛书已经涉及的地域范畴，在东部和中西部地区都还有诸多省级政区的乡村有待系统调研。在研究范式方面，尽管“解剖麻雀”式的乡村案例调研方法是乡村人居环境研究的起点和必由之路，但乡村之外的发展协同也绝不可忽视，这也是国家倡导的“城乡融合发展”的题中之义；在相关的研究中，尤其要注意纵向的历史路径依赖、横向的空间地域组织和系统的国家制度政策。尽管丛书在不同程度上涉及了这些内容，但如何将其纳入研究并实现对案例研究范式的超越仍待进一步探索。

本丛书的撰写和出版得到了住房和城乡建设部村镇司、同济大学建筑与城市规划学院、上海同济城市规划设计研究院和同济大学出版社的大力支持，在此深表谢意。还要感谢住房和城乡建设部赵晖、张学勤、白正盛、邢海峰、张雁、郭志伟、胡建坤等领导和同事们的支持。来自各方面的支持和帮助始终是激励各课题组和调研团队坚持前行的强劲动力。

最后，希冀本丛书的出版将有助于学界和业界增进对我国乡村人居环境的认知，并进而引发更多、更深入的相关研究，在此基础上，逐步建立起中国乡村人居环境研究的科学体系，并为实现乡村振兴和第二个百年奋斗目标作出学界的应有贡献。

赵 民 张 立

同济大学城市规划系

2021 年 12 月

前　言

四川乡村人居环境是住房和城乡建设部乡村人居环境研究课题“我国农村人口流动与安居性研究”、国家自然科学基金青年科学基金项目“基于灾后评价的龙门山区域聚落景观适宜性研究”、四川省哲学社会科学规划项目、成都市哲学社会科学规划项目的研究成果及延伸。

四川乡村人居环境具有明确的自然环境适宜性特征。四川处于长江上游生态水文涵养地，地理尺度多样，地貌单元丰富；四川气候条件复杂、资源分配不均、经济区域发展不平衡，却为西南地区农业第一大省，承担着西南地区粮食主产区的重任；四川地区人口、经济、植物、地形等分布特征方面均符合胡焕庸分界线规律。四川民族文化多元，北出秦岭，与关中文化交融；东跨盆地，与荆楚吴越文化贯通；西有“藏彝走廊”茶马古道；南有古西南丝绸之路。四川人民克服群山阻隔，经历了历史上多次移民的融合，形成了包容并蓄、勇于开拓的性格；四川人民几千年来依托“三生空间”——自然生态、经济生产、聚落生活密切相关的地表空间，在古蜀大地上顽强地生存。

本书研究缘于2015年住建部改善乡村人居环境基础性系列研究课题之一“我国农村人口流动与安居性研究”四川子课题。同济大学和成都理工大学城乡规划专业团队在四川省住建厅指导下，2015年7月选取四川省国家级贫困县和艾滋病重大专项示范区凉山彝族自治州布拖县、国家乡村振兴百强百万人口绵阳市三台县、国家首批双创“区域示范基地”成都市郫都区、国家级生态示范区和中国长寿之乡眉山市彭山区以及国家现代农业示范县广元市苍溪县为典型地区正式启动。课题组进行典型地区5个县域、46个村、861户、2 977名家庭成员现场调查、访谈及数据采集，按照宏观县域人居环境、中观村落人居环境、微观乡村住宅及邻里环境三个尺度对四川典型地区人居环境展开研究和分析。

2016—2021年书稿撰写期间，随着国家乡村振兴，城乡融合发展，围绕生态环境、国土空间规划等出台的相关政策及时代背景转变，在四川乡村“三生空间”生态人文环境、生产经济环境、生活物质环境以及四川县域人居环境质量评价及健康区划等方面展开基于2015年田野调查成果的拓展性研究。从微观视角对2015年田野调查发现的问题进行探究，包括针对2020年年底四川省干旱河谷地区仅余的7个国家级贫困县，选取地理特征相似区域，进行贫困差异性根源性比较探究；针对调研6个县域“基层首诊”医疗设施“黄金抢救时间”乡村可达性，基于四川省六个生态功能区进行差异性研究；针对四川乡村生活空间中的宅院、街道、集市人居环境展开微观尺度详细研究；依据《四川省人民政府关于改善农村人居环境的实施意见》《四川省农村人居环境整治三年行动实施方案》，借助《四川农村年鉴》(2018年卷)等相关数据，对于四川省183个县(市、区)展开研究，建立四川省乡村人居环境评价指标体系；依据四川乡村人居环境区划图及综合评价图，提出不同地貌分区的人居环境优化方法建议；提取四川乡村人居环境建设水平的影响因素，总结四川乡村人居环境SWOT特征，进而提出切实发展原则，形成差异化提升对策和建议。

本书关于四川乡村人居环境的研究有利于四川乡村聚落独特的场所文化与环境相融的肌理格局在村庄撤并、整改中更好地传承，可以为四川乡村人居环境质量特征以及演变原因分析提供良好的研究基础，有利于政府了解当前四川乡村相关政策阶段性响应情况，更好地进行产业调整、巩固扶贫成果，有利于为四川基于地貌特征差异的乡村人居环境提升与优化提供参考和依据。在国家成渝双城经济圈战略开发机遇中，在加快落实新型城镇化建设补短板强弱项工作推进下，四川乡村人居环境研究有助于开展“一干多支、五区协同”区域发展新格局的决策部署。四川乡村类型丰富、乡村人口基数大、多民族聚居、地形条件复杂，常住人口城镇化率低于全国8个百分点左右，乡村产业发展脱贫攻坚等均具备挑战性和独特性，因此，四川乡村人居环境研究具有重要意义。

本书涉及数据主要来自《四川农村年鉴》(2018年卷)及其他年鉴等相关统计数据、地理信息等数据源开放平台、现场调研获得一手资料、多年科研项目数据和资料积累。

四川乡村人居环境受到地质地貌、气候、土壤、水文、交通、经济、政策等多方面耦合影响，研究亦涉及众多深层次内容，很难在一本书中概括全面；其内因又联系紧密，很难清晰区分阐述。由于时间和精力所限，不足之处，望读者批评指正。

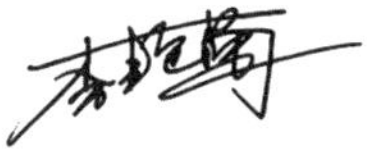

2021 年 6 月

目　　录

序一

序二

序三

序四

总前言

前言

第1章　概述 ………………………………………………………… 001

1.1　乡村人居环境研究现状 ………………………………………… 001

1.2　研究方法及价值 ……………………………………………… 003

1.2.1　研究方法…………………………………………………… 003

1.2.2　研究价值…………………………………………………… 006

1.3　研究范围及内容 ……………………………………………… 009

1.3.1　区域范围…………………………………………………… 009

1.3.2　研究对象…………………………………………………… 010

1.3.3　内容框架…………………………………………………… 013

1.4　调查样本概况 ………………………………………………… 014

1.4.1　村庄样本…………………………………………………… 015

1.4.2　村民样本…………………………………………………… 021

1.4.3　数据来源…………………………………………………… 022

第2章　四川乡村人居环境政策及聚落形态演变 ………………… 023

2.1　四川乡村人居环境政策演变 ………………………………… 024

2.1.1　中华人民共和国成立至改革开放前夕(1949—1977年)
………………………………………………………………… 024

2.1.2 改革开放后至“5.12”汶川地震(1978—2008 年) …… 025
2.1.3 震后重建和发展阶段(2009—2017 年) …… 026
2.1.4 党的十九大以后的乡村振兴阶段(2018—2021 年) …… 028
2.2 四川乡村聚落演变 …… 031
2.2.1 四川乡村聚落演变影响因素 …… 031
2.2.2 四川乡村聚落历史演变 …… 034
2.2.3 四川乡村聚落形态演变 …… 038
2.3 四川乡村典型聚落:川西林盘景观格局演变 …… 048
2.3.1 成都平原土地制度演变 …… 049
2.3.2 成都平原林盘聚落景观格局演变 …… 053

第3章 四川乡村生态人文环境 …… 060

3.1 自然环境 …… 061
3.1.1 地质、地貌 …… 062
3.1.2 土壤 …… 065
3.1.3 气候 …… 069
3.1.4 水资源 …… 071
3.1.5 植物资源 …… 072
3.2 生态环境 …… 073
3.2.1 生态环境分区 …… 073
3.2.2 “三线一单”生态环境分区管控 …… 074
3.2.3 地质灾害类型及分布 …… 076
3.3 景观环境 …… 076
3.3.1 地学景观 …… 076
3.3.2 乡土景观 …… 078
3.3.3 景观资源分布及空间结构 …… 081
3.4 人文环境 …… 084
3.4.1 民族聚居的空间分布 …… 084
3.4.2 非物质文化遗产空间分布 …… 086

第 4 章　四川乡村生产经济环境 …… 096

4.1　产业乡村类型 …… 099
4.1.1　农业型村庄 …… 099
4.1.2　工业型村庄 …… 103
4.1.3　历史文化型及休闲旅游型村庄 …… 104
4.2　村民人口流动与城镇化意愿 …… 108
4.3　经济发展滞后县 …… 114
4.3.1　凉山州经济发展滞后县之间差异现状 …… 117
4.3.2　经济发展差异性评价 …… 119
4.3.3　影响因素指标与经济滞后发生率的相关性分析 …… 129
4.3.4　扶贫策略的提升 …… 130

第 5 章　四川乡村生活物质环境 …… 133

5.1　乡村生活物质环境形态 …… 133
5.1.1　乡村环境形态 …… 134
5.1.2　乡村聚落形态 …… 136
5.1.3　乡村建筑形态 …… 136
5.2　乡村生活物质环境空间 …… 143
5.2.1　宅院空间 …… 143
5.2.2　生活型街道空间 …… 163
5.2.3　四川乡村集市空间 …… 177

第 6 章　四川乡村调查地区人居环境 …… 192

6.1　县域人居环境 …… 193
6.1.1　自然地理环境 …… 193
6.1.2　人文社会环境 …… 195
6.1.3　外部环境 …… 197

6.2 村域人居环境 …… 201
6.2.1 村落空间形态 …… 201
6.2.2 村落基础设施 …… 205
6.2.3 村落生态环境 …… 210
6.3 乡村住宅及邻里环境 …… 213
6.3.1 乡村住宅环境 …… 213
6.3.2 乡村邻里环境 …… 220
6.4 调查地区人居环境综合评价 …… 221

第7章 四川乡村人居环境质量评价及健康区划 …… 223

7.1 质量评价指标体系构建 …… 224
7.1.1 权重计算方法 …… 224
7.1.2 指标体系 …… 226
7.2 乡村人居环境质量评价 …… 228
7.2.1 空间特征 …… 228
7.2.2 优化建议 …… 243
7.3 乡村健康人居环境区划 …… 248
7.3.1 指标体系 …… 250
7.3.2 质量分析 …… 251
7.3.3 优化建议 …… 257

第8章 四川乡村人居环境优化及可持续发展 …… 261

8.1 四川乡村人居环境SWOT分析 …… 262
8.1.1 优势(S) …… 262
8.1.2 劣势(W) …… 265
8.1.3 机遇(O) …… 266
8.1.4 威胁(T) …… 268
8.2 四川乡村人居环境优化措施 …… 271
8.2.1 申请中国重要农业文化遗产及世界文化景观遗产：

川西林盘…… 272
8.2.2　传统村落集中连片保护利用——甘孜藏族自治州…… 285
8.3　四川乡村人居环境可持续发展…… 296
8.3.1　生态与人文环境可持续发展…… 297
8.3.2　生产经济环境可持续发展…… 299
8.3.3　生活物质环境可持续发展…… 304
8.3.4　教育医疗环境可持续发展…… 308

参考文献…… 313

附录…… 319

附录1:四川省“十三五”生态保护与建设规划分区范围表…… 319
附录2:四川省国家级风景名胜区表…… 320
附录3:四川省世界文化自然遗产列表…… 321
附录4:四川省非物质文化遗产类别分布…… 321
附录5:凉山州干旱河谷地区相关指标信息表…… 322
附录6:四川省乡村人居环境质量评价得分结果…… 324
附录7:甘孜州传统村落片区保护示范村自然环境…… 325

后记…… 327

第 1 章　概　　述

“中国人类始祖应该在长江上游地区寻找，而四川正属于这一范围。”中国古人类学家贾兰坡先生曾如是说。古蜀天府，历经海湾—内海—“巴蜀湖”—“成都湖”—四川盆地等沧海桑田的自然变迁，终成今日四川。大约 4 000 年前，四川广汉三星故地出现早期城市，诞生古文明中心——早期蜀王国。四川人民在古蜀大地上繁衍生息，四川乡村因循地势依附自然、师法自然，不同地貌特征形成多彩多姿的乡村聚落空间形态。《2020 年政府工作报告》中明确提出要推动成渝地区双城经济圈建设和人居环境整治，作为西部农业大省正迎来时代发展的重要机遇，也面临很多亟待解决农民“三生空间”的切实问题，四川乡村人居环境建设亟须进行系统的理论性研究。本章分别从四川乡村人居环境的研究现状、研究价值、研究内容、课题调查四部分展开阐述。

1.1　乡村人居环境研究现状

人居环境是人类聚居生活的地方，是与人类生存活动密切相关的地表空间，也是人类在大自然中赖以生存与发展的主要基地。人居环境作为复杂巨系统，需要从多学科、多尺度来研究，涉及人类、自然、居住、社会、支撑五大系统，地理学、建筑学、社会学、经济学、生态学、环境学等学科相互交叉渗透耦合而成[1]。

截至 2020 年 8 月 23 日，Web of Science 数据库显示 1950—2020 年“人居环境”(Human Settlements)主题词研究方向主要集中在环境科学、公共环境、人类学、生物多样性保护、社会学、动物学、卫生保健科学、人口统计学、心理学、行为科学、地质学等方面。其中环境科学研究占所有主题研究成果的 42.1%，研究更多关注在环境科学和公共环境方面，二者占所有研究成果的 82.7%(图 1-1)。

关于乡村人居环境研究，国外的研究第一阶段以地理学为主导，主要来自对

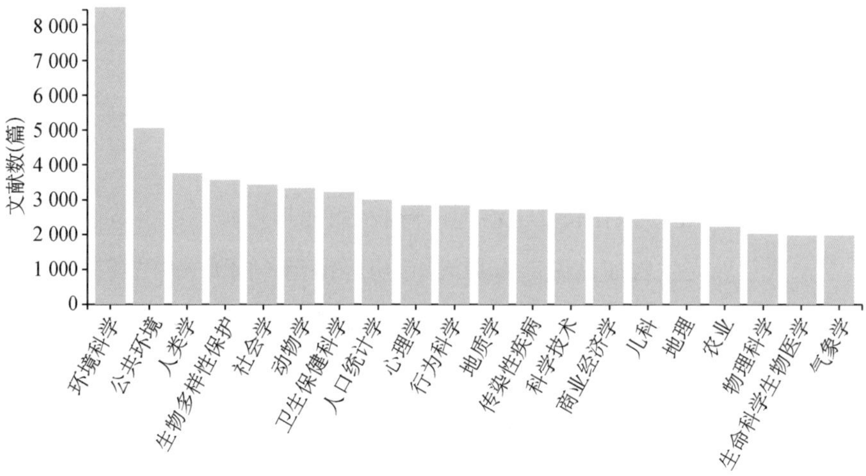

图 1-1 Web of Science 主题词“Human Settlements”排名前 20 位研究方向(2020-08-23)
资料来源:https://www.webofscience.com/wos/alldb/basic-search。

于乡村地理学、乡村型聚居的地理形态和地理特征等地理环境方面[2]。第二阶段是 20 世纪 50 年代起,西方主要国家在“二战”后开始大力发展城市,基本实现人口向城市发展,但是在快速城市化过程中,乡村人居环境方面发展落后,且在发展中不断出现新的问题。这一阶段,学者对于乡村区域的研究主要集中在城市化对乡村影响的反思以及乡村振兴路径和解决方法等方面[3]。中国知网显示,1990—2020 年,我国“人居环境”主题的相关研究方向主要集中在人居环境、乡村人居环境、乡村振兴、城市人居环境、新农村建设、人居环境科学等方面(图 1-2)。国内外的“人居环境”主题搜索结果显示,国外人居环境研究已经可以明显区分学科专业类别,然而我国在人居环境学科方面专业且系统的研究尚处于初级阶段,更多集中于相对宏观的描述性、概念性及相关政策方面的研究。随着城市化的进程加快,乡村人口流失等乡村问题逐渐显现,加上近年来国家对乡村工作的重视,在“乡村振兴”等政策开展的大环境中,乡村人居环境的研究开始增多并逐步加深,主要体现在乡村振兴、美丽乡村、环境整治、乡村建设、乡村规划等方面,涵盖了多学科交叉研究方法的乡村人居环境研究,从 2005 年开始,2017 年前后研究成果数量呈现明显增加(图 1-3)。四川乡村人居环境系统实证性研究非常少,中国知网查询 2010—2020 年 10 年间“四川乡村人居环境”主题词仅有 11 篇相关论文,且关键词及篇名查询为 0 篇。

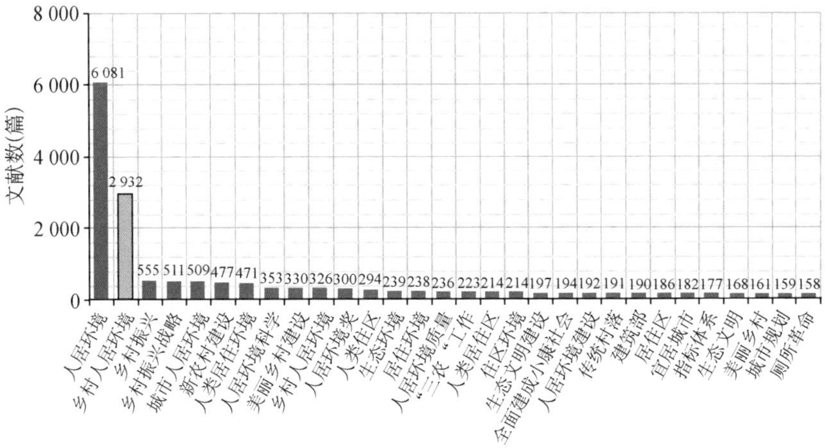

图 1-2 中国知网主题词"人居环境"排名前 30 位研究方向(2020-08-23)

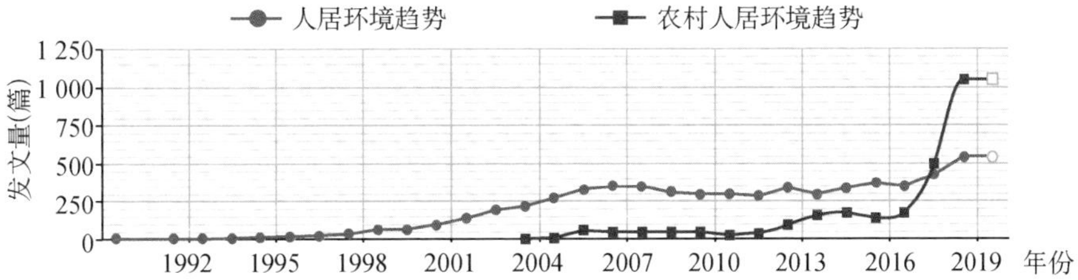

图 1-3 中国知网研究方向"人居环境"和"农村人居环境"研究趋势
数据来源：中国知网 http://kns.cnki.net。

1.2 研究方法及价值

1.2.1 研究方法

目前，我国乡村人居环境研究成果主要有三方面：一是以单个县域或乡镇为研究对象，通过实证分析实现乡村人居环境的优化，从规划等角度提出优化方案；二是从村民视角或者概念内涵出发构建评价指标体系，定量评价其影响因子以及主客观综合评价乡村人居环境质量，提出相应对策；三是运用 GIS 技术，对人居环境质量水平空间进行差异性研究[4]。乡村人居环境研究系统本身非常复杂，本书通过大量田野调查及文献梳理，发现以下问题：首先，由于四川乡村地区的独特性、复杂性、自适应、多民族、生态性等特征，宏观区域性研究很难解决从“中心村—基层村（自然村）—三家、两户院落”不同层级的乡村人居环境建设问题；其次，宏观政策制定、财政扶持很难从区域特征出发进行把控，容易导致国家财政投入大却收效甚微的现象；再次，以村民视角自下而上展开的研究，往往存在片面性；最后，四川的乡村人居环境研究如果继续从建筑学、城乡规划、风景园林专业角度研究规划设计，而从旅游管理、人文地理等专业角度研究国家公园、经济人口、区域地理等，就缺乏专业之间联系的复合性整体性，那么，四川乡村人居环境当前所面临的问题也难以根本解决。

本书在田野调查的基础上，通过相关数据整理，对四川乡村人居环境进行实证及理论研究，具体内容包括：通过现场问卷调查、文献数据搜集等建立四川乡村人居环境基础数据库；从不同地理属性、经济属性、社会属性、物质空间属性等方面进行四川省乡村人居环境研究；借鉴城市人居环境地域分类方法，引入类型学理论，从宏观、中观以及微观三个层次，构建四川乡村人居环境评价体系，对四川省乡村人居环境进行整体评价，完善四川乡村人居环境研究理论。

笔者作为“十三五”规划乡村人居环境研究四川省子课题负责人，对于四川住建厅所选取典型乡村地区开展关于基本情况、村民人口老龄化、人口流动性、村民满意度、安居性、乡村民宅、环卫保洁、规划编制、传统村落及机制建设等多方面调研，课题开展包括现场调研和室内数据整理两部分。

1）现场调研

四川省田野调研选取五个县（郫县①、彭山区、布拖县、三台县、苍溪县），现场访谈四川主管村镇副厅长、主管县长（镇长）及相关职能部门负责人、村支书（村主任）、村民；现场踏勘乡村人居环境（包括村民住宅拍照），乡村厂矿企事业单位调研访谈（图 1-4）；现场了解村民个人及家庭情况（户籍、耕地距离、文化程度等）、日常生活与所在地公共服务设施情况（子女就读学校、村卫生室、镇卫生院、养老设施、娱乐设施、公共交通等）、60 岁以上老人养老情况（生活中最困难事情、

---

① 郫县为 2015 年调研时候的名称。2016 年 12 月四川省发布郫县行政区划，变更为郫都区。书中根据资料情况同时使用郫县和郫都区两种地名。

子女关心程度、养老金、老年活动中心、养老互助等)、住房和村庄建设(现有住房、镇区住房、基础市政设施、村落景观、保留传承)、经济和产业(耕地、家庭年纯收入、家庭开销、休闲旅游产业、农家乐或民宿、生活状态等)、迁居意愿及经历(理想居住地、迁出意愿、村镇设施比较、亲友邻里关系、迁移转职经历等);现场调研进城务工人员情况(省级以上企业如郫都区富士康科技集团,市级企业如绵阳市启明星磷化工有限公司、县级企业如广元市苍溪县陵江镇四川华晖新材料有限公司)等。这是对于四川乡村田野调研区域第一次进行现场、直接、一手资料的调查与研究。

(a) 彭山区 (b) 布拖县洛迪村 (c) 布拖县民主村

图 1-4 四川乡村人居环境现场调研照片

2) 室内数据整理

运用 EXCEL、SPSS统计调研问卷,建立四川省田野调研地区乡村人居环境基础数据库;田野调查区域结合四川省生态功能分区及地貌特征,构建典型地区(平原区成都市郫都区、盆地丘陵区眉山市仁寿县、盆周山地区广元市苍溪县、川西南山地区凉山彝族自治州布拖县、川西高山峡谷区阿坝州九寨沟县和川西北高原区阿坝州若尔盖县)乡村人居环境评价指标体系并进行评价;借鉴四川省相关统计年鉴数据,结合四川乡村人居环境研究主题,将研究对象扩展到四川省 183 个县(市、区),构建四川省乡村人居环境整体评价体系并进行区划研究。

本书研究运用乡村人居环境研究系统观,从四川省乡村所处地形、地貌、土壤特征、地质条件等乡村农业健康发展的决定因素入手,基于四川已经完成的生态环境、植被、土壤、地质灾害、旅游资源等方面的研究,打破专业研究壁垒,从人地关系视角叠加耦合分析四川乡村人居环境。

1.2.2 研究价值

本书研究四川乡村生态人文环境、乡村生产经济环境、生活物质环境，直接关系到农民为主体“三生空间”的切身利益；研究四川县域健康乡村人居环境区划，根据调研区域进行针对性“基层首诊”医疗设施可达性及优化探索，应对四川省乡村公共卫生事件的发生，增强乡村居民健康福祉；研究分析调查地区宏观、中观、微观不同地理尺度人居环境，营造关乎农民赖以生存的“天人合一”的人居环境。最终基于不同地貌分区的整体人居环境质量评价探讨四川乡村人居环境保护、优化以及可持续发展，探讨实现中国乡村真正“理想国”的有效途径，并且提出相应建议和未来研究方向的展望。本书丰富乡村人居环境研究视角，有利于政府相关政策规范制定并且为其提供理论依据和数据支撑。

1）实践价值

研究四川乡村人居环境对于全国乡村研究具有参考价值。中央城镇化工作会议明确当前城镇化工作着力点，提出要以人为本，推进以人为核心的新型城镇化，提高城镇人口素质和居民生活质量。四川省拥有 18 个地级市、3 个自治州、4 610 个乡镇①，户籍人口 9 099.5 万人②，是我国人口和面积大省。四川省乡村平原、盆地、山地、高原、丘陵五种地形俱备，但是山地、高原占全省面积的 81.5%，人均耕地水平低于全国人均水平，胡焕庸线在四川省龙门山东西差异明显。四川地区作为“全国灾害博物馆”，多民族聚居地，乡村聚落区域地貌条件复杂。四川省作为国家精准扶贫六省份之一，在占全国 5%的耕地面积上承载 6.94%的中国乡村人口，自然村分布数量占全国的 14%，乡村人居环境建设发展规划中面临的问题具有复杂性和独特性。在地学基础上的四川乡村人居环境生态适宜性、安居性研究在全国具有典型代表性。

中国的根基在乡村，中国人的乡土观反映出深刻的地缘、血缘关系。习近平总书记“乡愁城镇化”思想，明确提出中国城镇化要成为“让居民望得见山、看得

---

① 资料来源：四川省人民政府主管主办《四川农村年鉴》(2018 年卷)。

② 资料来源：2020 红黑人口库 https://www.hongheiku.com。

见水、记得住乡愁的城镇化”；强调“新农村建设一定要走符合农村实际的路子，遵循乡村自身发展规律，充分体现农村特点，注意乡土味道，保留乡村风貌，留得住青山绿水，记得住乡愁”。研究四川乡村人居环境有利于更好地贯彻习近平总书记的村民本位、“乡愁城镇化”思想；研究是对营建理想乡村、中国人思想中家乡载体本位的有益探索。

本研究的实践价值在于基于对四川村镇相关各层级主管部门负责人、务农务工村民、企业进城务工人员等大量数据信息采集和满意度的田野调查，运用科学研究方法并结合调研数据，在城乡一体化、长期二元结构分立等带来的乡村景观同一化、均质化等系列问题的时代背景下，探讨如何将四川乡村人居环境营造成不仅是“美丽乡村”风貌，更是“记得住乡愁的家园”、集体记忆中符合乡村居民意愿及审美诉求的理想人居图景(图1-5)。

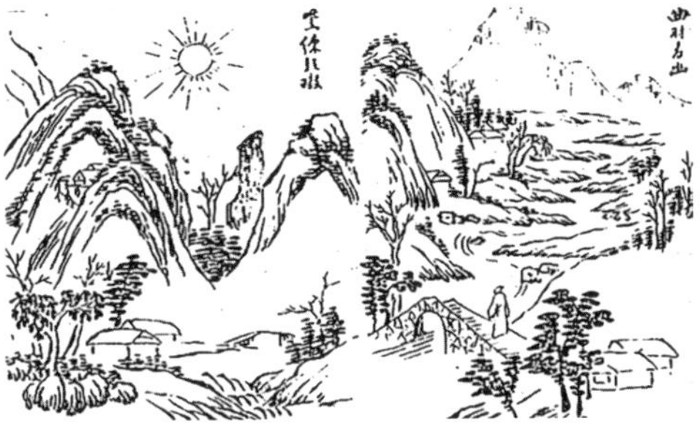

图1-5 四川广元市苍溪县古代乡村景观
资料来源：《苍溪县志》(1928年，潼川新民印刷公司)。

研究四川省乡村“田园居”的聚落景观格局在城乡一体化过程中的保护与发展，更有利于唤起人们内心的家园记忆。四川省大面积的乡村聚落尤其远郊村依山傍水，因地制宜，生态为底，大地为媒，乡村人居环境更多的是自然的美、精巧的美、实用的美、朴实的美。川东、川西、川北、川南风貌及乡村人居环境均具备差异性。风水主导、因势利导、天工开物，而川西林盘尤其具有典型代表性。川西林盘都江堰、郫县等申请国家农业文化景观遗产的同时，开发乡村多种产业模式。成都作为“全国统筹城乡综合配套改革试验区”，乡村振兴方面多项政策制定走在全国乡村发展前沿。城乡一体化快速发展进程中营建理想乡村就是营建中国人自古以来的理想家园、中国人的“理想国”。

研究有利于四川乡村人居环境相关政策有的放矢、因地制宜制定；研究对于更好地进行乡村规划编制，保留传统文脉具有重要意义，对乡村景观规划及美丽乡村建设中合理利用龙门山—大凉山区域地质景观具有实践意义；研究为将来乡村振兴规划建设、乡村人居环境相关规范以及政策制定提供参考。

2）社会价值

本书研究四川乡村人居环境及相关政策演变，研究四川乡村人居环境地学适宜性区划，进而进行四川乡村环境区划，研究对于饱受地质灾害侵害的四川乡村人民改善居住环境具有重要意义。研究结合多学科理论，运用 SWOT（strengths，weakness，opportunities，threats）分析四川乡村人居环境的优化措施，探讨环境保护优化的原则、方法，对四川乡村人居环境可持续发展有重要的社会价值。

依据现代生态学中生态适应性理论，人居环境应作为一个有机的生态系统。四川乡村人居环境研究不仅包括宏观、中观、微观地理尺度方面，而且包括体现人地关系的各专业领域的耦合关联性。四川乡村历经千百年发展演变形成，地学景观环境一直是乡村人居空间、植被群落等发展所需要适应的对象，是乡村人居空间格局生长、发展、演变的基础。目前专业设计人员运用城市规划设计的方法进行的乡村聚落统筹规划（图 1-6），无意识中忽视乡村自然地貌决定乡村人居空间格局自然生长设计理念，导致具有地域特色的乡村日益减少，乡村聚落差异化、适宜性研究任务急迫而艰巨。尤其在 2008 年四川灾后重建，新农村建设如火如荼，村民集中居住，离开了原有的生活方式、生产方式，农宅本身空间研究也亟须开展。例如四川水磨镇郭家村灾后异地重建，村民为了不失去土地，每天往返四个小时的车程，回到映秀镇种植土地。

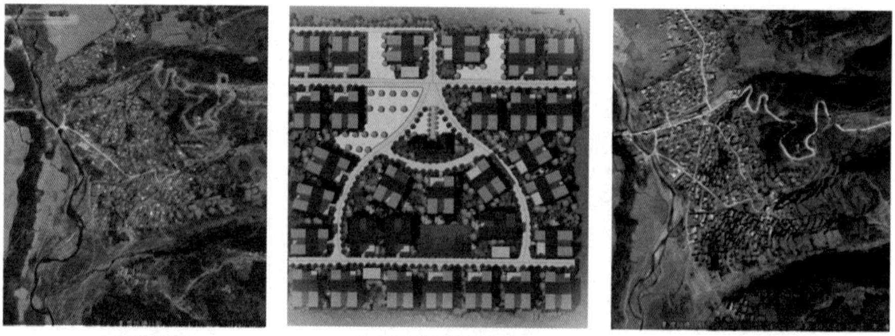

(a) 2012年　(b) 2013年规划意向图　(c) 2020年

图 1-6　布拖县日久村
资料来源：(a)、(c)Google Earth 影像图；(b)布拖县政府提供《2013 彝家新寨规划》。

乡村人居环境系统研究是涉及民计、民生的重要课题。乡村人居环境演变的驱动因子不仅包括地震、水资源枯竭、草场退化、植被遭受破坏等使乡村聚落面临失去生机的危险的自然生态因素，还包括新的社会生产生活方式的产生、聚落“空废化”与“空心村”、景观破碎化等现象的社会因素，研究乡村人居环境更好地可持续发展具有重要社会价值。

2003年，成都开始推行城乡统筹试验。目前成都市土地综合整理大致分为农地整理、村庄整理和城乡建设用地增减挂钩三大类。随着城镇化建设快速发展，四川乡村聚落景观发生很大变化，乡村景观结构无序、生态脆弱和功能失调等内外冲突逐渐显现。四川地区是藏族、羌族、汉族乡村聚落聚居地，研究乡村人居环境，有利于挖掘多民族资源并加以开发利用；探讨乡村人居环境优化措施，有利于多民族地区长治久安、富民安康，有利于经济平稳、快速发展。

此外，研究有助于了解乡村人居环境建设水平以及乡村在建设过程中存在的共性及差异性问题，有利于四川乡村地域特色保护，更好地揭示和解决乡村振兴面临的深层次社会发展问题。当前，在疫情防控常态化背景下，研究四川健康乡村人居环境区划优化，有利于巩固乡村脱贫成果，有利于增强不同地形条件下，乡村基层首诊医疗设施的“黄金急救时间”可达性，实现乡村振兴可持续发展，有利于四川乡村“三生空间”村民福祉的提升。基于不同地貌条件下的乡村人居环境整体评价及区划研究是解决四川乡村差异性发展的有效途径。本书研究成果有利于乡村人居环境中人地关系适宜性发展及科学开发潜在资源，因地制宜地制定产业改革发展的方向，从而带动区域经济增长，有利于四川人居环境可持续发展。

1.3 研究范围及内容

1.3.1 区域范围

参考《四川省“十三五”生态保护与建设规划》中以龙门山—大凉山为东部绿色盆地和西部生态高原分界（附录1），本书研究的区域范围包括以四川省大地坐标为界的北纬26°03′～34°19′、东经97°21′～108°12′之间，东西向长度约为 1 075 千米、南北向长度约为 921 千米，四川省总面积约为 48.61 万平方千米。2020 年，四川常住人口城镇化率为 53.79%，乡镇人口外流较为严重。四川省位于北纬 30°带上，是具有世界品质的自然文化遗产富集区，自古就是沟通古印度、古西亚文化的南方丝绸之路的起点。

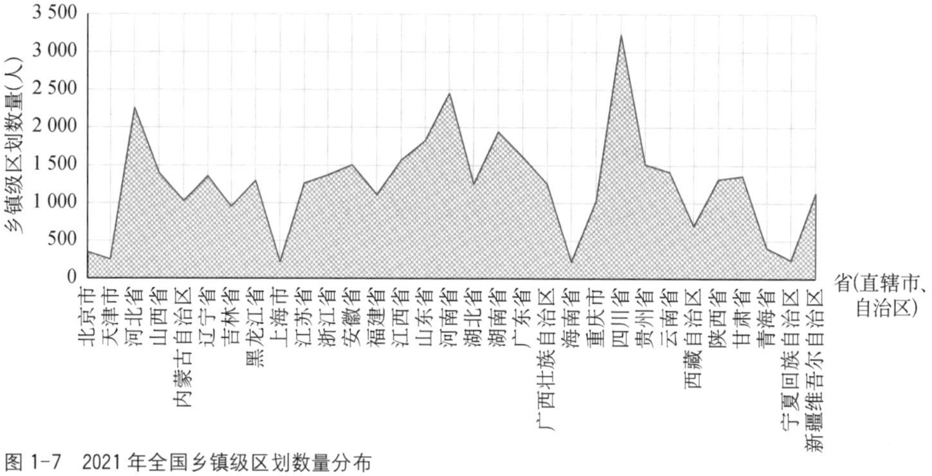

图 1-7　2021 年全国乡镇级区划数量分布
资料来源:《中国统计年鉴 2021》。

1.3.2　研究对象

根据《中华人民共和国宪法》规定，中国行政区划分为省级行政区、县级行政区、乡级行政区三个级别。现行一般为“省、市(地级)、县、乡”四级行政区划体制。2008 年国家统计局《统计上划分城乡的规定》中以我国的行政区划为基础，以民政部门确认的居民委员会和村民委员会辖区为划分对象，以实际建设为划分依据，将我国的地域划分为城镇和乡村。乡村是指该规定中划定的城镇以外的区域。本书主要研究对象为四川省具有村委会行政村，涉及部分自然村和乡镇。

依据《中国统计年鉴 2021》数据，2021 年，全国有 38 741 个乡镇级区划，其中四川省有 3 230 个，位居全国第一，占比 8.34%(图 1-7)。本书研究对象选取主要依托 2015 年国家住建部课题“我国农村人口流动与安居性研究”的乡村数据资料，但是 2019 年，四川省进行了全省乡镇行政区划和村级建制调整改革，至

2021 年，四川全省乡镇（街道）数量减幅达 32.7%，建制村减幅达 41.98%，社区及村民小组也进行相应调整。

1) 田野调查对象

2015 年国家住建部课题“我国农村人口流动与安居性研究”，经过四川省住建厅商议后确定，依据地形地貌特征、产业特征、人口、经济发达程度等因素选取成都市郫县、眉山市彭山区、广元市苍溪县、绵阳市三台县以及凉山彝族自治州布拖县为田野调查对象（图 1-8）。田野调查对象后续扩展地区为成都市龙泉驿区洛带镇、都江堰市柳街镇、邛崃市平乐镇。

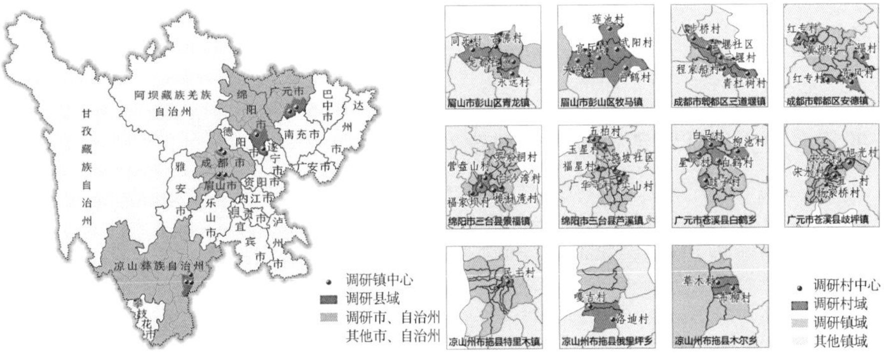

图 1-8　四川省乡村人居环境田野调查对象区位分布图

2) 四川省经济发展滞后县研究对象

2020 年 11 月四川省政府发布《关于批准普格县等 7 个县退出贫困县的通知》标志四川省成为全国第 19 个所有贫困县脱贫摘帽省区市。7 个退出的贫困县（凉山州普格县、昭觉县、布拖县、金阳县、喜德县、越西县、美姑县）仍然是巩固拓展脱贫攻坚成果的重点地区。依据《2021 年 3 季度民政统计分省数据》，四川省乡村最低生活保障人数及户数目前尚位居全国前列（图 1-9），因此本书结合 2015 年凉山彝族自治州田野调查，选取四川干旱河谷地区经济发展滞后县和非滞后县，即喜德县、会理县、布拖县、雷波县、普格县、会东县、金阳县、冕宁县 8 个研究对象进行经济发展不平衡原因的比较研究。

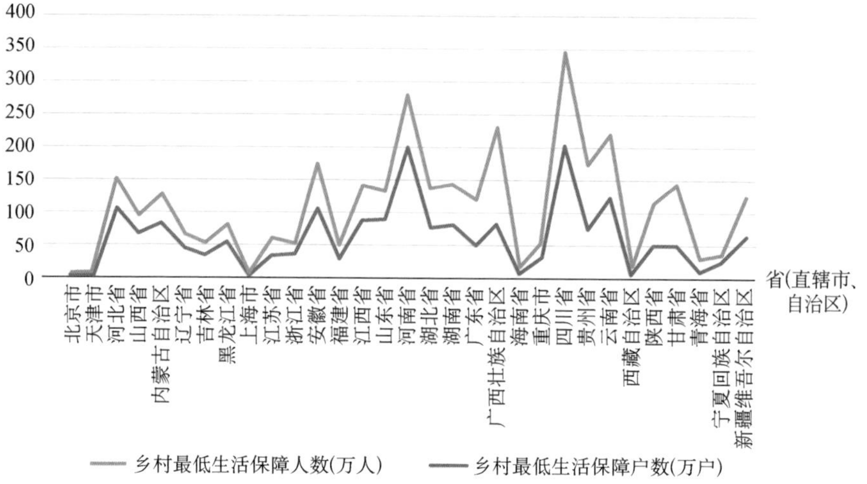

图 1-9 四川省乡村最低生活保障人数及户数
资料来源:中华人民共和国民政部《2021 年 3 季度民政统计分省数据》。

3) 四川乡村人居环境评价及区划研究对象

依据《四川省“十三五”生态保护与建设规划》中六个次级生态功能分区(图 1-10),在 2015 年课题田野调查对象基础上增加川西高山峡谷区阿坝州九

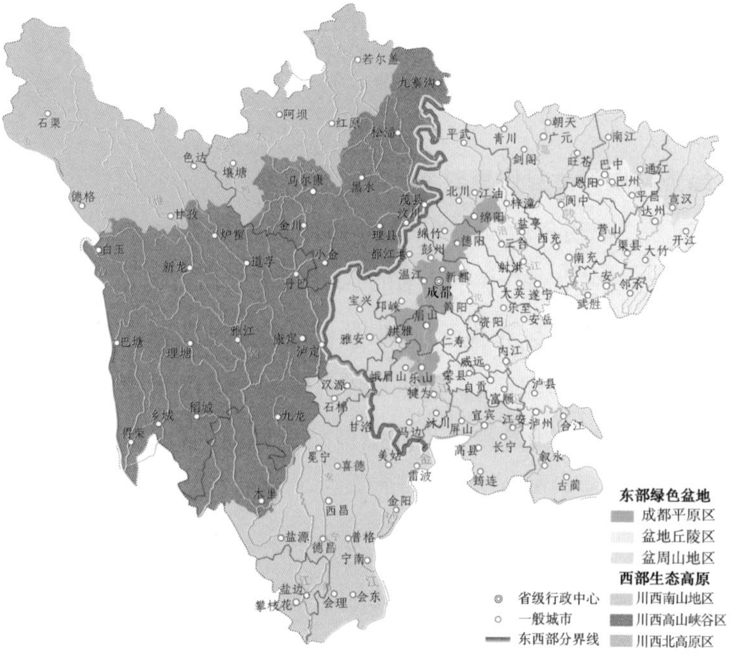

图 1-10 四川省生态保护区划图
资料来源:四川省人民政府《四川省“十三五”生态保护与建设规划》。

寨沟县和川西北高原区阿坝若尔盖县；整体乡村人居环境评价研究对象为四川省 183 个县(市、区)行政村。

另外，四川乡村人居环境优化措施选取获得第五批中国传统农业文化遗产郫都区川西林盘，拟申请世界文化景观遗产的都江堰市聚源镇金鸡村、迎祥村，以及甘孜州传统村落集中连片保护所涉及的相关村落为研究对象。

本书相关研究主要围绕以上研究对象阐述，但是根据影像资料、数据掌握情况以及相关研究内容的需要本书并不囿于以上研究对象。

1.3.3　内容框架

本书研究内容主要分为三个基本板块(图 1-11)。

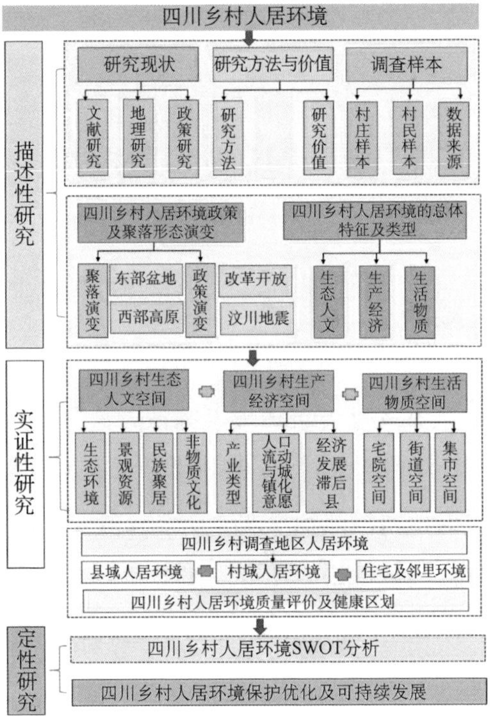

图 1-11　四川乡村人居环境研究框架

1) 描述性研究部分

四川乡村人居环境研究现状、研究价值及相关政策，四川乡村生态人文空间、生产经济空间以及生活物质空间特征等。

2）实证性研究部分

四川省调查区域乡村不同地理尺度宏观—中观—微观人居环境质量特征及评价，四川乡村安居性及流动性研究，四川乡村整体人居环境质量评价及区划，四川健康乡村人居环境区划及优化、乡村基层首诊医疗设施可达性，等等。

3）比较分析研究部分

四川干旱河谷地区2020年最后脱贫的7个国家级贫困县差异性分析，四川6个次级生态功能区典型地区人居环境差异性比较分析，四川省平原区及高原区乡村人居环境优化措施案例分析，等等。

4）定性研究部分

这部分内容包括四川乡村人居环境SWOT分析、保护优化措施及可持续发展建议。

1.4 调查样本概况

本书借助国家住建部乡村人居环境系列课题之一“我国农村人口流动性及安居性研究”以及相关课题研究，与省住建厅商议，开展乡村人居环境抽样调查。在选择调查点时严格按照抽样调查的“多样性、代表性以及典型性”，结合课题研究性质和方法确定调研区域为成都市郫县、眉山市彭山区、广元市苍溪县、绵阳市三台县以及凉山彝族自治州布拖县，最终得出各村庄和县域的综合调研报告。

调查样本主要选取依据包括三点。

第一，选点呈现多样性。依据四川省地形地貌特征，可分为山区、丘陵、平原、高原，例如成都市郫县、眉山市彭山区属平原，绵阳市三台属丘陵，广元市苍溪县属山区，凉山彝族自治州布拖县属高原山区。

第二，选点呈现代表性。根据四川省各地经济发展发达程度，分为发达、欠发达、不发达及贫困地区，例如成都市郫县、眉山市彭山区属发达地区，广元市苍溪县、绵阳市三台县属欠发达地区，凉山彝族自治州布拖县属贫困地区。在2015年四川省175个县域经济排名中郫县排第六位，彭山区排第38位，三台县排第77位，苍溪县排第121位，布拖县则排倒数第3位。

第三，选点呈现典型性。例如，郫县工业以及苗木业较为发达，有富士康、英特尔等企业进驻，2016年被国务院列为首批“双创”区域示范基地；彭山区属于天府新区建设的组成部分，工业、农业发展迅速，是中国长寿之乡、中国商品粮和瘦肉型猪生产基地、国家级生态示范区；苍溪县是猕猴桃、雪梨之乡，依托景区发展旅游产业；三台县农业总产值和主要农产品产量居全省前列、全国百强，是全国粮食、猪肉、油料、油橄榄生产基地，是百万人口县之一，也是39个“5·12”汶川地震重灾县之一；布拖县是彝族聚居县，火把节发源地，也是调研选取的唯一一个多民族地区。

1.4.1　村庄样本

1) 村庄总量概况

2015年国家住建部乡村人居环境系列课题中，四川省调研南至凉山彝族自治州，北至广元市苍溪县，涉及5个市(州)县、46个村庄、861个农户、2 977个农户家庭成员。最终调研村庄样本中除凉山彝族自治州外，每个县包括10个村庄，平均各镇村庄样本量为4个，平均到每村的农户样本数19户(表1-1)，各县都包含有典型代表乡村，所以村庄样本本身具有较高的代表性与广泛性。

表1-1　调研村庄样本总量情况(个)

市县	镇(乡)		村庄		农户样本	家庭成员样本
成都市郫县	2	三道堰镇	10	八步桥村、古堰社区、三堰村、青杠树村、程家船村	198	703
		安德镇		红专村、黄烟村、东风村、广福村、云丰村		
眉山市彭山区	2	青龙镇	10	同乐村、古佛村、龙都社区、莲池村、永远村	201	758
		牧马镇		天宫村、官厅村、莲花村、武阳村、白鹤村		

（续表）

市县	镇(乡)		村庄		农户样本	家庭成员样本
凉山彝族自治州布拖县	3	特木里镇	5	民主村	42	154
		俄里坪乡		嘎吉村、洛迪村		
		木尔乡		草木村、布柳村		
广元市苍溪县	2	白鹤乡	10	白马村、柳池村、星火村、白鹤村、鼓子村	204	687
		歧坪镇		旭光村、宋水村、宋安村、五一村、杨家桥村		
绵阳市三台县	2	景福镇	11	罗家祠村、营盘山村、福家坝村、白沙湾村、桅杆湾村	216	675
		芦溪镇		五柏村、玉星村、福星村、大路坡社区、广华寺村、尖山村		
总计	11		46		861	2 977

在村庄属性分类上，共计 46 个类型村庄。村庄数量最多的为种植业村落，总计 44 个；样本数最少的为山区平原村，仅 1 个；偏远地区、林业、渔业、畜牧业以及小村村落样本数为 0（表 1-2）。结合各县域村庄类型特点，其分布比例与实际的类型比例大致相匹配，样本可以基本代表各县域类型的村庄特点。

表 1-2　调研村庄按属性分类的总量情况（个）

属性维度		特征值					总量
地理属性	宏观区位	东部	中部	西部	东北		46
		11	20	5	10		
	中观区位	城郊村	近郊村	远郊村	偏远地区		46
		2	20	24	0		
	地形因素	山区村	丘陵村	平原村	山区平原村		46
		11	23	11	1		
经济属性	区域发达程度	发达	中等	欠发达	落后		46
		5	21	12	8		
	村庄发达程度	发达	中等	欠发达	落后		46
		9	20	9	8		
	农业类型	种植业	林业	畜牧业	渔业	无	46
		44	0	0	0	2	
	非农类型	工业	商贸物流	专业服务	旅游业	其他	7
		2	2	0	3	0	

（续表）

<table>
<tr><th colspan="2">属性维度</th><th colspan="4">特征值</th><th>总量</th></tr>
<tr><td rowspan="6">社会属性</td><td rowspan="2">主要民族</td><td colspan="2">其他民族</td><td colspan="2">汉族</td><td rowspan="2">46</td></tr>
<tr><td colspan="2">5</td><td colspan="2">41</td></tr>
<tr><td rowspan="2">历史文化</td><td>列入中国传统村落名录</td><td>省级/市级/县级历史文化名村</td><td>一般传统村落</td><td>非传统村落</td><td rowspan="2">46</td></tr>
<tr><td>1</td><td>2</td><td>4</td><td>39</td></tr>
<tr><td rowspan="2">人口流动</td><td>流入为主</td><td colspan="2">人口基本平衡，少量流动</td><td>人口大量外出</td><td rowspan="2">46</td></tr>
<tr><td>2</td><td colspan="2">16</td><td>28</td></tr>
<tr><td rowspan="4">空间属性</td><td rowspan="2">村庄规模</td><td>大村</td><td>较大村</td><td>中等村</td><td>小村</td><td rowspan="2">46</td></tr>
<tr><td>24</td><td>19</td><td>3</td><td>0</td></tr>
<tr><td rowspan="2">村庄类型</td><td>集中居住</td><td colspan="2">混合型</td><td>散点居住</td><td rowspan="2">46</td></tr>
<tr><td>2</td><td colspan="2">9</td><td>35</td></tr>
</table>

注：按照村部距离经济中心（县城、行政区中心等）的距离在3千米以内、3～10千米、10～30千米和30千米以上将村庄类型划分为城郊村、近郊村、远郊村和偏远地区四类。

从宏观区位上看，样本在四大区域均有分布，东部、中部较多，西部较少；中观区位上，近郊、远郊村为主，偏远地区没有，这都与我们选取的调研范围有关。地理特征方面，各种地形村庄都有涉及，丘陵村居多，山区平原村较少，这与四川省村庄分布实际情况大致相同。

2）经济状况

根据各村农民人均GDP划分村庄发达程度，其中，发达村庄为农民人均GDP>12 860元，中等为6 924～12 860元，欠发达为4 946～6 924元，落后则≤4 946元。样本村庄中经济发达程度为中等的较多，其余程度的村庄样本较为均匀，各县村庄发达程度较为一致，其差异产生原因与地理位置分布有较大关系（表1-3）。产业类型上，村庄农业整体以种植业为主，部分配以畜牧业、渔业，少量的无农业类型，另外，46个调研村中，有7个村庄为非农类型，以工业和旅游业为主，与实际基本一致。

表 1-3　样本村庄及村民的经济发达程度及各市调研样本村庄的经济发达程度分布(单位:个)

村庄发达程度	村庄数量	村民数量	家庭成员数量
发达村	9	181	649
中等村	20	397	1 308
欠发达村	9	181	676
落后村	8	102	344

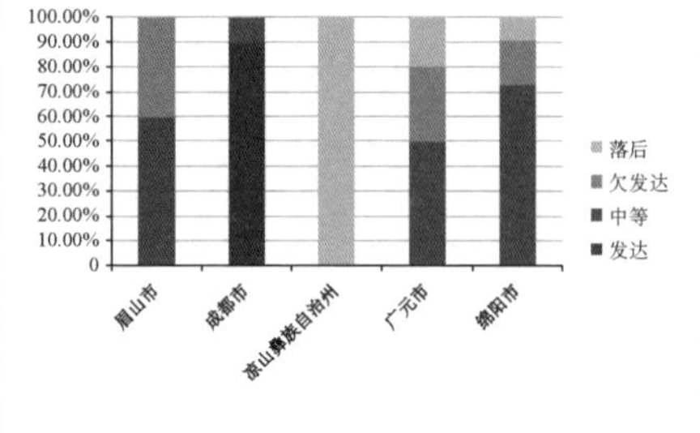

3）社会属性

调研村落中除凉山彝族自治州的为彝族外，其余村落都为汉族村落。调研涉及村落多为非传统村落，人口流动仍是以流出为主；郫县区域有工业则以流入为主，部分地区也存在着人口回流的现象，与实际一致(图 1-12)。

4）空间属性

调研样本中村落以散点居住为主，大村、较大村为多数，在现实中，各县村落也以散点居住为主，大村及较大村占比较大(图 1-13)。

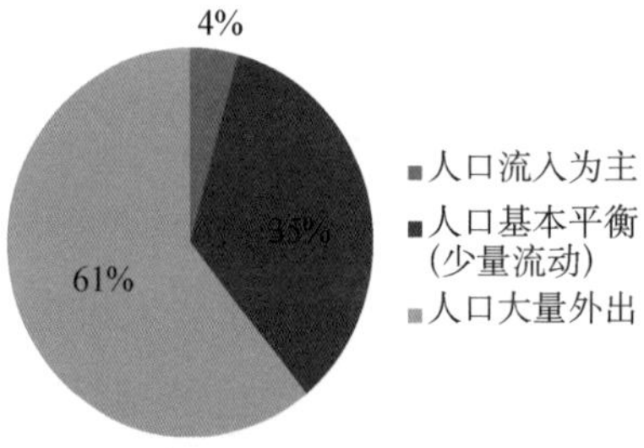

图 1-12　人口流动情况

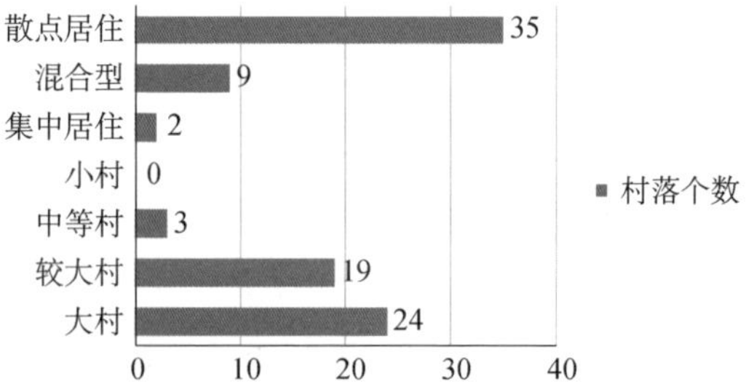

图 1-13　村落空间属性分布

5）村庄类型

村庄调查样本选取依据为多样性、代表性及典型性，表现在村庄自身发展规律、政府投入、举债情况、是否增加农民负担、整治环境、民风淳朴、班子团结、干群和谐、社会稳定等多个方面。田野调查归纳样本村庄典型性特征见表 1-4。

表 1-4 村庄典型性特征分类

典型特征	村 庄
完全规划类	青杠树村、古堰社区、程家船村、莲花村、龙都社区、同乐村、营盘山村、大路坡社区、广华寺村、尖山村、五柏村、玉星村、鹤仙社区、柳池村
部分规划类	三堰村、八步桥村、东风村、云丰村、白鹤村、古佛村、莲池村、鼓子村、宋安村、宋水村、星火村、五一村、旭光村、布柳村、草木村、民主村
未规划类	广福村、红专村、黄烟村、官厅村、武阳村、天宫村、永远村、白沙湾村、福家坝村、罗家祠村、桅杆湾村、福星村、白马村、杨家桥村、嘎吉村、洛迪村
政府或企业介入类	三堰村、青杠树村、古堰社区、程家船村、八步桥村、东风村、红专村、黄烟村、云丰村、白鹤村、莲花村、古佛村、莲池村、龙都社区、同乐村、营盘山村、大路坡社区、五柏村、玉星村、白马村、鼓子村、鹤仙社区、柳池村、星火村、宋安村、宋水村、五一村、旭光村、嘎吉村、洛迪村
自发形成类	广福村、官厅村、武阳村、天宫村、永远村、广华寺村、尖山村、白沙湾村、福星村、福家坝村、罗家祠村、桅杆湾村、杨家桥村、布柳村、草木村、民主村
工业发展类	古佛村、莲池村、龙都社区、永远村、大路坡社区等
农业发展类	东风村、广福村、红专村、黄烟村、云丰村、官厅村、武阳村、白鹤村、天宫村、古佛村、莲池村、同乐村、白沙湾村、福家坝村、罗家祠村、桅杆湾村、营盘山村、福星村、广华寺村、尖山村、五柏村、玉星村、白马村、鼓子村、鹤仙社区、柳池村、星火村、宋安村、宋水村、五一村、旭光村、杨家桥村、嘎吉村、洛迪村、布柳村、草木村、民主村
旅游类	三堰村、青杠树村、古堰社区、程家船村、八步桥村、莲花村、营盘山村、尖山村、五柏村、玉星村、柳池村、宋安村、旭光村

(1) 完全规划类

柳池村依托农业产业园打造新乡村文化园景区；古堰社区是在政府和企业共建开发下，就地实现城镇化的乡村社区，土地综合整治使乡村面貌迅速改变。调研时企业资金出现问题，部分由于 20 世纪八九十年代失地的农民尚无社保，且不同时期土地出让金不同，村民意见较大。

(2) 部分规划类

布柳村、草木村依托“FXB-村庄模式”①项目，进行新村集中布局；民主村发展大棚农业；三堰村及八步桥村在政府及企业的介入下，企业资金链断裂，安置房建设停滞，土地综合整治矛盾大，形成了新建居民安置小区和传统乡村两种差异较大的风貌特征。

① 根据《凉山日报》(2013.03.10)“第 A01 版：时政要闻”所述，“FXB-村庄模式”是一种帮扶模式，即“通过入户家访深入了解受到毒品、艾滋病和贫困影响的弱势家庭情况后，通过教育救助、医疗救助等一系列方式，让受毒品、艾滋病和贫困影响的弱势儿童得到更多的关爱和帮助”。

(3) 未规划类

天宫村村内水质量严重污染，居住条件差；红专村在调查时因高速公路修建致使部分居民安置房尚未解决，虽具备特色农耕产业，但是营销渠道存在不足；黄烟村则老龄化严重，部分房屋亟待加固；白马村自然灾害多；嘎吉村、洛迪村都为传统彝族村落。

(4) 政府或企业介入类

莲花村引入恒大地产，农田消失，人口回流；莲池村为城乡接合部的典型村落，耕地面积在减少，环境脏、乱、差；龙都社区工业污染严重、环境差；同乐村编制美丽乡村规划，但实施力度不够，特色产业不明显；程家船村通过政府介入，引入企业，土地流转，安置点完全城镇化，失去乡村特色，乡村文化正在消失。

(5) 自发形成类

官厅村人文历史悠久，遗存有较多的崖墓群及明末清初修建的毛家私宅，民风淳朴，环境优美，但是养殖技术尚不成熟；桅杆湾村和白沙湾村属于向阳片区。

(6) 工业发展类

永远村依托优势，发展粮食运输、货运等工业，但环境破坏严重；大路坡社区设施破旧，老人居多，村内无活力；鼓子村内有石化西南油气分公司设的挖掘点；星火村内有基督教堂，其养殖业处于发展探索阶段。

(7) 农业发展类

广福村形成韭菜种植产业链，生活接近原始农耕生活；白沙湾村兴起花椒种植产业；古佛村建设葡萄业基地，成为眉工业园区的核心区域；营盘山村进行旅游、农业及风貌改造，有新村建设集中居民点规划，且形成片区式中心村——一般村发展模式。福家坝村、营盘山村和罗家祠村属于方垭片区。

(8) 旅游类

旭光村土地流转，建设猕猴桃观景园；尖山村、五柏村政府企业介入，土地流转，农业产业化，发展观光旅游并实施风貌改造；玉星村通过政府企业介入，打造樱花基地，发展旅游业，实现生态农业循环，但引入农业企业亏损；青杠树村依托农耕文化和林盘，不同于传统乡村但又保留乡村特色及传统生活方式，享受与城市相同的居住条件，类似于田园城市，走出一条独具特色之路；宋安村内有隋唐时期大佛寺。

1.4.2　村民样本

1）总量概况

本文调查主体为四川省农户，对五个县域村民进行抽样调查，有效的问卷涉及农户861户，占四川省乡村总户数的0.414‱；涉及村民及家属2977人，占四川省乡村总人口的0.461‱（表1-5）。

表1-5　调研各市地区村民样本数量及占乡村总人口的比例

地区	乡村户籍总户数（万户）	农户数量（万户）	占比（‱）	乡村户籍总人口（万人）	家庭成员数量（人）	占比（‱）
成都市	222.3	198	0.891	454.9	703	1.545
眉山市	87.2	201	2.305	252.4	758	3.003
凉山彝族自治州	110.0	42	0.382	446.2	154	0.345
广元市	69.4	204	2.939	236.6	687	2.904
绵阳市	136.3	216	1.585	385.8	675	1.750
总计	625.2	861	1.377	1775.9	2977	1.676
四川省	2080.4	861	0.414	6465.1	2977	0.461

注：乡村户籍总户数和户籍总人口数据来源于《四川统计年鉴》(2017)。

2）调查户主基本情况

在调查访谈的过程中，问卷由每一位调查员亲自询问填写。调查数据统计结果显示，被调查户主40岁以上占比超过85%，说明调查时间内家中人口多为中老年人，户口大多在本地，税后年收入3万元以下的占比75.36%，收入不高（表1-6）。

表1-6　调查户主基本情况

基本特征	构成	人数	构成比例（%）
性别	男	557	64.69
	女	304	35.31
年龄	17及17岁以下	4	0.46
	18～40岁	123	14.29

（续表）

基本特征	构成	人数	构成比例（%）
年龄	41～60 岁	444	51.57
	61 岁以上	290	33.68
民族	汉族	819	95.1
	其他民族	42	4.8
受教育程度	小学以下	216	25.09
	小学	223	25.90
	初中	300	34.84
	高中或技校	100	11.61
	大专及以上	22	2.56
税后年收入	3 万元以下	422	75.36
	3 万～5 万元	105	18.75
	5 万元以上	33	5.89

1.4.3 数据来源

（1）资料类的数据来源

本书数据主要来自与四川省人居环境相关的年鉴、报表，以及地质云、国家地球系统科学数据中心、国家基础地理信息中心等网站。年鉴及报表部分主要来自《四川农村年鉴》（2017 年卷）、《四川统计年鉴》（2017）、《四川省第三次全国农业普查数据公报》、四川省各地市州 2017 年统计年鉴、《第三次全国农业普查数据公报》、《水资源公报》、《国民经济和社会发展统计公报》、各区县 2017 年统计公报以及相关专业数据平台等。部分基础性数据来自各区县政府官网所发布当地概况以及调研资料。另外，2015 年课题组调研以外相关科研项目研究积累的数据也是本书资料来源的一部分。

（2）现场调查类的数据来源

由 2015 年课题组及后续相关现场调研各级市、县、镇、村等政府提供，主要通过现场问卷调查采集和统计整理等方式获得。

第 2 章　四川乡村人居环境政策及聚落形态演变

四川乡村人居环境的形成既受到地理自然环境影响，也和不同时期的形势、政策息息相关。四川历史首先是一部移民史，上古时期古青藏高原的古羌族人为了生存向岷山地区和成都平原迁徙。青衣神蚕丛种桑养蚕、望帝杜宇农耕、丛帝鳖灵治水，农业和水利的发展使当时的蜀地成为富饶安宁的世外桃源；秦灭蜀国后，蜀郡成为秦国粮仓，"秦民万家入蜀"；李冰父子修建都江堰，使尚处沼泽地的成都平原拥有千年丰收的物质保证；文翁"以文化蜀"，在成都兴办中国历史上最早的地方官学，以石室为讲堂，促使蜀地居民拥有世代传承的高水平文化素质；西晋后期，甘肃六郡十余万人入蜀；隋唐盛世，大批汉人迁入，形成"文人皆入蜀"的盛况；元末明初，湖北、湖南为主体的南方移民陆续迁入；明末清初，战乱等原因导致发生著名的"湖广填四川"现象；中华人民共和国成立后，"三线"建设成为一次西部大开发，在不同时事政策调控下，不同地区的移民，带给蜀地充足劳动力和先进文化技术，促使四川乡村人居环境在文化、经济、生产、生活方式等方面不断包容交汇并发展演变。直至今日，四川乡村人口流动的地域方向依然可见这种移民文化溯源。

图 2-1　成都望丛祠照壁"天府之源"故事浮雕
注：从左至右分别为"先祖渔猎""教民务农""始植蚕桑""岷江泛滥""鳖灵拜相""开凿玉垒""德垂揖让""五谷丰登""天府之源"。

2015 年课题组四川乡村调研问卷清晰反映出四川乡村人居环境发生明显改变的时间段在 2006 年以后。1990—2005 年，四川乡村人居环境土地规划、房屋建设、村貌改造等方面变化尚不明显，基本保留原有风貌，存在例如整体破旧危房、散落建房、村落人群居住场所缺乏规划、散乱式扩张、道路泥泞狭窄、运输交通工具进出不便、聚落选址于危险地带（江河旁、山谷间、陡坡上）等问题。

2008年“5.12”汶川大地震后的灾区重建是四川乡村人居环境整体改善的契机，全国各省集中人力、物力全面援建，对于四川乡村地区而言，是继历史上大规模移民后，再一次的文化交流和建造规划方式的碰撞。虽然四川在进入社会主义市场经济发展阶段后，因为地理位置和地形、地貌的独特性，其经济、医疗、教育等发展受到一定的制约，整体落后于我国东南部沿海地区。但是也正因为四川地理位置的独特性，通过科学有效地循序发展，四川这个蕴藏重大发展潜力的“聚宝盆”有望成为西部一颗璀璨的明珠和西部大开发战略的引领省份。

本章通过对四川乡村从中华人民共和国成立到党的十九大提出乡村振兴之后的人居环境相关政策的梳理，研究分析四川乡村聚落历史及其近二十年形态演变，整理归纳成都平原从秦汉时期到党的十九大乡村振兴阶段的土地制度，研究分析成都平原典型聚落特征与川西林盘的景观格局演变。

2.1 四川乡村人居环境政策演变

2.1.1 中华人民共和国成立至改革开放前夕(1949—1977年)

中华人民共和国成立之前，四川省城乡融合，乡村生态环境好，重农轻商，基本处于礼俗社会和传统农村社会。中华人民共和国成立初期，四川乡村主要是基层政权建设和乡村社会治理。《关于解放区土地改革、减租减息和征收公粮的指示》《减租暂行条例》等颁布后，农民协会建立。《川北区退还租佃押金实施办法(草案)》废除押金制，其后新生农村基层政权建立，人民民主专政得以巩固，为即将开展土地改革奠定基础。1950年《关于土地改革问题的报告》实行农民土地所有制，彻底改变农村原有生产关系，将农业生产恢复和发展作为当时农村工作首要任务，实现“耕者有其田”。

从1949年中华人民共和国成立到改革开放前，四川省处于“重城轻乡”的发展阶段，实行城乡分割二元结构的计划经济体制，农产品单项输出，乡村生态环境较好，保留着原汁原味的地方民族特色与民族风情，多种民族文化交融，民风淳朴。成都平原河流密布，拥有大面积水田，1970年成都平原耕牛数达到历史最高水平，形成一派田园农耕景象。虽然当时已经实施旧房改造及新房建造，但是村委干部在学历、知识、阅历、专业能力等方面有所欠缺，规划建设主要凭借村民的自我主观能动性实施，几乎没有排水、污水处理、垃圾处理等环卫设施。

2.1.2 改革开放后至“5.12”汶川地震(1978—2008年)

乡村人居环境发展伴随着我国社会主义初级阶段成长过程。改革开放后，四川最早进行农业经营体制改革，出现局部地区先行发展并带动整体前进的局面。例如广汉县金鱼公社实行“分组作业、以产定工、联产计酬”，其后包干到户、包产到户遍及四川乡村，激发农民积极性，推动农业由自给自足生产向社会化、专业化、商品化方向发展。家庭联产承包责任制推动农业生产结构由单一粮食作物生产向多种经营方式转变，从种植业向农、林、牧、副、渔业全面转变。继而剩余劳动力出现，四川多地乡镇企业探索出“进厂不进城、离土不离乡”的就近转移劳动力的新思路。

20世纪90年代，城乡二元经济结构向现代一元经济结构转变。城市优先发展，乡村人口向城市流动迁徙，乡村服务城市，农业服务工业，城乡产业有机整合。90年代初，四川乡村进入市场经济体制转轨时期，探索“两田制”“增人不增地、减人不减地”“大稳定、小调整”等农村土地制度改革模式，探索“公司+农户”“专业合作社+农户”的农业产业化发展，将农户小生产引入社会化大市场。90年代末，四川乡镇企业基本完成产权制度改革。

四川作为全国人口大省，“民工潮”表现突出，四川积极改革城乡户籍管理制度和农民就业制度，建立劳务输出服务机构。村民从业方向的转变促使其离乡进城和向非农化转变，同时也导致不合理的传统农业结构长期得不到改造，现代农业功能普遍不健全，小农经济生产效率低，村民居住条件较差。乡村处于当时经济社会背景下，乡镇企业发展进一步扩张，生态环境遭到破坏，污染超过自净能力范围，生态廊道分割，生态压力增加。乡村违法建设问题凸显，农业萧条、衰败现象逐渐显露。“三农”问题突出，城乡差距进一步拉大。

2003年开始，四川省展开城乡统筹发展探索，以“四位一体”(政治、经济、文化、社会)科学发展战略为导向,大力推进"六个一体化"(城乡规划、城乡产业发展、城乡市场体制、城乡基础设施、城乡公共服务、城乡管理体制)。2007年,成都作为全国统筹城乡综合配套改革试验区以后,推动乡村"四大基础工程"(基层治理、产权制度改革、土地综合整治以及村级公共服务和社会管理改革)建设,开展农村产权制度改革,实施乡村土地综合整治。

2008年《汶川地震灾后恢复重建条例》的制定成为灾区建设的重要法律依据。汶川地震在四川乡村人居环境演变发展过程中属于突变现象,全省经济尤其是成德绵经济带遭受重创。全国各地援建形成四川震区乡村人居环境改变的积极因素,震区分类重建、工业重建结合长江上游生态环境屏障建设保护,探索出生态试验区发展之路。尤其是四川龙门山区域结合历史地理环境、产业发展、民族特点进行乡村人居环境修复性重建、改建及扩建。土地向适度规模集中,农民向城镇新型社区集中,工业向集中发展区集中;乡村建设逐步从无序管理到有序管理、缺乏规划到积极规划、传统自然村落向新型社区大型聚落、单纯注重村民居住建设到居住环境配套综合统筹规划的方向转变。

2.1.3 震后重建和发展阶段(2009—2017年)

此阶段为逐步建立完善城乡一体化体制和机制的阶段。2007年,成都市获批设立"全国统筹城乡综合配套改革试验区"后,成都市在城镇体系、产业布局、基础设施、交通网络、环境保护等方面进行一体化布局,促进城乡均衡发展,开始探索多中心、组团式、网格化的城乡空间格局和人性化、生活化的城乡空间结构。2008年,汶川大地震四川受灾的各地区(主要是乡村、乡镇)得到全国各省的大力支援,从资金到援建队伍,共同推进四川乡村发展,改善了四川乡村人居环境。2010年,《国务院关于印发全国主体功能区规划的通知》从战略高度提出构建"两屏三带"为主题的生态安全战略格局,即包括黄土高原—川滇生态屏障,将成渝地区作为国家层面重点开发区域。成都经济区功能定位在全国统筹城乡发展示范区、西部重要经济中心、全国重要综合交通枢纽、商贸物流中心和金融中心,以及先进制造业基地、科技创新产业化基地和农产品加工基地,形成成都经济区的生态经济发展新格局。

在2014年5月颁布的《国务院办公厅关于改善农村人居环境的指导意见》精神的推动下，2014年6月27日，四川省人民政府办公厅以《关于改善农村人居环境的实施意见》(以下简称《实施意见》)为指导，开始全面进入四川乡村人居环境的改善与治理阶段，明确提出乡村人居环境整治需要加强科学规划引领、改善乡村住房条件、加强乡村基础设施建设、加快公共服务设施与公共场所配套、改善村庄环境风貌等。《实施意见》明确提出四川乡村人居环境发展的具体目标，包括2020年全面完成乡村危房改造任务，2020年全省实现100%的建制村通公路，其中95%为水泥路(柏油路)等。通过对四川乡村人居环境的全面部署，有效实现四川乡村人居环境的科学规划与发展，提升村民生态环境意识，坚定美丽乡村建设步伐，积极推进新时代美丽乡村建设，为实现四川青山绿水的和谐生态乡村人居环境打下坚实基础(表2-1)。

表2-1 四川乡村人居环境政策演变梳理：震后重建和发展阶段

演变阶段	相关政策名称	颁布年份	颁布单位	相关核心内容或重点任务
震后重建和发展阶段	《全国主体功能区规划》	2010	国务院	构建国土空间"三大战略格局"，"两横三纵"为主题的城市化战略格局；构建"七区二十三带"为主体的农业战略格局；构建"两屏三带"为主体的生态安全战略布局
	《关于改善农村人居环境的指导意见》	2014	国务院办公厅	规划先行，分类指导乡村人居环境治理；突出重点，循序渐进改善乡村人居环境；完善机制，持续推进乡村人居环境改善
	《关于改善农村人居环境的实施意见》	2014	四川省人民政府办公厅	强化科学规划引领；大力改善乡村住房条件；加强乡村基础设施建设；加快公共服务设施与公共场所配套；大力改善村庄环境风貌
	《国家新型城镇化规划(2014—2020年)》	2014	中共中央、国务院	提升乡镇村庄规划管理水平，加强乡村基础设施和服务网络建设，加快乡村社会事业发展
	《关于深入推进新型城镇化建设的若干意见》	2016	国务院	新型城镇化是现代化的必由之路，最大的内需潜力，经济发展重要动力，重要民生工程；加快"一融双新"工程，以促进进城务工人员融入城镇为核心，积极推进农业转移人口市民化，辐射带动新农村建设，完善土地利用机制，创新投融资机制，加快培育中小城市和特色小城镇等
	《关于加强乡镇政府服务能力建设的意见》	2017	国务院办公厅	坚持党管乡村工作，牢牢把握中国特色社会主义方向，始终把党的领导作为加强乡镇政府服务能力建设的根本保证

2.1.4 党的十九大以后的乡村振兴阶段(2018—2021年)

2018年2月,中共中央办公厅、国务院办公厅印发《农村人居环境整治三年行动方案》并实施,这是加快推进乡村人居环境整治、进一步提升乡村人居环境水平的重要决策,也是建设美丽宜居乡村、实施乡村振兴战略的一项重要任务,事关全面建成小康社会、广大村民根本福祉、乡村社会的文明和谐。2018年,中共中央总书记、国家主席习近平在党的十九大报告中提出推动“乡村产业振兴、人才振兴、文化振兴、生态振兴和组织振兴”“建立、健全城乡融合发展体制与机制,加快推进农业农村现代化”。2018年9月,四川省委办公厅、省政府办公厅结合本省客观实际发展现状印发《四川省乡村振兴战略规划(2018—2022年)》,对四川省实施乡村振兴战略作出整体部署,明确坚持把实施乡村振兴战略作为新时代“三农”工作的总抓手,推动由农业大省向农业强省跨越。

2018年11月,四川省委办公厅、省政府办公厅印发《“美丽四川·宜居乡村”推进方案(2018—2020年)》(以下简称《方案》),提出“大力实施乡村振兴战略,坚持‘绿水青山就是金山银山,彰显特色、留住乡愁,分类指导、分层建设,农民主体、共建共享’原则,以垃圾、污水、厕所‘三大革命’为主攻方向,扎实抓好乡村生态文明建设、人居环境整治和农业农村污染治理”“构建人与自然和谐共生的乡村发展新格局,不断满足人民群众日益增长的优美生态环境需要,为全面建成小康社会、推动治蜀兴川再上新台阶打下坚实基础”。

《方案》还提出,2020年,全省建成“美丽四川·宜居乡村”达标村2.5万个;不简单模仿城市社区,不整齐划一、千村一面;推广“户分类、村收集、镇转运、县处理”垃圾收运处置模式;实施村容村貌提升“六化”工程,突出川西林盘、彝家新寨、藏区新居、巴山新居、乌蒙新村等不同区域的乡土特色和民族地域特点,推广“小规模、组团式、微田园、生态化”建设模式,延续山水田园与村落相融相合的肌理形态;建设城乡公共服务一体化“六网一中心”工程;实施“四川最美古村落”创建行动;加强山水林田湖草系统治理,大力改善乡村生态环境,维护好“四区八带多点”生态安全格局。

通过实施以上文件的具体要求,使四川乡村发展内生动力,根本上解决“空心化”问题，进而达到农民生产生活便利、川西田园风貌保持、乡村和城镇功能性差别不被消除；通过小规模聚居、组团式布局、微田园风光、生态化建设实现产业支撑有力、功能均衡互补、发展协同错位、风貌特征明显的乡村发展，从而实现乡村“产业兴旺、生态宜居、乡风文明、治理有效、生活富裕”。

成都市在建设“美丽宜居公园城市”目标下，实现乡村规划建设进一步升级，通过“新规划统筹、新制度激活、新标准保障、新抓手推动、新案例示范”等系列探索，把乡村放入城市的发展进程当中，将乡村规划纳入城市国土空间规划中去谋划、安排和部署。突破发展局限，融入区域格局，重塑城乡经济地位；突破孤立发展，破解城乡二元结构，促进资源要素流动，提高中心城区辐射能力，带动全域均衡发展；突破传统规划重空间、轻产业的思维模式，达到利于产、城融合发展。成都市规划管理局制定了《成都市城镇及村庄规划管理技术规定》《成都市小城镇规划建设技术导则》《成都市社会主义新农村规划建设技术导则》《成都市乡村环境规划控制技术导则》；2010 年，成都市在全国首创乡村规划师制度并构建“1573”成都模式，建立“成都产权交易所”全国首个综合性乡村产权交易平台、集体经营性土地入市、结合产业发展用地类别；成都市以产出为导向，对工业、仓储物流、商服文旅和农业产业项目实现差异化土地供给，探索实行“点状供地”和“混合供地”、依法灵活确定地块面积、组合不同用途和面积地块搭配供应、“乡村振兴十大工程”等一系列措施，实现城乡空间布局和形态重塑，推进农业农村现代化，破除城乡经济矛盾，向城乡居民共同富裕的方向迈进。

四川省对四川乡村人居环境不断完善及沉淀，结合新时代背景下的发展契机和网络媒体资源，打造品牌，从乡村旅游、乡村古迹、乡村文化、乡村美食、乡村教育等几个方面融入，形成多元化发展趋势。此外，四川省积极构建现代农业“10 + 3”产业体系及成渝现代高效特色农业带，保证粮食、生猪有效供给，实施“菜篮子”工程；兴建国家级、省、市、县级现代农业园区、科技农业园区、产业融合园区，打造产业强镇，实施乡村振兴战略先进县、乡镇以及示范村建设；打通农产品流通“最初一公里”的冷链物流，扩大家庭农场、集体经济组织；促进乡村改革、高质量发展、供给侧结构性改革，使脱贫攻坚与乡村振兴有效衔接；打造乡村环线文旅经济，构建影视拍摄外景基地、乡村生态农产品购物节等；探索乡村在新时期的多元化发展渠道，扩大美丽乡村的社会影响力，让都市人群回归自然，畅享自然。党的十九大以后的四川乡村人居环境政策详见表2-2。

表2-2　四川乡村人居环境政策演变梳理：党的十九大以后的乡村振兴阶段

演变阶段	相关政策名称	颁布年份	颁布单位	相关核心内容或重点任务
党的十九大以后的乡村振兴阶段	《四川省成都市历史建筑和历史文化街区保护条例》	2017/2018修正	成都市人民代表大会常务委员会	包括总则、历史建筑和历史文化街区的认定、历史建筑的保护、历史文化街区的保护、法律责任及附则；历史建筑和历史文化街区保护，应遵循统一规划、分类管理、有效保护、合理利用的原则；等等
	《四川省乡村振兴战略规划（2018—2022年）》	2018	四川省委、省政府	按照产业兴旺、生态宜居、乡风文明、治理有效、生活富裕的总要求，构建乡村振兴新格局；推动乡村产业高质量发展；建设美丽四川宜居乡村；打造乡风文明新乡村；等等
	《关于打赢脱贫攻坚战三年行动的指导意见》	2018	中共中央、国务院	包括总体要求，集中力量支持深度贫困地区脱贫攻坚，强化到村到户到人精准帮扶举措，加快补齐贫困地区基础设施短板，加强精准脱贫攻坚行动支撑保障；动员全社会力量参与脱贫攻坚，夯实精准扶贫精准脱贫基础性工作；加强和改善党对脱贫攻坚工作指导八部分
	《"美丽四川·宜居乡村"推进方案（2018—2020年）》	2018	四川省委办公厅、省政府办公厅	加强规划引领；推进农村人居环境整治"三大革命"（"垃圾革命""污水革命""厕所革命"）；实施村容村貌提升"六化"工程积极推动家园美化；实施城乡公共服务一体化"六网一中心"工程；实施发展美丽经济"五变"行动；加强山水林田湖草系统治理；等等
	《四川省人民政府办公厅关于加强古镇古村落古民居保护工作的意见》	2019	四川省人民政府办公厅	包括总体要求、主要任务、支持政策、保障措施四部分；提升农房品质和乡村风貌；补齐基础设施短板；大力推动文旅融合发展，打造主题旅游线路，促进文化旅游、演艺娱乐和艺术创意等新兴业态开发；开展"最美古镇古村落"创建行动；活态传承优秀传统文化；保护山水林田湖草生态环境；等等
	《关于在国土空间规划中统筹划定落实三条控制线的指导意见》	2019	中共中央办公厅、国务院办公厅	以资源环境承载能力和国土空间开发适宜性评价为基础，科学有序统筹布局生态、农业、城镇等功能空间，强化底线约束，优先保障生态安全、粮食安全、国土安全
	《关于建立国土空间规划体系并监督实施的若干意见》	2019	中共中央、国务院	建立国土空间规划体系并监督实施，将主体功能区规划、土地利用规划、城乡规划等空间规划融合为统一的国土空间规划，实现"多规合一"，强化国土空间规划对各专项规划的指导约束作用

（续表）

演变阶段	相关政策名称	颁布年份	颁布单位	相关核心内容或重点任务
党的十九大以后的乡村振兴阶段	《关于建立以国家公园为主体的自然保护地体系的指导意见》	2019	中共中央办公厅、国务院办公厅	包括总体要求、构建科学合理的自然保护地体系、建立统一规范高效的管理体制、创新自然保护地建设发展机制、加强自然保护地生态环境监督考核等六部分；总体目标为建成中国特色的以国家公园为主体的自然保护地体系，推动各类自然保护地科学设置，建立自然生态系统保护的新体制新机制新模式，建设健康稳定高效的自然生态系统等
	《国家城乡融合发展试验区改革方案》	2019	国家发展改革委等 18 个部门	建立健全城乡融合发展体制机制和政策体系；坚持农业农村优先发展，以缩小城乡发展差距和居民生活水平差距为目标，以协调推进乡村振兴战略和新型城镇化战略为抓手，以促进城乡生产要素双向自由流动和公共资源合理配置为关键，突出以工促农、以城带乡，破除制度弊端、补齐政策短板等；将四川成都西部片区纳入国家城乡融合发展试验区；等等
	《市(州)“三线一单”成果落地应用完善技术要求》	2020	四川省生态环境厅	强调为资源环境保护设红线、立禁区，注重为经济高质量发展建通道、划跑道；“粗细相宜、宽严相济”；通过实施“三线一单”生态环境分区管控实现生态环境高水平保护和经济高质量发展；等等
	《四川省传统村落保护条例》	2020	四川省人大常务委员会	界定传统村落概念，包括自然村和行政村；对传统村落的保护发展事项纳入村规民约；申报传统村落应具备的条件；建立保护发展专家库；保护发展规划内容；建立保护管理信息系统，实行挂牌保护；纳入文化旅游发展规划、地方志；等等

2.2　四川乡村聚落演变

2.2.1　四川乡村聚落演变影响因素

乡村聚落是人类活动与其所处特定地理环境结合的产物，乡村聚落演变影响因素包括自然因素、文化因素和社会因素。自然因素决定聚落选址、规模及基本物质形态，文化因素影响聚落空间基本内涵特征，社会因素则是聚落空间形态发展的驱动内因。

1）自然因素

自然环境决定聚落自然属性，地形、河流、气候等因子决定乡村聚落的空间形态，地形及地质条件决定耕地大小及质量。以农耕生产为主的乡村，耕地资源限制聚落规模发展。四川省平原及丘陵地区地形较平缓，耕地资源丰富，聚落规模发展几乎不受阻碍；山地峡谷地区无法为乡村聚落发展提供充足土地资源，聚落数量远远少于平原、丘陵地区，其乡村聚落规模也相对较小。例如，四川省高山峡谷地区聚落具有“大分散、小聚集”分布特征，四川省农业型村庄分类及发展与该区域地形地貌特征、植物群落分布等都直接相关。

水资源是决定聚落选址的重要因素。四川境内共有大小河流约 1 419 条，多数河流汇集于东部盆地地区，形成密布水系网络，因此该地区的乡村聚落分布更为密集。聚落选址傍水、近水、跨水，至今保留下来的许多四川传统名镇依然保留着曾经繁荣的水码头。

此外，四川省气候的区域性差异决定聚落分布。四川西北部地区属高原高寒气候，低温少雨，不适宜农作物生长及人类居住，居民点极少；南部地区属亚热带半湿润气候，高温多雨，虽利于农作物生长却较为炎热，聚落分布较少；东部地区为中亚热带湿润气候，温暖湿润，雨水充沛，乡村聚落多集中此处。

2）文化因素

四川乡村文化主要包括宗族文化、民族文化和风俗文化。宗族文化基于血亲关系，由宗亲社会体系衍生形成。祠堂作为乡村聚落中最为常见的祭祀建筑，常位于聚落中心位置，或者空间轴线上的重要公共空间节点，是宗族文化的实质性载体，是宗族成员的精神寄托。聚落中其他居住建筑围绕祠堂修建，在聚落内部空间形态上表现出内聚性。四川作为多民族聚居地，还具有独特而丰富的地域性民族文化，如藏羌文化、彝族文化、摩梭文化等。风俗文化具有地域性差异，四川地区由于人口迁移活动频繁，各地不同的风俗文化相互碰撞并在长期发展中不断融合，如饮食文化、地方方言、传统节日、服饰文化等。宗族文化、民族文化和风俗文化迄今仍然作为集体记忆在四川乡村普遍存在。

3）社会因素

乡村聚落的社会因素主要包括社会经济发展和社会变迁两个方面。社会经济发展方面包括产业多样化、交通通达性及政策指向性影响等。产业结构调整、生产生活方式改变等是促进聚落空间演变的驱动内因；交通通达性改变自然环境对聚落发展的束缚，刺激经济增长，带来聚落空间品质的提升；政策指向性引发乡村人口城镇流动、城市规划师进行乡村规划等（表 2-3）。城镇一体化、城市意识流入乡村等都会引发聚落空间演变，例如修建大量现代风格的洋楼、别墅，影响了传统乡村聚落形态的延承。[4]

表 2-3　四川乡村聚落发展过程中相关数据指标梳理

影响因素	具体内容及政策
乡村人均住房面积	四川省乡村人均住房面积约 40 平方米
耕地面积	四川省面积 48.5 万多平方千米，耕地面积 1.008 4 亿亩，全省 21 个市（州）、183 个县（市、区）划定永久基本农田 7 806 万亩
宅基地面积	《四川省〈中华人民共和国土地管理法〉实施办法》（2012 年修正本）：宅基地面积标准为每人 20～30 平方米，3 人以下的户按 3 人计算，5 人以上的户按 5 人计算；扩建住宅所占土地面积应当连同原宅基地面积一并计算；新建住宅全部使用农用地以外的土地的，用地面积可适当增加，增加部分每户最多不得超过 30 平方米
乡村征地政策	征收耕地补偿标准：旱田平均每亩补偿 5.3 万元，水田平均每亩补偿 9 万元，菜田平均每亩补偿 15 万元；征收基本农田补偿标准：旱田平均每亩补偿 5.8 万元，水田平均每亩补偿 9.9 万元，菜田平均每亩补偿 15.6 万元；征收林地及其他农用地平均每亩补偿 13.8 万元；征收工矿建设用地、村民住宅、道路等集体建设用地平均每亩补偿 13.6 万元；征收空闲地、荒山、荒地、荒滩、荒沟和未利用地平均每亩补偿 2.1 万元
危房改造政策	补助对象为五保户、低保户、贫困残疾人家庭、其他贫困户，住房鉴定为 C 或 D 级危房，按东、中、西部每户补助 6 500 元、7 500 元、9 000 元的标准，同时按人均 1 200 元标准补助；支持建设危房改造供热等配套基础设施
土地流转政策	坚持最严格的耕地保护制度，切实保护基本农田；落实相关税收优惠政策，支持种养大户、家庭农场、农民合作社和从事现代种养业的新型农业经营主体，通过土地流转进行规模经营、发展现代农办工业；以转包、出租、入股方式流转承包地的原土地承包关系保持不变；土地互换、转让的，原土地承包关系发生改变
“三生空间”政策	以生态建设项目为载体的政策性保护，每年每人获得的森林生态效益补偿资金 1 200 元、草原生态奖补贴 400 元、自然保护区补贴 400 元，以上合计每人每年从生态角度获得的补贴是 2 000 元；各户因退耕还林面积不同，补贴也有所差别

2.2.2 四川乡村聚落历史演变

四川古称“巴蜀之地”，相传蜀族源于古氐羌人，兴起于岷江上游，至今四川西北部北川县仍保留有“禹沟”“大禹故里”等遗迹。在李白的《蜀道难》中对于当时情景有所描述：“噫吁嚱，危呼高哉，蜀道之难，难于上青天。蚕丛及鱼凫，开国何茫然。尔来四万八千岁，不与秦塞通人烟。”依据任乃强《四川上古史新探》的研究，认为蜀族是古羌人一支，从甘肃、陕西一带迁徙至岷江上游，“柏灌”时期外迁，据说为蜀人看见柏树和白鹤遂改部落名为“柏鹤氏”，彭县至今有“白鹤村”。蜀人在“鱼凫”时期从彭县海窝子进入成都平原[5]。

1) 古蜀国时期

据考证，古蜀国都城位于距今约五千年历史的广汉三星堆遗址。其内古代居住区房屋遗址的发掘反映出当时房屋分布密集，平面形态多为正方形或圆形，大小在10～60平方米之间，面积较小的是普通家庭居所，较大的是母系族长居所或“公堂”。三星堆晚期遗址出现长方形建筑平面，其朝向多呈东南或西南向，室内区域已有明显分隔，屋内还发现窖坑遗迹，这标志着母系社会向父系社会过渡(图2-2)[6]。成都十二桥商代干栏居住建筑遗址反映了当时典型的川西平原湖沼地区居住形态，利用干栏结构架空底层防潮、避水以适应环境，初具后世四川民居的雏形(图2-3)[7]。

图2-2 广汉三星堆古代居住区房屋遗址
资料来源：庄裕光.巴蜀民居源流初探[J].中华文化论坛，1994(4)：76-82，55.

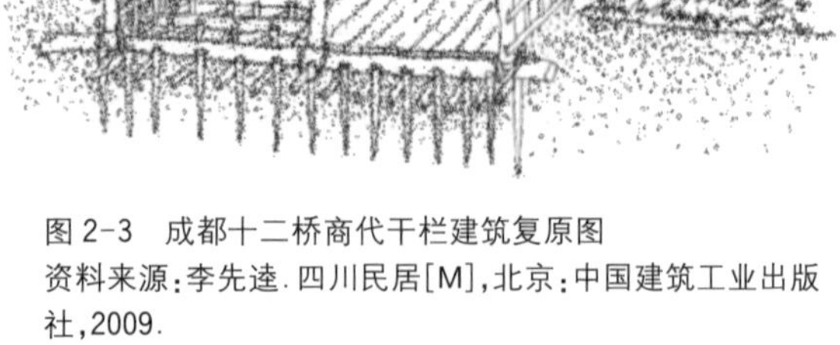

图2-3 成都十二桥商代干栏建筑复原图
资料来源：李先逵.四川民居[M]，北京：中国建筑工业出版社，2009.

2）秦朝初期

都江堰水利工程的修建促使四川成为重要的农业经济发展地区，依托川西平原自然环境优势，城市建设飞速发展，史籍有“仪筑成都，以象咸阳”“与咸阳同制”的记载。大量陕甘一带的秦人迁徙入川，给四川带来陕甘秦人的风俗习惯，其中就包括民居的建筑形制。受到中原文化的影响，四川民居建筑形制逐步由干栏式转变为庭院式结构。成都郊区牧马山出土一块汉代画像砖记录并展示了当时四川典型庭院式民居的全貌，廊庑庭院、重门厅堂均有布置，前庭、后院、库储、杂务四个功能区明确，与中原地区的民居形制无较大差异。建筑主轴线将宅院前后分为两个院子，前院立有一座悬山式宅门，宏伟高大，第二道门后为主院，台基上建有面阔三间的木柱、抬梁式正面厅堂，庭院内布置木结构回廊以适应四川夏季热、雨水多的气候特点。副轴线也分前后两个院落，前院布置厨灶及仆人的居所，后院则为储藏室，中间建有一个正方形三层阙楼，兼有仓储防潮及瞭望防守的功能（图 2-4）[7]。

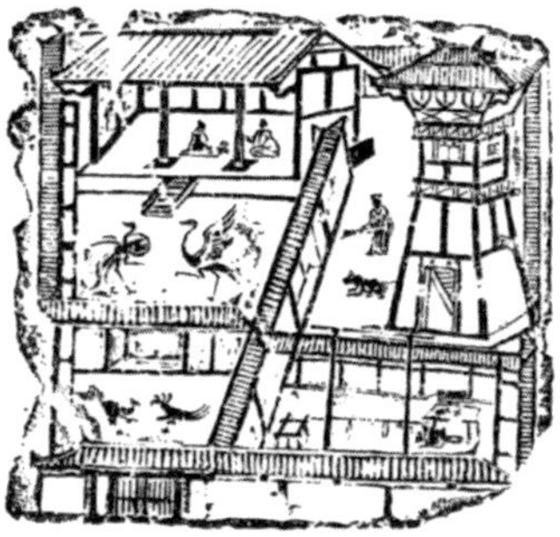

图 2-4　成都郊区牧马山大型四合院汉画像砖

资料来源：李先逵. 四川民居[M]. 北京：中国建筑工业出版社，2009.

3）唐宋时期

四川地区经济、文化繁荣发展，城市建设活动兴起，封建社会发展至鼎盛时期。建筑风格从汉代的简约、淳朴演化为宏伟、奢华，建筑工艺得到空前发展，建筑体量及院落格局更为宏大，宅院建造兴起，出现巴蜀园林的雏形。乡村地区由于均田制的推行及商品经济的空前发展，农民对土地、水利开发意愿增强，乡村集镇蓬勃兴起，此时乡村地区的民居仍以干栏式吊脚楼形制为主。

4）明清时期

“湖广填四川”政策引导下，发生多次大规模人口迁移运动，多元文化因此引入四川。四川四合院风格民居作为文化融合的代表性产物，大多散布于乡村地区，依地势环境自由发展，形成形态各异的居住组团，反映当时大家族宗亲社会人丁兴旺的盛况。就乡村聚落形态而言，由于南方精耕细作生产方式的广泛应用及“落担”“插占”制度的实行，农户与耕地间关系愈加紧密，为提高生产效率，缩短工作半径，随田而居的聚落形态逐渐普及，最终形成“大杂居、小聚居”的基本格局。

1840 年鸦片战争后，随着国外文化渗入，中西结合的建筑形式成为新潮，乡村地区场镇出现一种在延续传统民居模式的基础上采用西式柱廊拱券结构的房屋。

四川东部盆地地区自然环境条件优良，自古以来人口密集，并以汉族为主体，中国传统木结构建筑一直是四川东部盆地地区民居的主导兴建模式。自秦并巴蜀后，四川东部盆地地区受中原及周边地区影响较大，尤其是多次大规模人口迁移运动引起人口结构变动及文化融合，促使民居由建筑单体过渡为建筑群体，其功能及类型得到丰富、充实，最终形成较为完善的民居建筑体系（图 2-5）。

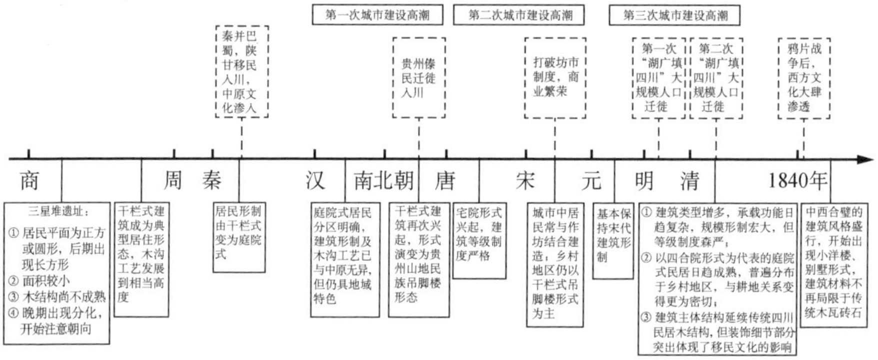

图 2-5 四川东部盆地乡村聚落演变历史

四川西部高原地区是青藏高原东南缘和横断山脉的一部分，自古以来就生活着众多民族，垂直地带性显著。阳光、水、冲积扇、河谷阶地、植物分布和海拔高度对乡村聚落区位影响很大。乡村聚落受耕种条件的影响大多在海拔 3 500 米以下，分布于河谷冲积扇区域。聚落分布具有分散性特征，海拔上限也存在孤居情况。四川省内世代居住着彝族、藏、羌、土家、回、苗、蒙古、满、白、纳西、布依、傣、壮、傈僳 14 个民族，各个民族“大杂居、小聚居”特色明显。四川西部高原地区乡村聚落随着时间演变不明显，主要依据乡村聚落主体，即多样化民族所蕴含不同的文化、习俗及生产方式，而呈现出形制各异的民居建筑，使聚落的形态、规模、分布受到一定影响。民居形制以民居主体结构及内部格局为划分标准，可以划分为碉房（石室和土屋）、板屋、帐房三种类别。

（1）石室

起源于殷商时期的石室是四川西部高原地区历史最悠久的民居形制。依托多山、石材资源丰富的优势，石室以天然石块和黄泥作为主要材料，垒石成屋，屋顶多为平顶，以泥土覆盖，常利用天窗或天井弥补屋内采光、通风的不足。其内部分隔成三至五层不等，以木楼梯连通，底层圈养牲畜，中层供起居生活，上层储物贮粮，顶层则常做经堂使用。石室除顶部设天窗、天井外，其余各层墙体均开小方孔。满足通风采光的同时，兼顾瞭望射击需求（图 2-6）。

图 2-6　四川桃坪羌寨鸟瞰（左）及瞭望口（右）

（2）板屋

宋代以后，四川西部高原地区以汶川为界，西部多石室的碉式民居，东部山林地区则依托丰富的林木资源，出现板屋民居。根据其墙体材料的不同将板屋划分为石墙式板屋、井干式板屋、混合式板屋等。羌族聚落历经选点、萌芽、生长、兴旺，遵循“选址—原点居民—核心组团—村寨—初级集团—中级集团—更高层次的松散联盟”的演化程序[8]。

（3）帐房

四川西部高原游牧地区常见的民居形制，多以毛毡为主材搭建，依据平面形态可分为一颗印式和蒙古包式，二者内部布局大致相同，锅庄位居中心，人坐、卧于锅庄旁，其余一切器具均陈列于锅庄周围。

四川西部高原乡村聚落由于所处自然环境较为恶劣，生产力水平相对落后，地区经济、文化发展缓慢。虽然几百年来历经多次人口迁移，但是随着历史文化名城名村等相关扶持政策的普及，藏、羌、彝等民族聚落形态基本得以传承与保留，成为民族文化的活化石。

2.2.3 四川乡村聚落形态演变

四川乡村类型丰富，乡村聚落地学适宜性分布特征明显。本节主要依据四川地形选取平原区、丘陵区、峡谷区、山地区、高原区等样本，结合农业型、混合型、林业型等乡村类型，根据地形地貌、社会变迁、经济发展、文化背景等，选取不同地形区乡村典型聚落（表 2-4），借助 91 卫图及 ENVI 软件进行分析。91 卫图下载 2000 年、2010 年、2020 年的典型乡村聚落影像图，运用 ENVI 进行林地、建筑、耕地、公路、水体监督分类。AUTOCAD 软件按照下载影像图比例尺，进行聚落边界周长和面积计算，得出聚落边界外接矩形长宽比（λ）及聚落分形指数（P），定量解析聚落形态演变过程。

表 2-4 四川乡村典型聚落形态样本选取

<table>
<tr><th colspan="2">四川地形分区</th><th>四川乡村类型</th><th>样本库</th><th>典型聚落</th></tr>
<tr><td rowspan="6">东部盆地区</td><td rowspan="3">平原区</td><td>农业型</td><td>电光村、桂桥村、双林村、大汉村、彩林村、天王村、南佛村等</td><td>电光村</td></tr>
<tr><td>混合型</td><td>雷湾村、升平村、大庙村等</td><td>雷湾村</td></tr>
<tr><td>林业型</td><td>石羊村、普星村、天马村、两河村、三溪村、上元村等</td><td>石羊村</td></tr>
<tr><td rowspan="3">丘陵区</td><td>农业型</td><td>望八村、碧峰村、新院村、东京村等</td><td>望八村</td></tr>
<tr><td>混合型</td><td>长岩村、茅岭村、官渡村等</td><td>长岩村</td></tr>
<tr><td>林业型</td><td>辉山村、越林村、仓门村、石柱村、田岭村、马滩村等</td><td>辉山村</td></tr>
<tr><td rowspan="4">西部高原区</td><td>峡谷区</td><td>林业型</td><td>汪堆村、马岩村、日乃村、举冲村等</td><td>汪堆村</td></tr>
<tr><td rowspan="2">山地区</td><td>混合型</td><td>木古宜莫村、布哈村、加尔村等</td><td>木古宜莫村</td></tr>
<tr><td>林业型</td><td>果木村、古井村、金岩村、罗卜村等</td><td>果木村</td></tr>
<tr><td>高原区</td><td>牧业型</td><td>夺呷村、哈达村、舍龙村等</td><td>夺呷村</td></tr>
</table>

1) 东部盆地地区

(1) 平原区农业型乡村聚落——电光村

四川省平原区彭州市蒙阳镇电光村，地处濛阳河畔，由于政府大力发展农业，把蒙阳镇打造成蔬菜基地，电光村受其影响成为典型的农业型乡村。

① 居民点规模变化

电光村 2000 年常住人口 2 243 人，2010 年常住人口 2 647 人，2020 年常住人口 2 825 人。近 20 年，电光村常住人口数和居民点建筑占地面积整体均呈增长趋势，居民点规模在不断扩大(表 2-5)。

② 居民点形态变化

从 2000 年到 2020 年，电光村的耕地面积明显增多。通过聚落形态指标可知，2000 年和 2010 年电光村聚落形态为具有团状倾向的指状聚落，居民点分布较分散(图 2-7)，10 年之间聚落形态变化不明显；2010 年至 2020 年，居民点出现新农村安置点房，呈现团状聚落，形态明显变化。

表 2-5　电光村人口数量、居民点建筑占地面积及聚落形态特征变化

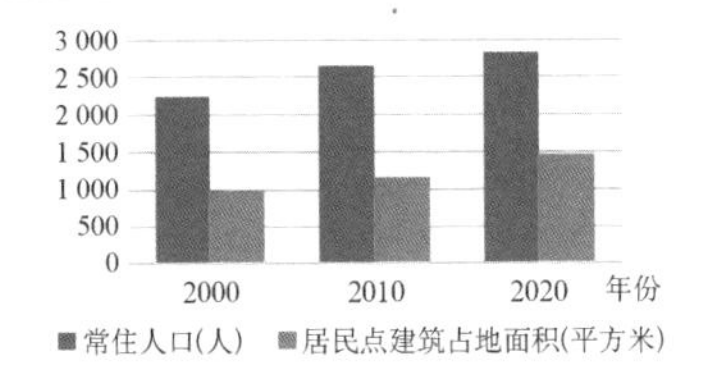

	边界外接矩形长宽比(λ)	分形指数(P)	形态特征
2000 年	1.43	2.32	团状倾向指状聚落
2010 年	1.45	2.25	团状倾向指状聚落
2020 年	1.48	1.37	团状聚落

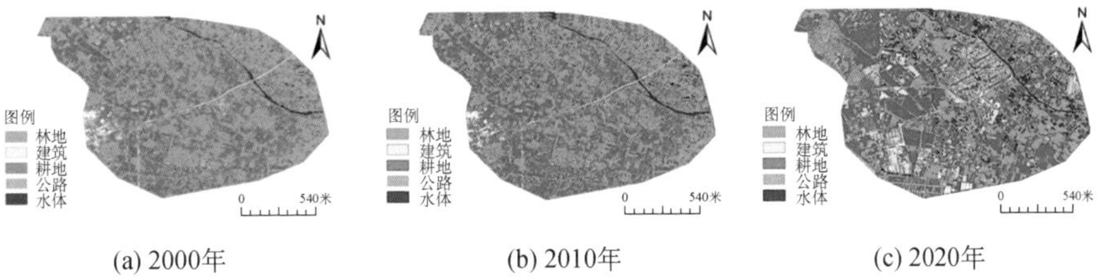

图 2-7　电光村监督分类图

(2) 平原区林业型乡村聚落——石羊村

成都市郫都区友爱镇石羊村是典型的川西林盘乡村聚落。石羊村 2020 年耕地面积 1 874 亩，其中 1 000 亩以上种植的是经济苗木，占耕地面积 60%，是典

型以苗木、农产品种植业为主的乡村，长期在外打工人数约 500 人以上。

① 居民点规模变化

石羊村 2000 年常住人口 1 032 人，2010 年常住人口 1 420 人，2020 年常住人口 1 638 人。近 20 年，石羊村常住人口数和居民点建筑占地面积整体均呈增长趋势，居民点规模在不断扩大（表 2-6）。

表 2-6　石羊村人口数量、居民点建筑占地面积及聚落形态特征变化

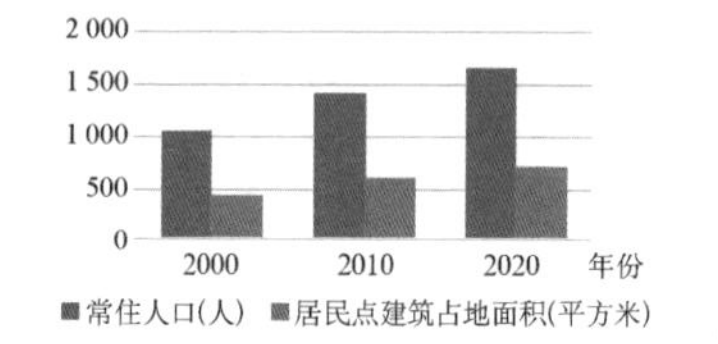

年份	边界外接矩形长宽比(λ)	分形指数(P)	形态特征
2000 年	1.43	2.04	团状倾向指状聚落
2010 年	1.45	1.96	团状聚落
2020 年	1.42	1.69	团状聚落

② 居民点形态变化

通过聚落形态指标可知 2000 年石羊村聚落形态为具有团状倾向的指状聚落，居民点分布较分散，主要沿着道路排列；2010 年和 2020 年电光村聚落形态为团状聚落，与 2000 年相比，交通道路明显增多，且居民点仍然沿着道路分布，居民点分布更加密集（图 2-8）。

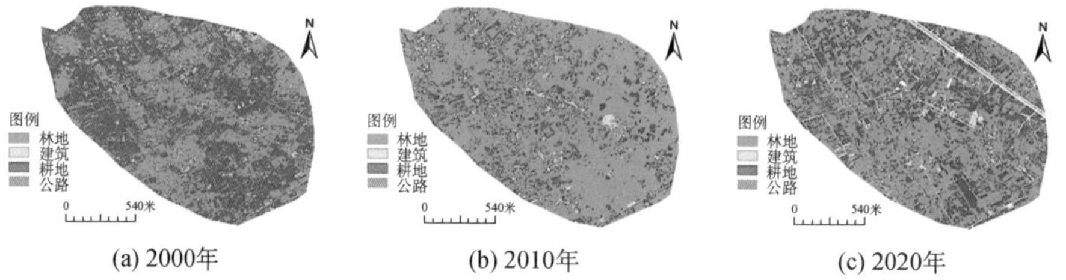

图 2-8　石羊村监督分类图

(3) 平原区混合型乡村聚落——雷湾村

四川省成都崇州市廖家镇雷湾村是典型的工业和农业结合乡村。在其村域内，有三个工厂，村内常住人口一部分从事农业，一部分从事工业。

① 居民点规模变化

雷湾村 2000 年常住人口 1 796 人，2010 年常住人口 1 861 人，2020 年常住人口 2 107 人。近 20 年，雷湾村常住人口数和居民点建筑占地面积整体均呈增长趋势，居民点规模在不断扩大（表 2-7）。

表 2-7　雷湾村人口数量、居民点建筑占地面积及聚落形态特征变化

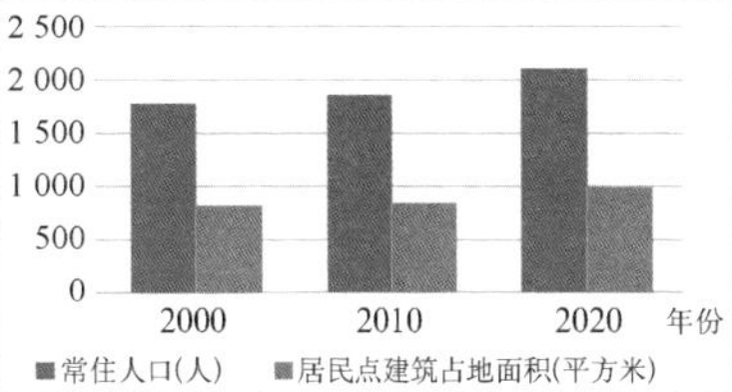

年份	边界外接矩形长宽比(λ)	分形指数(P)	形态特征
2000 年	1.53	1.75	带状倾向团状聚落
2010 年	1.46	1.72	团状聚落
2020 年	1.32	1.65	团状聚落

② 居民点形态变化

通过聚落形态指标可知，2000 年雷湾村聚落形态为具有带状倾向的团状聚落，居民点分布较集中，以三个工厂为核心分布；2010 年和 2020 年雷湾村聚落形态为团状聚落，与 2000 年相比，工厂修建新的工人宿舍区将工人集中安置，导致居民点分布更加密集(图 2-9)。

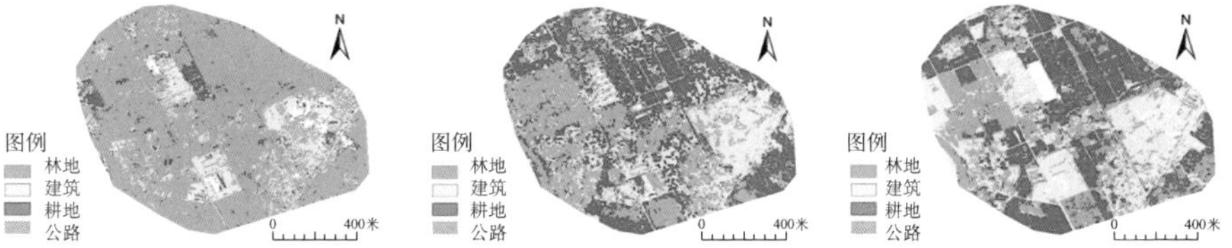

(a) 2000年　(b) 2010年　(c) 2020年

图 2-9　雷湾村监督分类图

四川东部盆地平原区土地资源充足，适宜人们居住。近 20 年，四川平原地区乡村聚落常住人口及居民点规模呈现稳定增长趋势。由于新农村建设相关政策影响，乡村经济主要以农业、林业和工业结合发展，并且平原区乡村大量新型社区的修建，使乡村聚落边界外接矩形长宽比变小、分形指数变小，2020 年团状聚落成为东部盆地平原区乡村聚落典型形态。

(4) 丘陵区农业型带状倾向团状聚落——望八村

四川省广安市前锋区观塘镇是广安市打造的“十大农业园区”之一，利用连接广安区、前锋区两条主要干道都贯穿观塘镇的区位优势，推进港前大道大美田园产业融合示范园建设，打造观塘三台—仁和—白云片区美丽乡村产业园。2019 年，望八村内的石柱坪徐氏家族墓列为广安市第四批市级文物保护单位。望八村是典型的农业型乡村，被列入 2021 年财政转移支付高标准灾毁农田修复项目。

① 居民点规模变化

望八村 2000 年常住人口 634 人，2010 年常住人口 1 254 人，2020 年常住人口 1 590 人。2000—2010 年常住人口和居民点建筑面积接近翻倍，近 20 年整体呈增长趋势，居民点规模在扩张（表 2-8）。

表 2-8　望八村人口数量、居民点建筑占地面积及聚落形态特征变化

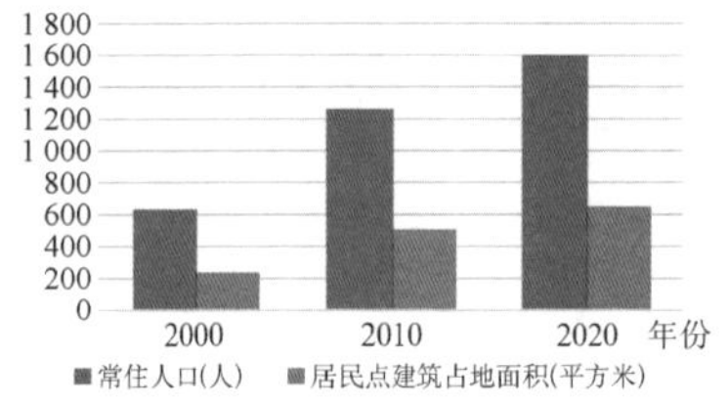

年份	边界外接矩形长宽比(λ)	分形指数(P)	形态特征
2000 年	1.42	1.67	团状聚落
2010 年	1.57	1.84	带状倾向团状聚落
2020 年	1.45	2.45	团状倾向指状聚落

② 居民点形态变化

通过聚落形态指标可知，2000 年望八村聚落形态为团状聚落，居民点分布比较分散；2010 年望八村聚落形态为具有带状倾向的团状聚落，受地势及道路影响，居民点主要沿着道路分布在地势较低的地方；2020 年望八村聚落形态具有团状倾向的指状聚落，受新型乡村建设的影响，修建新型社区，居民集中安置。近 20 年，望八村聚落边界外接矩形长宽比并无太大变化，随着人口数量及居民点建筑占地面积的增多，分形指数增大，聚落形态主要由团状聚落演变成具有团状倾向的指状聚落。团状聚落具有辐射性特征，由于自然环境或建设因素，呈现出从中心向四周辐射发展趋势，未来发展应注重其生态格局和空间品质优化（图 2-10）。

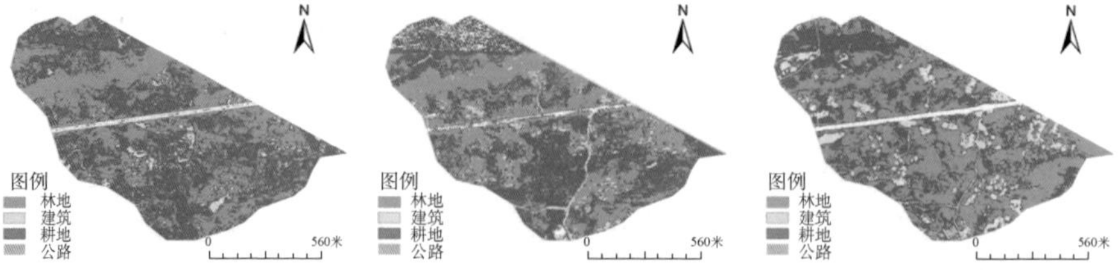

(a) 2000年　(b) 2010年　(c) 2020年

图 2-10　望八村监督分类图

（5）丘陵区林业型聚落——辉山村

四川省达州市经济开发区幺塘乡辉山村在 2021 年推行基层社会治理新模

式，实施“网格管理+法律服务+乡贤支持”多元模式①，按照“一村一品”发展思路，利用“基地务农土地流转”模式，邀请农技人员进行全程技术指导，引导农户发展青脆李产业。村域内地形起伏复杂，居民点主要沿着道路分布，丘陵部分主要是林地。

① 居民点规模变化

辉山村2000年常住人口350人，2010年常住人口357人，2020年常住人口610人。辉山村2010—2020年常住人口数量和居民点建筑占地面积较2000—2010年增长明显，整体处于增长趋势(表2-9)。

表2-9 辉山村人口数量、居民点建筑占地面积及聚落形态特征变化

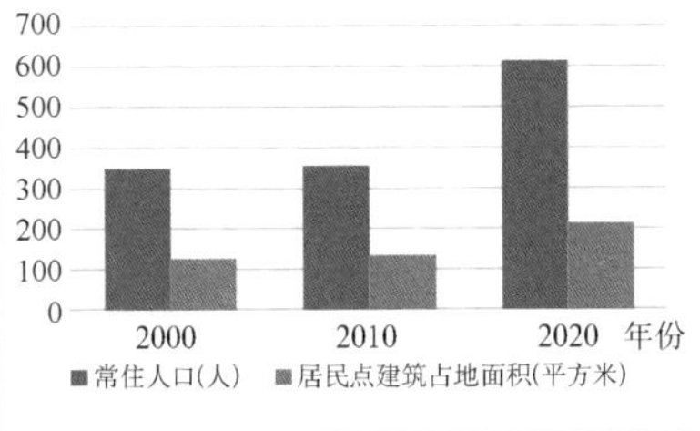

年份	边界外接矩形长宽比(λ)	分形指数(P)	形态特征
2000年	2.85	1.69	带状聚落
2010年	2.96	1.63	带状聚落
2020年	1.78	1.87	带状倾向团状聚落

② 居民点形态变化

通过聚落形态指标可知，2000年和2010年辉山村聚落形态为带状聚落，居民点主要沿着一条交通干道分布；2020年辉山村聚落形态为具有带状倾向的团状聚落，由于山势陡峭，空间格局多呈弯曲带状。比较2000年、2010年，辉山村作为经济开发区的一部分，村域内新修了多条道路，2019年辉山村进行村道公路升级改造。近20年，随着人口数量及居民点建筑占地面积增多，水体面积减少，辉山村聚落边界外接矩形长宽比变小，分形指数并无太大变化。聚落形态主要由带状聚落演变成具有带状倾向的团状聚落(图2-11)。

四川东部盆地丘陵区较平原区而言，近20年，常住人口及居民点建筑占地面积呈现倍数增长，居民点沿道路布局明显，多修道路及道路改造提升，乡村聚落形态呈现带状指状趋势。由于临近成都平原，经济开发区及农业产业园区规划对于当地乡村人居环境改变产生影响。

① 辉山村划分为3个网格区域进行管理，再进行细分，按村民小组、农家院坝、公路边界、企业周边、村(组)接合部等细分为“N”个小网格。以大网格联动小网格、以小网格撬动大网格的管理模式。

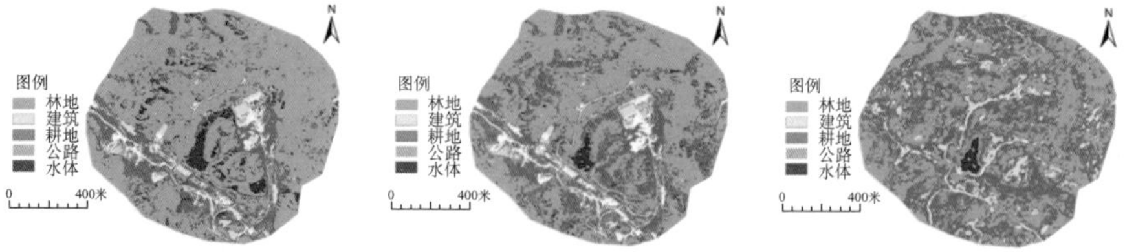

(a) 2000年 (b) 2010年 (c) 2020年

图 2-11 辉山村监督分类图

2）西部高原地区

（1）峡谷区林业型带状聚落——汪堆村

四川省甘孜藏族自治州雅江县西俄洛镇峡谷地区汪堆村，林地面积113.73平方千米，耕地面积877.5亩，主要以林业为主。农作物种植以青稞、小麦、马铃薯等为主。该地区旅游资源丰富。

① 居民点规模变化

汪堆村2000年常住人口652人，2010年常住人口683人，2020年常住人口668人。近20年，汪堆村受地形影响，常住人口数和居民点建筑占地面积整体并无太大变化（表2-10）。

表 2-10 汪堆村人口数量、居民点建筑占地面积及聚落形态特征变化

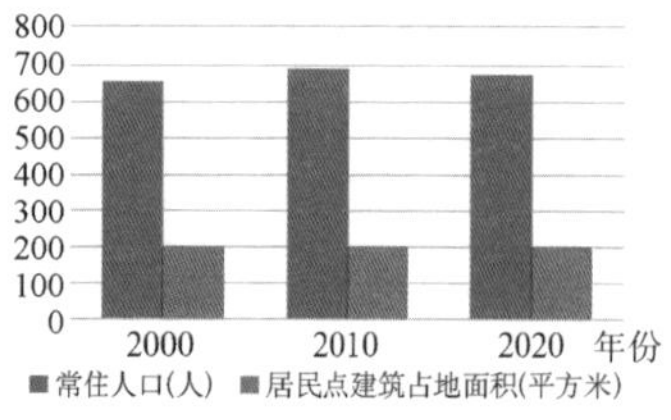

年份	边界外接矩形长宽比(λ)	分形指数(P)	形态特征
2000年	3.54	1.75	带状聚落
2010年	4.51	1.72	带状聚落
2020年	3.52	1.75	带状聚落

② 居民点形态变化

通过聚落形态指数可知，2000年、2010年和2020年汪堆村聚落形态都为带状聚落，居民点沿着河道线性要素分布，受峡谷地形影响，居民点集中分布成带状。从汪堆村聚落演变模式可以看出，峡谷区自然灾害较多，适合人们居住的土地较少，居民点发展规模受限。近20年，乡村聚落规模及形态并无变化，带状聚落为峡谷区主要聚落形态（图2-12）。

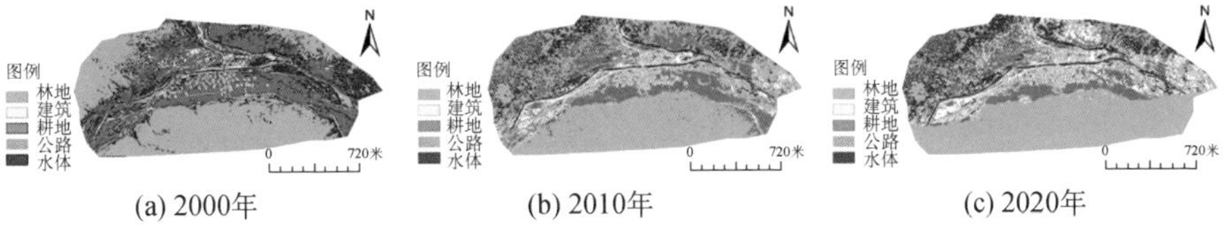

图 2-12　汪堆村监督分类图

（2）山地区林业型带状倾向指状聚落——果木村

四川省凉山彝族自治州宁南县骑骡沟镇果木村，居民点主要分布在山脉上，可利用耕地较少，大部分属于林地。

① 居民点规模变化

果木村 2000 年常住人口 632 人，2010 年常住人口 784 人，2020 年常住人口 786 人。近 20 年，果木村常住人口数量和居民点占地面积在缓慢增加，表明居民点规模在缓慢扩大(表 2-11)。

表 2-11　果木村人口数量、居民点建筑占地面积及聚落形态特征变化

<table>
<tr><td rowspan="4">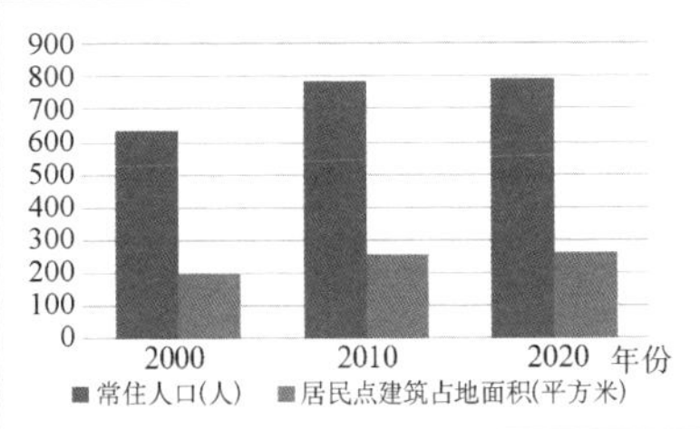
</td><td>年份</td><td>边界外接矩形长宽比(λ)</td><td>分形指数(P)</td><td>形态特征</td></tr>
<tr><td>2000 年</td><td>2.87</td><td>3.42</td><td>带状倾向指状聚落</td></tr>
<tr><td>2010 年</td><td>2.30</td><td>2.91</td><td>带状倾向指状聚落</td></tr>
<tr><td>2020 年</td><td>2.26</td><td>2.89</td><td>带状倾向指状聚落</td></tr>
</table>

② 居民点形态变化

通过聚落形态指标可知，2000 年、2010 年和 2020 年果木村聚落形态都为具有带状倾向的指状聚落，居民点沿着山脊分布。2000 年果木村居民点分布比较分散，形成四个小型居民区；2010 年和 2020 年居民点分布将四个小型居民区连在一起，导致聚落的边界外接矩形长宽比和分形指数下降(图 2-13)。

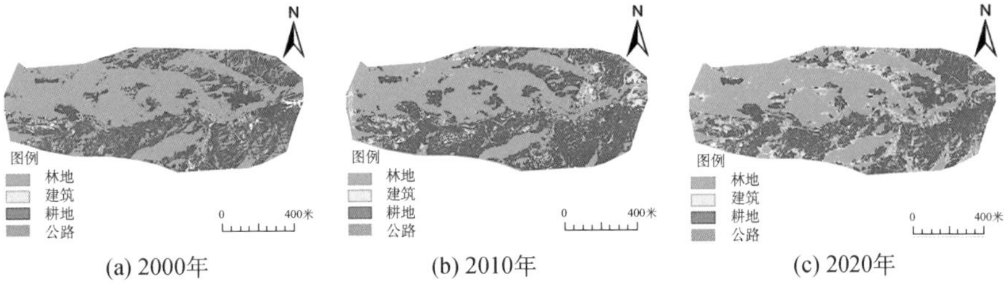

图 2-13　果木村监督分类图

(3) 山地区混合型聚落——木古宜莫村

四川省凉山彝族自治州喜德县洛哈镇木古宜莫村，2021 年四川省乡村振兴重点帮扶村。南部和东部分别有一个工厂，是典型的山地区工农混合型乡村。

① 居民点规模变化

古木宜莫村 2000 年常住人口 396 人，2010 年常住人口 703 人，2020 年常住人口 820 人。近 20 年，木古宜莫村常住人口数量和居民点占地面积整体呈增长趋势，表明居民点规模在扩大（表 2-12）。

表 2-12　木古宜莫村人口数量、居民点建筑占地面积及聚落形态特征变化

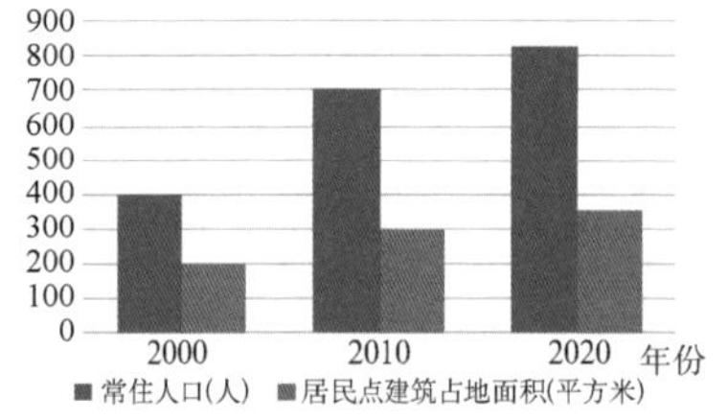

	边界外接矩形长宽比(λ)	分形指数(P)	形态特征
2000 年	2.86	1.84	带状聚落
2010 年	2.63	2.01	带状倾向指状聚落
2020 年	2.42	2.24	带状倾向指状聚落

② 居民点形态变化

通过聚落形态指标可知，2000 年木古宜莫村聚落形态为带状聚落，居民点分布比较分散；2010 年和 2020 年木古宜莫村聚落形态都为具有带状倾向的指状聚落，居民点沿着道路分布。近 20 年，木古宜莫村聚落边界外接矩形长宽比在减小，分形指数在增大，由带状聚落演变成带状倾向的指状聚落（图 2-14）。

(4) 高原区牧业型聚落——夺呷村

四川省甘孜藏族自治州甘孜县茶扎乡夺呷村，由于地形及气候原因，主导产业为牧业。

① 居民点规模变化

夺呷村 2000 年常住人口 448 人，居民点占地面积 253 平方米；2010 年常住人口 522 人，居民点占地面积 297 平方米；2020 年常住人口 531 人，居民点占地面积 297 平方米。近 20 年，夺呷村常住人口数量和居民点占地面积整体在缓慢增加，表明居民点规模在扩张（表 2-13）。

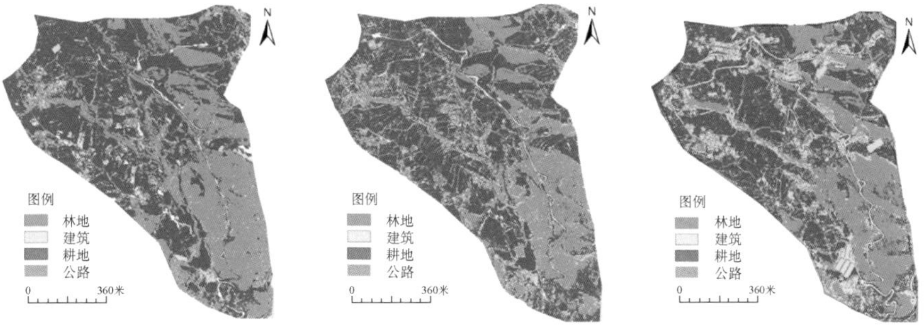

(a) 2000年　　(b) 2010年　　(c) 2020年

图 2-14　木古宜莫村监督分类图

表 2-13　夺呷村人口数量、居民点建筑占地面积及聚落形态特征变化

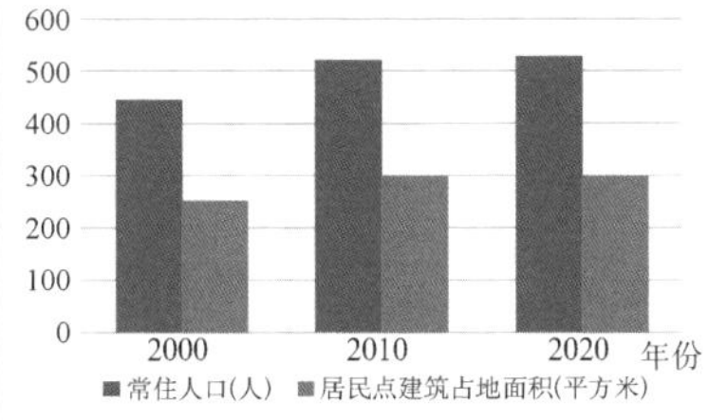

年份	边界外接矩形长宽比(λ)	分形指数(P)	形态特征
2000 年	2.16	1.84	带状聚落
2010 年	2.14	2.04	带状倾向指状聚落
2020 年	2.14	2.04	带状倾向指状聚落

② 居民点形态变化

通过聚落形态指标可知，2000 年夺呷村聚落形态为带状聚落，居民点沿河分布，但是比较分散；2010 年和 2020 年夺呷村聚落形态都为具有带状倾向的指状聚落，在 2000 年居民点的基础上，新增了部分居民点。近 20 年，夺呷村最大的变化是住房类型的改变，个别村民拆除了原有的住宅，在地基上修建新的住宅。聚落形态上，聚落边界外接矩形长宽比并无变化，分形指数在增大，由带状聚落演变成带状倾向的指状聚落(图 2-15)。从夺呷村聚落演变模式可以看出，高原区只有少部分地区适宜人类居住。由于自然条件的限制，聚落空间形态和规模具有一定的稳定性。虽然高原区聚落住宅类型由于时代和经济的发展会发生自适应性改变，但是由于高原区的乡村经济发展缓慢，住宅类型更换速度变慢，所以近 20 年来，高原区聚落只有个别住宅类型发生变化。

近 20 年，四川西部高原乡村聚落在原有居民点基础上增加了很多新居民点，聚落规模增大，这是山地区乡村聚落的主要变化，而形态特征受地形影响，变化不大，主要由分散型带状聚落演变成具有带状倾向的指状聚落。四川丘陵地

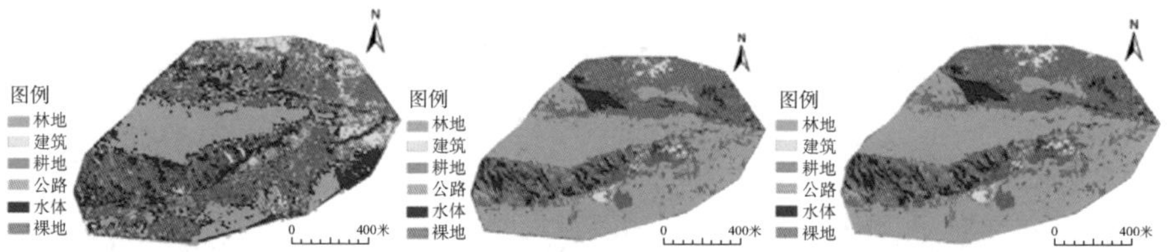

(a) 2000年 (b) 2010年 (c) 2020年

图 2-15 夺呷村监督分类图

貌区居民点分布受地形影响，随着乡村经济的发展，聚落规模逐渐增大。因为丘陵区地形起伏，一般居民点分布在地势较低的地方，进而形成带状聚落；而土地充足的丘陵区，聚落的规模增大，大部分聚落逐渐形成带状倾向的团状聚落，聚落布局具有分散布局与小规模集聚布局相结合的特征。

四川乡村聚落空间演变的地理性、层次性及形态特征明显，地理特征表现为由边缘向腹地中心推进拓展，随垸田开发逐步扩大；层次性表现为具有聚落规模等级与行政等级对应的特征；乡村聚落空间形态则与环境和经济发展水平相适应，遵循点状、带状和多组团的纵深发展规律。

2.3 四川乡村典型聚落：川西林盘景观格局演变

四川乡村聚落景观地域特征明显，乡村聚落形成演变过程中受到自然、文化、社会多方面影响，土地制度尤其起到重要作用。例如成都平原地区乡村耕地形态及用途受到土地制度的影响制约明显。可以说，乡村聚落景观特征跟不同阶段土地制度密切相关。

川西林盘是四川乡村典型聚落形态，特指存在于成都平原地区的乡村聚落。据考，首次使用“林盘”一词是在清道光年间《听雨楼随笔》（卷一）中，王培旬为《绵州竹枝词十二首》作诗注：“地少村市，每一家即傍林盘一座，相隔或半里，或里许，谓之一坝。”[9]描绘了清代川西林盘的空间分布：聚落单元中宅院居于核心位置，丰茂林木围绕，最外围为广袤农田，水系及道路作为串联各组团纽带而存在。

川西林盘是成都周边乡村的名片。本节主要梳理成都平原土地制度演变，选取都江堰市聚源镇金鸡村、迎祥村为研究对象，研究以 2009 年、2013 年、2019 年为时间节点的景观类型分布图，通过景观指数计算，研究分析川西林盘景观格局演变及影响因素。

2.3.1　成都平原土地制度演变

我国早期封建社会土地制度包括西周到春秋战国时期的井田制、西晋占田制、汉魏屯田制、北魏均田制等，农民被长期固定在土地上。隋至唐朝的均田制促使耕地大规模成片出现，近代地主所有制促使耕地规则化分割，打破了土地原始肌理。中华人民共和国成立使封建社会地主财阀等土地统治制度终结，农民土地所有制开始实行。现今我国实行土地公有制度，乡村耕地归集体所有，允许土地流转、承包，促使农业结构出现改变，农业生产形式多样化，耕地面积减少。近年来，有关乡村土地政策层出不穷，通过对政策具体内容的梳理（表 2-14），结合相关统计数据分析发现，随着城镇化率的提高，城市建设区域向外扩张，建设用地日益蚕食原有耕地，耕地面积逐渐减少，而得益于永久基本农田保护政策的发布，耕地减少速度已经大幅降低。成都平原川西林盘内部空间构成（民居、院坝、宅基地、耕地、林地等）和土地制度阶段性相关政策密切联系，聚落形态也相应发生变化。

表 2-14　四川地区成都平原乡村土地制度改革顺序

颁布时间	名称	主要内容与发展状况
秦汉时期 吕后二年（公元前 186 年）	《二年律令》：名田宅制，《田律》	按照爵位分庄园，庄园内包括田地与庭院，再由家主在家族内自行分割宅院； 《田律》中则是鼓励农户开荒，开荒田地归其所有，并能够作为商品被国家收购

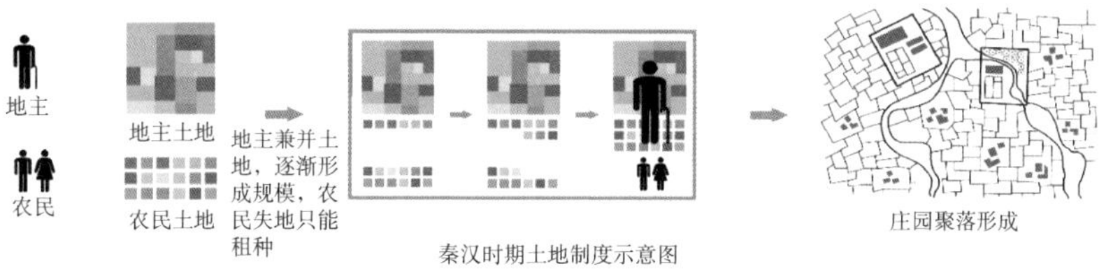

秦汉时期土地制度示意图

（续表）

<table>
<tr><th>颁布时间</th><th>名称</th><th>主要内容与发展状况</th></tr>
<tr><td>唐宋时期</td><td>均田制</td><td>土地制度延续私有制，颁布租赁制度；开放庄园，激发了农民开发土地与水利的积极性</td></tr>
<tr><td colspan="3">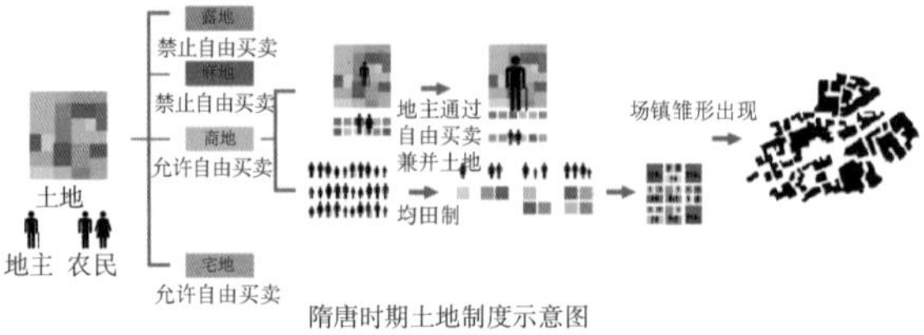

隋唐时期土地制度示意图</td></tr>
<tr><td>明清时期</td><td>“落担”“插占”政策</td><td>“湖广填四川”背景下一系列开垦土地政策，开垦土地为开垦者永业，使得农户和田地绑在一起，形成随田而居的聚落形态</td></tr>
<tr><td colspan="3">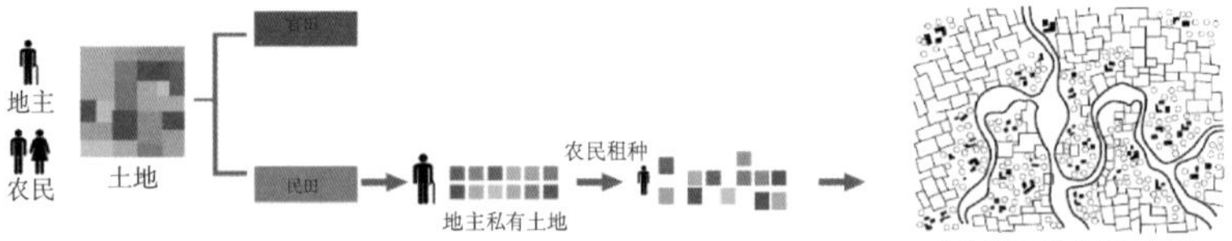

明清时期土地制度示意图</td></tr>
<tr><td>民国时期</td><td>租佃制度；国有土地、私有土地、团体土地所有制共存</td><td>延续庄园式的为国养民道路，地主占有大量的土地，农民土地很少或没有土地，田地层层转租，地租赋税沉重；商业资本、高利贷活动猖獗；土地买卖现象严重，土地渐渐被收于地主之手；农户为自耕农、半租农或租耕农</td></tr>
<tr><td colspan="3">

民国时期土地制度示意图</td></tr>
<tr><td>中华人民共和国成立至改革开放前（1949—1977年）</td><td>土地革命、《关于土地改革问题的报告》和《中华人民共和国土地改革法》、农业生产合作社示范章程等</td><td>废除地主和封建阶级的土地所有制，实行农民的土地所有制，解放发展生产力；实行“队为基础，三级所有”，建立农村合作社，社员土地转为合作社集体所有，不允许土地买卖，土地、山林、水资源的所有权和经营权经过社员大会或社员代表大会讨论定下后长期不变，并通过合作社统一经营管理；等等</td></tr>
</table>

（续表）

<table>
<tr><th>颁布时间</th><th>名称</th><th>主要内容与发展状况</th></tr>
<tr><td colspan="3">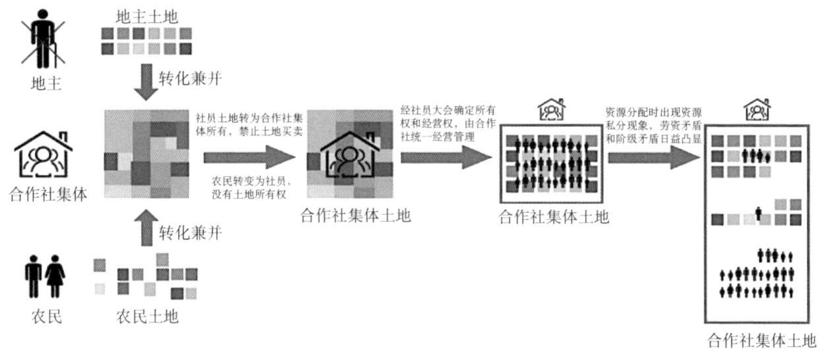
</td></tr>
<tr><td>改革开放后至“5・12”汶川地震（1978—2008年）</td><td>《关于当前农业和农村经济发展若干政策措施》《完善农村土地承包关系通知》《四川省土地管理暂行条例》《农村土地承包法》《成都市集体建设用地使用权流转管理暂行办法》等</td><td>实行农村土地承包经营制度，统分结合的双层经营体制，依法保护土地承包经营权，妇女与男子享有平等的权利，土地承包经营权的流转必须遵循自愿原则，承包期内发包方不得收回承包地；
乡村社队应当根据土地利用规划和村镇规划，制定社员住宅的建设规划；社员新建、扩建住宅，应当按照规划有计划地进行；凡是能利用旧宅基地的，不得新占土地；凡是能利用荒地、空闲地的，不得占用耕地；凡是能利用坡地、薄土的，不得占用平地、好地、园地、林地；
乡村社队集体建设用地必须按照土地利用规划和村镇规划的统一布局，充分利用荒山、荒坡、荒地；等等</td></tr>
<tr><td colspan="3">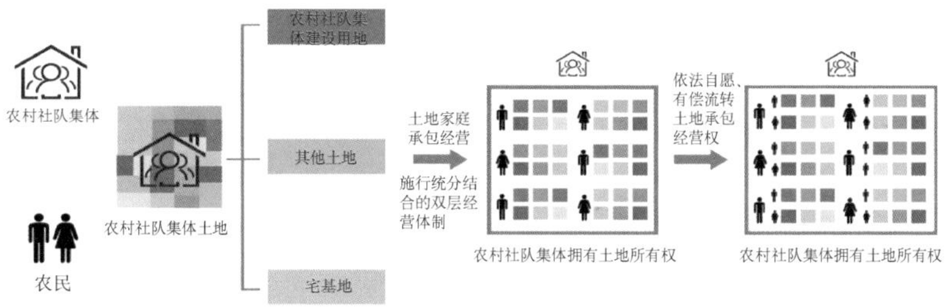
</td></tr>
<tr><td rowspan="2">震后重建和发展阶段（2009—2017年）</td><td>2009—2017年中央一号文件，《关于改善乡村人居环境的指导意见》等</td><td>提出美丽新乡村建设目标，开展乡村人居环境整治，推动“以村为主，全城治理”发展；保留乡村风貌，注重乡土味道，进一步优化山水田园，村落等空间要素；等等</td></tr>
<tr><td>《国土资源部、农业部关于进一步做好永久基本农田划定工作的通知》(2014)</td><td>在已有划定永久基本农田工作的基础上，将城镇周边、交通沿线现有易被占用的优质耕地优先划为永久基本农田，进一步严格划定永久基本农田保护红线等</td></tr>
</table>

（续表）

颁布时间	名称	主要内容与发展状况
震后重建和发展阶段（2009—2017年）	《住房城乡建设事业“十三五”规划纲要》（2016）	改革创新乡村规划理念和方法，基本实现乡村规划管理全覆盖；加大传统村落民居保护力度，将所有具有重要保护价值的约5 000个村落列入中国传统村落名录，完善支持政策和保护管理体制；等等
	《四川省国土资源厅关于服务保障农业供给侧结构性改革 加快培育农业农村发展新动能的意见》（2017）	按照“望得见山、看得见水、记得住乡愁”的要求，协调有关县级人民政府统一组织，在开展乡村综合改革试点、新型乡村社区建设、土地综合整治和特色景观旅游名村保护的地方，根据发展建设需要，推进编制村土地利用规划；建立县域乡村建设用地总量控制制度，统筹乡村各项土地利用活动，科学布局乡村生产、生活、生态空间，合理安排乡村经济发展、村庄建设、环境整治、生态保护、基础设施建设与社会事业发展等各项用地；做好下一轮土地利用总体规划编制与规划局部调整、村级土地利用规划的有机衔接，细化乡镇土地利用总体规划，推进土地利用总体规划、村庄建设规划、产业发展、生态环境等规划多规合一；等等
	《四川省农村住房建设管理办法》（2017）	人均耕地1 000平方米以上的平原或者山区县（市），每处宅基地不得超过233平方米，坝上地区，每处宅基地不得超过467平方米； 市区规划区内的每户60平方米，市区规划区外的每户80平方米，乡村村民一户只能拥有一处不超过规定标准面积的宅基地，宅基地面积标准为每人20至30平方米，3人以下的户按3人计算，4人户按4人计算，5人以上的户按5人计算；等等
十九大以后的乡村振兴阶段（2018—2021）	《中华人民共和国土地管理法》（2019）	各级人民政府编制本行政区域土地利用总体规划，规定土地用途，严格限制农用地转为建设用地，控制建设用地总量，耕地特殊保护；开垦土地时，土地所有权维持原有权不变；等等
	《中共中央 国务院关于坚持农业农村优先发展做好“三农”工作的若干意见》（2019）	深化农村土地制度改革，保持农村土地承包关系稳定并长久不变；明确第二轮土地承包到期后延包的具体办法；完善落实集体所有权、稳定农户承包权、放活土地经营权的法律法规和政策体系；健全土地流转规范管理制度，发展多种形式农业适度规模经营，允许承包土地的经营权担保融资；坚持农村土地集体所有，不搞私有化，坚持农地农用、防止非农化，坚持保障农民土地权益，不得以退出承包地和宅基地作为农民进城落户条件；等等

资料来源：参考舒波，赵元欣，陈阳：《土地制度对成都平原农村聚落形态的影响》，《四川建筑科学研究》2015年第4期，第88～91页；以及相关年鉴、成都市国土资源局 http://gk.chengdu.gov.cn 等相关政府网站。

随着城乡一体化进程推进，大量乡村青壮年人口进城，户口转移，乡村土地空置问题严重。四川省各地积极探讨如何深化乡村改革，以及研究宅基地所有权、资格权、使用权分置实现形式等问题，例如2014年邛崃市提出，受“4·20”芦山地震影响的邛崃9个镇及其他一般镇乡土地综合整治中，农民自愿放弃乡村宅基地进入城镇的，将得到一次性货币补偿，原承包地、林地、集体股权等权益则全部保留①；2020 年德阳市探索乡村宅基地“三权分置”改革等。

2.3.2　成都平原林盘聚落景观格局演变

1) 农业景观发展历史

四川省作为农业大省，其农业发展随着社会经济、文化的变迁而改变，川西林盘农业景观的形成是几千年智慧的四川人民选择的结果。经历了远古鱼凫萌芽阶段、杜宇王朝至两汉生成阶段、三国至北宋完善阶段、南宋至近代全盛阶段以及中华人民共和国成立至今的成熟阶段。渔猎阶段以采集为主，到邻水而居的阶段才形成极少数不成规模的农田；杜宇王朝至两汉时期原始采集农业向耕作农业转变，由于水灾频发影响，传统旱地农业向水田农业转化，少量水田出现在林盘聚落景观中；秦汉时期，水利工程建设带来人工水系和自流灌溉田，林盘聚落景观格局初步形成；三国至北宋时期，水田代替旱田成为主要耕作的农田形式。北魏至唐代，均田制的颁布大大促进了农民耕作的积极性，农田开始成片大面积出现，水网密布。至此，“小集中、大分散”成为当时林盘聚落景观空间形态的主要特征(图 2-16)。清中期大兴水利，开荒复田，“湖广填四川”外来迁徙人口带来南方精耕细作的生产方式，促使川西林盘种植的农作物品种增加，农田面积扩大，农田形式呈现多样化趋势。至此，林盘聚落景观发展至全盛时期，传统川西林盘聚落景观形态基本定型：宅随田居，内植林木，外辟农田。

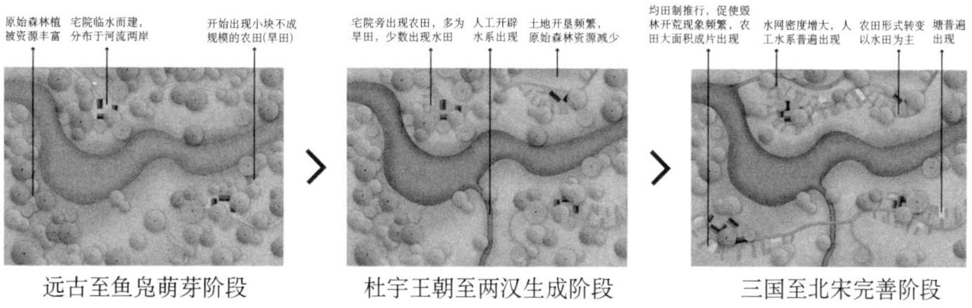

图 2-16　林盘聚落演进示意图

① 四川在线.“失地”不失利，你愿意吗？——邛崃 849 户农民自愿有偿退出宅基地调查[EB/OL][2015-01-23]. https://sichuan.scol.com.cn/ggxw/201501/9982461.html.

中华人民共和国成立至今，川西林盘聚落景观渐由全盛转入成熟阶段。随着城市化进程的不断推进，社会经济的飞速发展，林盘聚落景观遭受城市扩张的冲击，发展到巅峰状态的林盘聚落景观不断扩张、联结、合并，至今形成“大聚居、小散居”的空间分布规律。①稳定聚居转变为城乡双向流动。部分村民主动摆脱土地限制，为了提高家庭收入，进城务工，农忙时或者逢年过节都会回家，形成村民一直在城乡之间往返的状态。②以农业为主转变为兼业模式。单纯靠农业的生产价值不能够满足生活消费开支，农民在土地之外寻求其他收入途径而成为兼业模式。由于国家政策引导、农户空间行为响应等因素影响，并通过农户之间、农户与企业之间协同合作的非线性作用，农民的收入来源由以农业为主转变成多个收入来源。③宗族自治转变为法礼共存。四川乡村宗族文化强盛，当人们解决矛盾时，往往依靠的是具有血缘关系的群体建立起来的宗族族规，乡村治理主要是宗族自治。后乡土社会，超越村域的交往及国家力量进入乡村社会，村庄的权威也不再是族长，而是村干部。当前乡村治理不仅仅是法律治理，其中还有礼的存在，是兼有“法”“礼”的共同治理，因此，后乡土社会乡村的治理也包含传统的礼治。④地缘熟悉转变为多缘并存。乡土社会时期，熟悉关系是建立在地缘熟悉基础之上的；后乡土社会打破乡村的封闭性，在关系的广度上，不再受限于聚落。后乡土社会，村民处于流动之中，使村民的人际关系从传统的血缘型、地域型逐渐转变为以产业为基础的类型，呈现出原始性、效益性、地域性、松散性等特点。外出务工的村民工需要与乡村以外的人进行交流，以获得经济利益。这种联系完全建立在业务关系的基础上。这些外来务工人员的地域特征是无法改变的，他们会与同一城镇的“同乡”发生接触，从而形成地域关系。⑤乡土传统转变为多元并存。地方文化作为传统乡村文化的主流，始终影响着农民的思想意识和行为活动，具有地方性、封闭性和相对静止性的特点。时代发展，乡村社会由封闭走向开放，由静止走向流动，使外部文化进入乡村社会，影响村民行为习惯和生活方式。虽然村落共同体仍然存在，但是乡村文化由乡土传统文化转变为多元文化并存。

2）景观格局演变特征

由于川西林盘分布地理区位、时代特征、文化变迁、景观格局意象等总体相似度较高，因此川西林盘景观格局演变特征选取都江堰市聚源镇金鸡村、迎祥村为研究对象进行分析。通过 Google Earth 获取两村 2005、2013、2019 年历史影像图，结合川西林盘构成要素选择道路、林地、建筑、耕地、水系作为景观格局分析基础数据，运用 GIS 及 ENVI 软件形成各期景观类型分布图(图 2-17)，转化为栅格数据后导入 Fragstats 中，选取判断景观格局破碎度和集散度的重要指数——斑块类型水平及景观水平尺度上的斑块密度(Patch Density, PD)、聚集度指数(Aggregation Index, AI)，蔓延度指数(Contagion Index, CONTAG)、香农多样性指数(Shannon's Diversity Index，SHDI)等景观格局指数进行计算分析。2005—2019 年间研究区域耕地要素 PD 逐年增大，AI 逐年减小，斑块类型面积(Class Area, CA)呈现逐年递减趋势。结合最大斑块所占景观面积比例(Largest Patch Index, LPI)及 CA 数据，发现 2013 年后研究区域优势度最大景观类型由耕地变为林地，说明在川西林盘景观格局演变中，耕地受到城镇化影响，总面积减少，破碎度增大，由聚集成片变为离散分布，景观类型优势度下降(图 2-18)。

景观水平尺度上的相关指数是对区域整体景观格局的客观反映。PD 与景观破碎度密切相关，2005—2019 年间斑块密度 PD 先增大后减小，但减小后的指数仍远超 2005 年，说明景观整体呈现破碎化趋势。CONTAG 反映不同类型斑块的延展趋势，与景观类型优势度及 SHDI 关联密切，2005—2013 年 CONTAG 减小，说明林地代替耕地成为优势度最大景观类型，导致优势斑块间连通性变差，然而 2013—2019 年由于大量开垦苗圃，反而提升了林地斑块间的连通性，促使蔓延度指数(CONTAG)增大(图 2-19)。

通过运用 ArcGIS 软件，对都江堰市聚源镇金鸡村、迎祥村景观类型分布栅格数据进行直线距离分析，获得聚落直线距离图并与聚落居民建筑栅格数据进行叠加，可以发现大部分聚落斑块间的直线距离在 0～100 米范围内，其次为 100～200 米，说明聚源镇林盘聚落在空间格局上呈现“大聚居、小散居”的分布特征。

3) 演变影响因子

通过研究区域不同水平的景观格局特征分析，结合川西林盘农业景观发展历史，发现川西林盘衰落主要源于社会经济发展与人为活动干扰的交叉影响，影响因子可以划归为自然因子、社会经济因子和人文因子三类。

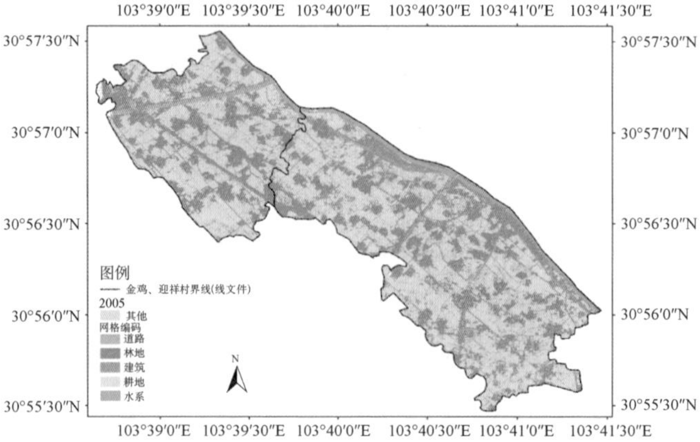

(a) 2005年研究区景观类型分布图

(b) 2013年研究区景观类型分布图

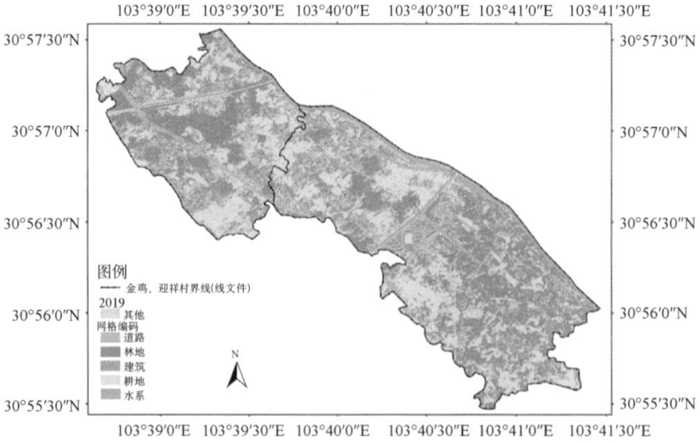

(c) 2019年研究区景观类型分布图

图 2-17 都江堰市聚源镇金鸡村、迎祥村 2005 年、2013 年、2019 年景观类型分布图

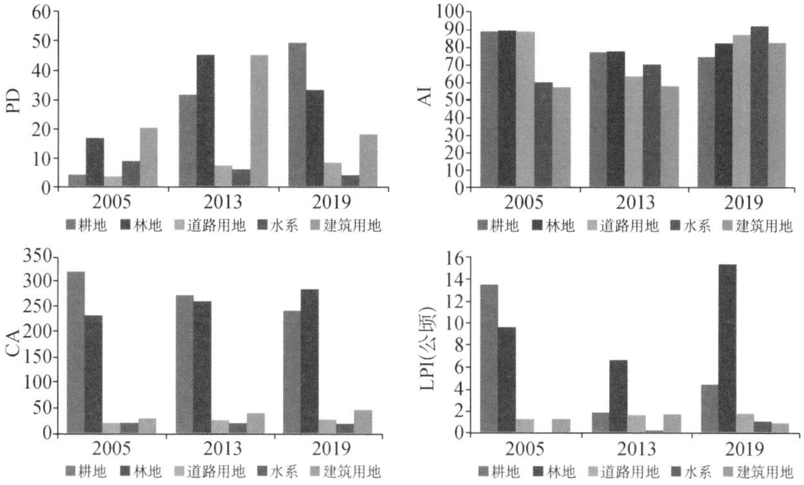

图 2-18　2005—2019 年 PD、AI、CA、LPI 指数分析

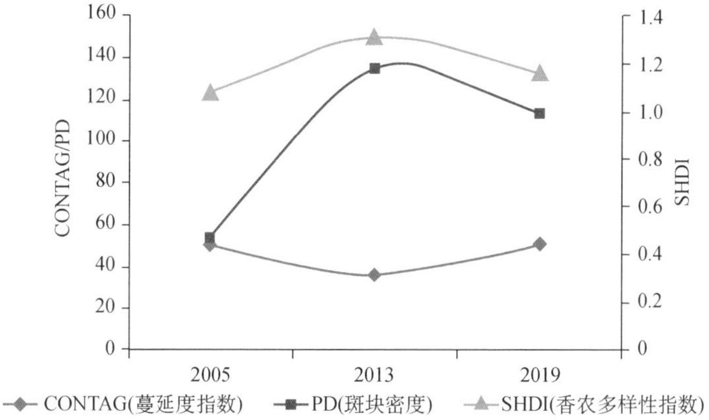

图 2-19　2005—2019 年 CONTAG、PD、SHDI 变化

（1）自然因子

川西平原自然环境优良，地势平坦，气候温暖湿润，常年气温稳定在 10 ℃～22 ℃间，雨水充沛。根据统计数据分析（图 2-20），发现 2005—2018 年成都市年总降水量及年平均气温均呈波动上升趋势，增长幅度分别为 475.6 毫米和 0.3 ℃。虽然年总降水量增长幅度较大，但自流灌溉体系保证了川西平原地区耕地排水的通畅性，无水涝灾害隐患，降水量不是川西林盘景观格局演变的主导因素。但是水系沟渠作为农业生产用水的主要来源，常依道路、田埂设置或穿梭于各林盘聚落间。水作为林盘居民生产生活的基本自然资源，对聚落分布影响巨

大，是川西林盘景观格局演变的驱动力之一。

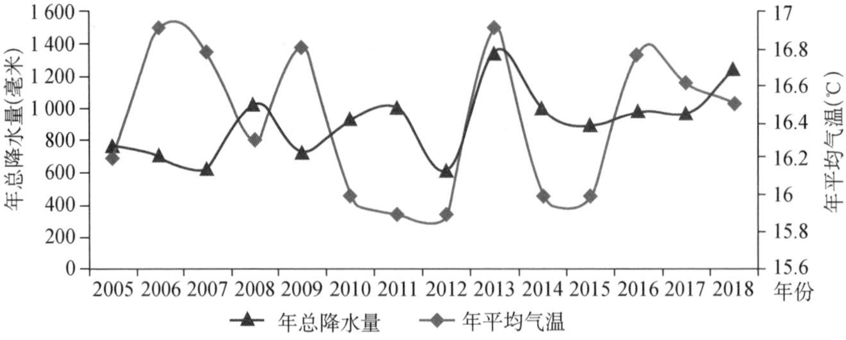

图 2-20 2005—2018 年成都年总降水量与年平均气温变化
资料来源：2006—2019 年《成都统计年鉴》。

（2）社会经济因子

社会发展中各类社会经济因素是川西林盘景观格局演变更新的外部推动力。根据统计数据显示，2005—2018 年成都市总人口增长迅速，乡村人口占比却大幅下降，由 2005 年 49.73%降至 2018 年 39.06%（图 2-21）。结合实地调研，发现乡村地区人口密度减小、农业劳动力减少、居民经济收入水平需求提高，促使农业生产结构发生变化，果林苗圃大量侵占耕地。例如温江、郫县等地形成花木生产的新型农业基础，乡村旅游成为核心的新兴产业模式。结合研究区域 PD 指数总体呈现下降的趋势，说明居民收入水平、产业结构调整是景观破碎度增大的主要影响因子。

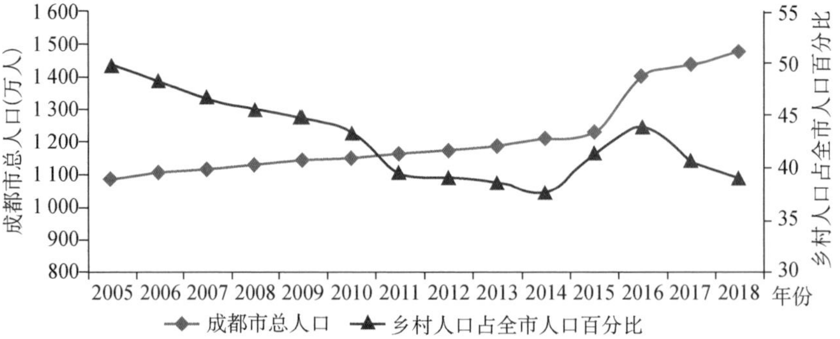

图 2-21 2005—2018 年成都总人口中乡村人口占比
资料来源：2006—2019 年《成都统计年鉴》。

（3）人文因子

人文因素涉及历史文化背景、政策制度等方面，通常是土地利用变化的重要影响因子。川西地区农耕文化是川西林盘出现的基础，传统耕作方式对川西林盘景观格局的形成及演变影响深远。清代以后为提高生产效率，缩短工作半径，随田而居的川西林盘景观格局逐渐定型并普及。

四川乡村聚落形态演变和不同地貌地形特征、不同时间阶段的社会发展以及相应制度政策三者互相联动，互为因果。研究显示，川西林盘近 15 年发展过程中，区域景观整体呈现破碎化趋势。近 20 年，平原区乡村规模扩张明显，分散型聚落趋近于团状聚落。峡谷区由于居住地比较固定，乡村规模和形态特征仍然以带状聚落为主。山地区经济发展出现林业型乡村和工农业混合型乡村，居民点依据所处位置形成不同聚落形态，聚落形态由带状聚落向具有带状倾向的指状聚落延伸扩张，但是仍然按照坡度、不同垂直等高线或者平行等高线布局，节约土方量同时道路盘旋而上，整体聚落形成步移景异的流动空间感受。高原区乡村聚落受地域文化、部落文化等影响，居民点向内集中式布局，聚落形态近 20 年发展变化不大。相同民族不同聚落选址地形差异不大，例如理县杂谷脑镇疙瘩寨和玛瑙村均选址在高山峡谷地貌谷底，两山之间，即使聚落建立在山坡处，一般也选址在半山腰；即便聚落选址临河而居，也选址在二级阶地（图 2-22、图 2-23）。丘陵区乡村聚落沿道路两旁呈带状分布明显，趋向发展成具有带状倾向的团状聚落。由于乡村宅基地及农宅建筑面积分配政策的不同，乡村聚落空间结构呈现地区差异，但是相同聚落居住面积大小相似；民族差异在乡村聚落空间的领域感、中心性和边界形态方面亦有显示。四川乡村人居环境相关政策制定和国家政策执行，都采取逐级布置及分步实施，成效显著。由于地域差异、经济发展不平衡等原因，部分乡村试验点执行政策及改进措施甚至走在国家政策制定前面。

图 2-22　岷江峡谷聚落道路形态

图 2-23　岷江峡谷聚落聚落选址

第 3 章　四川乡村生态人文环境

四川乡村人居环境整体看均具有其自身独特性、综合性、复杂性和生态性特征。四川省所辖 21 个地级行政区(18 个地级市、3 个自治州)、183 个县级区划由于所处区位特殊的地质地貌、多民族聚集、丰富的植被覆盖、多元的人地关系、复杂的气候类型等客观条件,四川乡村生态人文空间在地质构造、地理位置、植物生物分布、聚落地学适宜性等方面均独具特色。

目前四川地区侏罗纪、古近纪、第四纪等在地表均有露头,地质构造的复杂性决定了其地质地貌的独特性,对于土壤性质、适宜农作物耕种、农业景观、聚落选址及分布等产生影响,尤其对于四川乡村第一产业发展起到内因性决定作用。土地自然条件直接影响到以传统农业为主的市县的经济发展,2020 年年底,四川省最后脱贫的七个国家级贫困县均来自干旱河谷地带①。地质地貌又影响了四川地区的气候,海拔高度上,植物、民族聚落等垂直分布差异性均较大,形成了"一沟有四季,十里不同天"的特殊自然生态景观;纬度分布上,四川平均气温、降雨条件、地形地域分布等差异性明显,聚落地学适宜性显示较强的区域特征。川东、川南、川西、川北民居各具特色,村镇聚合在高原、丘陵、盆周山、平原,并沿着交通干道形成各种聚落形态;沿着中心镇、中心城市出现了类似细胞生长的不同组团蔟群,城郊村、近郊村、远郊村、偏远地区的聚落形态各异;各大水系从西部高山指状渗入四川东部大地,谱写出美丽独特的四川乡村大地景观。

研究四川乡村人居环境特征首先需要明确其独特的生态人文环境。四川乡村聚落作为斑块异质性介入地学景观基质,体现出较强的原生地域适宜性特征。这种乡村聚落地学文化空间适宜性,体现在生态适宜性、环境承载力适宜性、地质适宜性、交通适宜性以及多民族、非物质文化遗产适宜性等方面。

本章节研究四川乡村人居环境的客观本体环境属性——生态人文环境,包括自然环境、生态环境、景观环境、人文环境。四川乡村自然环境包括地质地貌、土壤及农作物概况、气候、水资源、植物资源等;生态环境包括生态环境分区、"三

---

① 四川省人民政府. 阿坝州 10 个县已退出国家级贫困县序列[EB/OL]. (2019-05-06)https://www.sc.gov.cn/10462/10464/10465/10595/2019/5/6/0be03810206648f193567b0d76f1a69b.shtml.

线一单”生态环境分区管控、地质灾害类型及分布等；四川乡村景观环境包括地学景观、乡土景观、景观资源分布与空间结构等；人文环境包括民族和非物质文化遗产空间分布等。通过多学科、跨专业探讨四川乡村人居环境人地关系分布特征，为四川乡村人居环境优化措施以及制定因地制宜的解决方案提供客观分析依据。

3.1　自然环境

乡村以自然环境为主，聚落人居环境反映出深刻的地学适宜性特征，进而影响人居环境文化空间分布。四川省龙门山横亘在四川盆地和青藏高原之间，长约 500 千米，宽 30～70 千米，是我国乃至全球山脉中地形陡度最大区带之一，其总体特征为西北高、东南低，呈阶梯状下降，从东南向西北依次为平原、丘陵、低山、中山和高山五种地貌单元，整体呈分段分带性构造格局（图 3-1）。独特的地

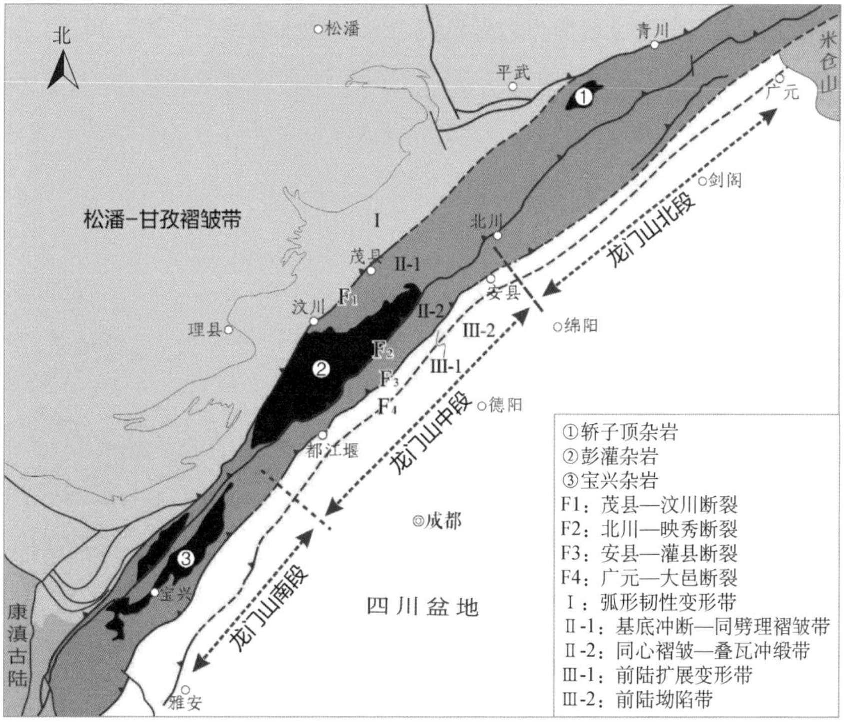

图 3-1　龙门山分段—分带性构造格局

资料来源：李智武，刘树根，陈洪德，等. 龙门山冲断带分段—分带性构造格局及其差异变形特征[J]. 成都理工大学学报(自然科学版)，2008，35(4)：440-454.

学景观影响着四川乡村聚落分布。四川盆地边缘山地多"V"形谷,岭谷高差逾500～1 000 米,地表崎岖,导致四川乡村传统聚落分布北西高南东低、"大分散、小聚集"、聚落垂直分布的超常规性格局。

四川盆地作为巴蜀文明起源和发展的摇篮,数万年前已是古人类一处重要聚居地,从川西北高原峡谷区,沿横断山脉向南,到川西南高山河谷区,是一个文化和民族走廊地带。直至今日,依据四川省中国历史文化名城、名镇、名村保护名录所在区位,依然可以清晰地看见沿着龙门山地形走势的传统聚落线性分布形态。

3.1.1 地质、地貌

四川作为农业大省,地表土壤的性质和地质条件密切相关。四川省内不同区域地层主要岩性、露头时期和地理地表区划不同,例如新生界第四系的黏土及砂砾岩、中生界白垩系上统灌口组棕色泥岩及夹砂砾岩等不同岩性露头,不同地质构造带土壤厚度也不同。充分了解四川各乡镇所处地质区位,有助于了解乡村人居环境形成的关联性内因以及聚落分布规律;有助于有效引导产业发展,例如中性紫色土适合甘蔗、柑橘生产;对于地质土壤条件不适于农耕的乡村,政策制定尤其扶贫方案的制定可以更多关注第二、第三产业,避免单纯依靠挖山采石这种破坏生态环境的经济发展方式;有助于乡村产业布局以及农作物适宜性选择,避免盲目施肥、单纯追求产量而造成生态环境污染、致癌率增加等情况出现。

四川省地质构造具有东南部台地区、西北部地槽区的明显两分性[10](图3-2)。四川盆地底自西向东分为成都平原、川中丘陵和川东平行岭谷①。中生代末期的四川地质运动使盆地周围褶皱成山,中间相对下陷,盆地内部地层东部出现一组北东向地表平行条带状盆东褶皱带、中部盆中穹窿带(图 3-3)、西部盆地沉陷带。2020 年国家精准脱贫攻坚战以前,四川主要国家级贫困县少数分布在川东平行岭谷背斜区域,多数分布在干旱河谷地带。

---

① 川东平行岭谷是世界上特征最显著的褶皱山地带,与美洲阿巴拉契亚山、安第斯—落基山并称世界三大褶皱山系。

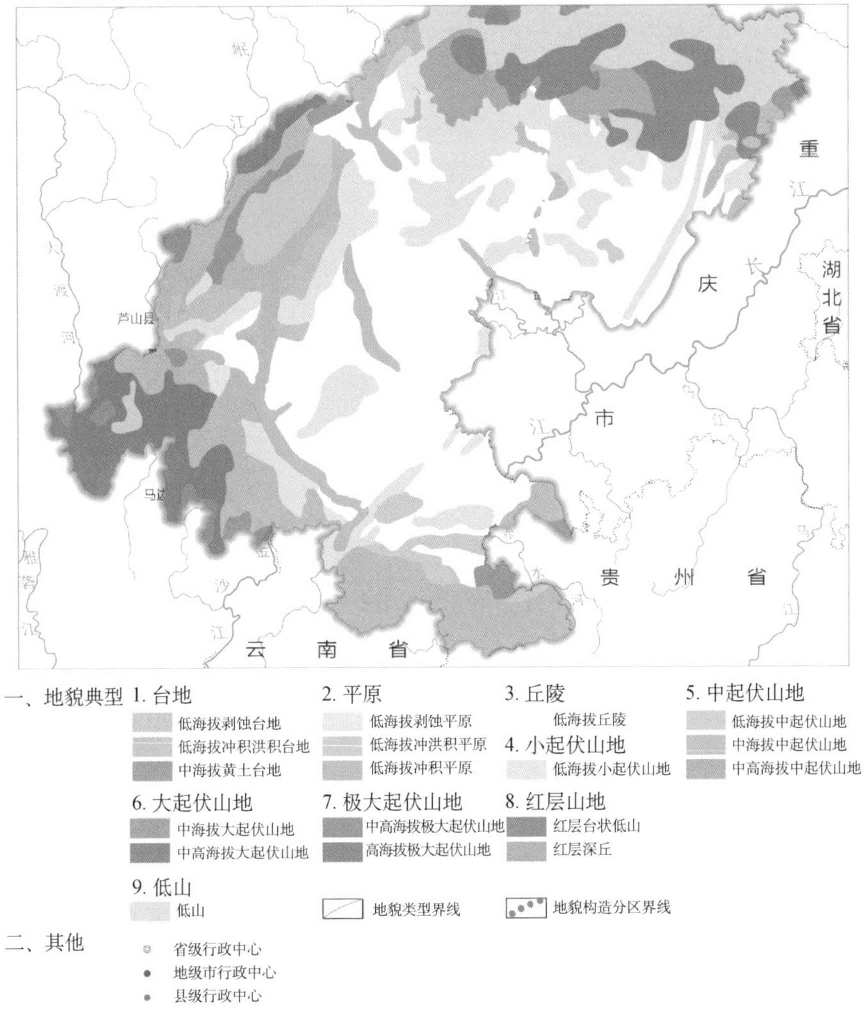

图 3-2　四川盆地部分构造单元地貌图

图 3-3　地质学家李四光权威定义威远穹隆体——荣威穹隆地貌

1）川东平行岭谷

川东平行岭谷位于四川盆地东部，行政区划上分属于四川省东北部与重庆市大部分，中国“东北—西南”走向山脉组合最整齐的地区。盆东岭谷山脉褶皱形态不同直接影响到河流走势和聚落选址，地貌上多表现为背斜成山，向斜为谷，山谷相间平行，且几乎与河道平行①。背斜顶部由硬岩构成，不适宜居住，只分布一些贫困县，部分山脉顶端形成非常平整的高台；向斜弱岩部分常形成县城所在的平坝谷地，是川东富饶之地，由于岭谷平行分布特征，常有“县过县，一百八”之说。

2）干旱河谷

四川地区干旱河谷主要分布在东经98°～104°，北纬26°～35°之间的四川省西部、南部赤水河流域，以及长江上游的高山峡谷区（图3-4）。该区生态环境极度脆弱，地质灾害频发，气候干燥，季节和地域降水量分配极不平衡，水土流失严

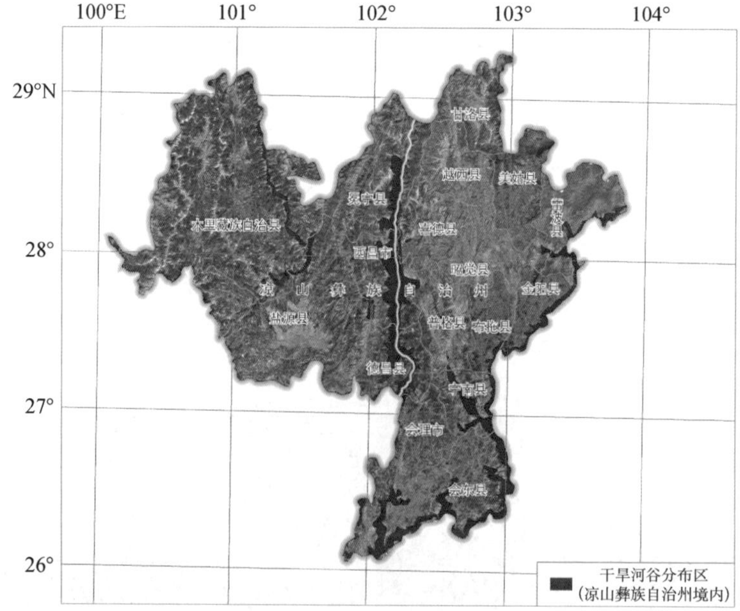

图3-4　干旱河谷在四川省凉山彝族自治州的分布

---

① 盆东岭谷形态截然不同，可以分为隔挡式（尖棱背斜箱状向斜）和隔槽式（尖棱向斜箱状背斜）褶皱带两种。谷地沿石灰岩溶蚀成槽，巨大溶蚀洼地成“凼”，槽谷中也有岩溶湖形成，例如广安华蓥山天池。

重。干旱现象在岷江河谷距河面400米以下阳坡地带尤为突出，蒸发作用强烈导致雨季常出现严重伏旱现象，活植株此时也出现严重枯梢；地表大部分是陡坡耕地，坡度多在25°以上甚至40°以上，都属于雨养农业。土壤厚度多在30～50厘米以内，薄的仅10～20厘米，甚至基岩裸露。土壤中碳酸钙含量普遍较高，个别地方pH值甚至高达9.9。目前人类活动干扰严重，存在过度放牧、挖山烧砖、大面积陡坡开荒等现象，致使植被破坏、水土流失严重等现象频现。这种气候、地质及土壤条件严重影响到当地居民生产、生活及经济发展（表3-1）[11]。

表3-1 四川地区干旱河谷主要区划范围及所属行政区域

河流	市(州)	县(市、区)
金沙江	攀枝花	仁和、盐边、东区、西区
	凉山	会理、会东、宁南、布拖、金阳、雷波、美姑
	甘孜	乡城、得荣、巴塘、白玉、德格
雅砻江（安宁河）	攀枝花	米易、盐边
	凉山	盐源、德昌、西昌、木里、冕宁、会理
	甘孜	九龙、雅江、康定
大渡河	甘孜	丹巴、康定、泸定
	阿坝	金川、小金、马尔康
	凉山	甘洛
	雅安	汉源、石棉
岷江	阿坝	理县、茂县、汶川、黑水、松潘
白龙江	阿坝	九寨沟

资料来源：袁晖.基于IRS-P6卫星遥感数据的四川省干旱河谷分布范围区划研究[D].成都：四川农业大学，2007.

3.1.2 土壤

四川省山地面积大，平原面积小；林、牧业用地面积大，耕地面积小，全省耕地土壤分布区域差异极大。有限的耕地面积中全省耕地90%以上分布在东部盆地和低山丘陵区；西部高原山地耕地不足全省的10%，但是辖区面积大于全省面积的40%[10]。林牧地集中分布于盆周山地和西部高山高原地区，全省园地70%以上分布在盆地丘陵和西南山地，交通用地和建设用地集中分布在经济较发达的平原区和丘陵区①。

四川省土地总面积中，除去江河水面、裸岩和冰川雪地等的土壤后的总面积为 4 952.08 万公顷[12]。地貌分界线东部盆地基带土壤为黄壤，西部基带土壤主要是红壤，各区域均有紫色土、水稻土和黄壤分布（表 3-2）。四川省土壤有机质含量情况为非耕地（林、草地）高于耕地，水稻土高于旱地土壤，有机质含量低的土壤主要有紫色土、潮土等（图 3-5）。

表 3-2 四川省土壤主要类型面积及面积比

<table>
<tr><th>土地类型</th><th>主要土类</th><th>面积（万公顷）</th><th>占土壤总面积之比（%）</th><th colspan="3">各类土壤占土壤总面积比例（%）</th></tr>
<tr><td rowspan="5">主要耕地土壤</td><td>紫色土</td><td>911.33</td><td>18.40</td><td colspan="3" rowspan="8">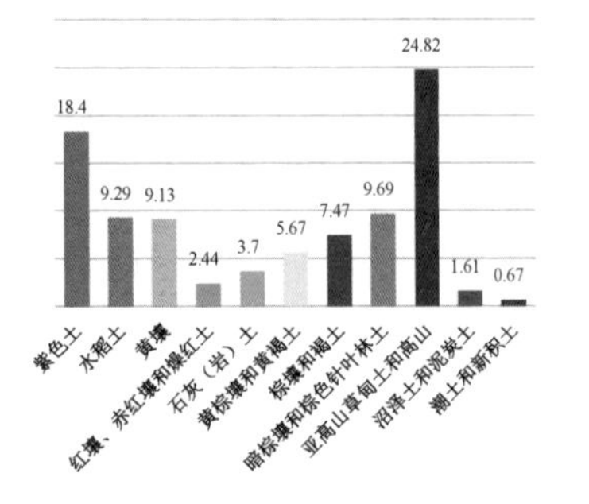
</td></tr>
<tr><td>水稻土</td><td>460.10</td><td>9.29</td></tr>
<tr><td>黄壤</td><td>452.17</td><td>9.13</td></tr>
<tr><td>红壤、赤红壤和燥红土</td><td>120.62</td><td>2.44</td></tr>
<tr><td>石灰（岩）土</td><td>181.93</td><td>3.70</td></tr>
<tr><td rowspan="3">主要林地土壤</td><td>黄棕壤和黄褐土</td><td>207.43</td><td>5.67</td></tr>
<tr><td>棕壤和褐土</td><td>370.16</td><td>7.47</td></tr>
<tr><td>暗棕壤和棕色针叶林土</td><td>479.68</td><td>9.69</td></tr>
<tr><td rowspan="2">草地土壤</td><td rowspan="2">亚高山草甸土和高山</td><td rowspan="2">1 228.94</td><td rowspan="2">24.82</td><td>沼泽土和泥炭土</td><td>79.94</td><td>1.61</td></tr>
<tr><td>潮土和新积土</td><td>33.26</td><td>0.67</td></tr>
</table>

资料来源：四川省土壤普查办公室.四川省第二次土壤普查数据资料汇编[M].成都：四川省农牧厅，1992.

根据四川省地质、地貌特征，农业集中区划为西部低山丘陵区（龙门山山前低山丘陵区）、西南部低山丘陵区（雅安—眉山以南区域）、东部丘陵区（龙泉山以东广大丘陵区域）和平原区（以成都平原为主体的平坝及低丘区域，农业种植业活动发达）。四川盆地是四川地区农耕产量最高区域，中国最大水稻、油菜籽产区，主要是紫色土。2007 年四川省“金土地工程”农业地质调查工作显示，四川省农业集中区土壤有机质的空间分布具有东部丘陵区低、西南部丘陵区和西部丘陵山地（龙门山山前低山丘陵）区较高、平原区居中的特点。四川省土壤干旱情况是导致农业减产最主要的因素，特别在近 30 年，四川省每 2～3 年发生一次重

① 四川省人民政府.土地资源[EB/OL].（2020-01-04）.http://www.sc.gov.cn/10462/10778/10876/2021/1/4/dc85d210dd974b64a830388be44363f7.shtml.

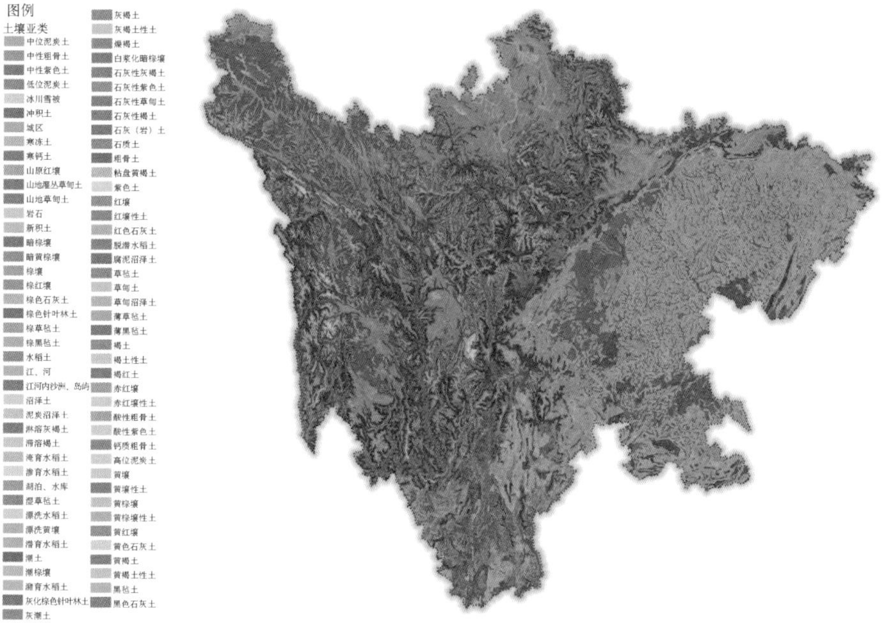

图 3-5　四川省土壤分布
资料来源：国家科技基础条件平台——国家地球系统科学数据中心，http://www.geodata.cn。

大干旱，甚至持续一整年。空间上，干旱频发区域集中在四川盆地及攀西的南部区域；时间上，干旱爆发期主要集中在春夏两季[13]。

1) 土壤与农作物

四川省是国内重要传统农业生产区，西部地区唯一粮食生产省。地形引起垂直气候带，土壤类型多样化，对于农业生产产生重要影响(表 3-3)。农作物主产区主要分布在四川盆地和安宁河谷地带。凉山彝族自治州所在安宁河谷是四川省第二大平原，有“川南粮仓”“中草药宝库”之称；阿坝藏族羌族自治州是“四川省特色农产品产业带”；甘孜藏族自治州生产松茸、白菌、雪山大豆等农副产品，属半野味“绿色食品”；资阳市是四川农作物主产区之一，现有 3 个国家级商品粮基地，3 个县(市)属全国肉类产量百强县；巴中市属于国家粮食储备基地，通江县“天岗银芽”获国际博览会金奖，林副特产品丰富，畅销 36 个国家和地区；宜宾市是我国夏橙主要产地，椪柑、龙眼等水果最佳生产区，农业资源丰富，有“植物之苑”“茶叶世界”“天然竹海”等美誉；自贡市有“龙都早香柚”；

都江堰市是国家茶叶、川芎、猕猴桃生产基地；成都市龙泉驿区是“中国水蜜桃之乡”等(表 3-4)。

表 3-3 四川省不同地貌区农作物环境[14]

地貌区	成熟制度	种植方式	复种指数	海拔(米)	坡度(%)	平均降水量(毫米)	年均气温(℃)	土层厚度(厘米)	有机质量(克/千克)
成都平原区	1年2熟	套作、间作、连作	2.43	610	3.5%	1 000	16.36	135	34
盆东丘陵区	1年2熟	套作、间作、轮作	1.87	820	18	900	17.22	108	25
盆周山地区	1年2熟	套作、间作	1.44	2 000	24	1 400	16.40	77	21
川西南山区	1年2熟	套作、间作	1.63	2 800	31	1 200	15.38	65	19
西北高山高原	2年3熟	轮作、单作	0.94	4 200	35	700	8.27	36	15

资料来源：陈尧.四川省不同地貌区农用地土地经济系数研究[D].成都：四川农业大学，2016.

表 3-4 2016 年四川省主要农作物产区[15-16]

农作物名称	主要产区(前三位)	总产量(亿千克)	农作物名称	主要产区(前三位)	总产量(亿千克)
水稻	泸州、眉山、宜宾	155.8	玉米	阿坝、广元、巴中	79.3
小麦	遂宁、德阳、广元	41.35	马铃薯	凉山、阿坝、雅安	32.25
黄豆	资阳、广安、攀枝花	5.35	中药材	雅安、乐山、阿坝	4.62
油菜	绵阳、成都、巴中	24.21	蔬菜	成都、阿坝、攀枝花	429.1
烟叶	攀枝花、凉山、泸州	2.02	苹果	甘孜、凉山、泸州	6.27
梨	广元、遂宁、德阳	9.97	柑橘	资阳、南充、自贡	40.17

注：2016 年四川省农作物水稻、玉米、小麦及马铃薯位居总产量前四名。

2）土壤与地方病

土壤通过多条途径对人体健康产生正负面影响，而且具有隐蔽性。依据 2018 版《四川卫生健康统计年鉴》，四川地区的克山病(病症人数主要分布在攀枝花仁和区、达州、阿坝州)、大骨节病(多发于阿坝州)、地方性氟中毒(泸州市氟斑牙、氟骨症人数第一，宜宾市次之)、碘缺乏病(甲肿主要分布在成都市、乐山市)[17]均跟土壤有关(图 3-6)，土壤中这些元素缺乏不会影响植物生长，但是土壤污染生物，土壤中流行病宿主媒介会通过食物链传递给人体。四川省克山病、大骨节病等患病率高的区域大多位于干旱河谷区域，土壤厚度较薄且贫瘠，为提高粮食产量，土壤复耕率高，矿质养分含量下降。稻田淹水后，土壤中部分铁还原为溶解度高的亚铁，导致水稻亚铁毒害，其他还包括土壤污染例如镉、砷超标等。

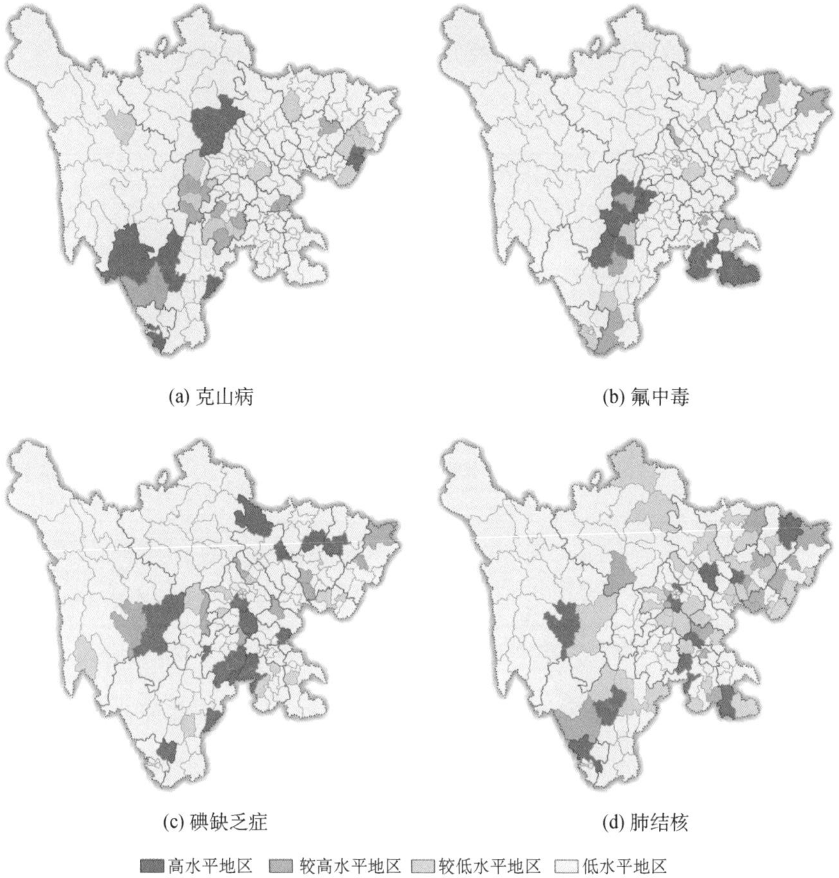

图 3-6　四川省四种环境相关型疾病分布情况
数据来源：《四川卫生健康统计年鉴》(2018 版)。

3.1.3　气候

四川省位于亚热带区域，气候条件受地域、地形及纬度地带性影响差异显著，属于东部季风区、西部青藏高寒区、西北干旱区三大自然区交接地带。全省划分为四川盆地中亚热带湿润气候区、川西南山地亚热带半湿润气候区、川西北高山高原高寒气候区(表 3-5)。山地区多属于在纬度地带性气候规律基础上叠加不同地形条件的层带气候,例如亚热带地带性气候类型区集中于四川盆地底部,盆周山区山地垂直气候类型等,多以亚热带为基带,其上分层出现温带以至山地寒带多个层带气候类型。因此,山地层带气候表现出不同区域尺度的垂直分异作用叠加,导致气候类型的区域分布错综复杂。

表 3-5 四川省三大气候区特征

气候分区	年均温度(℃)	年日照时间(小时)	年降水量(毫米)	雨季/日照	特点
四川盆地中亚热带湿润气候区	16～18	1 000～1 400	1 000～1 200	50%以上集中夏季,多夜雨;年日照仅为 1 000～1 400 小时,比同纬度长江流域下游少 600～800 小时	全年温暖湿润,气温日差较小,年差较大,冬暖夏热,无霜期 230～340 天,云量多,晴天少,雨量充沛
川西南山地亚热带半湿润气候区	12～20	2 000～2 600	900～1 200	90%降雨集中在 5～10 月	河谷地带受焚风影响形成典型的干热河谷气候,山地形成显著的立体气候
川西北高山高原高寒气候区	4～12	1 600～2 600	500～900	年日照时数 1 600～2 600 小时	以寒温带气候为主,河谷干暖,山地冷湿,冬寒夏凉,水热不足

资料来源:四川省人民政府主管主办.四川农村年鉴[M].成都:电子科技大学出版社,2018.

川西高原区地势高,形成约占省境面积三分之一的青藏高原高寒气候区域。著名的龙门山横亘于四川盆地西北,形成一道天然屏障——“华西雨屏带”[18]。气温随海拔高度的上升而递减,呈现出东高西低的地域分布,形成多样化的垂直气候区。按照中国气象局气候类型划分指标,龙门山区域存在的主要气候区有:亚热带湿润季风气候区(海拔高度 1 000 米以下的平坝和丘陵区)、山地凉湿气候区(海拔高度 1 000～2 000 米的中山和中高山区)、寒冷高山气候区(海拔 2 000～5 000 米的高山和极高山地区)。

四川盆地年日照时数是全国最少地区之一,全年日照时数仅 1 000～1 600 小时,年日照时数川西、川西南＞盆东北＞盆西、盆西南及盆东南。同样,四川年温自东往西迅速降低,年均温度最高中心在川西南山地攀枝花为 20.3 ℃;次高中心在四川盆地南部沿江河谷,为 18 ℃～19 ℃;年均温度最低中心在川西高原区北部石渠、色达一带，一般为 0 ℃以下。中部、南部等温线沿着横断山系南部迂回，对应峡谷和高原形成相对高温区和低温区相间排列，以致出现位相相反且温差很大的温度梯度①。

3.1.4　水资源

四川水资源总量丰富，人均水资源量高于全国，但是时空分布不均，常形成区域性缺水和季节性缺水。四川省境内水资源以河川径流最为丰富，有“千河之省”之称，绝大多数属于长江水系。长江横贯全省，宜宾以上为金沙江，宜宾至湖北宜昌河段又名川江或蜀江。川江北岸支流多而长，包括岷江、沱江和嘉陵江等；南岸河流少而短，包括乌江、綦江和赤水河等，呈极不对称向心状水系。黄河小段流经四川西北部、四川和青海两省交界处，支流包括黑河和白河。按照四川省流域水系划分为金沙江、岷江、嘉陵江、沱江、长江上游干流等区域（图 3-7）。

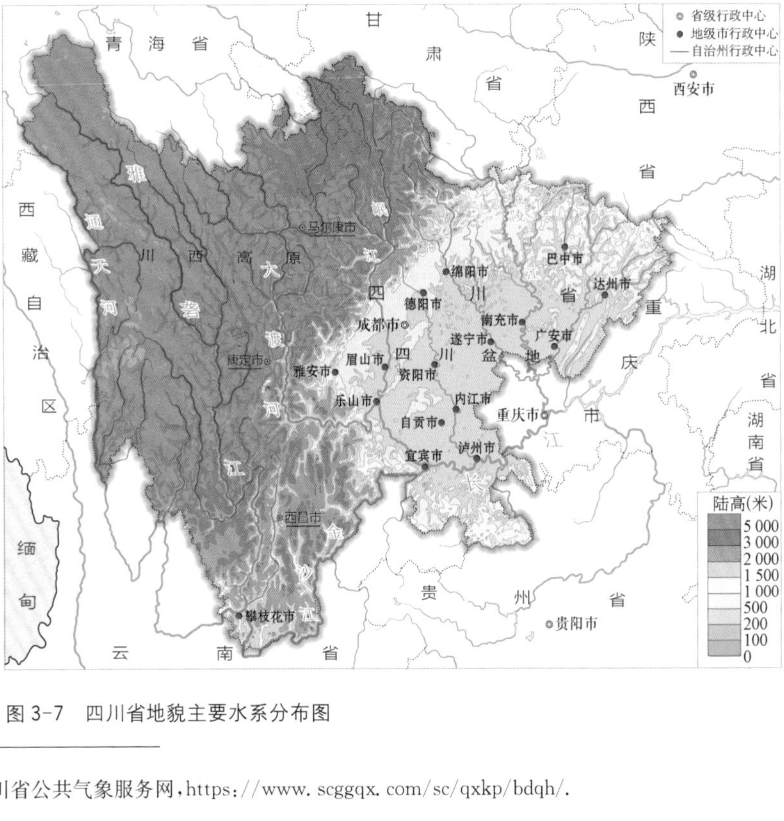

图 3-7　四川省地貌主要水系分布图

① 四川省公共气象服务网，https://www.scggqx.com/sc/qxkp/bdqh/.

东西地界龙门山正处于我国地势第一阶梯(青藏高原)向第二阶梯(四川盆地)过渡区域。地区水系以横向河为主,河流流向与龙门山走向垂直,河谷深切,均汇入长江。该地区河流分为两类,第一类为贯通型河流(例如岷江、涪江、嘉陵江等),起源龙门山以西,以岷山、秦岭为分水岭,横切龙门山,进入四川盆地;第二类为龙门山山前河流,起源龙门山中央山脉以东,以龙门山为分水岭,流经龙门山山前地区(例如箭江、沱江、石亭江等),进入四川盆地[19]。

3.1.5 植物资源

四川省植被类型繁多,植被水平分布具有“山地型水平地带性”规律和垂直地带性特征。根据山地植被垂直带谱结构型及山地地带性植被顶级复合体特征,四川植被划分为 4 个水平带。由东南至西北随着海拔升高,依次出现常绿阔叶林与松林带(包括常绿落叶阔叶林)、亚高山暗针叶林与高山栎林带(包括针阔混交林)、高原块状暗针叶林、圆柏林与草甸灌丛带、高原灌丛草甸带(图 3-8)。

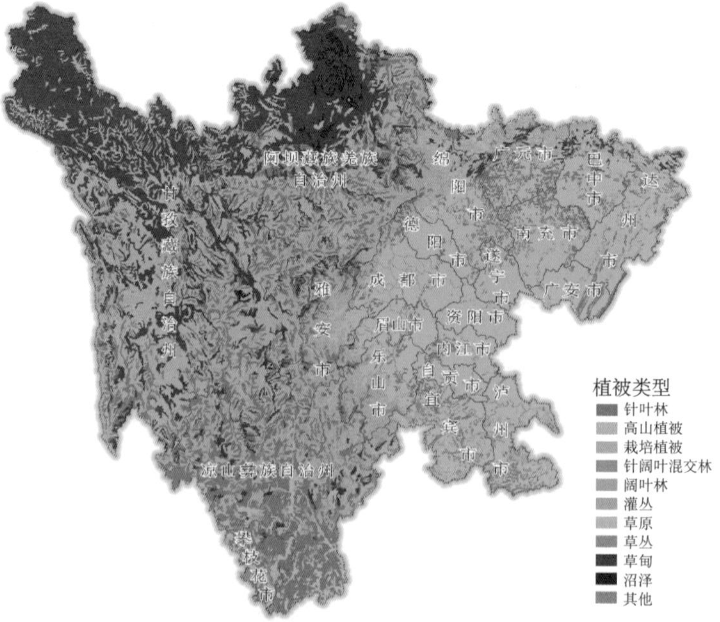

图 3-8 四川省植被类型分布示意图
资料来源:侯学煜、张新时等主编的《中华人民共和国植被图(1:1 000 000)》,中国科学院中国植被图编辑委员会,2021,中国科学院植物科学数据中心,https://www.plantplus.cn/dsite/zhibei/zhibei.html。

四川植物种类丰富，起源古老，区系成分复杂，温带属较少而种较多，热带属较多而种较少，除竹类外无木本特有属，但是特有种较多。针叶林以松、杉、柏 3 科为主，分布川西高山地区；阔叶林以壳斗、樟、桦等科为主，分布四川盆地并延伸到西南地区；另有竹类为主的竹林，杜鹃属为主的高山灌丛，乔草、莎草、菊科等为主的高山草甸及河谷草丛，分布在川西高原及高山地区至川西南干热河谷；等等[20]。

3.2　生态环境

3.2.1　生态环境分区

四川省地处青藏高原东南缘，是长江、黄河上游重要的水源涵养地。川西高山高原区、川西南山地区分别是国家"两屏三带"生态安全战略格局中的青藏高原生态屏障、黄土原—川滇生态屏障的组成部分，具有水源涵养、水土保持、生物多样性维护、气候调节等生态功能。《四川省"十三五"生态保护与建设规划》《四川省主体功能区规划》中依据四川省不同区域自然条件、生态区位、资源禀赋及社会经济差异性，将全省划分为东部绿色盆地和西部生态高原的一级分区框架。东部绿色盆地包括成都平原区、盆周山地区、盆地丘陵区；西部生态高原包括川西北高原区、川西高山峡谷区和川西南山地区，共计六个二级分区。

东部绿色盆地区域范围总面积 18.06 万平方千米，该区域自然条件好、交通发达、人多地少，是成都平原、川南、川东北城市群集中分布区。应着力打造以长江干流、岷江—大渡河下游、沱江、涪江、嘉陵江、渠江等六大流域生态带为骨架，以各类自然保护地(自然遗产地、国家公园、自然保护区、风景名胜区、森林公园、湿地公园、地质公园等)点(块)状分布的典型生态系统为重要组成的"两屏六带多点"生态安全战略格局。

西部生态高原区总面积 30.57 万平方千米，该区域山高、坡陡、谷深，地形、地貌复杂，北部地区气候严寒，南部地区光热资源丰富，是长江、黄河流域重要的水源涵养区，也是典型的生态脆弱区、自然灾害多发区和藏、彝、羌等多民族聚居区。构建以若尔盖草原湿地、川滇森林及生物多样性、大小凉山水土保持和生物多样性三大生态屏障为重点，以金沙江、雅砻江和岷江—大渡河上中游三大流域生态带为骨架，以各类自然保护地的典型生态系统为重要组成的“三屏三带多点”生态安全战略格局[21]。

3.2.2 “三线一单”生态环境分区管控

2020年1月四川省人民政府发布《关于加快实施“三线一单”生态环境分区管控的通知》(征求意见稿)，划定生态保护红线、环境质量底线、资源利用上线和生态环境准入清单(“三线一单”)。根据全省“一干多支、五区协同”的区域发展新格局，立足五大经济区的区域特征、发展定位及突出生态环境问题，将全省行政区域原则上划分为优先保护、重点管控和一般管控三类环境管控单元。优先保护单元以生态环境保护为主，依法禁止或限制大规模、高强度的工业和城镇建设。全省划定的优先保护单元占全省总面积的50.1%，主要分布在川西北生态示范区和攀西经济区；重点管控单元占全省总面积的14.3%，主要分布在成都平原经济区、川南经济区以及川东北经济区的部分区域；一般管控单元占全省总面积的35.6%，主要分布在川东北经济区。重点管控单元应优化空间布局，一般管控单元应落实生态环境保护的基本要求。

依据《四川省生态保护红线方案》(2018版)，明确四川省生态保护红线总面积为14.80万平方千米，占全省总面积的30.45%。主要分布在川西高山高原、川西南山地和盆周山地，分布格局为“四轴九核”。“四轴”包括大巴山、金沙江下游干热河谷、川东南山地、盆中丘陵区；“九核”包括若尔盖湿地(黄河源)、雅砻江源、大渡河源、大雪山、沙鲁里山、岷山、邛崃山、凉山—相岭、锦屏山，以水系、山系为骨架集中成片分布；四个重点区域分别为：若尔盖草原湿地生态功能区、川滇森林及生物多样性生态功能区、秦巴生物多样性生态功能区、大小凉山水土保持及生物多样性生态功能区(表3-6，图3-9)。

表 3-6　四川省 13 个生态红线区名称及面积(万平方千米)

生态红线区名称	红线区面积			占全省面积比(%)		
	总面积	一类管控区	二类管控区	总占比	一类管控区	二类管控区
雅砻江源水源涵养红线区	4.0	0.5	3.6	8.3	0.9	4.4
大渡河源水源涵养红线区	1.8	0.1	1.7	3.8	0.2	3.6
黄河源水源涵养—生物多样性保护红线区	1.3	0.2	1.1	2.7	0.4	2.3
沙鲁里山生物多样性保护红线区	3.3	0.8	2.5	6.7	1.6	5.1
大雪山生物多样性保护—土壤保持红线区	2.2	0.4	1.8	4.6	0.9	3.7
岷山生物多样性保护—水源涵养红线区	2.6	1.1	1.6	5.4	2.2	3.2
邛崃山生物多样性保护红线区	0.8	0.1	0.6	1.5	0.2	1.3
凉山—相岭生物多样性保护—土壤保持红线区	1.3	0.3	1.0	2.7	0.6	2.1
锦屏山水源涵养—土壤保持红线区	1.1	0.1	1.0	2.3	0.2	2.0
金沙江下游干热河谷土壤保持红线区	0.5	0.1	0.4	0.9	0.2	0.8
大巴山生物多样性保护—水源涵养红线区	0.5	0.1	0.4	1.1	0.2	0.8
川南生物多样性保护红线区	0.14	0.05	0.09	0.3	0.1	0.2
盆中城市饮用水源—土壤保持红线区	0.13	0.02	0.11	0.3	0.04	0.2
合计	19.7	3.8	15.9	40.6	7.8	32.8

资料来源:四川省人民政府.四川省生态保护红线实施意见[Z].2016-9-29.

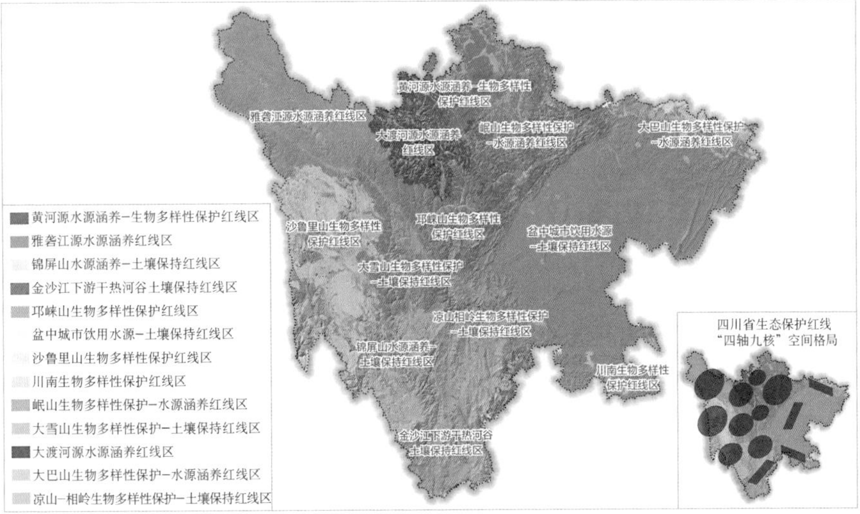

图 3-9　四川省生态保护红线分区示意图
资料来源:四川省人民政府.四川省生态保护红线实施意见[Z].2016-9-29.

3.2.3 地质灾害类型及分布

四川省地质灾害总体具有地域性明显、时间性强、地貌特征明显、人类工程活动影响大以及灾害链效应强等特征。地质灾害地域分布总体格局是西部多于东部，盆周山地多于盆地中部，河谷多于平坝，工程活动频繁区多于工程活动稀少区。每年6—9月份是盆周及西部地区降雨集中而又强度大的季节，该时段发生的崩塌、滑坡和泥石流灾害达全年的90%以上[23]。四川省西部高山高原区域崩塌极为频繁；滑坡灾害主要分布在川东盆地地区，川西高原上分布较少。灾害密度最高以及特大型和大型规模的灾害主要分布在川东巴中、南充、达州地区，灾害密度次之的区域为成都平原周边地区，主要集中分布在川西北岷江上游、大渡河中游、雅砻江下游、金沙江下游等区域。泥石流灾害高发区主要分布在四川安宁河断裂带和龙门山断裂带附近，尤其是凉山州、甘孜州、阿坝州、攀枝花市、雅安市等地，占全省泥石流发生的90%以上。不稳定斜坡主要分布在龙门山地震断裂带等，灾害链效应在川南和龙门山地区较为普遍(图3-15)[24-25]。

四川省地质灾害易发程度划分高易发、中易发、低易发及非易发四个级别。高易发区呈"Y"字形分布，北起大巴山、米仓山，向南经龙泉山，南至凉山州会理县、会东县，西沿鲜水河断裂带至甘孜县，盆地东部至华蓥山低山区达州、邻水等区域；中易发区主要分布在川西甘孜—理塘断裂带、德来—定曲断裂带的德格—得荣—雅砻江高山峡谷、北部九寨沟高山峡谷、盆地东北部低山、丘陵区及盆地东南中山、低山及丘陵等区域；低易发区主要分布川西北丘状高原及川东低山、丘陵区等区域；非易发区主要分布若尔盖红原沼泽草地及川西平原台地。

3.3 景观环境

3.3.1 地学景观

四川省是我国乃至全世界地质景观最为丰富、最具特色的地区之一。四川区域地质景观的形成原因主要包括地壳运动、地震、岩浆等内动力作用以及在此基础上形成的剥蚀、搬运等外部地质作用。内动力地质作用为四川区域地质景观的形成提供物质基础和动力源，外动力地质作用对内动力地质作用形成的地质景观进一步改造和修饰。根据野外地质调查结果和地质景观分类方案，四川区域地质景观大体分为山岳地貌、褶皱地貌、推覆构造地貌、地层剖面、地震灾害遗迹、次生地质灾害遗迹、地震事迹、花岗岩岩石地貌、冰川遗迹—冰蚀—冰碛地貌、丹霞地貌、岩溶地貌、山水峡谷地貌、古生物遗迹 13 种地质景观类型（表 3-7）[26-27]。

表 3-7　四川省典型地质景观分类表

大类	亚类	景观类型	主要地质景观点	主要分布地区
内动力地质作用景观系列	地壳运动类	山岳地貌	九峰山、千佛山、丹景山、火焰山、天台山、窦圌山、九顶山、大剑山、小剑山、五指山等	彭州、汶川、茂县、广元等
		褶皱地貌	锦江口褶皱、七盘沟褶皱等	彭州、汶川等
		推覆构造地貌	茂汶断裂、北川—映秀断裂、彭灌断裂、塘坝子—葛仙山、白鹿顶、尖峰顶、太子城、天台山、小鱼洞等飞来峰	汶川、茂县、北川、彭州等
		地层剖面	甘溪泥盆系剖面、新兴乡三叠系、侏罗系剖面	江油、彭州等
	地震作用类	地震灾害遗迹	映秀镇废墟、汶川县城废墟、北川县城遗址、绵竹汉旺镇遗址、擂鼓镇遗址等、都江堰聚源中学遗址、彭州小鱼洞大桥遗址、彭州银厂沟遗址等、汉旺破裂带、小命洞破裂带等	汶川、北川、都江堰、彭州、汉旺等
		次生地质灾害遗迹	虹口九甸坪崩塌、彭州银厂沟大（小）、龙潭崩塌群、景家山崩塌等、城西滑坡、樱桃沟滑坡、陈家坝滑坡、映秀滑坡群、龙池川主滑坡群、彭州谢家店子滑坡等、北川县任家坪泥石流、茂县白水寨沟泥石流、汶川县牛圈沟泥石流、北川县石板沟泥石流、都汶公路沿线泥石流、崇州鸡冠山乡鞍子河支流火石沟、唐家山堰塞湖、青川红光乡堰塞湖群、安县茶坪乡肖家河堰塞湖等	彭州、汶川、都江堰、北川、青川、安县、崇州、茂县等
		地震事迹	东河口汶川地震纪念碑、彭州小鱼洞大桥“5. 12”纪念碑等、地震遗址博物馆（北川）、汶川地震震中纪念地（汶川）、工业遗址纪念地（汉旺）和地震遗迹纪念地（虹口）等	汶川、彭州、北川、汉旺等
	岩浆作用类	花岗岩岩石地貌	龙池花岗岩剖面、摩天岭花岗岩地貌等	都江堰、广元

（续表）

大类	亚类	景观类型	主要地质景观点	主要分布地区
外动力地质作用景观系列	剥蚀及搬运作用类	冰川遗迹—冰蚀—冰碛地貌	葛仙山、塘坝子冰川漂砾、干龙池冰蚀地貌等	彭州、都江堰等
		丹霞地貌	剑阁、金鞭岩、罗浮山、窦圌山、龙泉砾宫等丹霞地貌	广元、青城山、安县、江油等
		岩溶地貌	飞来峰中形成的峰丛、洼地、漏斗、溶洞、石林等，以葛仙山—塘坝子为主，千佛山、猿王洞等	彭州、安县、北川、广元等
		山水峡谷地貌	回龙沟、禹穴沟、文镇沟、银厂峡、金牛峡、五道河、白水河、剑门峡、盘龙温泉等	彭州、北川、茂县、广元等
	沉积、成岩作用类	古生物遗迹	磁峰恐龙脚印、安县海绵礁、北川生物礁等	彭州、安县、北川等

资料来源：李艳菊.龙门山中北段区域地学景观及传统聚落适宜性研究[D].成都：成都理工大学，2013.

3.3.2 乡土景观

四川乡土景观从空间层次角度表征为村落、农田、道路、河流水系、树林、祠堂等生活风景共同筑成的乡村图景。乡土景观要素经过借鉴、抽象及提炼，可以保留乡土精神，留住引发人们情感共鸣的乡土片段。乡土景观所依托的背山望水自然环境，所生长形成的田、地、林、草、院乡土景观格局，共同构成乡土景观环境中的集体记忆，其最具感染力和代表性的风景，属于乡村有机生命共同体的重要组成部分。

从空间视角看，乡村土地分配直接影响乡土景观意象。土地利用现状按照景观功能性划分，一般包括耕地、园地、林地、沟渠、水域、道路、居民点及工矿用地、未利用地等（表 3-8）。根据景观生态学“斑块—廊道—基质”理论，归为斑块的包括微耕地、园地、林地、水域、田坎、未利用地、居民点及工矿用地，廊道主要由乡村道路（田间道、生产路）、公路等构成[28-29]。

表 3-8 土地利用景观分类[30]

土地利用景观分类	整治区内具体细化类别	景观结构成分	四川省 2018（万公顷）
耕地	灌溉水田、旱地	斑块	673.07
园地	果园、桑园	斑块	72.76

（续表）

土地利用景观分类	整治区内具体细化类别	景观结构成分	四川省 2018（万公顷）
林地	有林地、疏林地	斑块	2 214.89
沟渠	水利设施（灌溉渠系、农渠）河流	廊道	103.74
水域	坑塘水面、滩涂	斑块	
道路	农村道路（田间道、生产路）、公路	廊道	36.28
田坎	田坎	斑块	
居民点及工矿用地	工矿用地、居民点、特殊用地（墓地）	斑块	154.15
未利用地	荒草地、裸岩石砾地	斑块	383.14

土地利用景观面积比不同，则呈现不同的乡土景观风貌特征。丘陵地区田坎占用乡村土地面积较大，更容易形成有序的梯田肌理；平原地区耕地面积占用大，形成川西林盘独具特色的农业文化景观遗产；盆周山地区林地面积大于其他地貌区，居民点及耕地面积均小于平原区和丘陵区（图 3-10）。边缘山地区从下而上一般具有 2～5 个垂直自然带，是四川多种经济林木和用材林基地。2019 年《四川农业农村发展报告》指出，四川省从 20 世纪 80 年代至 2010 年，城乡工矿及居民用地明显增长，草地水域稍有增长，耕地林地均呈下降态势[31]。依据《四川省第二次全国土地调查主要数据成果的公报》，四川省耕地在各区域之间的分布不均衡。从地貌来看，盆地丘陵区耕地分布最多，占全省的 59.74%；其次是盆周山地区、成都平原区和川西南山地区，分别占 14.34%、13.01%和 9.99%；川西北高山高原区耕地最少，仅占 2.92%[32]。从各市（州）来看，耕地分布最多是凉山州和达州市，分别占四川省耕地面积 8.67%和 8.16%；其次南充市和宜宾市，分别 7.95%和 4.25%；攀枝花市和阿坝州耕地分布最少，均为 1.12%；其余 17 个市（州）耕地占全省耕地面积比重在 1.46%～6.60%之间（图 3-11）。

(a) 平原（郫县三道堰青杠树村）　(b) 丘陵（绵阳市三台县景福镇罗家祠村）　(c) 盆周山（广元市苍溪县歧坪镇杨家桥村）

图 3-10　四川平原、丘陵、盆周山地区景观图景

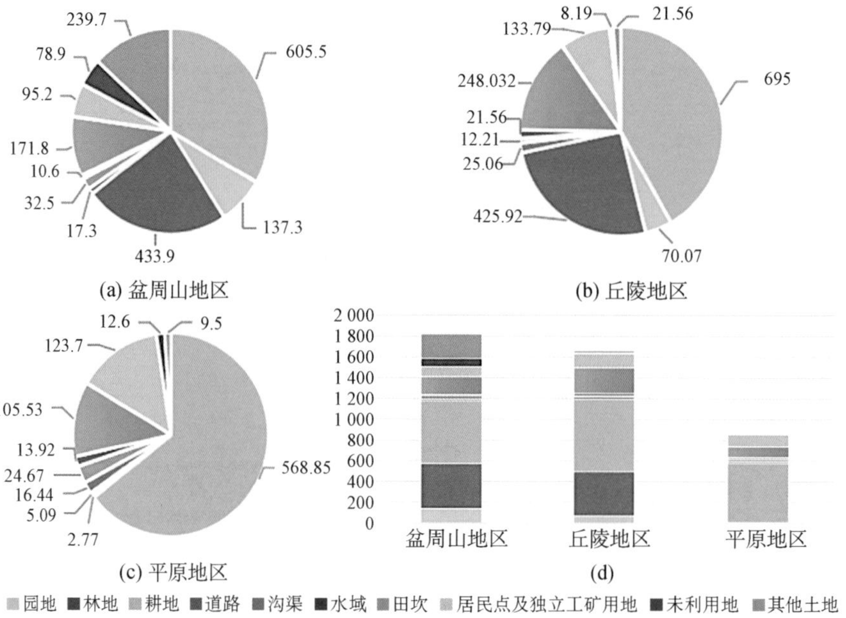

图 3-11　四川平原、丘陵、盆周山地区土地利用分类构成(万公顷)

资料来源:四川省国土资源厅.四川省第二次全国土地调查主要数据成果的公报[EB/OL].(2014-04-30)http://mh.icdnrsc.net/sitefiles/services/cms/page.aspx?s=2&n=241&c=76574.

四川省耕地面积坡度在25°以上的耕地49.2万公顷,占全省耕地面积7.32%,主要分布在盆周山地区、川西南山地区和川西北高山、高原区[32]。其中,相当部分需要根据国家退耕还林、还草、还湿和耕地休养生息的总体安排逐步调整。依据《四川省统计年鉴2019》,人均耕地从1996年(户籍总人口8 215.4万人)的1.21亩降到2009年(户籍总人口8 984.7万人)的1.12亩,再降到2018年(户籍总人口9 121.8万人)的1.106亩,四川省低于全国人均耕地1.36亩(截至2019年年底),更明显低于世界人均耕地水平。随着人口继续增长和经济发展,人均耕地还将继续下降,耕地资源约束将更加趋紧。综合考虑现有耕地数量、质量和人口增长、发展用地需求等因素,四川省人均耕地少、耕地质量总体不高、耕地后备资源不足,耕地保护形势十分严峻。建设用地增加虽然与经济社会发展要求相适应,但是许多地方建设用地效率不高,供需矛盾突出。土地利用变化反映出四川省生态环境建设和保护任务繁重。

3.3.3　景观资源分布及空间结构

1) 景观资源分布

四川乡村自然地域承载着丰富的历史文化及四川村民独特的生产、生活方式。在历史发展过程中，四川乡村展现出独具特色的地域、人文特征。乡村景观资源具有明显的物质和非物质属性。四川省景观资源整体上呈现“一带两圈”的格局，包括依附青藏高原东缘的自然景观带、以青藏高原东缘为界限的西部宗教民族辐射圈和东部的文化艺术及城市辐射圈。西部宗教民族辐射圈包括北部地区主要以阿坝九寨沟为主的自然景观和以黄龙景区为中心的藏族、羌族风情人文景观，以德格印经院和格萨尔故里为中心的川西北部康巴文化辐射圈，以稻城亚丁为中心的三神山文化①；东部是以“蜀山之王”贡嘎山为中心的康定情歌文化辐射圈。以贡嘎山为分界线，其西部寺院具有浓厚的藏传佛教色彩；其东部寺院开始汉化，人文景观转变为以文学艺术和现代化设施居多的城乡风光。川中是以西昌为中心的彝族彝海民族风情圈，川南是以自贡地区为中心的自然人文科普博物馆辐射圈。川东成都平原是主要文化艺术辐射圈，以成都为中心，集艺术与文化、现代科技与历史传承、红色旅游与伟人故里于一体，是人文旅游资源极其丰富的地区。总之，生态自然条件优越的青藏高原东缘山地的生态过渡带以自然旅游资源为主，经济相对发达的成都平原和川中丘陵地区以人文旅游资源为主。

2) 旅游景观资源空间分布

四川省A级旅游景区分布极不均衡（图3-12），存在较大差异。旅游资源极丰富的地区为成都市；旅游资源丰富的地区为乐山市和阿坝州等；旅游资源贫乏的地区为南充、广安、绵阳、遂宁、泸州和攀枝花（旅游资源数量不少，但是级别多集中在2A和3A级）；其余地区旅游景区分布数量相对较少，等级相对较低，属于旅游资源极贫乏地区。目前，旅游景点分布最多的是成都市、广元

---

① 四川稻城亚丁三座雪山：仙乃日、央迈勇、夏诺多吉，被视为守护亚丁藏民的守护雪山。

市等；旅游景点分布最少的是资阳市、内江市等[33]（图3-13、图3-14，附录2、附录3）。

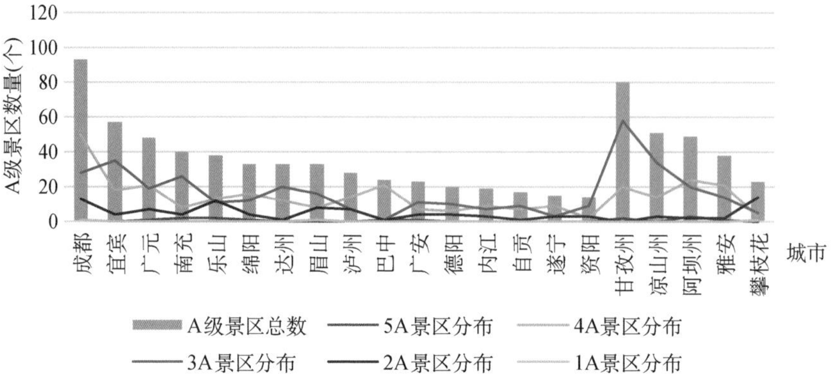

图3-12 四川省各地市A级景区总数及各级景区分布

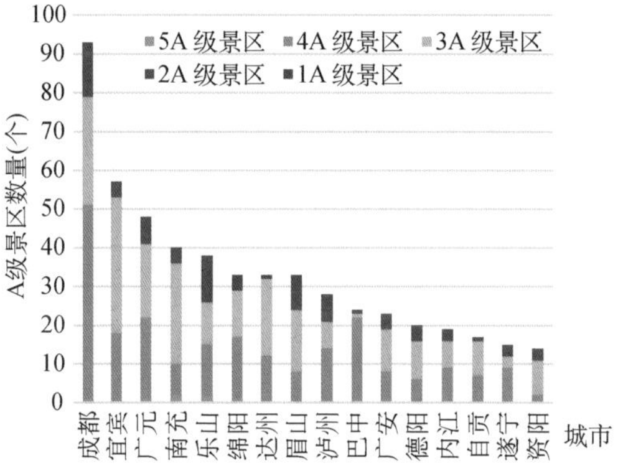

图3-13 四川省东部绿色盆地区各地市A级景区数

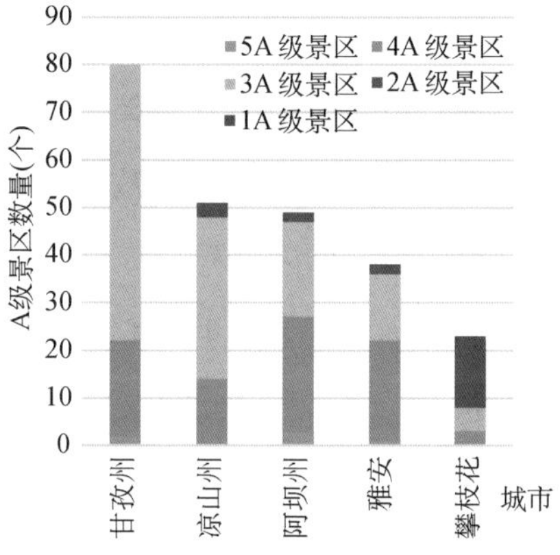

图3-14 四川省西部生态高原区各地市A级景区数

资料来源：四川省文化和旅游厅官网，http://wlt.sc.gov.cn。

3）乡村旅游景观资源空间结构现状

四川省乡村旅游资源种类丰富，景点数量多。目前乡村旅游景点或项目主要包含农家乐、生态农业园、乡村自然景观、人造乡村景观、乡村建筑遗址、乡村人文民俗体验、乡村特产与手工艺品七大类。空间结构上有效开发的农家乐、生态果园、乡村人文民俗体验、乡村自然景观主要分布在四川省中部、东部。人造乡村景观、乡村特产与手工艺品等经济利润较小的旅游项目多分布在四川省西、南部[34]。

4) 诗词歌赋中的四川景观资源

四川地区景色秀美，自古以来留下很多文人墨客的诗词歌赋。本节以蜀中地区作为研究对象，以唐宋诗词为主要文本数据来源（图 3-15），辅以少量其他时期的诗词古籍进行整理，将文本进行分拣、提取及归纳。选取诗词主要来自唐宋时期有较大影响力且具有旅居或客居蜀地经历的诗人诗作、词人词作等（图 3-16）①。梳理总结在《历代四川山水诗选注》《全唐诗》《杜甫诗选》《苏轼词集》《剑南诗稿》中出现的 1 538 首（篇）诗词及古代文献，挑选出 141 首有参考价值的具体描写蜀中地区景观风貌的诗词作为研究的数据文本。

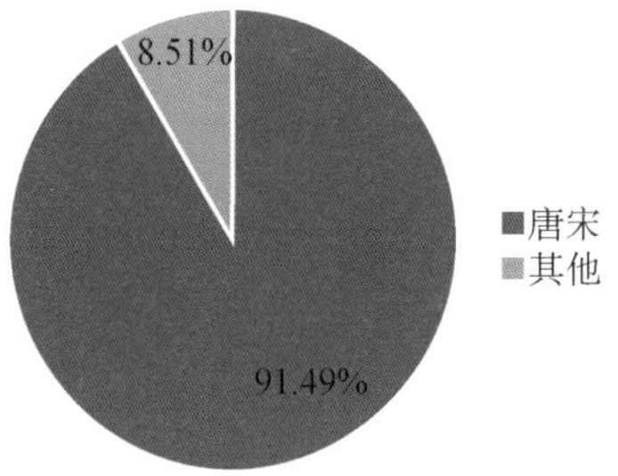

图 3-15　研究文本选取时期比例

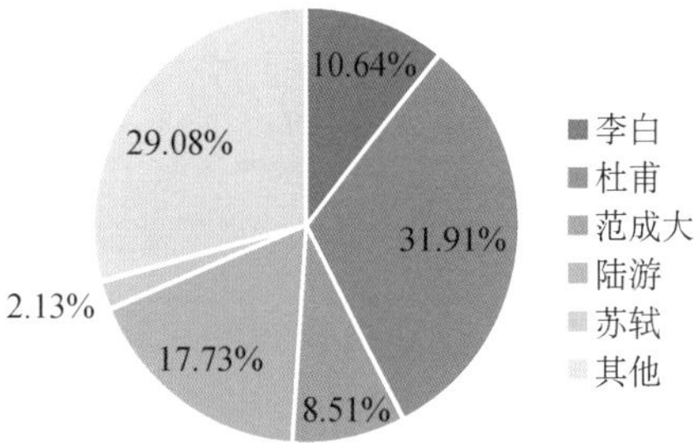

图 3-16　研究文本诗人作品比例

古诗词中景观及其要素符号形式多样，同一种景观语义符号可以异化为多种能指符号（源词条），故需要选取诗词中所有同一语义异化的源词条，并进行中心词条转译及预分类，将古诗词中的多个能指符号统一为一个“所指”，例如诗词中“堤坝”“古岸”“沙堤”“畔”等多种源词条统一为一个标准词条“岸堤”。分类方法和分类原则以词条所属性质为准，语义源词条为景观要素的名词，辅助语为方向、方位、色彩等限定词或说明词，参考《古汉语词典》，运用 ROSTCM6“文件批量处理器”工具将经过筛选的 141 首古诗词及古籍节选的文本合并。然后使用 Ultra-replace（超级批量文本替换器），将文本中源词条替换为标准词条；通过 Net Draw 可视化分析，得到各个元素之间的直观联系。“山峰”元素出现频率最高，其次是“河流”，再次是“野花”

① 《新唐书・列传一百二七・文艺中・李白传》《旧唐书・列传第一百四十・文苑下・李白传》《宋史・苏轼传》《宋史・范成大传》等历史人物传记或史料记载中，均有诗人或以四川为故乡，或旅居蜀地，或入蜀为官。

(图 3-17)。这表明在文学作品的描述中,蜀地景观多山脉、多水系河流,花团锦簇,人居环境优美。

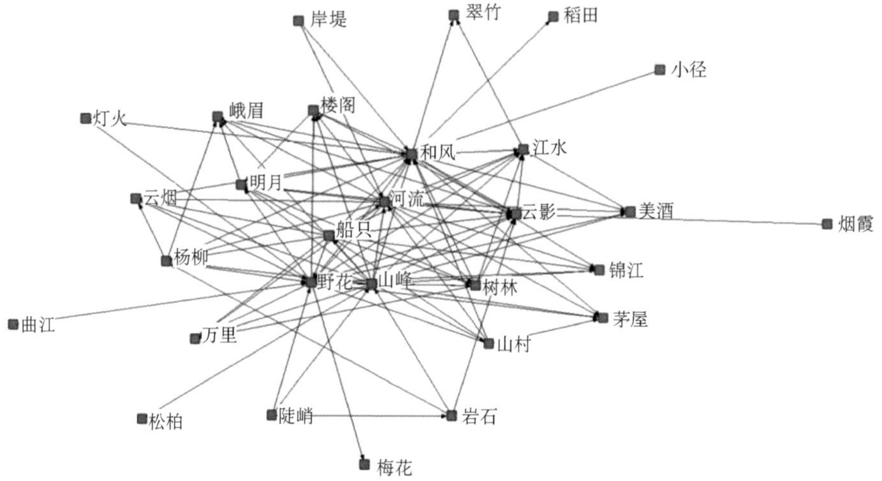

图 3-17 研究文本中四川景观高频词汇图示(ROSTCM6 和 Ultra-replace 生成)

3.4 人文环境

3.4.1 民族聚居的空间分布

依据《四川农村年鉴 2018》,四川省从 1952—2017 年年末户籍总人口趋势显示了 1964 年和 1991 年两个人口增长率拐点。1964 年起国家“三线”建设是中国经济史上极大规模的工业迁移过程,经济发展加快,相应地,1965—1978 年,四川省户籍人口也出现快速增长态势;1991 年实施《四川省计划生育条例实施办法》,户籍人口相应出现人口增长率拐点(图 3-18)。

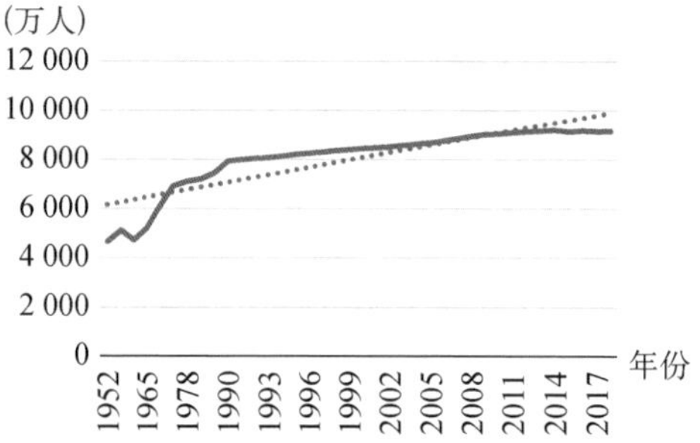

图 3-18 四川省 1952—2017 年年末户籍总人口趋势

资料来源:四川省人民政府主管主办.四川农村年鉴[M].成都:电子科技大学出版社,2018.

四川省是多民族聚居地,也是全国第二大藏族聚居区、最大的彝族聚居区和唯一的羌族聚居区,汉族外的其他民族人口主要分布在乡村地区①。包括四川省位于我国从西北到西南的青藏高原东部边缘山地著名的“民族走廊”中部，其与多民族的滇、黔、甘、青、藏等省区毗连，省区界限彼此交错。四川省所在地历来就是民族迁徙、交流、融合的有利场所，例如彝、藏、羌、傈僳、纳西、白族等民族先民自古以来就活动在西部高原山区；汉族先民与其他许多民族融合，繁衍于盆地内部（表3-9）。四川部分民族人口是在屯垦、移民、经商、戍边等经济、政治、军事诸多社会原因影响下入川定居[35]的。

表3-9　四川省民族主要分布地区

民族	分布地区	民族	分布地区
彝族	大小凉山、乐山市、攀枝花市、安宁河流域	蒙古族	凉山州和攀枝花市
羌族	岷江上游茂县，阿坝州汶川县、黑水县、理县、松潘县、茂县和绵阳市北川县、盐亭县、平武县等地	纳西族	凉山州盐源县、木里县和攀枝花市盐边县
回族	广元市青川县、苍溪县，广安市武胜县，南充市阆中市，成都市新都区、崇州市，宜宾市，凉山州西昌市、德昌县、会理县、阿坝州松潘县、阿坝县以及绵阳、内江、泸州、自贡等市	藏族	甘孜、阿坝州和凉山州的木里藏族自治县等高原地区
满族	成都市	苗族	泸州市、宜宾市、凉山州
土家族	各市、自治州	白族	凉山州和攀枝花市
布依族	凉山州	傣族	凉山州会理县和攀枝花市
壮族	凉山州宁南、木里、会东等县	傈僳族	凉山州、攀枝花市与西南接壤地区

资料来源：国家民族事务委员会经济发展司、国家统计局国民经济综合统计司.2018中国民族统计年鉴（四川省）[M].北京：中国统计出版社，2019.

四川地区多民族分布具有五个主要特征：①汉族人口分布遍及全省，即使在凉山州汉族人口也占半数以上；②14个世代聚居的民族分散在全省各地，行政区域上分布广泛而又高度集中；③民族之间共同交错杂居；④单一民族聚居区核心区缩小，杂散居范围扩大；⑤各民族人口地域分布具有垂直梯度立体

① 四川是多民族大省，除汉族外，彝族、藏族、苗族、羌族、回族、土家族、蒙古族、满族、傈僳族、纳西族、白族、布依族、壮族、傣族为省内世居民族。四川省内这14个世居民族人口约占全省非汉族人口的99.9%。

层次。

川西高原山地和川南、川东南山区各市县面积占全省的 60%以上,集聚着全省 98%的非汉民族,是四川多民族主要聚居区。四川盆地西部青川—北川—灌县—宝兴—汉源—沐川—屏山是东部汉族主要聚居区和西部非汉族聚居区的重要分界线,将四川划分为人口稠密区与人口稀疏区。随着海拔高度增加,非汉民族人口密度从农区向半农半牧(林)区和牧区递减;以农为主区域是杂居程度最高地区,向半农半牧(林)区和牧区过渡则民族构成趋向单一。各民族人口垂直空间分布高差极为悬殊,大体上傣族、布依族和壮族居住在川西南金沙江北岸海拔高度在 700~1 500 米的河谷地区;彝、羌、纳西、傈僳、蒙古、白等民族聚居于海拔 1 500~2 500 米山间河谷盆地和“二半山”区;藏族大多聚居于 3 500 米以上,最高居住上限达 4 500 米[35-36]。

3.4.2 非物质文化遗产空间分布①

乡村聚落空间是研究乡村人居环境的重要物质单元,也是非物质文化遗产原汁原味地传承和发展的空间载体。四川省复杂、特殊的地貌特征和民族特色对于非物质文化遗产的形成和分布产生明显的影响。传统民族村落的远去往往带来民族文化的衰败,保护传统村落就是保护非物质文化遗产。四川省省级以上非物质文化遗产项目囊括联合国教科文组织《保护非物质文化遗产公约》和《保护世界文化和自然遗产公约》中的五大类别,包括语言和口头文字类、表演艺术类、仪式习俗类、知识实践类、传统手工艺技能类。涉及民间文学、传统音乐、传统舞蹈等 10 个亚类,类型多样。羌年、格萨(斯)尔、藏戏(德格格萨尔藏戏、巴塘藏戏、色达藏戏)、蜀锦(蜀锦织造技艺)、阆中皮影戏、藏医药(甘孜州南派藏医药)、中国雕版印刷技艺(德格印经院藏族雕版印刷技艺)7 项入选联合国教科文组织非物质文化遗产名录(名册)项目。四川省省级以上非物质文化遗产含扩展项目总计 710 项。其中以传统技艺类最多,共 203 项,占 28.6%;其次是传统音乐类和民俗,分别有 105 项,各占 14.8%(图 3-19,附录 4)。非物质文化遗产是

① 本节数据来源于四川省非物质文化遗产网以及中国非物质文化遗产网 2021 年 11 月检索结果。

活态的民族文化传承，四川省非物质文化遗产类别比例和四川多民族聚集地域、经济发展、地理条件、村民之间传统交流联系方式、人口迁移路径等有关，呈现出地理阶梯分布集聚性、经济发展程度集聚性、水源流域分布集聚性特征，例如依水而居的地区都江堰有放水节，依高山峡谷而居的甘孜州有玛达咪山歌，作为平原聚落的泸州有雨坛彩龙舞，作为山地聚落的甘孜州有扎坝嘛呢舞，等等（图 3-20）。

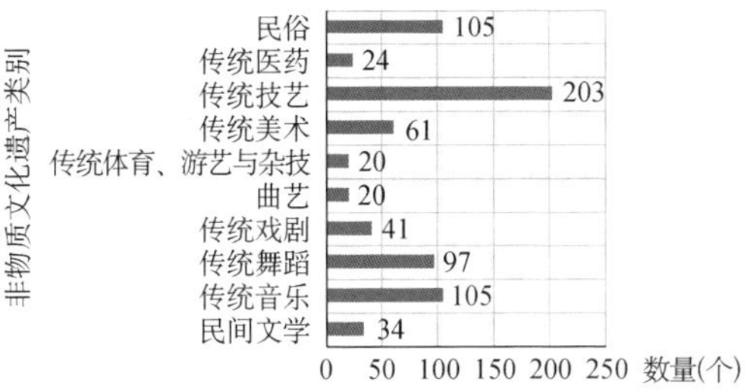

图 3-19 四川省省级以上非物质文化遗产类别数量

资料来源：四川省非物质文化遗产网，www.ichsichuan.cn(2021.11)。

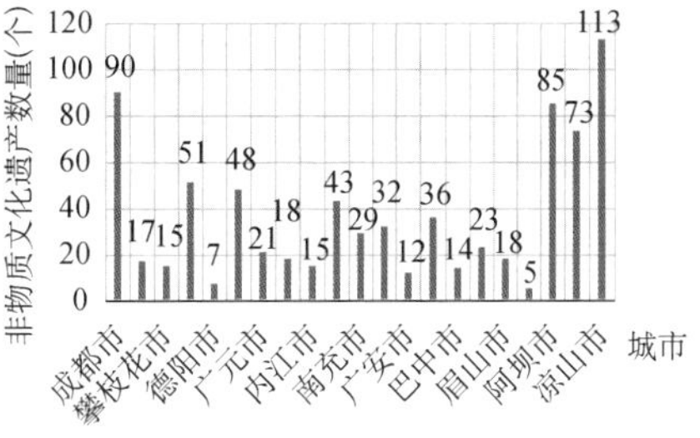

图 3-20 四川省省级以上非物质文化遗产空间分布统计图

资料来源：四川省非物质文化遗产网，www.ichsichuan.cn(2021.11)。

1）西部生态高原地区

（1）川西北高原区

川西高山峡谷区，包括甘孜州、阿坝州和凉山州的木里县（3 个州的 24 个县），以民俗、传统舞蹈、传统音乐、传统体育、游艺与杂技类非物质文化遗产项目居多。甘孜藏族自治州内的民族众多，“非遗”项目较多，共计 73 项（表 3-10）。

表 3-10 四川省甘孜藏族自治州省级以上非物质文化遗产项目（含扩展项目）

项目地区	项目类别	项目数量	项目名称
甘孜藏族自治州省级以上非物质文化遗产（73 项）	民间文学	2	格萨（斯）尔、阿古登巴的故事
	传统音乐	7	顶毪衫歌、玛达咪山歌、康定溜溜调、川西藏族山歌、骨笛、川北山歌（嘉绒藏区农耕劳动歌）、川北山歌（德格劳动歌曲）
	传统舞蹈	16	真达锅庄、得荣学羌、得荣九步锅庄、木雅锅庄、丹巴阿克日翁（兔儿锅庄）、乡城恰热（疯庄锅庄）、新龙锅庄、德格卓且、灯笼卓饮、岚安锅庄、理塘锅庄、扎坝嘛呢舞、弦子舞（巴塘弦子舞）、热巴舞、甘孜踢踏、霍尔古舞
	传统戏剧	5	巴塘藏戏、色达藏戏、木雅藏戏、理塘藏戏、德格格萨尔藏戏

（续表）

项目地区	项目类别	项目数量	项目名称
甘孜藏族自治州省级以上非物质文化遗产（73项）	传统美术	6	藏族格萨尔彩绘石刻、德格藏文书法、藏族唐卡（噶玛嘎孜画派）、藏族唐卡（门萨画派）、石雕（拉日马玛尼石雕）、郎卡杰唐卡传统绘画艺术
	传统技艺	25	传统居民营造技艺（新龙居民建造技艺）、传统居民营造技艺（木雅石砌）、康巴藏族服装配饰制作工艺、水淘糌粑、新龙药泥藏式面具制作技艺、德格麦宿塑像制作技艺、德格麦宿传统土陶技艺、木雕（德格麦宿木雕技艺）、德格印经院藏族雕版印刷技艺、藏族牛羊毛手工编织工艺、牧区皮革加工技艺、德沙旋木技艺、阿西土陶烧制工艺、白玉河坡藏族金属手工技艺、藏族金属制品加工技艺（花色青铜锻造技艺）、藏族金属锻造技艺（藏族锻铜技艺）、民间藏酒酿造技艺、藏族建筑砌石技艺、藏族民间车模技艺、酥油花制作技艺、木雅藏族服饰制作技艺、藏族金属手工技艺（佐钦藏族金属锻造技艺）、藏族碉楼营造技艺、陶器烧制技艺（藏族黑陶烧制技艺）、申臂桥建造技艺
	传统医药	1	藏医药（甘孜州南派藏医药）
	民俗	11	安巴节、巴塘歌卦、秩勒节、藏历年、新龙藏历十三节、康定“四月八”跑马转山会、赛马节（会）、山岩帕措习俗、雅砻江河谷扎巴藏族母系氏族习俗、成人仪式、民间信俗（康定转山会）

资料来源：四川省非物质文化遗产网，www.ichsichuan.cn。

阿坝州“非遗”项目共有85项，涵盖了民间文学、传统音乐、传统舞蹈、传统戏剧、传统美术、传统体育、游艺与杂技、传统医药、传统技艺、民俗亚类。其中以传统音乐，传统舞蹈项目最多，共计46项，即锅庄（达尔嘎）、羌族羊皮鼓舞、哈玛（战神舞）、金冠舞、“垛”舞、卡斯达温舞、㑇舞、熊猫舞、圈德迪、迪厦、蹢脚舞、春牛舞等。这些伴随着世世代代羌族人民的舞蹈，为阿坝劳动人民的生活增添乐趣，反映出人与人、人与动物、人与自然之间和谐共生的朴素情怀。

凉山州是彝族的主要聚居地，并伴有回族、傈僳族夹杂居住，因此凉山州非物质文化遗产申请项目较多，共计113项（表3-11）。民间文学例如彝族克智，围绕火塘主宾之间论辩说唱，涉及神话传说、天文地理、历史知识等，独具一格。有固定格式的诗体文学，如《木姐妹和斗安珠》、民间史诗《羌戈大战》等，羌民房顶上建“勒克西”，里面供着三块白石头，来纪念天神木比塔；《毕阿史拉则》传说，凉山口承传统中最具代表性的传说，对于研究彝族宗教、史学、文学等均具有重要的史料价值。非物质文化遗产瑰宝将地域文化、民族特征、生产生活场景生动而鲜活地展现出来。

表 3-11　四川省凉山彝族自治州省级以上非物质文化遗产项目(含扩展项目)

项目地区	项目类别	项目数量	项目名称
凉山彝族自治州省级以上非物质文化遗产(113 项)	民间文学	12	彝族克智、勒俄特依、玛牧特依、阿嫫妮惹、支格阿龙、彝族克智、什喜尼支嘿、斯都呐嘎体、阿都歌谣、毕阿史拉则传说、傈僳族民间传说、博葩(万物起源口头文学)
	传统音乐	26	大号唢呐、藏族赶马调、朵乐荷、彝族挽歌、彝族阿都高腔、川西藏族山歌、彝族克西举尔、彝族马布音乐、彝族月琴音乐、毕摩音乐、义诺彝族民歌、阿惹妞、四川洞经音乐(邛都洞经古乐)、阿古合、口弦、彝族“久觉合”、金江鼓乐、木模拉格、热打(“里惹尔”)、傈僳族高腔、阿古合、阿依阿芝(彝族女性叙事歌)、牛牛合(“牛牛”调)、摩梭人阿哈巴拉调、毕摩音乐、藏族民歌(藏族赶马调)
	传统舞蹈	8	蹢脚舞、傈僳族嘎且且撒勒舞、彝族苏尼舞、藏族杜基嘎尔、甲措、锅庄(木里藏族“嘎卓”舞)、纳西族“金佐措”等
	曲艺	1	彝族克格(彝语相声)
	传统体育、游艺与杂技	1	彝族磨尔秋
	传统美术	5	彝族传统刺绣技艺、毕摩绘画、彝文书法、傈僳族刺绣技艺(傈僳族刺绣技艺)、藏族尔苏图画文字
	传统技艺	29	饵块手工制作技艺、绿釉陶瓷品制作技艺、红铜火锅制作技艺、彝族传统建筑营造技艺(凉山彝族传统民居营造技艺)、酿造酒传统酿造技艺(彝族杆杆酒酿造技艺)、传统茶具制作技艺(藏式烧制茶具制作)、凉山彝族漆器制作工艺、传统茶具制作技艺(藏式木制茶具制作)、传统茶具制作技艺(藏式竹制茶具制作)、民族乐器制作技艺(彝族“胡惹”制作技艺)、传统民居营造技艺(木里藏族民居营造技艺)、民族乐器制作技艺(傈僳族口弦制作技艺)、民族乐器制作技艺(竹制口弦制作技艺)、酿造酒传统酿造技艺(彝族燕麦酒古法酿造技艺)、民族乐器制作技艺(彝族月琴制作技艺)、麻布制作技艺(木里麻布手工纺织技艺)、传统民居营造技艺(摩梭人传统民居建筑技艺)、传统民居营造技艺(彝族建筑技艺)、擦窝制作技艺、彝族金属锻造技艺(喜德彝族叶形双耳腰刀制作技艺)、藏族手工皮制品制作技艺、民族乐器制作技艺(傈僳族葫芦笙制作技艺)、彝族烟斗制作技艺、凉山彝族银饰手工技艺、傈僳族织布技艺(傈僳族火草织布技艺)、摩梭人青娜油制作技艺、彝族泥染、摩梭人苏里马酒的酿造技艺、凉山彝族羊毛纺织及擀制技艺
	传统医药	1	传统彝医药
	民俗	30	傈僳族婚俗、彝族“阿依蒙格”儿童节、摩梭人成丁礼、藏族尔苏射箭节、摩梭人转湖节、彝族婚俗(彝族婚礼歌)、傈僳族服饰、彝族服饰(彝族奥索布迪服饰艺术)、傈僳族阔时节、藏历年、彝族年、凉山彝族“尼木措毕”祭祀、泸沽湖摩梭人母系氏族习俗、彝族服饰(呷咪服饰)、还山鸡节(尔苏藏族还山鸡节)、摩梭人转湖节、木里“桑股”头饰、彝族赛马习俗、摩梭人“若哈舍”习俗、彝族剪羊毛节、摩梭人服饰、布依族“三月三”习俗、什拉罗习俗、苗族服饰、彝族嘎库甘尔习俗、藏族服饰(尔苏藏族服饰)、彝族服饰(义诺彝族服饰)、火把节(彝族火把节)等

(2) 川西南山地区

攀枝花市“非遗”项目类别共计5类，涵盖传统音乐、传统舞蹈、传统美术、传统技艺、民俗5个亚类。其中3项省级传统音乐项目，即四川洞经音乐、傈僳族高腔(大麦地傈僳族山歌)和苗族斗釜歌；5项传统舞蹈，即阿署达彝族打跳舞、新山傈僳族舞蹈“斑鸠吃水”、新山傈僳族葫芦笙舞、彝族羊皮鼓舞、笮山锅庄舞；2项省级传统美术项目，即苴却砚雕刻(多以吉祥图案为主，寓意多福、添子、增寿、“龙凤呈祥”、“松鹤延年”等)和傈僳族刺绣技艺(新山傈僳族刺绣技艺)；2项传统技艺，即傈僳族织布技艺(新山傈僳族织布技艺)和苴却砚雕刻技艺；4项省级民俗项目，即新山傈僳族约德节、傈僳族婚礼、仡佬族送年节和苗族绷鼓仪式。

雅安市“非遗”项目类别包括传统音乐、传统舞蹈、传统戏剧、传统美术、传统技艺、民俗，以及传统体育、游艺与杂技等7个亚类。其中传统技艺12项最多，包括绿茶制作技艺(蒙山茶传统制作技艺、蒙顶黄芽传统制作技艺)、黑茶制作技艺(南路边茶传统手工)制作技艺、荥经砂器、蒙山茶传统制作技艺、汉源涂家木雕、刘氏木雕、家禽菜肴传统烹制技艺(周记棒棒鸡制作技艺、桥头堡凉拌鸡传统制作技艺)、雅安全手工工艺软包皮拖鞋制作技艺、陶器烧制技艺(荥经砂器烧制技艺)。

2) 东部绿色盆地地区

成都市非物质文化遗产名录的各项目，在成都区域所辖的5个城区(金牛区、青羊区、锦江区、成华区、武侯区)、7个郊区(青白江区、龙泉驿区、温江区、新都区、双流区、郫都区、新津区)、3个县(金堂县、大邑县、蒲江县)，以及5个代管县级市(简阳市、都江堰市、彭州市、邛崃市、崇州市)均有分布，其主要分布地区及类型如图3-21所示。

(1) 主城区

城区中金牛区的“非遗”项目总共有10项，主要集中在表演艺术类和传统手工艺技能类，其中包括4个国家级曲艺项目——四川竹琴、四川清音、金钱板、四川扬琴和1个国家级传统技艺项目——水井坊酒传统酿制技艺。2个省级项目成都木偶戏和成都皮影戏为大众所熟知，具有较高的影响力。青羊区共申报了12个非物质文化遗产项目，是成都市范围内“非遗”数目最多、最齐全的区域，涵

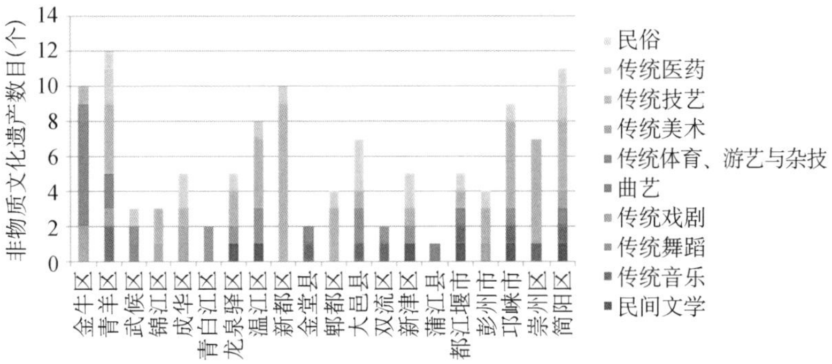

图 3-21　成都市非物质文化遗产的数目分布图

盖了表演艺术类、仪式习俗类、知识实践类和传统手工艺技能类 4 个大类，包括了蜀锦织造技艺和成都漆艺在内的 4 个国家级项目和 1 个祭祀民俗——祭拜杜甫的"草堂'人日'"民俗；锦江区的"非遗"项目主要包括 2 个国家级项目——传统美术蜀绣和传统技艺成都糖画，以及 1 个市级传统技艺项目——川剧服饰制作技艺。成华区"非遗"项目包含了在戏剧表演艺术中具有广泛影响力的川剧和具有成都特色的社会民俗"成都灯会"；武侯区的"非遗"项目主要包括 2 个表演艺术类项目(四川相书、张三丰道家养生太极拳)和 1 项传统医药项目。

(2) 七个郊区

青白江区的"非遗"项目有两项，即传统舞蹈小金龙龙舞和城厢过街连萧。龙泉驿区的"非遗"项目主要包括 1 项民间文学(阿斗洛带传说)、1 项传统舞蹈(四川客家龙舞)、2 项仪式习俗(客家水龙节、传统婚俗)，以及 2 项传统技艺(柏合草编、洛带响簧工艺)。温江区的"非遗"项目共有 9 项，包括 1 项民间文学项目"鱼凫传说"，2 项表演艺术项目和 1 项传统医药项目，其余主要集中在传统手工艺技能类，有 5 项。新都区"非遗"项目共有 11 项，其中 9 项为传统手工艺技能类，除新繁棕编外，其他均为饮食技艺。郫都区"非遗"项目包括 1 项社会民俗——望丛赛歌会，以及 3 项传统技艺——郫县豆瓣制作技艺、古城棕编和竹鸟笼制作技艺。双流区的"非遗"项目总共包括 2 项，即国家级传统舞蹈项目黄龙溪火龙灯舞和省级传统音乐项目府河号子。新津区的"非遗"项目总共有 5 项，包括 1 项语言和口头文字项目(新津灯谜)、1 项表演艺术(金华龙灯)，2 项仪式习俗(端午龙舟会、火牛阵)和 1 项传统技艺(茉莉花茶传统窨制技艺)。

（3）三个县

金堂县“非遗”项目包括2项表演艺术类项目，即传统音乐项目沱江号子和传统游艺杂技项目高台狮子。大邑县“非遗”项目共有7项，在各大类中的分布比较均衡，包括3项表演艺术类（西岭山歌、大邑狮灯、牛儿灯）、3项仪式习俗（王泗风筝节、春分会、传统婚俗）和1项传统技艺（唐场豆腐乳制作工艺）；蒲江县只有1项“非遗”项目，即曲艺幺妹灯。

（4）五个代管县级市

简阳市“非遗”项目共有11项，包括1项民间文学项目——黑水寺故事；1项与金堂县共同为保护单位的传统音乐类项目——江河号子（沱江号子）；1项传统体育、游艺与杂技类项目——余门拳；1项传统美术类项目——舌画；4项传统技艺类项目——石桥挂面制作技艺、羊肉汤传统制作技艺、土陶传统制作技艺和张氏古琴制作技艺；2项传统医药类项目——成都中医传统制剂方法（李氏华安堂膏药）和成都中药炮制技艺（六神曲传统炮制技艺）；1项民俗类项目——九莲灯。都江堰市“非遗”项目共有5项，包括1项国家级信仰民俗——都江堰放水节和省级民间文学项目——望娘滩传说等。彭州市“非遗”项目包括2项表演艺术（闹年锣鼓、川剧围鼓）、1项社会民俗（天彭牡丹花会）和2项传统技艺（桂花土陶传统制作技艺、彭州肥酒酿造技艺）共5项内容。邛崃市“非遗”项目共有9项，包括1项省级民间文学项目（卓文君与司马相如的故事）、2项表演艺术（竹麻号子、夹关高跷）、1项社会民俗（固驿春台会）和5项传统技艺，其中，瓷胎竹编和竹麻号子是国家级项目。崇州市6项“非遗”项目均属于传统技艺类。

总体来说，四川省各区域非物质文化遗产项目数目和种类空间分布不均衡，从四川东部绿色盆地和西部生态高原两大宏观区域来说，非物质文化遗产空间分布有两个主要集聚区：其一是川东地区成都平原，“非遗”项目最多，其次是泸州市、绵阳市、眉山市等经济发展状况较好地区；其二是川西少数民族聚集区，地理环境相对封闭的凉山彝族自治州“非遗”项目最多，阿坝州、甘孜州和攀枝花市经济发展状况相对较低，但是非物质文化遗产保留相对完整（图3-22、图3-23）。四川省的多尺度地形地貌以及众多民族分布，孕育出丰富多彩的非物质文化遗产。目前四川省省级以上非物质文化遗产项目数量资阳市、德阳市、广安市最少，凉山州、成都市、阿坝州最多。

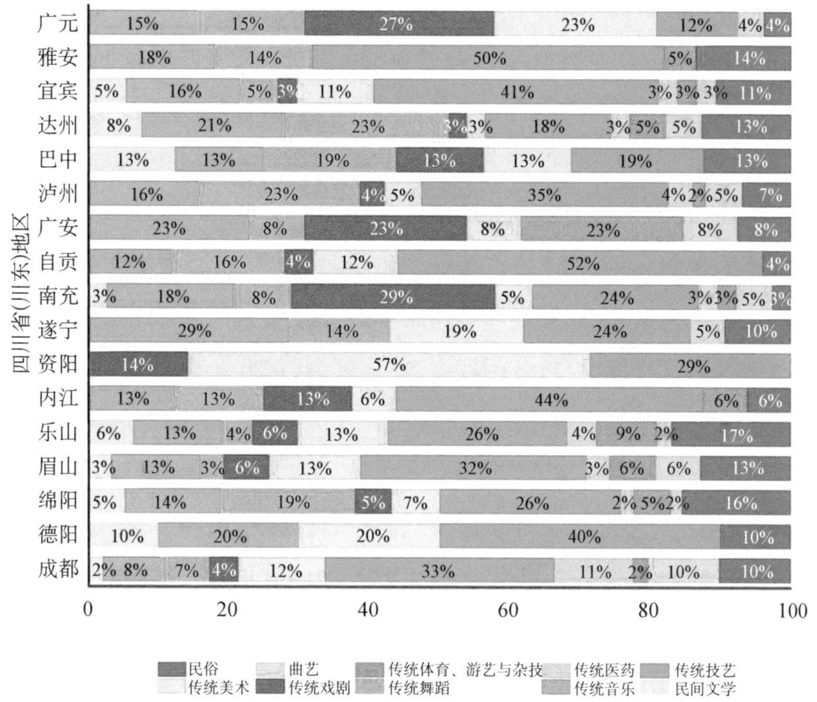

图3-22 四川省东部绿色盆地地区省级以上非物质文化遗产空间分布统计图

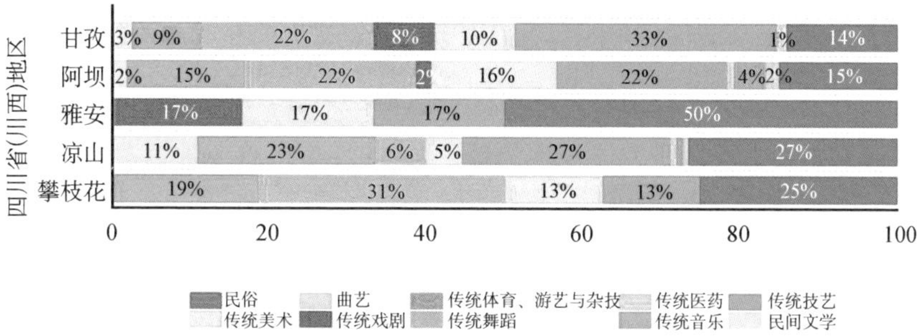

图3-23 四川省川西北高原地区省级以上非物质文化遗产空间分布统计图

资料来源:四川省非物质文化遗产网,www.ichsichuan.cn;中国非物质文化遗产网,https://www.ihchina.cn/。

非物质文化遗产是千百年来民族智慧的文化沃土。非物质文化遗产的地域性、原生性、活态性、可接受性特征值得深入挖掘。四川省遵循深化、广延化、精致化的开发途径,在乡村规划、风貌改造、旅游策划中加以运用,有利于避免符号式拼贴、同质化重复、千村一面的现象[37]。例如川剧脸谱在色彩运用上除了红、黑、白三种基本色以外,还多用辅助色,例如原色中的蓝、绿、金、银、灰和间色中的石青、石绿、姜黄、粉红之类。脸谱上色彩比重较大的一种或几种色彩构成脸谱的一个文化符号本体。景观设计可以按照脸谱色彩比重的主要色彩作为景观主题色,赋予景观以脸谱的色彩特征以及川剧文化的内涵。

综上所述,四川乡村生态人文环境中自然环境、生态环境、人文环境等,均具有四川省地形地貌影响下的共性特征。土壤适耕性、旅游资源丰富度、贫困等级、气候分区、人文景观、民族走廊等均跟自然地理要素的地域分异规律相呼应,例如地质灾害易发程度、乡村贫困程度、文化区划、民族走廊,乃至我国从东北至西南边地半月形文化传播带在四川地区民族迁徙通道网络[38,39]等均与龙门山—大凉山走势一致。

目前,四川乡村生态人文环境涉及旅游学、地质学、植物学、土壤学等学科及专业的专项研究均比较深入,但是乡村生态人文环境是复杂关联的系统性整体,在人地关系及生态人文各专业的交叉融合、叠加空间共性特征等方面的耦合研究尚有所欠缺。四川乡村生态人文环境研究涉及多个政府部门,协同管理形成合力的情况相对不足,然而乡村人居环境需要系统性保护与治理,以及各专业配合才能实现实质性的可持续发展。借鉴国土空间规划体系,建设以对山、水、林、田、湖、草、沙等生命共同体进行一体化管护、修护为目标的多规合一体系势在必行。由于四川地区的龙门山—大凉山区域地学复杂性,胡焕庸线分布的统一性,四川乡村生态人文环境研究涉及各学科领域,例如可以将土地适耕性、非物质文化遗产丰富度级别、旅游资源丰富度、气候分区、地质灾害易发程度、四川生态分区、经济发展水平(贫困等级)等进行耦合关联性分析(图 3-24)。本书由于篇幅和时间所限,仅仅初步完成四川生态人文环境区划体系建构(图 3-25),按照四川乡村人居环境相关专业分布图部分数据源在 ArcGIS 中进行赋值后,初步叠加生成四川乡村生态人文环境适宜性区划示意图(图 3-26)。

深入了解四川乡村人居环境差异性特征,以生态人文环境区划研究为基础,制定地域差异性发展建设规划,最终才能真正实现乡村振兴。这是四川乡村人居环境建设的一项极具系统性、基础性、综合性、前沿性、必要性和急迫性的重要工作。

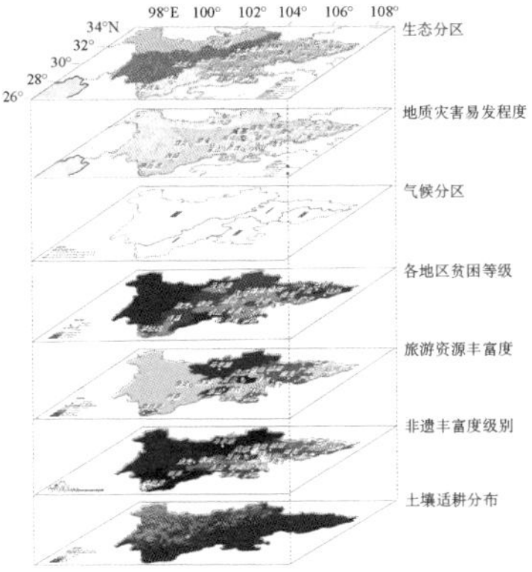

图 3-24　四川生态人文环境区划研究示意图

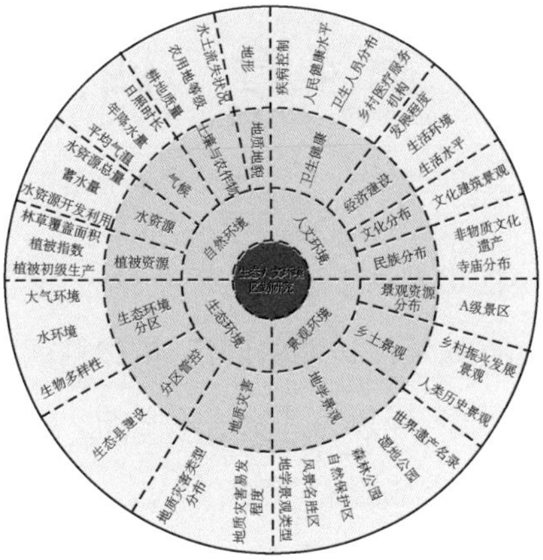

图 3-25　四川生态人文环境区划体系构建示意图

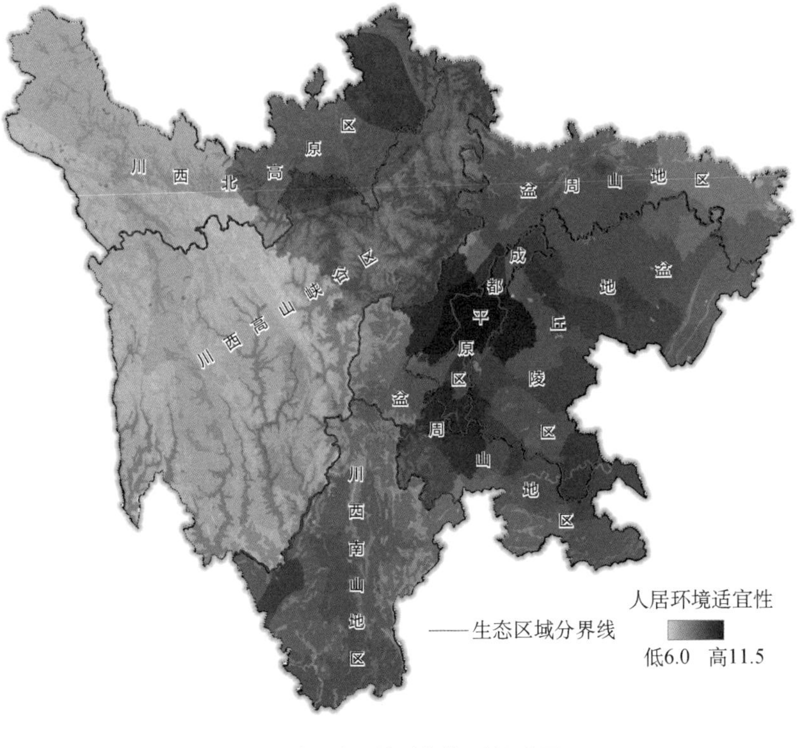

图 3-26　基于生态分区的四川生态人文环境适宜性区划示意图

第 4 章　四川乡村生产经济环境

四川省由于地域特征差异大，多民族聚集，乡村类型丰富。作为长江上游生态涵养地及保护地的四川，虽然辖区面积大但是耕地有限，控制和限制经济发展的区域多，导致经济发展不平衡。《汉书 · 地理志》载："巴、蜀、广汉本南夷，秦并以为郡，土地肥美，有江水沃野，山林竹木疏食果实之饶。南贾滇、僰僮，西近邛、莋马旄牛。民食稻鱼，亡凶年忧，俗不愁苦。"汉代巴蜀地区为天下富庶之地，除得益于秦修都江堰之功外，还有耕种技术、生产工具普遍提高等原因（图 4-1）。从历史上的数次人口移民的西部粮食大省，到今天融入以国内大循环为主体、国内国际双循环相互促进的新发展格局，打造内陆开放的战略高地，四川省一直是中华民族发展的坚实砥柱，处于重要的战略位置。

图 4-1　四川汉代制盐画像砖拓片①
资料来源：四川彭山区江口汉崖墓博物馆。

2019 年，四川省地区生产总值达 46 616 亿元，增速为 7.5%[40]，位居全国第六。2021 年 3 月，《四川省"十四五"规划和 2035 年远景目标纲要》正式颁布，四川迎来全面建设社会主义现代化新征程。在国家战略布局总体规划指导下，四川省以成渝地区双城经济圈建设引领"一干多支"建设，打造带动全国高质量发展的重要增长极和新的动力源；加快发展现代产业体系，建设具有全国影响力的重要经济中心；提出构筑市场高地、打造内陆开放战略高地、构筑现代基础设施体系、推进新型城镇化和乡村振兴、促进城乡融合发展等战略部署，要求构建"工农互促、城乡互补、协调发展、共同繁荣的新型工农城乡关系"，鼓励乡村兴办文化创意、软件开发等环境友好型企业[41]。四川省在乡村振兴道路上，不断出台国家级特色镇、传统村落保护、生态文化区建设、国家级科

① 四川汉代农事画像砖众多，主要有播种、薅秧、收获、采莲、渔猎、桑园等题材，本图展现的是制盐活动。

技产业园区等有利于乡村生产经济环境发展的相关政策方案，四川省第一、二、三产业融合发展，基于经济发展区划的四川省生产经济环境日趋完善。

2016 年，四川省首次编制五大经济区发展规划，各经济区均明确发展目标和战略定位。主要经济发展区划分为成都平原经济区（成都、德阳、绵阳、遂宁、乐山、眉山、雅安、资阳）、川南经济区（自贡、泸州、内江、宜宾）、川东北经济区（广元、南充、广安、达州、巴中）、攀西经济区（攀枝花、凉山）和川西北生态示范区（阿坝、甘孜）[42]。

2021 年，四川省五大经济区“十四五”规划出台。①成都平原经济区规划强调“一体化发展”，定位为“一极一地两区”。“一极”即高质量发展活跃增长极，“一地”为科技创新重要策源地，“两区”为内陆改革开放示范区、大都市宜居生活典范区。②川南经济区发展定位为“川渝滇黔结合部区域经济中心、现代产业创新发展示范区、南向开放重要门户、长江上游绿色发展示范区”。“十四五”将达到一体化发展体制机制更加健全，区域综合实力、辐射带动能力显著增强，打造全省第二经济增长极。③川东北经济区规划强调“振兴发展”，定位为“川渝陕甘结合部区域经济中心、东向北向出川综合交通枢纽、川陕革命老区振兴发展示范区、绿色产业示范基地”，深度挖掘蜀道文化、红色文化、巴文化等区域特色文化旅游资源，打造生态文化旅游目的地。④攀西经济区规划强调“转型升级”，发展定位为“一区三地”。“一区”即国家战略资源创新开发试验区，“三地”为全国重要的清洁能源基地、现代农业示范基地、国际阳光康养旅游目的地，重点突破钒钛稀土关键核心技术，打造世界级钒钛产业集群。⑤川西北地区发展定位为“国家生态文明建设示范区、国际生态文化旅游目的地、国家重要清洁能源基地”，强化国土空间管控、严格落实“三线一单”，在五大经济区中唯一没有提出经济总量目标[43]。

2021 年，《四川省农村集体经济组织条例》出台并实施[44]。四川省深入推进乡村产权制度改革，引导和支持乡村集体经济组织发挥依法管理集体资产、合理开发集体资源、服务集体成员等方面作用，赋予乡村集体经济组织特别法人地位；强化农业乡村有限发展投入保障，鼓励盘活农村集体资产，鼓励社会资本与乡村集体经济组织开展合作，让村集体经济在乡村振兴中发挥更大的作用。

2015 年，国家住建部改善乡村人居环境基础性系列研究课题调研期间，四川省住建厅在接受访谈时曾提到:“宏观规划层面上如何处理好农村建设与新型城镇化关系、如何平衡,并实现城乡一体化协调发展(例如,农村危房改造,农村人口减少);小城镇基础设施建设缺失,投入力度不足,同时小城镇面临体制职能创新、小城镇资源要素整合问题(数量多,镇均规模小,即将撤乡并镇等),缺乏产业知识及定位;农村资金投入渠道多,但缺乏整合,农村生产生活性基础设施缺乏保障(入户道路、污水处理、垃圾处理、供电供水等,贴近农村生活的最后一公里),传统村落缺乏保护,缺乏顶层设计。”针对研究梳理出的问题,国家2021年《中共中央 国务院关于全面推进乡村振兴加快农业农村现代化的意见》、《四川省农村集体经济组织条例》、2021年四川省五大经济区“十四五”规划等一系列政策给予了明确具体多元的政策规划建议以及全面深入细化的解决方案。

四川省“十四五”规划中提出“推进以县城为重要载体的城镇化建设”,然而四川特色镇的培育和发展情况复杂。产业强镇支撑关乎建制镇、中心镇和特色镇的未来,可以划分为文旅、工贸、商贸、农贸四个类型。①比较典型的文旅型示范镇包括成都大邑县安仁古镇、眉山洪雅县柳江古镇、宜宾翠屏区李庄镇、泸州合江县尧坝镇等。②工贸型典型示范镇包括成都市新都区新繁镇(家具、泡菜等)、成都市金堂县淮口镇(成阿工业园区)、成都市蒲江县寿安镇(博士现代印务园区)、内江威远县连界镇(风情工业名镇,四川首批新型工业产业示范基地,威钢所在地)、泸州纳溪区大渡口镇(中国酒镇、酒庄体验展示区)、乐山峨眉山市符溪镇(药博养生、名校教育)等。③商贸型典型示范镇包括泸州合江县九支镇、广元朝天区羊木镇、达州达川区石桥镇、德阳中江县苍山镇等;④农贸型典型代表包括攀枝花米易县撒莲镇(特色果蔬)、泸州江阳区黄舣镇(高粱)、资阳安岳县龙台镇(柠檬)、德阳绵竹市土门镇(万亩玫瑰等花卉)等。

四川乡村生态人文环境是人与自然协调发展、宜居安居乡村建设的根本,是四川乡村生产经济环境发展的控制底线;乡村生产经济环境依托乡村生产资源,生产力现状以及国家政策的指引,是乡村生态人文环境可持续发展的动力和保障,是实现国内大循环、国内国际双循环,村民共同富裕,乡村高质量发展的关键。本章四川乡村生产经济环境研究包括三个方面:首先,按照产业结构划分农业型、工业型、历史文化型及休闲旅游型村庄;其次,总结农村劳动力人口流动与城镇化意愿调研结果；最后，根据 2015 年凉山州国家级贫困县布拖县现场调研，比较研究经济滞后县贫困的根源，为巩固脱贫成果提供参考。

4.1　产业乡村类型

4.1.1　农业型村庄

根据《四川省第三次全国农业普查主要数据公报（第二号）》，农业经济发展仍然在四川省村庄的发展中有着重要的作用。四川省农业经济总产值和主要农产品总产值一直位居全国各省前列。2018 年四川省第一产业增加值从全国第 5 位提高到第 4 位，其中马铃薯产量和杂交水稻制种面积位居全国第 1 位，油菜产量居第 2 位，蔬菜产量居第 5 位，茶叶产量居第 4 位，核桃、橄榄油、花椒、三木药材产量居全国前列；生猪、水禽、兔、蜂群养殖规模居全国第 1 位[42]。

农业型村庄是指仍然以农业生产为主要的乡村生产方式与经济来源且结构较为单一的村庄。依据《中国大百科全书》对“农业”一词的界定，广义农业包括种植业、林业、畜牧业、渔业、副业五种产业形式，本章农业型村庄主要探讨以种植业、林业、畜牧业为主的村庄。四川省林牧地集中分布于盆周山地和西部高山高原，林业型和牧业型乡村也相应分布此区域；耕地集中分布于东部盆地和低山丘陵区，这两处耕地占全省耕地 85％以上；园地集中分布于盆地丘陵和西南山地，这两处园地占全省园地 70％以上。

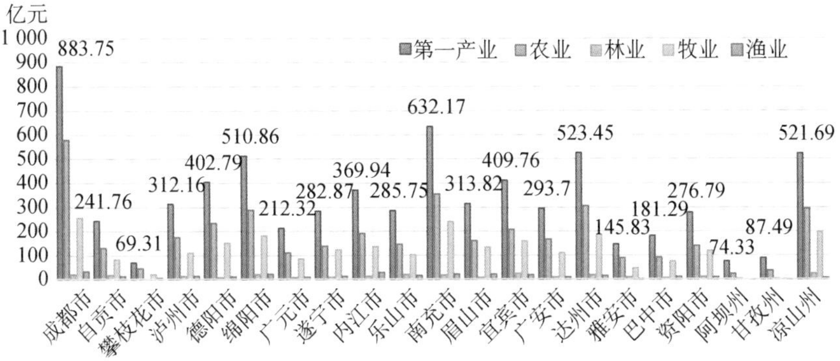

图 4-2　四川各市(州)农林牧渔业总产值(仅标第一产业数据)

依据《四川统计年鉴 2019》，种植业总产值前五位市（州）为成都市、南充市、达州市、凉山州、绵阳市；林业总产值排名前五位是宜宾市、凉山州、绵阳市、乐山市、成都市；牧业总产值排名前五位市（州）为成都市、南充市、凉山州、达州市、绵阳市；渔业总产值排名前五位市（州）为成都市、内江市、绵阳市、眉山市、南充市[45]（图 4-2、图 4-3）。

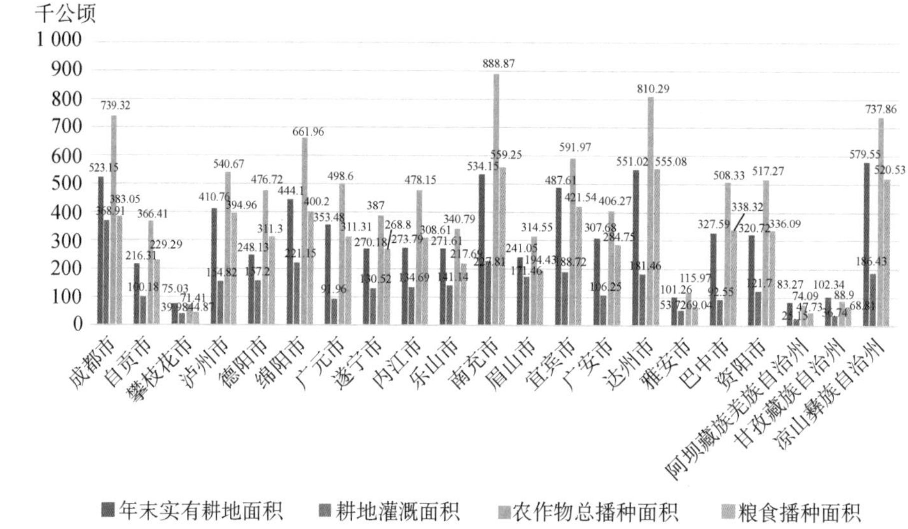

图 4-3　四川各市（州）耕地面积、耕地灌溉面积、农作物总播种面积和粮食播种面积
资料来源：《四川统计年鉴 2019》。

1) 种植业型村庄

四川作为种植业大省，种植业型村庄全省均有分布。种植业产值排名前五位市（州）主要位于成都平原经济区和川东北经济区；粮食播种面积全省只有攀枝花市、雅安市、阿坝藏族羌族自治州和甘孜藏族自治州明显较少，其他 17 个市（州）中达州市最多[45]。种植业村庄乡村聚落一般只用于居住，外围被农田包围，因为主要地处丘陵和平原地区，因此呈现不同的农业景观。村庄整体发展以农业劳动为主，功能结构简单，例如平原平坝区的彭州市桂桥村，2000—2010 年乡村农田民居肌理变化不大，2011—2020 年土地相继流转 2 700 余亩，科技有限公司、酒厂、火龙果基地、嘉绿葡萄园、荣军保温材料厂入驻带来乡村景观格局改变。在一些比较偏僻的传统村落，由于受自然条件、交通、经济等诸多因素的制约，农业生产经营性收入几乎是乡村收入的唯一来源。

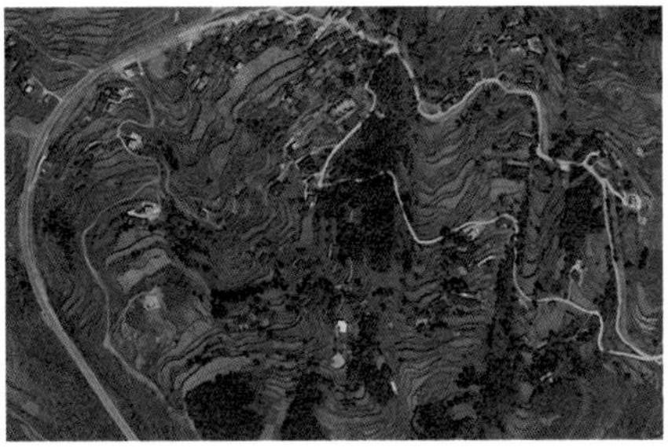

图 4-4　四川省古蔺县太平镇平丰村卫星图
资料来源：Google Earth 卫星影像图。

传统农业生产中自然因素影响很大，导致农业生产性收入不稳定，投入与产出不成正比。例如四川省古蔺县太平镇平丰村，是国家级传统村落，依山而建，移步换景（图 4-4），因为没有过度商业开发，传统风貌保存较好。平丰村全村有水田 1 764 亩，旱地 800 亩，主要种植玉米，亩产平均是 700～800 斤，最多能够达到 1 200 斤，加上种子、化肥、人工等投入，最后收入算下来，大概平均 50 元/天[46]。

在种植业型村庄，农田的利用只用于栽植一些用于发展经济、增加收入的标准农作物，每村每户大多利用现有劳动力，以普通农务作业的方式来延续农业生产。不同于拥有许多大型企业、私人工厂的偏工业型村庄，此类村庄的经济生产系统就大致以种植—收成—售卖（包括自主售卖与向市场批量处理）—购种—再种植的普通农业生产模式发展，大多种植适宜当地气候、土壤以及地形等因地制宜的农作物[47]。

2）林业型村庄

四川省林地虽然占全省辖区面积的 45.56%，以分布在盆周山地和西部高山高原为主，但是西部高山高原为生态水土涵养地，因此林业产值上并不高。四川省林业总产值排名前五位市（州）主要位于成都平原经济区和川南经济区。依据林业统计年报数据显示，随着四川开展大规模绿化全川行动及林业产业园区建设的持续推进，2018 年四川实现全部林业产业产值 3 740 亿元，全省林业第一产业产值同比上年增长 13%，开展林业产业基地培育、林下经济发展、林业生态旅游、森林康养等任务助力脱贫攻坚。

依据《四川农村年鉴》（2018 年卷），从 2017 年开始，启动新一轮 40 个现代林业重点县建设，洪雅县成为全国三个森林康养试点县之一，成都市、巴中市巴州区探索全国集体林业综合改革试验区“成都经验”“巴州做法”，甘孜州、达州市获全国林业系统“十佳市级单位”称号。宜宾市位居全省林业总产值第一。核桃种植是四川宁南县幸福乡、稻谷乡、俱乐乡首选种植树种，着力打造“山间环线”林业示范带。2016 年，四川省凉山彝族自治州宁南县创建全省现代林业产业重点县；2018 年，宁南县俱乐乡中心村种植大户核桃年收入在15万元左右。宁南县气候属暖温带湿润区，四季分明，雨量充足，以中山地貌为主，退耕还林（还草）面积1 675.6亩，核桃种植面积3.56万亩，引进林业开发公司，在小田村一组辖区种植核桃10 600亩。

四川省泸州市纳溪区大渡口镇平桥村紧邻凤凰湖国家湿地公园，森林覆盖率达89%，乡村发展围绕着林业并结合旅游产品开发和特色养殖展开。目前四川林业产业已经不仅限于种植经济林，部分村落比如四川崇州竹艺村，围绕林业副产品开发，结合生态涵养地保护，形成完整林业产业链。

3）畜牧业型村庄

四川省畜牧业型村庄排名前五位市（州）主要位于成都平原经济区和川东北经济区。四川作为全国养猪第一大省，畜牧业的发展在经济发展中占据很重要的地位，有力保障了居民健康饮食。四川省提出推进畜牧业机械化"路线图"，重点锁定规模化养殖场、主要畜牧种类等，研发推广畜禽饲养管理设备，预计至2025年年底，全省畜牧业总体机械化率将突破50%。目前四川畜牧业型村庄养殖方式根据地形条件分为川东四川盆地机械化规模养殖和川西高原传统畜牧业型养殖。川东四川盆地畜牧业总产值高，畜牧业村庄以现代产业园区、规模化人工养殖、现代加工业为特点；川西高原传统畜牧业一直是青藏高原社区牧民的主要生计来源，包括食物来源和创收来源，例如藏香猪、牦牛等。川西高原传统畜牧业以家庭牧场为单位经营，生产规模小，产值依赖牲畜数量扩张、草场改良（人工播种、换种）和牲畜品种改良等，畜牧业型村庄较多。

四川目前代表性做法是将高原地区传统畜牧业形态中具有旅游开发潜力的放牧、转场、藏式食品制作、转山会等环节或者活动结合旅游产品开发，包括"藏区牧民定居"等国家生态工程，既能够维持现有传统牧业规模，也能保证生态和国防安全。例如四川省红原县安曲镇下哈拉玛村，2012年被农业农村部列为"青藏高原社区畜牧业"项目村，收入主要靠牦牛养殖、酥油奶制品等，以及藏家乐、贝母虫草等中药材和其他手工艺品的销售。遵循国家草畜平衡政策，包括按照人均18头标准控制牦牛总数发展畜牧业，冬季草场和夏季草场的转场放牧、卧圈草（牦牛集中管理场地人工种植饲草）、冬季圈养人工补饲（收割储存的饲草）、巷道圈（出售牦牛装车专用设施）、人工挤奶、产羔接羔以及酸奶、奶酪和酥油生产等。发展牦牛和绵羊养殖合作社，同时发展月亮湾景区旅游产业，2019 年，实现年人均收入达到 14 200 余元。哈拉玛村藏族游牧文化贯穿畜牧业生产过程，包括接待活佛、转山会、赛马季等与传统畜牧业关系密切的重大民事节庆活动等。

总体上看，随着城乡一体化的逐步推进，农业型村庄的人力、财力以及物质资源等都开始向城市流通靠拢，农业生产逐渐向现代型农业升级，农业的基础地位更加牢固。目前，四川省农业生产效率有所提高，土地经营面积进一步扩大，并初步实现规模化、集约化的农业经营；新型农业型村庄以改善居住环境、完善配套设施为重点，逐步解决乡村空心化的问题，利用农业型村庄土地优势发展现代化农业。

4.1.2　工业型村庄

在国家相关乡村建设政策的推动下，四川省经济多元化发展，而乡镇企业基本都是白手起家的。2008 年，四川乡镇企业产值占乡村总产值的 70%，占全省生产总值的 23%，表明四川乡村已经拥有相对规模的乡镇企业。乡镇企业进驻使乡村产业不再单一，在农业基础上添加工业，致使聚落内部空间发生改变，乡村经济结构也发生重大变化。许多面积较大的传统农业村庄（尤其是靠近城市的城郊村）慢慢进驻一些乡镇企业，并设立大小工厂，导致村庄内的经济收入来源发生原有空间功能替代变化和不改变村落原有空间功能而增加聚落空间功能的补充变化。

混合式的经济发展模式是现在四川省许多村庄的经济生产模式，例如四川省绵阳市三台县（图 4-5）、泸州市泸县兆雅镇、成都市崇州市廖家镇雷湾村、绵竹市孝德镇白衣村等。随着工业模式下的经济增长不断加快，农业所占的经济成分比重逐渐减少并与工业所占经济比重增加形成鲜明对比，更多的家庭与务农人员会选择在工厂与企业上班并将此作为家庭收入的主要来源。这时，农业型村庄渐渐被工业型村庄替代。改革开放以来，务农人员跳出乡村，由早期流动商贩、外出打工等逐步向个体开创企业、经商、进厂务工靠拢，经济发展的转变极大地改变农民收入来源的构成，靠农业生产为唯一收入来源的格局被打破，工业型等非农业生产收入在农民收入中比重越来越大，农民的收入来源变得多元化。

图 4-5　四川省绵阳市三台县启明星磷酸盐有限公司

泸州市泸县兆雅镇，周边大小乡镇企业达到 34 家，雇佣员工上千人，兆雅镇周边的农民大多在这些企业打工，工资性收入成为他们主要的收入来源，而传统的土地产出不再是唯一收入来源。生产方式的改变进一步导致消费、文化、政治、心理等方面的变化。体现在农民消费方式上就是消费结构已经由早期的温饱型需求逐步转变为城乡过渡型的改善性需求[47]。

四川工业型村庄面临最大的问题仍然是人居环境问题。村民务工专业技术需要不断提高，操作规程环节也有待加强和改进，生态环境保障设施需要进一步完善。四川乡村挖山采石，水泥厂、化工企业、小型造纸厂等引发工业或重金属水污染，并引发粮食安全等问题，仍需要持之以恒地监督管理。

4.1.3　历史文化型及休闲旅游型村庄

随着城乡一体化的不断推进，四川省逐步从传统农业向多元化的第二、三产业发展。四川作为农家乐的发源地，还拥有独特的自然农业景观资源，例如川西林盘自然景观和传统手工艺文化资源——蜀绣、竹编、年画等。许多游客以观光、考察、旅居为目的，促进了传统村落的经济发展。

四川在乡村旅游开发方面，由于自然地理环境多样、民族众多、历史文化资源丰富等优势，发展比较成熟。四川乡村具有重大历史意义及历史价值的传统村落，面对优势资源及新产业的发展，抓住机遇，推进“旅游 + 农业”“文化 + 农业”的村庄发展模式，打造历史文化型村庄、休闲旅游型村庄。建设特色村寨，例如将羌寨、藏寨等扩展为旅游资源，建设乡村民宿、乡村农家乐；建设特色小镇，重塑农耕文化，发展特色川西文化点，展现地域特色与民族风情，将村庄打造成为特色小镇，例如稻城亚丁风景区；建设旅游小镇，例如成都市新津县提出“金宸·国际旅游小镇”概念规划，以新津特有的山水人文景观为依托，营造具有欧美等国际人文风情的旅游度假小镇。

2015 年，住建部关于改善乡村人居环境的基础性课题“我国农村人口流动及安居性研究”调研了 46 个村(社区)，调研结果显示，第一产业主导类型均为种植业，特别是以产业化的种植合作社模式带动乡村经济发展，取得良好的经济效益。另外，近些年很多村庄退耕还林，相继种植核桃等经济林，在保持水土之余也为当地农民增收创造条件。除此之外，距离村镇中心较近的村庄通过土地流转将粮食等作物由承包商种植。第二、三产业主导类型以工业型和旅游型为主。工业型村庄主要是建设利用当地自然资源等发展起来的小型企业，诸如砖厂、木材加工厂、化肥厂等，这些企业各有特色；休闲旅游型村庄主要是以当地特色农业带动旅游业发展，后续效应是旅游业促进扩大农产品销路，形成以农带游、以游促农的经济发展模式。此类村庄大多具备资源丰富、政策导向明显、区位较好等优势。

从 2015 年调研结果看，46 个村(社区)集体收入主要靠当地产业和政府拨款。37%的村已发展旅游资源或者正在开发旅游。四川乡村利用独特的自然资源和多彩的民族文化等优势，将第一产业与第三产业结合，逐渐走向现代化、生态化、休闲化；村庄建设中拥有一定规模的工业用地，但这并不代表村内工业占总产业的比值就一定大，也不代表村民收入相对高。村庄发展第二产业需要依据市场形势以及相关政策的引导，在发展第二产业的同时注意村庄环境如何保护，这将直接关系到村民健康和人居环境可持续发展(图 4-6～图 4-12)。

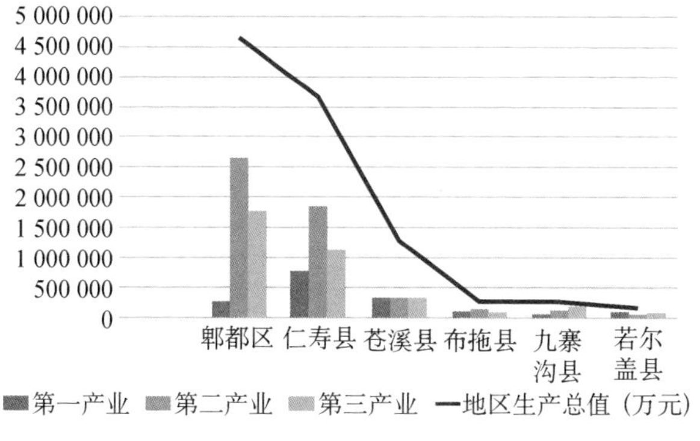

图 4-6　典型地区县域生产总值情况

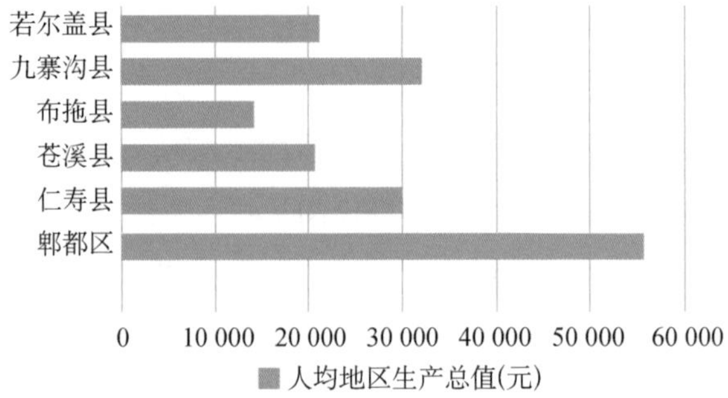

图 4-7　人均地区生产总值

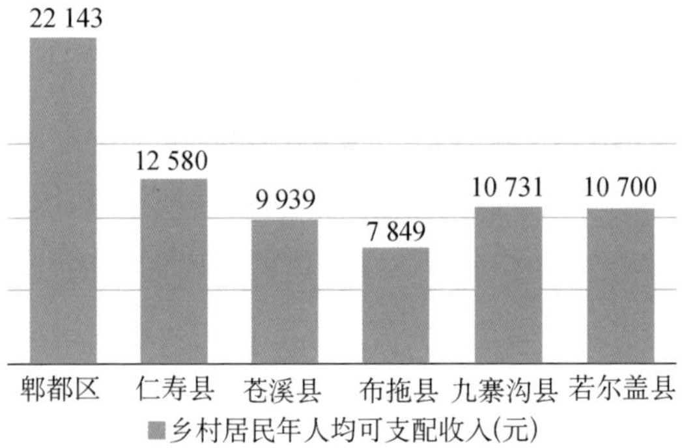

图 4-8　乡村居民年人均可支配收入

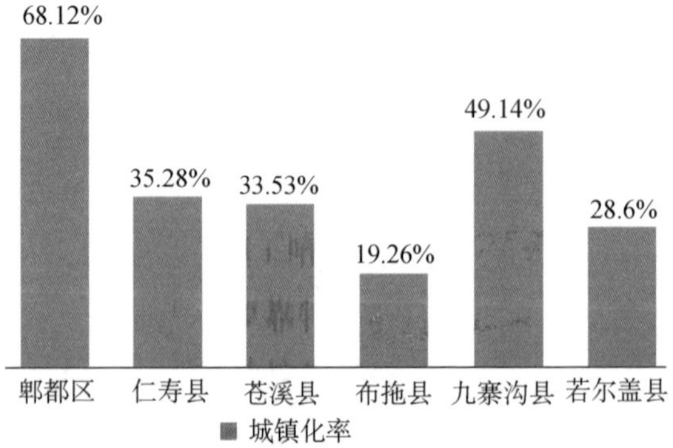

图 4-9　城镇化率对比图

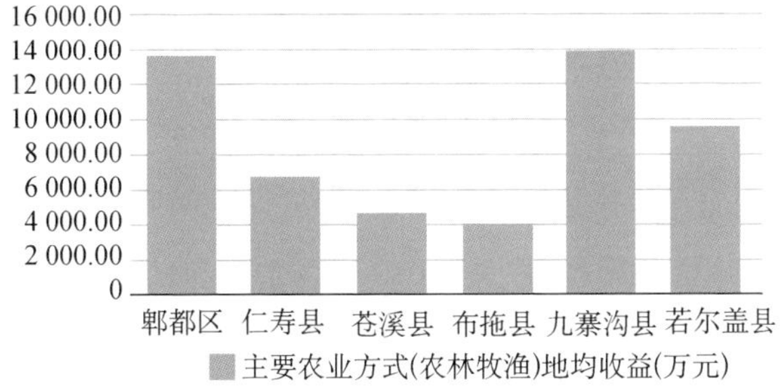

图 4-10　主要农业方式地均收益对比

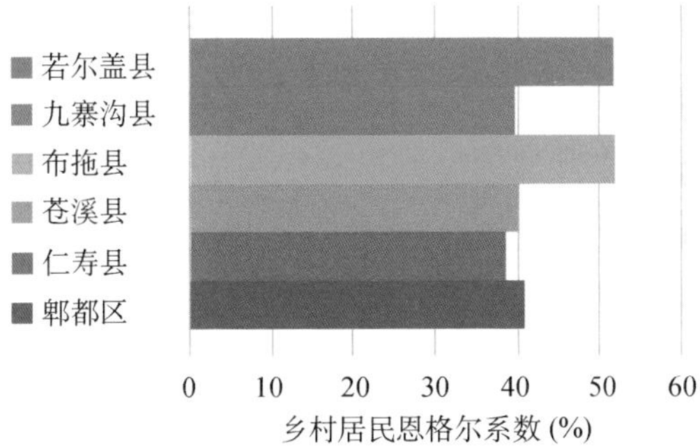

图 4-11　乡村居民恩格尔系数对比

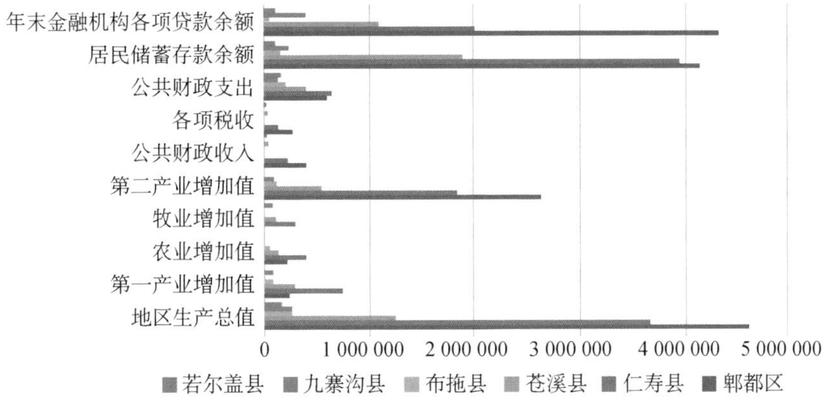

图 4-12　典型地区县域综合经济情况对比图(万元)
资料来源:《中国县域统计年鉴(2017)·县市卷》。

4.2 村民人口流动与城镇化意愿

2015年,“我国农村人口流动及安居性研究”课题组问卷调查结果显示四川地区乡村人口整体呈现出外流趋向。自2010年以来,调研地区存在以中青年为主的人口回流现象(图4-13),但人数较少,大部分村庄年轻人愿意外出(图4-14)。城郊村如郫县属于成都郊区,经济发达,吸纳人口能力强,就业机会多,年轻人则不愿意外出,存在外来人口流入的现象;近郊村、远郊村和偏远地区则呈现明显人口外流倾向;但是相对封闭的多民族地区则呈现相对稳定的人口流动现象。例如布拖县由于地处偏远,交通不便,村民思想观念较为落后,村民不愿意外出的倾向较为明显。

整体来看,乡村人口外流仍是一个基本趋势,调研显示,四川地区乡村人口主要流向成都、上海、广东等一些经济发达城市,乡村新增外出人口数量大于乡村外出人口返乡数量,但是外出人口返乡数量和比重逐年增长。相对而言,城市教育、医疗等设施完善,工作机会多且收入高;而乡村就业环境差,从事农业压力大且周期长、收入低,以及教育、医疗等基础设施配套不足。随着乡村交通日益完善和政府政策支持力度加大,部分地区的乡村依靠资源、区位等优势使经济得到快速发展,就业机会增多,收入逐渐增加,乡村人口出现回流可能性增大。

调研区域乡村产业类型以传统种植业为主,部分发展旅游业、工业,人口流动与产业类型及村庄发达程度均存在密切联系(图4-15)。经济发达的村庄一般交通发达、基础设施相对完善,城乡人口流动明显,随着村庄自身产业发展,人口出现明显的回流且出现外地人口流入的情况;然而欠发达和落后地区地处偏远,经济落后,人口流动相对稳定。

调查显示,乡村人口理想居住地大多为乡村,考虑现实生活条件,迁出本村到城镇定居的意愿较低(图4-16),主要原因为城里消费水平高、舍不得乡村、城镇空气环境质量差等(图4-17)。调研样本问卷显示“舍不得乡村”的大多数为受到落叶归根传统观念以及乡愁情怀等影响的中老年人;年轻人由于从小外出读书、工作等原因,对乡村的感情并不深厚,大多数年轻人是因为城里消费水平高而导致的搬迁意愿低。而大多数村民考虑到就业机会、收入、未来发展以及生活便利性,更期望子女在城市生活(图4-18),部分村民表示看子女自身意愿。调研结果显示,37%

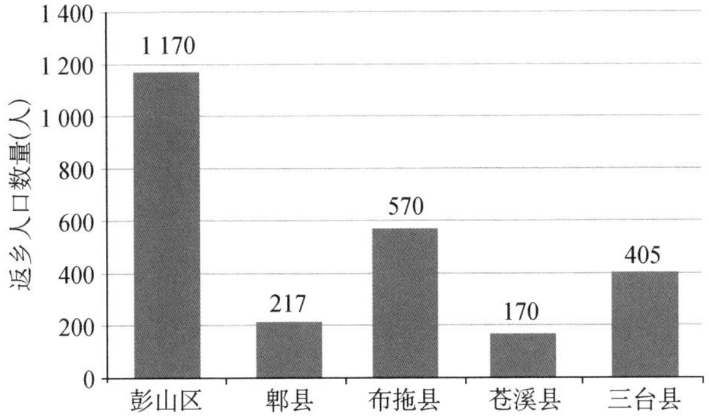

图 4-13　样本乡村 2010 年后外出返乡人口数量

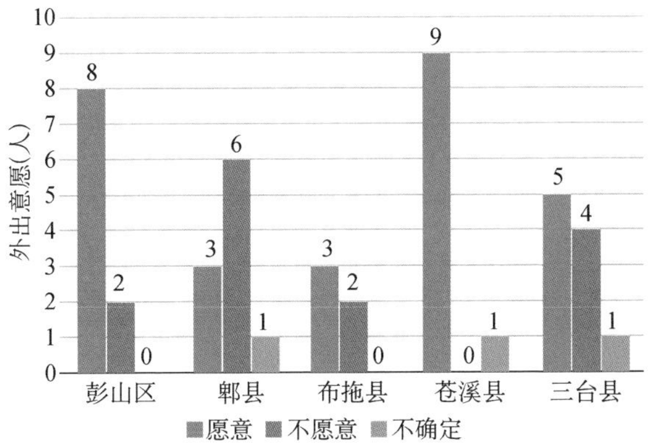

图 4-14　村庄整体年轻人外出意愿

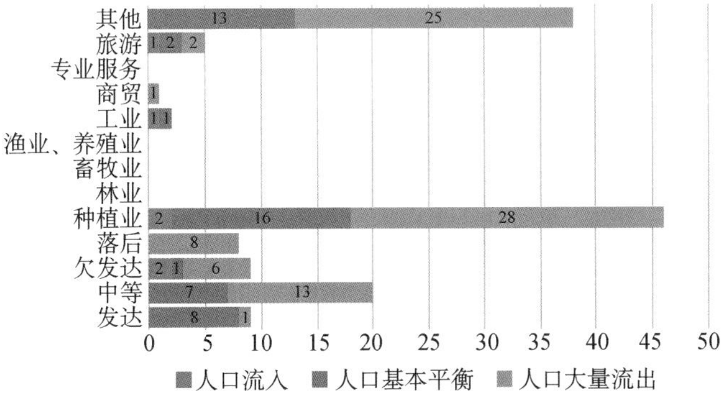

图 4-15　人口流动与村庄产业类型和发达程度之间的相关性(人)

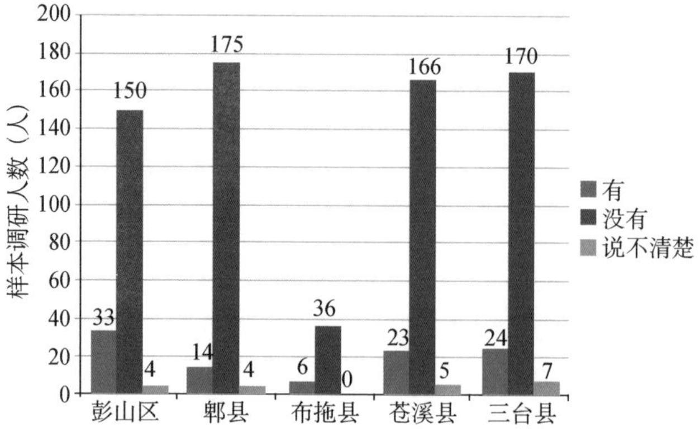

图 4-16 样本村民搬迁意愿

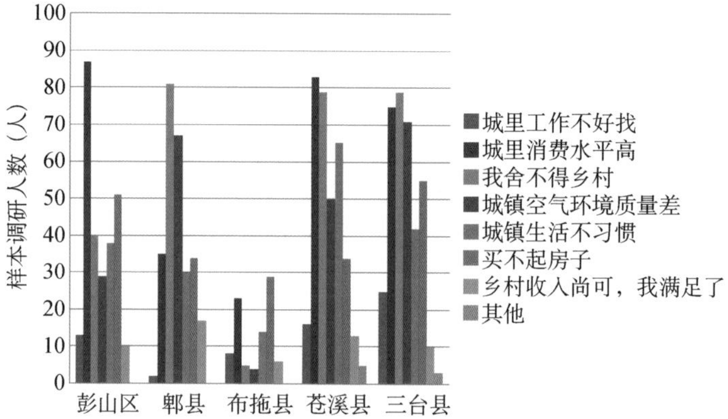

图 4-17 样本乡村居民不愿意搬离乡村的原因

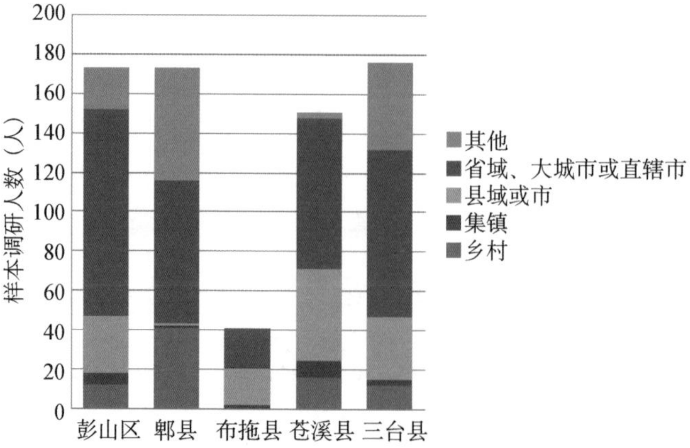

图 4-18 样本村民期望下一代生活地方

的进城务工的村民有回乡发展的意愿，调研问卷反馈回乡的主要原因是外面经济压力大、乡村空气环境质量好、孩子上学等。但是大多数村庄村民还是愿意外出打工，反馈主要原因是乡村不能提供良好的就业机会。数据显示，90%的调研村庄能人数量较多，并且在乡村经济发展中发挥的作用较大，主要在花木种植、农家乐形式的乡村旅游、建筑业、养殖等方面，甚至在村庄基础设施建设方面，都能体现出能人对乡村经济的带动作用。

调研问卷中受访人群向往城市生活的大都为中青年人。同时，各县市流动人口也因各地所处社会发展阶段、经济发展速度及产业结构、人才需求等不同呈现出较大差异。例如受经济条件、公共设施等影响，苍溪县中青年劳动力外出较高，乡村流动人口以省内流动为主，省内流动人口达到调研样本的 89.2%，流入省外的仅占 10.8%。一般经济发达地区对经济落后地区有较强吸引力，如各区县和镇中心，经济较发达乡村提供工作机会较多。乡村人口省外流动比例低，例如郫县、彭山区即如此。但是 2015 年的调研样本显示，当时国家级贫困县布拖县乡村外省流动人口比例仅 2.6%。省内乡村人口流动数量方面，调研样本南北差异明显(图 4-19)。五个区县村民的受教育程度均不高(图 4-20)。乡村人口显著老龄化，养老地点选择在家里的达到 70%以上，养老金满意度低，乡村老人大多数除了自己种地外，没有工作和额外收入，仅靠政府养老金或子女接济，生活质量很低。

依据 2021 年 11 月四川省统计局《四川省村(居)常住人口分布概况》，第七次全国人口普查数据显示，2020 年全省村级单位(含建制村级单位和少量虚拟村级单位)共 35 409 个，其中社区 8 389 个，村 27 020 个[48]。目前劳务输出大省四川面临严峻的养老问题(表 4-1)。

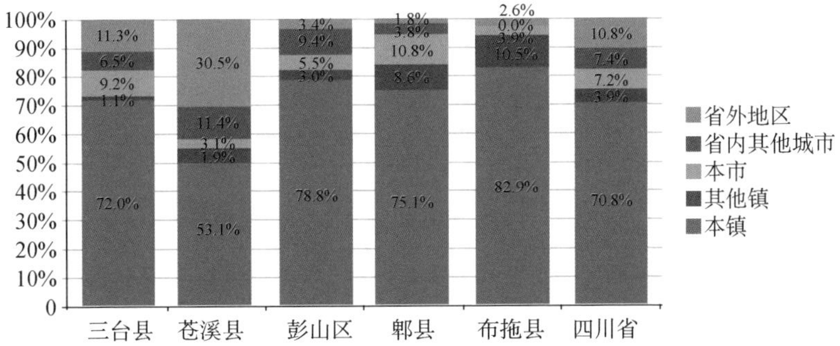

图 4-19　调研人口流动方向

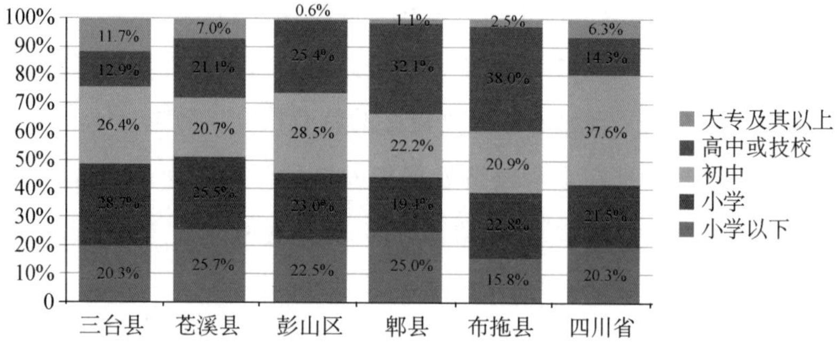

图 4-20 调研村民及农民工受教育程度

表 4-1 四川乡村调研样本养老问题

养老地点选择	苍溪县	三台县	郫县	彭山区	布拖县
家里	93%	88%	89%	78%	74%
村养老机构	1%	3%	0%	0%	0%
镇养老机构	1%	1%	0.5%	3%	0%
县及以上养老机构	3%	7%	10.5%	18%	26%
子女身边	1%	0.5%	0%	0%	0%
其他	1%	0.5%	0%	1%	0%
养老金数量及满意度	苍溪县	三台县	郫县	彭山区	布拖县
大致数量及占比	100元/月以下占53.4%,100～500元/月占35.6%	100元/月以下占78.7%,100～1 000元/月占8%	100元/月以下占6.2%,100～500元/月占35.4%	100元/月以下占29.8%,100～500元/月占1.8%	100元/月以下占100%
满意度	24.2%	32.5%	55.8%	17.8%	16.7%
老年活动中心满意度	苍溪县	三台县	郫县	彭山区	布拖县
满意	9.0%	10.6%	43.9%	17.2%	0%
一般	11.5%	22.3%	17.1%	32.8%	0%
不满意	1.3%	0%	2.4%	6.9%	0%
无活动中心	75.6%	56.3%	24.4%	34.5%	77.8%
不常去,不知道	2.6%	10.8%	12.2%	8.6%	22.2%

（续表）

生活中最困难事情	苍溪县	三台县	郫县	彭山区	布拖县
起居自理	13.3%	15.2%	6.9%	4.9%	6.7%
日常家务	7.9%	8.6%	18.1%	11.7%	13.3%
做饭	8.5%	0.7%	9.7%	5.9%	0%
外出买东西	10.9%	2.0%	12.5%	3.9%	13.3%
看病	21.2%	17.2%	12.5%	22.5%	0%
干农活	25.5%	17.9%	15.3%	27.4%	33.3%
无人陪伴，无事可做	6.1%	6.6%	6.9%	10.8%	13.3%
照顾孙辈	3.6%	7.3%	2.8%	4.9%	6.7%
其他	3.0%	24.5%	15.3%	8.0%	13.4%

2020 年，四川 65 岁及以上人口占常住人口的 16.93%，乡村老龄化程度远远超过城镇，已经进入深度老龄化阶段。乡村不到 5 个人就有 1 名为 65 岁及以上老人。大量青壮年外出打工，使乡村家庭人口梯队中的劳动人口分离，留守老人占较大比重。依据《2020 年四川省人力资源和社会保障事业发展统计公报》，2020 年年末，全省农村劳动力转移就业输出 2 573.4 万人，比上年增加 90.8 万人。其中省内转移就业 1 458.8 万人，增加 90.2 万人；省外转移就业 1 114.6 万人，增加 0.6 万人。0～14 岁人口中，社区和村占比接近；15～64 岁常住人口中，社区比村高近 10 个百分点，城镇聚集了更多青壮年人口（表 4-2）。

表 4-2　四川省（村）常住人口分布概况（2020 年）

村级单位	社区	常住人口数(万人)	4 861.9(58%)	
		平均常住人口数(万人)	5 796	
		各年龄段常住人口数(万人)	0～14 岁常住人口数占比	15.5%
			15～64 岁常住人口数占比	71%
			≥65 岁常住人口数占比	13.5%
		社区数(个)	8 389(23.7%)	
		常住人口>5 万社区数(个)	8	
		常住人口 1 万～5 万人社区数(个)	1 524	
		常住人口<1 万社区数(个)	6 857	
		备注	全省常住人口最多三个社区，双流区常乐社区(65 800 人)、郫都区尚锦社区(64 787 人)、双流区蛟龙社区(64 516 人)	

（续表）

村级单位	村	常住人口数(万人)	3 503.6(42%)	
		平均常住人口数(万人)	1 298	
		各年龄段常住人口数(万人)	0～14 岁常住人口数占比	17%
			15～64 岁常住人口数占比	61.3%
			≥65 岁常住人口数占比	21.7%
		村数(个)	27 020(76.3%)	
		常住人口 1 万～3 万人村数(个)	27	
		常住人口 1 000～1 万人村数(个)	14 909	
		常住人口<1 000 人村数(个)	12 084	
		备注	全省常住人口最多三个村，绵阳涪城区绵兴村(36 329 人)、成都郫都区土地村(35 469 人)、成都郫都区雍渡村(28 529 人)	

资料来源：四川省统计局.四川省村(居)常住人口分布概况[EB/OL].[2021-11-26],http://tjj.sc.gov.cn/scstjj/c105846/2021/11/26/7b3a591b0f6f451f8ddb3481dbaddfb4.shtml.

总之，四川乡村人口流动是多种因素共同作用的结果，现有的城乡二元结构，使得城乡之间在经济发展、生活环境、交通、教育医疗等公共设施方面存在明显差距，出于对基础设施、收入等的追求，未来很长一段时间内，人口仍会以乡村向城镇流动为主，其中又以省内流动为主，省外流动人口递增放缓。

4.3 经济发展滞后县

依据四川省统计局于 2016 年公布的《四川省县级经济综合评价结果》，按照经济规模、经济结构、经济效益、发展水平、发展速度五个方面，对四川 175 个县市区的经济发展情况进行综合评价，最后十位分别是美姑县、喜德县、昭觉县、布拖县、越西县、德格县、壤塘县、普格县、甘洛县、石渠县。又据四川省人民政府网站，2020 年 11 月，批准普格县、布拖县、金阳县、昭觉县、喜德县、越西县、美姑县退出贫困县，至此，四川省全省 88 个贫困县均实现脱贫。四川省藏区“六项民生工程”和彝区“十项扶贫工程”助力脱贫攻坚①，例如“交通方面”，2020 年 1 月四

① 四川省藏区“六项民生工程”即扶贫解困、就业社保、教育发展、医疗卫生、文化繁荣、藏区新居，彝区“十项扶贫工程”即彝家新寨、特色产业培育、乡村道路畅通、农业新型经营主体构建、产业发展服务、农田水利建设、教育扶贫提升、职业技术培训、卫生健康改善、现代文明普及。

川省渡改桥项目鸡鸣三省大桥通车，结束两岸民众千百年爬山乘船过河的历史；“非遗＋扶贫”模式方面，巴中市通江县开展技能培训；在“现代农业龙头企业建设产业园”雅江县松茸产业园建设菌种菌包厂房；等等。然而，四川省西部为高度贫困区，由于地广人稀，贫困人口空间分布远不如四川东部地区贫困人口分布多而且密集，但轻度贫困区仍然出现贫困人口空间分布密集连片的地区[48]，脱贫攻坚任务持久、复杂而且艰巨。作为全国农业大省的四川，由于特殊的地形、土壤、气候等条件，巩固并拓展脱贫攻坚成果并非易事。

四川乡村传统农业发展主要受地理地貌、土壤条件等影响。四川省作为我国经济发展差异最大的省份之一，促进“共同富裕”的任务十分艰巨。2020 年凉山州最后脱贫的 7 个县主要位于凉山彝族自治州干旱河谷地区，均属于经济发展滞后县，是影响四川乃至全国实现共同富裕的不利因素。

从 2015 年课题组大凉山布拖县的人居环境调研可知，当地基本土壤无法耕种，雨季极易形成泥水流失，不宜种植蔬菜等植物，主要农作物为马铃薯。公共基础设施薄弱，人居环境质量较差(图 4-21)。四川省目前脱贫攻坚的主要措施是易地搬迁、鼓励村民务工、技术扶持、托老扶幼、旅游开发等。经济发展的不平衡问题突出，这种不平衡既体现在地区之间，也体现在地区内部。2015 年课题组调研时发现国家级贫困县的相邻县具有相似地域特征却并非国家级贫困县。为了尽快剖析这种差异的原因，实现精准脱贫的目标，需要因地制宜地制定经济发展政策。本节选取具有相似地域特征的经济发展滞后县与非经济发展滞后县，并按差异性特征对其进行分组及比较研究。

(a) 特木里镇民主村

(b) 俄丽坪乡噶吉村

图 4-21　2015 年凉山州布拖县人居环境实景

依据《中国县域统计年鉴(2017)·县市卷》,干旱河谷的金沙江、雅砻江、大渡河、岷江、白龙江等主要流域中,人均生产总值最高的是在雅砻江,最低在岷江;生产总值最低的是甘孜州得荣县;第二产业增加值最低的是甘孜州德格县。阿坝州属于国家确定“三区三州”深度贫困地区之一[49]。通过查阅凉山彝族自治州及其下属 17 个县的人民政府官网历年政府工作报告、相关新闻和统计数据,搜集整理凉山彝族自治州下属 17 个县市基础信息(附录 5)并选取四组研究对象,探讨相似气候、地理区位、核心产业、民族、土壤类型组成等条件下,贫富差异的根本原因。四组研究对象分别为:①喜德县—会理县(相似平均海拔高度和核心产业结构);②布拖县—雷波县(相似民族构成、相似土壤类型和相同金沙江干旱河谷区域);③普格县—会东县(土壤类型和乡村类型相似);④金阳县—冕宁县(主要产业均为第二产业)(图 4-22)。贫困差异性主要影响因素划分为自然地理、人文与社会经济两类(表 4-3)。

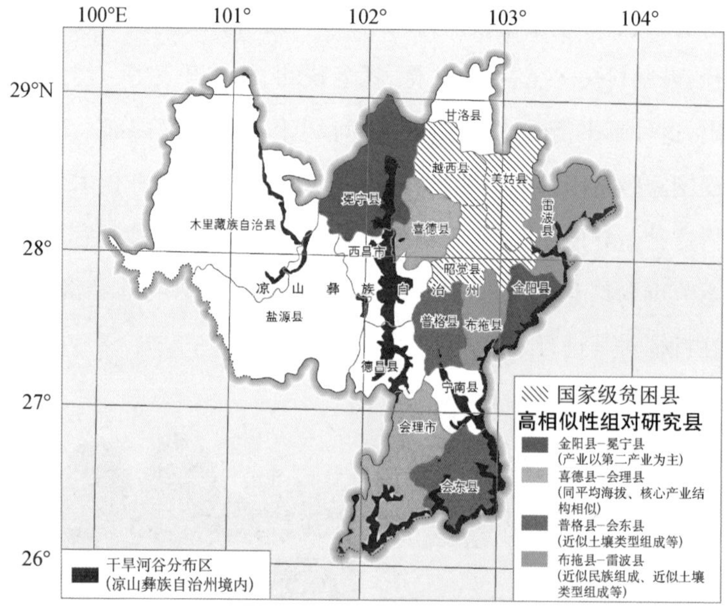

图 4-22 四川凉山彝族自治州对比组研究对象地理区位示意图

表 4-3　凉山彝族自治州贫困差异性主要影响因素

影响因素	指标	指标阐释(单位)单位
自然地理因素	降雨量	年平均降雨量(毫米)
	温度	年平均温度(℃)
	海拔高度	区域平均海拔(米)
	耕地面积	年末实有耕地面积(公顷)
	耕地灌溉面积	有效灌溉的耕地面积(公顷)
	水能	水能蕴含量(兆瓦)
人文与社会经济因素	总人口	年末户籍总人口(人)
	城镇化率	区域城镇人口/区域总人口(%)
	就业人数	年末就业人数(人)
	劳动力输出数量	年输出劳动力总数(万人)
	交通通达程度	公路里程(千米)
	第一产业增加值	第一产业总产值－第一产业总消耗值(亿元)
	第二产业增加值	第二产业总产值－第二产业总消耗值(亿元)
	第三产业增加值	第三产业总产值－第三产业总消耗值(亿元)
	农业总产值	以货币形式表现农、林、牧、渔业全部产品的年总量(万元)
	工业总产值	以货币形式表现的工业企业在一定时期内生产的已出售或可供出售工业产品年总量(万元)
	旅游数值总额	旅游年收入额(亿元)
	粮食平均产量	粮食总产量/播种面积(吨/公顷)
	乡村用电量	乡村年用电量(万千瓦·时)
	乡村居民人均可支配收入	乡村居民可用于最终消费支出和储蓄的均值(元)
	小学生师比	小学学生总人数/小学教师总人数(%)
	中学生师比	中学学生总人数/中学教师总人数(%)
	医疗保险覆盖率	实际参保人数/应参保人数(%)
	养老保险参保人数	实际养老保险参保人数(人)

4.3.1　凉山州经济发展滞后县之间差异现状

凉山彝族自治州 7 个经济发展滞后县虽然在四川省统计局 2018 年发布的《四川省县级经济综合评价结果》中，均处于末位水平，但这 7 个县在经济结构及地区生产总值等方面均存在一定差异，且在地理位置分布上也不尽相同。根据

《四川统计年鉴》(2020年卷)、《四川农村年鉴》(2018年卷)中部分数据,对7个经济发展滞后县的自然地理条件及产业经济概况(表4-4)进行分析。

表4-4 凉山州7个经济发展滞后县自然地理条件及产业经济概况

市县	区域面积/平方千米	常住人口/万人	县域平均海拔/米	人均GDP/万元	地区生产总值/万元	州内排序	核心产业
喜德	2 202.52	19.7	1 800	0.37	239 208	18	第三产业
布拖	1 685.18	18.2	2 709	0.42	242 190	17	第三产业
金阳	1 586.99	17.9	4 027	0.5	321 094	12	第二产业
美姑	2 514.74	24.1	1 980	0.41	259 038	15	第三产业
普格	1 095.41	17.5	2 687	0.42	256 270	16	第三产业
昭觉	2 702.14	26.1	2 170	0.37	298 356	14	第三产业
越西	2 257.80	31.4	1 932	0.42	377 497	10	第三产业

1) 凉山州东南片区

金阳县县域内多高大山体,地形起伏较大,平均海拔为7个县中最高,气候呈现明显的垂直带状分布。其产业经济以第二产业为支柱,2018年地区生产总值突破30亿元,位于全州第12位。

普格县县域内三山两河构成典型河谷地貌,除高山外,其余山地分布零散,其产业经济以第三产业为主,拥有优良自然资源优势,但开发程度及水平较低,导致地区生产总值偏低。

布拖县县域内江河纵横,水资源丰富,但多高山,气候寒冷,是彝族聚居的高寒山区,属于半农半牧县。布拖县拥有深厚的历史文化底蕴,但因为社会功能不完善,自然条件相对恶劣,生态、经济与其他各县相比更为脆弱,导致经济发展水平低下。2018年,地区生产总值州内排名为倒数第二,扶贫成本高,脱贫难度系数大。

2) 凉山州北部片区

越西县,自然环境与其他县市相比更为恶劣,生产及生活物资较为缺乏,原先是传统的农业县。根据2018年越西地区生产总值数据及其州内排名,其产业经济发展优于其他各县，且目前产业经济已经转变为以第三产业为主。越西县凭借传统农业县的优势，引入“旅游＋”发展模式，并依托当地优势水果种植产业开展乡村旅游，逐步实现第一、第三产业联动发展，使本县经济滞后发生率降低至 2.8%，基本达到 2016 年四川省委办公厅、省政府办公厅印发《四川省贫困县贫困村贫困户退出实施方案》中的贫困县退出要求。

美姑县，地形地貌复杂，以山地为主要地貌类型，山地约占县域总面积的 80%，平原面积极少，仅占县域总面积的 0.2%，整体地势西高东低。境内河流包括金沙江及岷江两大水系，水资源丰富。其产业经济以第三产业为主，依托自然景观及红色文化开发旅游，但产业结构仍不完善，产业发展水平较低。

3）凉山州中部片区

昭觉县，与西昌市毗邻，县域内多山地、高原，同时兼具大陆性气候和高原气候的特点，彝族人口占总人口的 97.94%，属于典型的民族经济发展滞后县。其产业经济以第三产业为核心，2017 年由县政府主导，对支尔莫乡悬崖村景区进行旅游开发。开发过程中，引导悬崖村村民搬迁至县城易地扶贫搬迁集中安置点，使其居住环境及条件得到了极大改善，并通过旅游项目为当地居民提供更多就业机会，加快落实扶贫工作。

喜德县，与西昌市毗邻，县域内多山，山地占比约 75%，平均海拔 1 800 米，与会理县相似，但区域内海拔落差较大，最高海拔可达 4 500 米。其产业经济以第三产业为主，2017 年全年接待游客 180 万人次，实现旅游收入 3.2 亿元，但由于地质灾害频发，易导致农业经济及房屋建筑等严重受损，整体经济发展水平仍旧较低。仅 2017 年，县内有 102 个村不同程度受灾，造成直接经济损失约 974 万元。

4.3.2　经济发展差异性评价

1）变量选取

依据经济发展滞后县评定标准，发现衡量经济发展滞后程度的具体指标主要有区域人均纯收入、总人口收入与平均标准收入差距等，其中以经济滞后发生率为最常用的衡量指标，它具有直接性、标准化的优势[50]。因此，本书选取经济滞后发生率作为衡量凉山州干旱河谷地区经济滞后程度的指标。根据相关文献检索，基于凉山州 17 个县基础信息及指标可获得性的综合考虑，结合凉山州干旱河谷地区区域经济滞后特性，以影响各县经济滞后发生率的自然地理、人文与社会经济两大因素构建地区经济发展差异的影响因素指标体系（附录 5）。

2）影响因素指标筛选

以经济滞后发生率 3% 为划分标准，将喜德等 8 个县分为经济发展滞后县和非经济发展滞后县两组样本，利用 SPSS 进行独立样本 T 检验分析，最终筛选出符合显著性 p 值 <0.05 的影响因子，包括耕地灌溉面积、总人口、城镇化率、交通通达程度、医疗保险覆盖率、就业人数、输出劳动力数量、二产增加值、三产增加值、工业总产值、旅游数值总额、乡村用电量、乡村居民人均可支配收入。

（1）自然地理因素

通过 SPSS 软件进行独立样本 T 检验分析，得到自变量耕地灌溉面积显著性值为 0.031，小于 0.05，则说明耕地灌溉面积对经济滞后发生率有显著影响。结合对 8 个县耕地灌溉面积（图 4-23）的分析可以明显发现，耕地灌溉面积大的县经济滞后发生率较小，其中喜德县海拔高 1 800 米，多为冲沟陡崖，平均坡度 50°以上，耕地较为分散，导致耕地利用率较低。会理县新积土属于质量较好土壤，红壤分布地区的气候条件有利于发展农业，耕地灌溉面积达 24 320 公顷。原国家级贫困县布拖县海拔 2 709 米，耕地灌溉面积最少，只有 2 120 公顷。同时，另外一个经济发展滞后县金阳县的耕地灌溉面积偏少，主要因为山地草甸土偏多，而且山地高差更适合发展畜牧业。会理县的新积土属于质量较好土壤，可用功能性强，多数可发展为耕地及农田，主要作物是油料作物、烟叶和蔬菜，在产业增收上优于其他经济发展滞后县，乡村居民人均可支配收入最高达 18 994 元。因为普格县的海拔较高，耕种作物种类受到较大限制，导致乡村居民人均可支配收入相对较低。

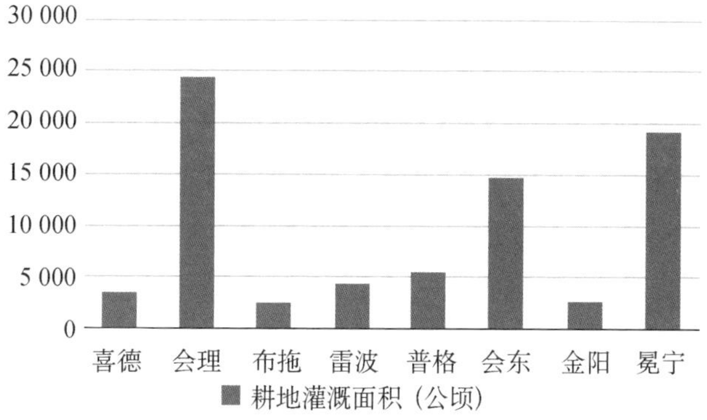

图 4-23　对比县耕地灌溉面积

（2）户籍总人口数与就业人员数

通过 SPSS 软件进行独立样本 T 检验分析，得到自变量户籍总人口数与就业人数显著性值分别为 0.004 和 0.008，均小于 0.05，说明地区户籍总人口数与就业人数对经济滞后发生率有非常显著的影响。通过对 8 个县(图 4-24)的户籍总人口数分析，可以明显发现，户籍总人口数越少，地区越贫困。其中，会理县的户籍总人口数达 46 万人，就业人数达到 30.1 万人，是 8 个县中最多的县，同时它的经济滞后发生率为 0；金阳县户籍总人口数仅为 21.270 9 万人，就业人数 10.6 万人，与非贫困县在总人数及就业人数上的差距较大，经济滞后发生率达到 14.6%，因此经济发展高度滞后。

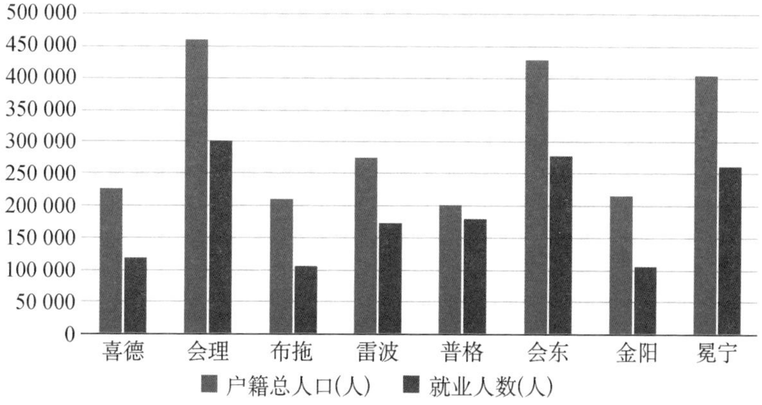

图 4-24　对比县户籍总人口及就业人数

(3) 第一、第二、第三产业的增加值

通过 SPSS 软件进行独立样本 T 检验分析，得到自变量第二、第三产业增加值显著性值分别为 0.019、0.023，均小于 0.05，显著性值趋于 0，说明第二、第三产业的增加值对经济滞后发生率有显著的影响，相较于第二、第三产业增加值，第一产业增加值略大于 0.05，对经济滞后发生率的影响较弱。通过对 8 个县的各产业增加值对比发现，会理县及会东县的 2018 年第一产业增加值远高于其他县。通过对各县农业相关政策及农业产业规划文件的检索，发现会理县已经于 2017 年围绕“红、黄、黑、绿、蓝”五彩农业，基本形成了“一乡一业”的农业生产格局；充分利用县域垂直立体气候资源的优势，因地制宜发展特色农业；突破传统农业发展思路，依托农业生产开展乡村旅游，实现第一产业与第三产业的融合，以乡村旅游带动农业经济发展。会东县则在推进农业农村改革的过程中投入 1 320 万元，大力发展村级集体经济；依托两家省级龙头企业，四家州级龙头企业为县内农业产品扩大销路；同时通过打造特色旅游节庆活动，依托产业优势发展乡村旅游，从而带动地区发展，实现村民创收、增收。

第一、第二、第三产业增加值的变化能够客观反映各产业对区域整体经济的重要程度。通过对各县各产业增加值（图 4-25）数据的对比分析，发现各非经济发展滞后县第三产业增加值均较高，说明以旅游业为主力的第三产业，在非经济发展滞后县中已经受到普遍重视。而喜德、普格、金阳三县的旅游产业对固有自然、人文资源依赖性较大，局限于传统发展模式，因此在旅游的创收上与非经济发展滞后县有较大的差异。

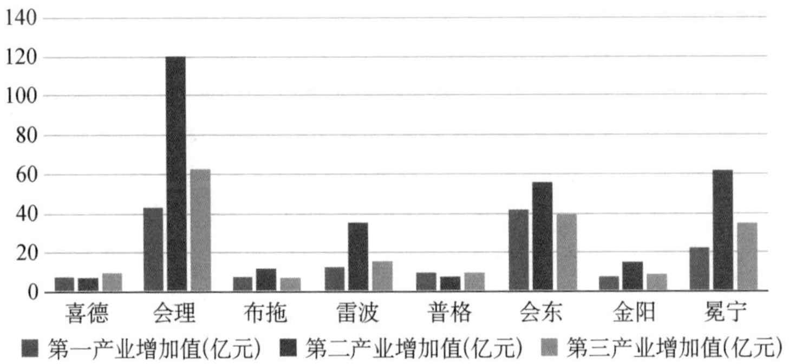

图 4-25　各县第一、第二、第三产业增加值

（4）工业总产值

通过 SPSS 软件进行独立样本 T 检验分析（表 4-5），得到自变量工业总产值显著性值为 0.049，显著性值趋于 0.05，说明工业总产值对经济滞后发生率的影响要较弱。通过对各县工业总产值的对比分析（图 4-26），经济滞后发生率越低的地区，工业总产值相对越高。以会理县为例，其工业总产值达 904 000 万元，经济滞后发生率为 0；至于经济发展极其滞后的布拖县与金阳县，前者工业总产值仅达 21 000 万元，金阳县甚至低至 7 000 万元，从而导致地区经济滞后发生率下降进度减慢。

表 4-5　影响因素指标独立样本 T 检验筛选①

		方差方程的 Levene 检验	均值方程的 T 检验		
		Sig.	Sig.（双侧）	均值差值	标准误差值
耕地灌溉面积	假设方差相等	0.075	0.031	−12 207.500	4 334.969
	假设方差不相等		0.063	−12 207.500	4 334.969
少数民族比重	假设方差相等	0.003	0.003	56.530	11.606 3
	假设方差不相等		0.013	56.530	11.606
总人口	假设方差相等	0.067	0.004	−179 809.250	40 705.709
	假设方差不相等		0.020	−179 809.250	40 705.709
城镇化率	假设方差相等	0.356	0.004	−16.573	3.565
	假设方差不相等		0.007	−16.573	3.565
交通通达程度	假设方差相等	0.294	0.014	−980.000	287.036
	假设方差不相等		0.028	−980.000	287.036
就业人数	假设方差相等	0.485	0.008	−126 750.000	32 640.402
	假设方差不相等		0.011	−126 750.000	32 640.402
输出劳动力数量	假设方差相等	0.986	0.004	−4.403	0.971
	假设方差不相等		0.004	−4.403	0.971
二产增加值	假设方差相等	0.070	0.019	−57.715	18.210
	假设方差不相等		0.049	−57.715	18.210
三产增加值	假设方差相等	0.101	0.023	−29.388	9.647
	假设方差不相等		0.055	−29.388	9.647

① 注：因两组样本量相同，所以当假设方差相等的 Sig. <0.05 时，自变量 T 检验 Sig.（双侧）值取以假设方差不相等时的数值。

(续表)

		方差方程的 Levene 检验	均值方程的 T 检验		
		Sig.	Sig.(双侧)	均值差值	标准误差值
工业总产值	假设方差相等	0.048	0.019	−452 500.000	142 671.242
	假设方差不相等		0.049	−452 500.000	142 671.242
旅游数值总额	假设方差相等	0.149	0.040	−7.435	2.847
	假设方差不相等		0.068	−7.435	2.847
乡村用电量	假设方差相等	0.202	0.000	−6 169.250	858.841
	假设方差不相等		0.002	−6 169.250	858.841
医疗保险覆盖率	假设方差相等	0.786	0.001	−14.375	2.460
	假设方差不相等		0.002	−14.375	2.460
乡村居民人均可支配收入	假设方差相等	0.132	0.010	−6 586.000	1 757.964
	假设方差不相等		0.028	−6 586.000	1 757.964

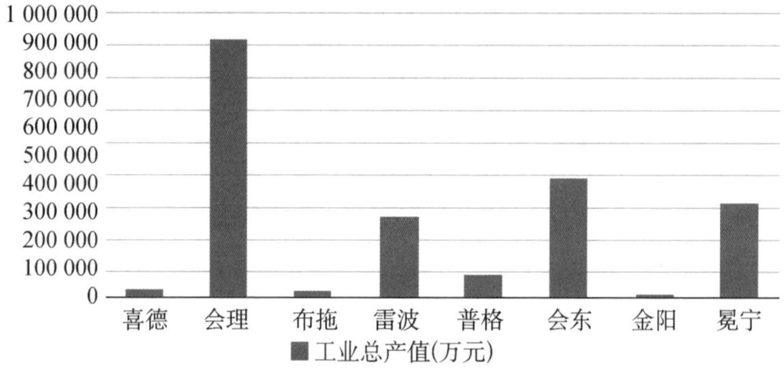

图 4-26　各县工业总产值

（5）旅游数值总额

通过 SPSS 软件进行独立样本 T 检验分析得到自变量旅游数值总额显著性值为 0.040，小于 0.05，说明旅游数值总额对经济滞后发生率有一定的影响。通过对各县旅游数值总额的对比分析（图 4-27），发现经济滞后发生率低的地区，旅游数值总额相对较高，旅游业在地区产业发展中逐渐崛起，在经济创收中起到更大的作用，而经济发展滞后县的旅游产业对固有自然、人文资源依赖性较大，相对匮乏的旅游资源也因旅游数值总额低而形成经济发展滞后县与非经济发展滞后县之间的差异。

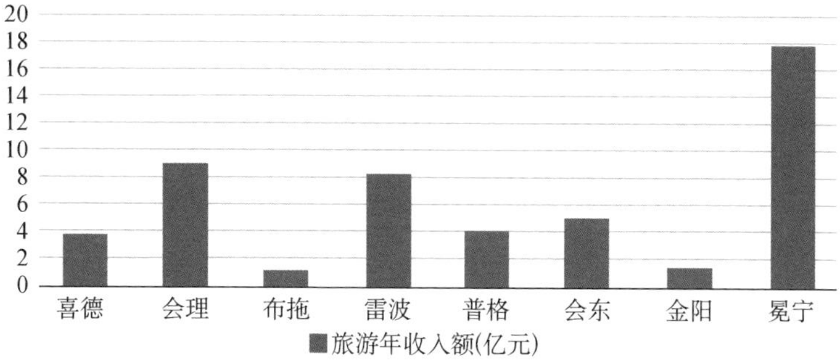

图 4-27　各县旅游年收入额

（6）交通通达程度

通过 SPSS 软件进行独立样本 T 检验分析，得到自变量交通通达程度显著性值分别为 0.014，小于 0.05，说明地区交通通达程度对经济滞后发生率有显著的影响。凉山彝族自治州地貌情况复杂，地表起伏大，地形崎岖，全州境内仅有一条铁路——成昆线，区域交通对公路依赖性极大，交通通达程度在很大程度上影响了产业经济及居民生活。就产业方面而言，其影响主要体现在产品、原料的运输速度和成本以及游客、相关从业人员抵达景区的便利程度上；居民生活方面，交通通达程度则直接影响其居住场所的选址。通过对各县交通通达程度与经济滞后发生率（图 4-28）的对比分析，发现交通通达程度与经济滞后发生率呈现负相关，即交通通达程度越高，经济滞后发生率越低，印证 SPSS 中数据独立样本 T 检验分析的结果。

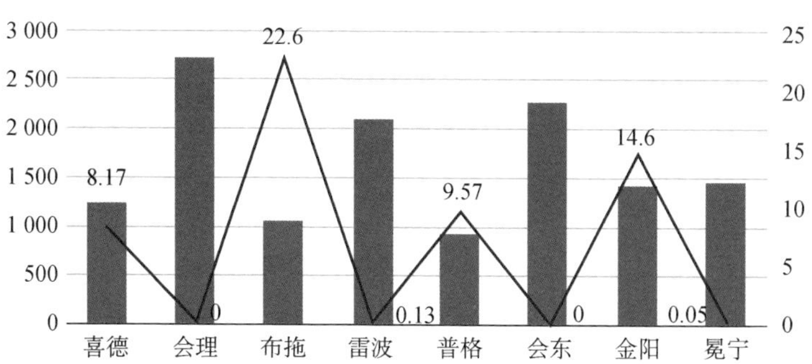

图 4-28　各县公路里程数及经济滞后发生率

(7) 乡村用电量

通过 SPSS 软件进行独立样本 T 检验分析，得到自变量乡村用电量显著性值为 0.000，小于 0.05，显著性值无限趋近于 0，说明乡村用电量对经济滞后发生率有非常显著的影响。通过对各县乡村用电量的对比分析(图 4-29)，发现经济滞后发生率越低的地区，乡村用电量越高，说明喜德等经济发展滞后县相较于非经济发展滞后县在村内通信、照明、广播甚至乡村机械器械的使用上都更具劣势。乡村用电量的增加，可以一定程度地表现出地区基础设施、照明、通信等设施的优化与健全，从而有利于地区经济滞后发生率的降低。

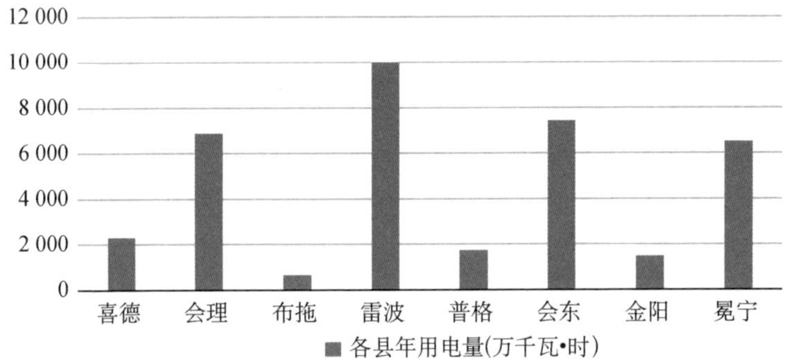

图 4-29　各县乡村用电量

(8) 劳动力输出数量

通过 SPSS 软件进行独立样本 T 检验分析，得到自变量输出劳动力数量显著性值为 0.004，小于 0.05，显著性值趋于 0 说明劳动力输出数量对经济滞后发生率有非常显著的影响。通过对 8 个县的输出劳动力分析，可以明显发现，在输出劳动力方面经济发展滞后县与非经济发展滞后县差异明显。喜德县的劳动力输出数量最少，为 3.15 万人，属于经济发展滞后县；冕宁的劳动力输出最高，为 10.9 万人，属于非经济发展滞后县。

促进低收入人口就业增收，是真正实现长久意义上脱贫的最佳途径，除了鼓励居民在家乡创业以外，剩余劳动力输出也是低收入农户短期内增收最直接有效的办法。通过乡村居民人均可支配收入与输出劳动力人数(图 4-30)进行对比分析，发现乡村居民人均可支配收入与输出劳动力人数大致呈现正相关，即输出劳动力人数越多，乡村居民人均可支配收入也越高，而经济收入水平的提高势必会在一定程度上降低区域经济滞后发生率。

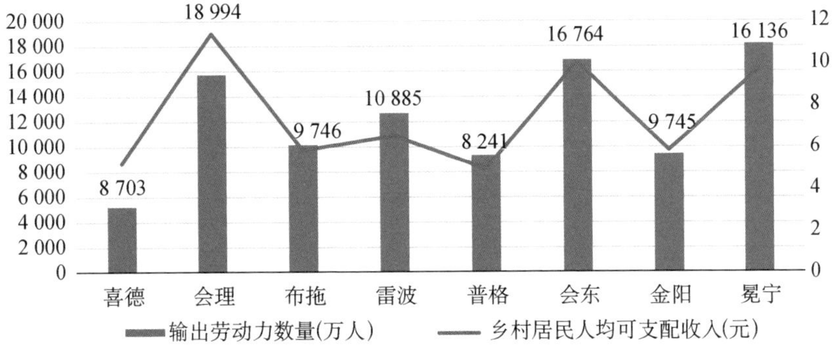

图 4-30　各县输出劳动力数量与乡村居民人均可支配收入

(9) 城镇化率

城镇化率即城镇人口占总人口的比例,从侧面反映了地区经济发展水平的高低。通过 SPSS 软件进行独立样本 T 检验分析,得到自变量城镇化率显著性值为 0.004,小于 0.05,显著性值趋于 0,说明城镇化率对经济滞后发生率有非常显著的影响。通过对 8 个县的城镇化率分析发现,非经济发展滞后县城镇化率明显较高,地区城市建设用地与设施、城市人口比例等优势都是城镇化率提高的因素。会理县城镇化率最高,达到 44.6%,其经济滞后发生率也为 0;反之,布拖县城镇化率仅为 21.69%,其经济滞后发生率达 22.6%,符合 SPSS 分析结果。

通过对各县城镇化率及经济滞后发生率(图 4-31)的对比分析,发现二者大体上为负相关关系,即城镇化率越高,经济滞后发生率越小。通过《四川统计年鉴》(2019 年卷)获取凉山彝族自治州乡村居民及城镇居民可支配收入构成(图 4-32),可知乡村居民及城镇居民在收入构成方面的差异来源于经营性净收入与工资性收入占比的不同。乡村居民多以第一产业农、林、牧业为主,偶有依托旅游业经营的服务型业态,其收入存在较大的不确定性,极易受气候条件等外部因素干扰。城镇居民则以政府、企业职员占多数,其经济收入的主要构成部分为工资性收入,相比经营性收入更为稳定。乡村居民在经济收入、居住环境、基本配套设施等多重因素的作用下,逐渐向城镇居民过渡,这样,就在提高区域城镇化率的同时,也在一定程度上降低了区域经济滞后发生率。

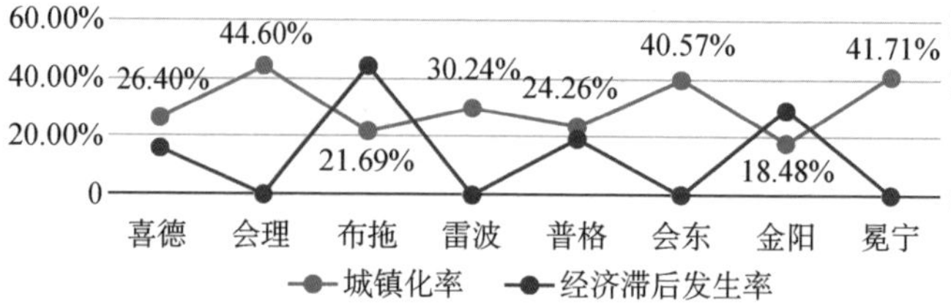

图 4-31 各县城镇化率及经济滞后发生率

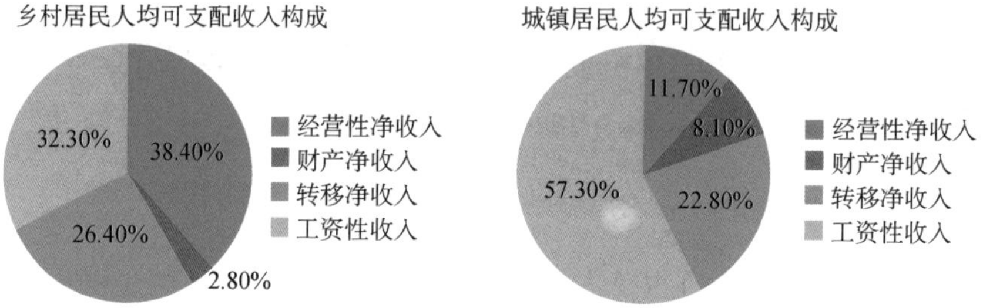

图 4-32 凉山彝族自治州乡村居民及城镇居民可支配收入构成

(10) 医疗保险覆盖率

通过 SPSS 软件进行独立样本 T 检验分析,得到自变量医疗保险覆盖率显著性值为 0.001,小于 0.05,显著性值趋于 0,说明医疗保险覆盖率对经济滞后发生率有非常显著的影响。通过对各县基本医疗保险覆盖率及经济滞后发生率(图 4-33)的对比分析,发现二者表现出明显的负相关性,即经济滞后发生率越低的地区,基本医疗保险覆盖率越高。这可以很好地解释喜德县等经济发展滞后县因病致贫的现象,基本医疗保险可以在一定程度上为地区居民提供医疗保障,减少因病、因残而无法劳动的人口数量,从而有利于降低地区经济滞后发生率。

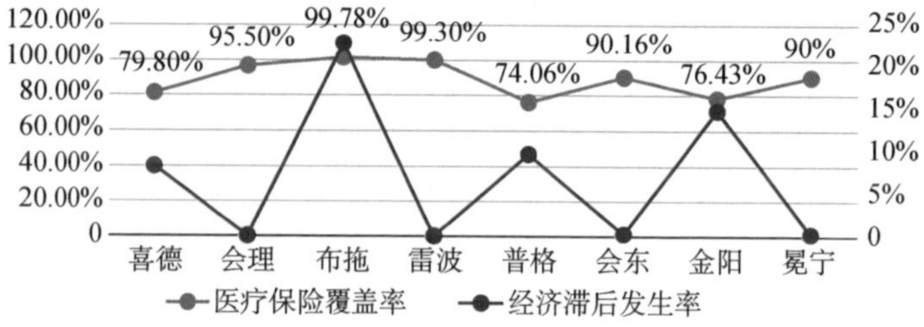

图 4-33 各县基本医疗保险覆盖率及经济滞后发生率

4.3.3 影响因素指标与经济滞后发生率的相关性分析

独立样本 T 检验中筛选出的耕地灌溉面积、总人口、城镇化率、交通通达程度、医疗保险覆盖率、就业人数、输出劳动力数量、第二产业增加值、第三产业增加值、工业总产值、旅游数值总额、乡村用电量、乡村居民人均可支配收入作为自变量进行回归分析，计算各自变量与经济滞后发生率标准化系数(表 4-6)。

耕地灌溉面积、劳动力输出数量、第二产业增加值、第三产业增加值、乡村居民人均可支配收入与经济滞后发生率的标准化系数分别为 −0.691、−0.647、−0.665、−0.699、−0.677，均属于 −0.5～−0.7 区间，呈现中度相关关系，随着以上五类自变量值的增长，经济滞后发生率相对降低。

户籍总人口、公路里程、工业总产值、旅游年收入额与经济滞后发生率的标准化系数分别为 −0.766、−0.710、−0.702、−0.713，属于 −0.7～−0.8 区间，呈现高度负相关关系，随着以上四类自变量值的增长，经济滞后发生率降低较为明显。

城镇化率、医疗保险覆盖率、就业人数、乡村用电量与经济滞后发生率的标准化系数分别为 −0.833、−0.888、−0.812、−0.879，属于 −0.8～−0.9 区间，呈现极高度负相关关系，随着以上四类自变量值的增长，经济滞后发生率降低尤为明显。

表 4-6　影响因素线性回归分析

因变量	自变量	标准化系数
经济滞后发生率	耕地灌溉面积	−0.691
	户籍总人口	−0.766
	城镇化率	−0.833
	公路里程	−0.710
	医疗保险覆盖率	−0.888
	就业人数	−0.812

(续表)

因变量	自变量	标准化系数
经济滞后发生率	劳动力输出数量	−0.647
	第二产业增加值	−0.665
	第三产业增加值	−0.699
	工业总产值	−0.702
	旅游年收入额	−0.713
	乡村用电量	−0.879
	乡村居民人均可支配收入	−0.677

4.3.4 扶贫策略的提升

目前，凉山州干旱河谷地区在经济增长方面已取得了一定成效，但经济发展还受到产业、资金、交通等因素的制约。要从根本上实现共同富裕，必须充分利用好国家政策，因地制宜，提升经济滞后地区的发展能力。

1）完善产业结构并建立政策引导与扶持机制

加快贫困地区产业结构调整和布局优化，逐步实现各产业融合发展，优化产业发展结构，有助于提高经济滞后地区乡村发展水平。首先，政府需引导乡村组建专业合作社，充分保障村民的利益；其次，要积极引导经济滞后地区的村民发展多种形式的土地经营模式，开展土地流转，将没有利用起来的土地集中起来，转租或者承包给需要的大户促进农产品集中发展。

2）提升交通通达度

凉山彝族自治州地貌复杂多样，地势西北高、东南低，北部高、南部低，地面起伏大。交通通达度会直接影响经济发展的速度，并且在很大程度上影响产业经济发展，主要体现在农产品、原料的运输以及旅游开发等方面。为了加快实现共同富裕的进程，要加快道路、沟渠等乡村基础设施建设，提高乡村交通便利程度。

3) 提高医疗保险覆盖率

通过对经济滞后地区以及各县基本医疗保险覆盖率的对比，证明二者有明显的相关性，乡村经济滞后地区的基本卫生公共服务能力不完善，是实现共同富裕目标的隐患。政府部门要切实提升经济滞后地区的社会保障水平，提升乡村医疗卫生服务从而降低了该地区经济滞后发生率，避免因病返贫现象的发生。

4) 调整旅游产业结构

通过 SPSS 软件进行独立样本 T 检验分析得出旅游数值总额对经济滞后发生率有很大的影响，旅游数值总额相对较高，经济滞后发生率就相对较低。凉山彝族自治州以良好的自然环境和独特的民俗文化，为旅游产业的蓬勃发展提供了优良深厚的基础资源，但目前旅游产业发展水平较低，产业结构仍不完善。现存 7 个经济发展滞后县，可依托县域内丰富的人文及民族资源，让经济滞后村积极参与旅游开发，并针对低收入户开展旅游人才培训，提供精准指导，逐步壮大村集体经济，实现以旅游带动经济发展的目标。

目前，四川省乡村生产经济环境发展背景良好，随着四川省地缘经济战略优势的深入挖掘，西部大开发向纵深推进，统筹城乡改革试验区不断完善。依托长江中游城市群、成渝城市群，四川正处在努力建立内陆开放型经济高地的进程中。农业型村庄需要更好地利用农业资源，保护并适当更新传统乡村“田园居”的景观格局，充分利用四川省的茶园、果园、竹园发展休闲观光农业以及四川省山高水美的自然生态，确立乡村风貌景观主题，通过国家集体经济政策，将教育产业等无环境影响的相关产业纳入乡村发展计划，借以盘活经济。工业型村庄需要尊重村庄肌理，避免大面积植入原生传统乡村风貌格局中，在规模形态上划分不同功能区域，尽可能开展分类集中式布局。历史文化型村庄、休闲旅游型村庄因疫情影响，经济发展受到阻碍，尽可能早日加入虚拟仿真等高科技技术手段，充分发挥景观优势，优化地域资源，避免乡土文化、旅游产品等同质化。

四川乡村农民人口城镇化流动后出现的老龄化现象是目前面对的严峻问题。由于四川独特地形地貌特征，大面积的农业现代化生产存在一定难度。需要尽早进行四川乡村生态人文区划等基础性研究，大力发展乡村种植业并开发农产品新品种。此外，需要出台相关政策并采取扶持乡村农产品种植科技园等激活措施，积极引入企业和人才走进乡村；城镇进一步落实进城务工人员的安居房产政策；养老互助，老有所为，乡村养老方案及养老金制度进一步完善；扶贫措施多样化，包括中职院校教育培训，培养农业科技人才，鼓励农业创新；等等。一系列乡村振兴政策快速推进过程中，四川乡村生产经济环境正面临乡村劳动力外流和农业人才引进的人口置换，以及传统乡村产业、生活方式和新兴科技产业现代化的置换等的关键时刻，需要各部门协同配合，关注并逐步解决发展背后复杂的社会问题。

第 5 章　四川乡村生活物质环境

乡村生态人文环境和乡村生产经济环境共同影响乡村生活物质环境。乡村生活物质环境是乡村人居环境的核心部分，是人与自然环境、社会环境结合的基点，其优劣变化直接影响乡村人居环境的质量，直接关系到村民的日常生活。"宅院—街道—集市"构成村民主要的基础生活环境，是最具有乡土气息的物质空间载体。改善乡村居住环境首先需要优化乡村生活物质环境。本章研究乡村生活物质环境，按照村民宅院空间、街道空间、集市空间三部分展开。宅院空间是构成乡村人居环境的基本单元，街道空间架构起乡村生活空间的骨架，集市空间则是乡村人居环境中最具有公共空间活力的结点。

5.1　乡村生活物质环境形态

乡村生活物质环境形态主要包括乡村环境形态、聚落形态及建筑形态。三者共同构成四川乡村聚落的整体。四川省位于中国大陆地势第一级阶梯和第二级阶梯过渡地带，丰富多样的地形、地貌影响乡村聚落的分布及乡村物质空间形态，例如表 5-1 展现了龙门山区域不同海拔高度的乡村聚落分布。

表 5-1　基于地学景观的四川龙门山区域不同海拔高程乡村聚落分布

景观特征	海拔高程(米)	地质景观特色	乡村分布
高山区	>3 500	相对高差 1 000 米左右，4 000 米以上大陆型冰川常年积雪区域，古冰帽、古冰斗、冰蚀湖、流石滩等古冰川地貌十分发育，4 500 米以上存在现代大陆型冰川地貌，角峰、刃脊、冰斗、冰坎、冰川槽谷较发育	西俄洛乡的杰珠村(3 548 米)
中山区	1 500～3 500	相对高差 500～1 000 米左右，飞来峰海拔高程在 1 500～2 000 米，有构造形迹	理县杂谷脑镇、卧龙镇、威州镇、夹壁乡(2 762 米)、米亚罗村(2 872 米)；茂县、汶川县雁门乡萝卜寨村

（续表）

景观特征	海拔高程（米）	地质景观特色	乡村分布
低山区	1 000～1 500	相对高差 250 米左右，有丹霞地貌、地层剖面	汶川七盘沟村、理县杂谷脑镇
河谷地貌区	1 200～1 500	流水地质作用的峡谷地貌，V 字形河谷	彭州、都江堰、崇州、大邑，绵竹市汉旺镇
丘陵台地结合区	700～1 000	深丘相对高差 100～200 米，浅丘相对高差 20～60 米；台地主要由冰碛、冰水堆积的侵蚀作用形成	绵阳江油市永兴镇、绵阳三台县万安镇、彭州市葛仙山镇熙林村、广元市剑阁县、旺苍县的嘉川镇、三江镇、宝轮镇和陵江镇、绵竹市汉旺镇、遵道镇
平原绿岛区	＜700 米	主要由河漫滩、一级阶地、冰水堆积扇状平原及二级阶地组成	新都区、绵阳江油市武都镇、青莲镇、青义镇；彭州市葛仙山镇玉河村、郫县唐昌镇旗村和都江堰市崇义镇吴塘村、什邡市两路口镇等

资料来源：李艳菊．龙门山中北段区域地学景观及传统聚落适宜性研究[D]．成都：成都理工大学，2013．

5.1.1 乡村环境形态

成都平原乡村聚落环境具有簇群式空间结构特征。在一定地域范围内，一般以城市中心区为核心，空间上与中心紧密联系的外围新城或组团形成基本的簇群单元，通过一体化交通网络连接形成一种空间结构。功能性城郊村附着在中心城市的辐射半径内(远郊村自由分散、近郊村附着在乡镇中心形成均质型斑块、平行分布格局斑块、特定组合或空间连接斑块、团聚式斑块和线状分布斑块，等等(表 5-2)。

表 5-2 基于不同地貌特征的乡村聚落水平空间分布形态

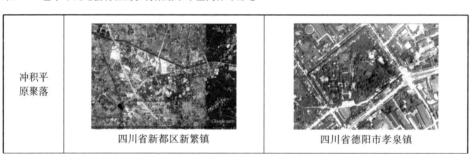

冲积平原聚落	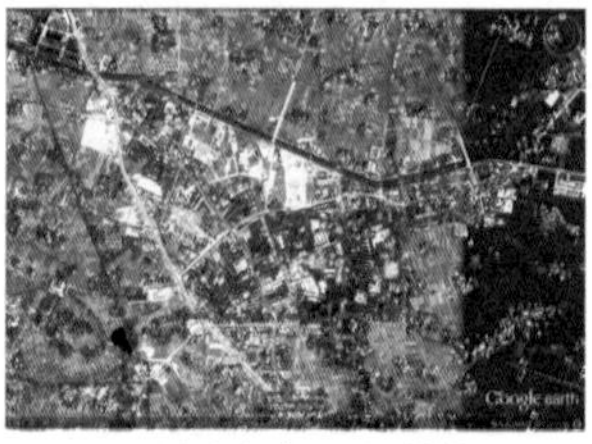 四川省新都区新繁镇	 四川省德阳市孝泉镇

（续表）

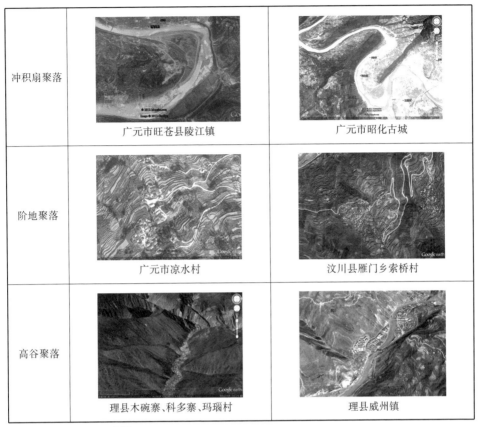

冲积扇聚落	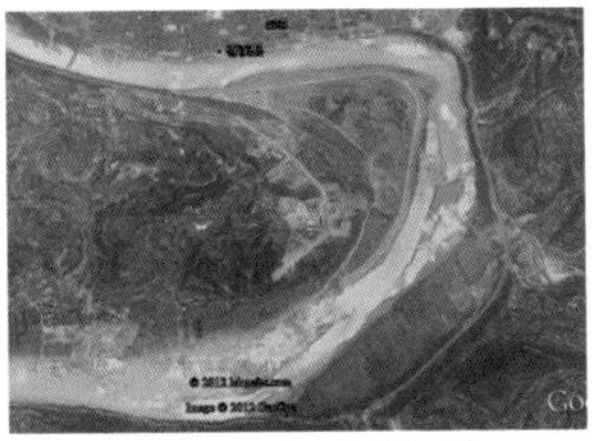 广元市旺苍县陵江镇	 广元市昭化古城
阶地聚落	 广元市凉水村	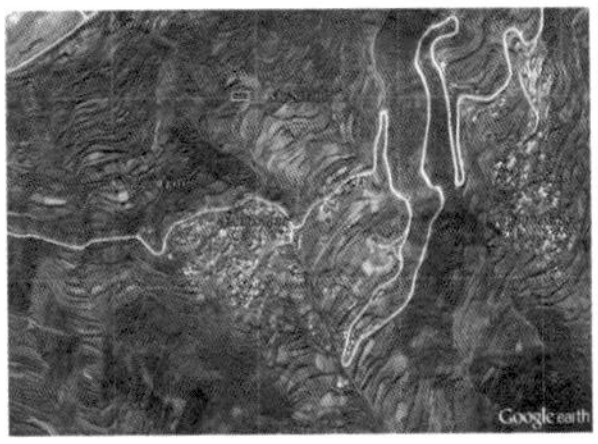 汶川县雁门乡索桥村
高谷聚落	 理县木碗寨、科多寨、玛瑙村	 理县威州镇

资料来源：Google Earth 影像图。

成都平原水系较窄，灌溉方式为自流灌溉，因而形成的聚落形态常常跨越水系，聚落单元规模较小，最少为 2～3 户。山区丘陵谷地之间也会有局部小盆地，四川俗称“坝子”或“平坝”；河湾冲积扇缓坡地，聚落也会分布在大片滩涂冲积扇上，也俗称“河坝”，著名的阆中古城、昭化古城就体现了聚落和水系之间最符合古人选址观念的布局形态。由于近年来的新农村建设，通过集中居民点规划设计，实现了基础设施共同使用，逐渐形成具有强烈边界感的景观形态。因此，成都平原乡村的景观格局基本是在不规则农田基底上均匀分布着具有集中趋势的团状乡村聚落，整体上呈链状分布。

川西高原的不同位置地势落差极大，有丰富多变的地貌景观，按照选址位置的不同主要形成了河谷类、半山腰类和高半山类三种不同特征的乡村聚落景观格局。根据近水、近耕地、近道路、靠山等规律分布，继而又形成了环护式、上主下次式、山峦呼应式、并排式、隔岸顾盼式等多种景观格局。随着海拔升高，聚落数量愈来愈少，规模也愈来愈小。高原聚落大部分和规模较大的聚落，基本分布在中海拔（即半山）地带。例如理县地貌类型为低中山—中山—高山—极高山，有"十里不同天"之说，垂直梯度变化的地形和气候为聚落的垂直分布提供条件。干旱河谷对高原聚落分布也产生较大影响，增加了高原聚落空间分布的多样性和独特性，而许多民族的"亲山性"使其成为山区聚落主体。山脉和山系之间也会存在山间盆地，因此川西高原山区聚落也具有一定的平原特征；山体将聚落隔离出若干限定空间，因此山区地形地貌和生态环境多样性又形成"大分散、小聚集"的聚落分布特征。分散格局有立体垂直和水平方向的区别，不像平原地区多呈连片链状蔟群分布，而是存在分散独居户和几户小集体的分散分布，集镇之间距离远，缺乏公共配套设施和经济中心等。

5.1.2 乡村聚落形态

四川场镇聚落自古以来主要分布在盆地内、驿道旁、江河溪流沿线和坝子河谷区域。地形对乡村聚落的选址、建设、发展方向等有重要影响，同时该地区的水系、交通和经济生产方式等对乡村聚落的形态与发展也有重要作用。水系及水资源是聚落形成的先决条件，村庄在发展过程中往往沿水系扩展，但是当水网密度较高时，水系对乡村扩张也有一定限制作用；交通方面，道路一方面影响乡村形态发展，使之在线性方向上延展，另一方面影响乡村均质化程度；地域民族文化方面，村落空间形态布局反映出不同的民族文化内涵和象征寓意；乡村聚居生活方式、聚落空间肌理和社会结构特征亦对乡村聚落空间形态产生影响；经济生产方式方面，四川省乡村农业、林业和牧业对乡村聚落的空间有不同要求，因此，对应呈现出的乡村聚落形态也各不相同。

5.1.3 乡村建筑形态

四川省内地形大致以阿坝、甘孜、凉山州三个自治州的东部边界为界，以东为四川盆地，以西为川西高原。中华人民共和国成立之初，四川分为川东、川南、川西、川北四行署，后来合并为四川省。但是从四川传统民居特征看，不仅仅是行政区划不同，川东、川南、川西、川北之间也具有鲜明的地理特征适宜性、文化历史和建筑风格等方面的差别。川北山势峻陡，受陕南民居影响，民居多呈现古朴、相对封闭的特征；川西民居多为“合院檐廊”形制（图5-1、图5-2）；川南气候炎热，风速小，民居多坐落在山水间，轻盈通透；川东岭谷多呈平行分布，梯田纵横交错，依山而建，民居多采用台、挑、吊等形制，错落有间。总之，四川传统民居是四川地域文化的缩影。城镇一体化开展之初，四川乡村因缺乏乡村控制性规划等相关规范指南，规划师将城市设计思维植入乡村，带来乡村建筑风格逐渐趋同。近几年，美丽乡村建设、传统村落保护、旅游开发等带来一定程度地域性和传统建筑风貌的复兴。

图5-1 川西民居陈家桅杆

图5-2 陈家桅杆祠堂天井

目前四川乡村建筑风貌的整治仍然任务艰巨，大部分乡村聚落选址及农宅自发建设等仍具有明显的地域适应性特征。由于气候条件的限制，依水而居的村民选择悬、挑、退的建造形式，住宅依次面水，后高前低，层层拔高，空间虚实结合，错落有致；依山而居的村民则采用抬、挑、筑的建造形式，住宅选用悬空吊脚、平地挑台、架屋筑台等多种方式扩大建筑空间。四川乡村居民为适应夏季炎热、冬季少雪、风力不大、雨水较多等气候特征，自建建筑仍然会沿用传统的四合头、悬山前坡短后坡长、大出檐、小平房瓦屋顶、外挑跑马廊、阁楼亮瓦闷顶等主要形式，结构多为穿斗式木构架，堂屋等尺度大的民居多采用干栏式建筑演变而来的穿斗式和抬梁式组合结构形式。传统的四川民居分为四个院落，包括前堂、后寝、厨房、望楼，功能分区明确，一般具备撑拱、雀替、老角梁、仔角梁、悬鱼、柱础等构件(图5-3),有的屋檐翼角举折较大,飞檐翘角,轻盈飘逸;有的垂脊和挑檐檩接近直角,粗犷有力。院落入口处常有抱鼓石、垂花门、双开龙门等。例如大邑刘氏庄园内部民居清晰可见地龙墙(通风口)、高勒脚、三合土地面等。四川民居在保持传统建筑结构和平面布局的基础上,局部装饰或造型上常呈现多元化风格。传统四川民居正如李先逵先生在《四川民居》中所述那样,具有以下特征:谐和环境、布局灵活;巧用地形,造型活泼;适应气候,空间开敞;礼仪有序,和乐亲情;兼收并蓄,多元融合;不拘法式,风格独有。平原区多采用穿斗木构架,高原区的藏寨羌碉则多为石砌建筑;川东南土家族、苗族多采用吊脚楼;凉山彝族则夯土墙,采用紫红色砂页岩砌筑的石构件,使用青石板铺地。

(a) 檐沟转角　(b) 檐廊　(c) 柱础

图5-3　四川广元市某乡村清代民居檐沟转角、檐廊、柱础

1) 四川盆地汉族乡村建筑

(1) 川西民居特征

川西传统民居是四川盆地特点最为鲜明、最具代表性的民居类型之一。地处川西平原和沱江、岷江流域部分区域。川西地区的居家宅院多结合历史文化和景观环境进行建造,后发展成中国古典园林中"文、秀、清、幽"的巴蜀园林;川西坝子宅院前后围绕竹林和耕地,仿佛一个个川西平原上的绿岛,尤其油菜花季节,形成著名的川西林盘农业景观(图5-4)。在空间布局上,传统的川西民居多以庭院式为主,并以"院"为中心组织空间,民居形制融合了合院与厅井的特点。为适应川西潮湿多雨的气候,川西民居一般采用木构穿斗式构架,结合挑檐,檐廊、敞堂、过厅等过渡空间(图5-5),将宅院内外融成一片,形成川西独特的民居特色。民居屋面为两面坡式硬山顶或悬山顶,用料轻薄,透气性较好。外屋檐挑出距离很远,起到保护前檐木质围护结构的作用。墙体多为填充墙,外墙体一般

具有“高勒脚、半桩台”的特点，与川西地区地势多变的特点相适应，屋面多设计成气窗、老虎窗和亮瓦等(图 5-6)。

图 5-4　四川郫县油菜花季节

图 5-5　陈家桅杆敞廊

图 5-6　陈家桅杆屋顶气窗

(2) 川东民居特征

川东地区具有高山深谷、陡坡峭壁等更加明确的山地特征，山地夹杂坝子和谷地，因此川东民居形态丰富，包括平原和山地的民居形式，甚至还包括从平原到山地民居自由变换组合的杂糅形式。讲究因地就势，平面灵活，民居形态不拘一格，场镇建筑密度更大，既有防御性强的碉楼式民居，又有西方文化和沿江码头文化浸染的民居形式，例如与西方古典柱式和巴洛克式样相结合的乡土变体民居。

川东民居平面布局以曲尺型和“门”字形为主，新建住宅则近似于“一”字形。建筑体量较小，民居较分散，体现出川东地区自秦汉以来“人大分家，别财异居”的民风。建筑造型方面具有坡屋顶、穿斗结构、上有梁柱等典型特征。同时，由于川东地区水系以长江水系为主，河流众多，水量巨大，气候潮湿多雨，川东传统建筑除受到中原合院式民居影响之外，大量采用底层架空的干栏式住宅形式，对于下层空气的流通、上层采光、防潮防水以及免受毒蛇猛兽的攻击等都起到很好的效果。总之，川东民居高筑台、长吊脚、深出檐，聚落垂直立面层次丰富，屋檐“如鸟斯革，如翚斯飞”。

(3) 川南民居特征

川南地区由于长江阻隔，民居和场镇多集中在古商道沿线。夏季高温多雨，因而民居空间布局开敞流通，呈“一”字形或 L 形，多廊坊式场镇，建筑多采取通风、除湿、纳凉的构造，例如宜宾市寇英街 18 号宅的天井抱厅风道设计。

由于山地条件的限制，村民居住分散，村民为获得耕地不得不择地而居。据《隋书·地理志》载，蜀人风俗为“小人薄于情理，父子率多异居”，正说明了外来移民和本地居民的各自建宅方式。由于雨水充足、环境潮湿，屋顶多为小青瓦组成的木棱条结构的坡屋顶，屋顶出檐较宽可减少雨水对夯土墙面的侵蚀。因为川南民居和云南贵州接壤，民居形式中也会出现云南“三坊一照壁”和“一颗印”的形式。屋面没有保温层和防水层，室内额外的热量通过瓦片之间的缝隙排出室外，形成循环气流，与斯里兰卡巴瓦经常运用的双层瓦屋面利用气流循环降温的原理异曲同工（图 5-7）；墙体则利用泥土和竹木做成“可呼吸”的竹篾夹泥墙，较好地平衡室内室外温度，同时具有较好的保温性能和吸湿性。

（4）川北民居特征

川北民居地处龙门山、米仓山、大巴山等山区，民居规模受地形限制，多为小规模三合院、四合院；同时自古受到汉中文化影响，有“蜀地存秦俗”之说，民居建筑呈现川陕特色，最明显的特征是合院侧路似陕西地区的窄长天井形式。该地区土质潮湿，因而川北民居选址大多在半山腰。根据自然地形的不同，川北民居的建筑平面自由灵活，虽有明显的中轴线但又不受中轴线束缚。由于没有川南那么炎热和静风，建筑出檐短，少有敞厅、穿堂、围廊等，建筑空间相对低矮且不宽敞。建筑屋面普遍采用不施望板和毡背的“冷摊瓦”铺设方式，下面版筑土墙、上面穿斗木构亦是川北民居的特色。由于地处山区，用料多简单、粗壮，雕刻装饰少，因此川北民居呈现一种朴实厚重、简洁粗犷的巴山风格，普通民宅大多就是白墙灰瓦（图 5-8、图 5-9）。

图 5-7 斯里兰卡灯塔酒店双层瓦屋面

图 5-8 广元市丘陵地貌川北民居

图 5-9 广元市乡村民宅

2) 四川西部高原民族民居

川西高原以彝族、藏族和羌族等民族为主要居民，民居类别主要包括石室、板屋、土屋、帐房等。

（1）彝族建筑

彝族建筑构筑体系包括穿斗搧架式、邛笼土掌房式与井干板屋式。[51]穿斗搧架式结构是当地工匠将汉式穿斗结构与彝族宗教信仰、生活习惯相结合而形成，柱子及檩条间距较密，挑檐枋枋头采用反映彝族图腾装饰的牛角形式。邛笼土掌房具有平面布置紧凑、保温隔热性能优越的特点。该建筑结构适应地形并提供山地农耕生活需要的晾晒空间。结构较为简单，可就地取用木材、树叶、泥土等材料，经济实惠；建筑构筑方式具有厚墙小窗、平顶露台、退台屋顶等形式，与当地以梯田为主的农耕环境和干热、干冷的气候环境相适应。井干板屋垒木为室，壁体以原木层层相压，至角十字相交，梁架仅壁体之上立瓜柱以承载檩条，此类建筑在川西高原多林木带较为常见，加工方式简易。

（2）藏族建筑

四川藏区分布在甘孜藏族自治州、阿坝藏族羌族自治州和木里藏族自治县，约占四川省总面积的 51.49%，平均海拔在 3 500 米，由草原牧区和高山峡谷区组成。藏式建筑本身又有地域差异，比如嘉绒藏寨逐级退台，顶部女儿墙呈月牙形，层数多；道孚藏寨崩空井干式建筑，红白两色，平顶木构；甘孜藏寨夯筑土墙，黄土墙从房顶到墙角，竖向白色条带；木雅藏寨屋顶和门楣上喜放白石，乡城外墙基色为白色，相邻稻城则外墙基色为黑色，门窗均为黑色，屋顶做法也不甚相似，加配藏族吉祥八宝符号或实物，每逢节日，茫茫草原，五彩帐篷，非常具有民族风情和地域特色。典型藏式建筑比较明显的特征是墙体收分、悬挑楼廊和屋顶角墩，门窗上方墙体均作三椽三盖，窗扇多为“牛肋”和“方格”两种；门框上方露明造，三至五道枋，例如蜂窝枋、莲瓣枋和连珠枋等；屋顶女儿墙用“边麻”灌木垒砌，逐层堆码；屋顶挂置经幡、法轮、经幢、宝伞等布块和铜雕。亦有说藏式建筑由最初的防御式城堡演变而来，早在杨雄《蜀王本纪》中记载，殷商时期岷江上游的蚕丛部落就居于“岷江石室”，石砌建筑直到今天依然是主要的建构方式。藏式传统建筑装饰艺术是宗教艺术、文化艺术和建筑艺术的综合体现，其雕刻精良、绘画精美、色彩绚烂美丽，亦有说藏式建筑的不同色彩就好比经幡上不同色彩代表不同佛祖经文的寓意(图 5-10)。

图 5-10　四川省若尔盖藏式建筑及代表不同佛经文的经幡

（3）羌族建筑

我国唯一保存古羌文化最为纯正的羌族聚居区位于四川岷江上游一带。羌族是一个非常古老的民族，大多选址在岷江干流与支流黑水河、杂谷脑河以及大大小小的溪流地区。居于半山腰的羌族民居有带耕地的台地，既有利于生产、生活，又有险可据，有安全防卫保障。高半山羌寨则选址在距离山顶较近的区域，有草地可供放牧、农耕，房屋朝向多选择向阳的坡面或没有遮挡的山头。一般房屋朝南或朝东，尽量选择视线开阔之处，这是要面对东方日出和守城要塞之故，例如汶川萝卜寨（图 5-11、图 5-12），虽然 2008 年“5.12”汶川地震使萝卜寨破坏严重，但是现在去调研依然可见寨子与地势之间的自然融合。寨子屋顶、民居围墙边、门旁神龛、田边等均摆放着块块石头。2010 年，灾后异地重建的汶川水磨古镇，被联合国人居署《全球最佳范例》杂志评为“全球灾后重建最佳范例”，但是失去了民族根植于乡土的原生构成。调研发现商铺空置率高，入住率低，已经入住的村民仍然每天乘坐公交往返六个小时回到原址耕田劳作（图 5-13）。

图 5-11　汶川萝卜寨街巷与民居之间的关系

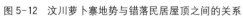

图 5-12　汶川萝卜寨地势与错落民居屋顶之间的关系

图 5-13　汶川县南部岷江支流寿溪河畔：水磨古镇

传统的羌族民居或自由散置，或街巷组合，或组团结合，街巷变幻莫测，地下沟渠复杂神秘，平屋顶在空中交通。雄伟高大的碉楼是羌寨构图的中心，一说是为了安全防御，方便瞭望；一说是宗教崇拜的标志。羌碉平面呈方形，六角、八角等形式不等，收分明显，造型醒目，在山地形成很强的向上奔腾之势，错落有致，甚为壮观。

5.2　乡村生活物质环境空间

5.2.1　宅院空间

四川乡村现存民居依据功能形制不同，大致划分为大型庄园、廊院式、连排式、乡土民居、农舍等，其中江安县夕佳山官宅（多个四合院构成，建筑面积 5 400 平方米）、崇州市杨玉春宅第（宫保府）、阆中古城民居、峨眉山徐宅等具有代表性，保存较好。随着我国土地制度调整，有的民居因循田地地势和形态而建，有的则因防护需求及不同的自然气候水文条件而建，其功能布置和宅形也各不相同。建筑宅院空间布局因功能不同而千差万别，四川彭山区出土的“庖厨”画像砖显示汉代蜀人的炊事场面，五脊顶下的长案、灶台，器具已经具备釜、甑、碗、盘等（图 5-14），功能分区明确，流线清晰。

图 5-14　庖厨图拓片
资料来源：四川彭山区江口汉崖墓博物馆。

本节所述的宅院空间限定在村民确权的宅基地上修建的庭院和居所。功能属性不同的居住建筑单元聚合，以及园林和景致等多元素统一而形成的空间，为人们提供休闲环境及生活空间，是村民居住的生活单元。本节主要以《中国历史文化名镇名村名录》中距离成都市区 14 千米的近郊村成都市龙泉驿区客家文化洛带镇岐山村、宝胜村、洪安镇土门村（表 5-3，图 5-15）为例进行说明。洛带镇地处龙泉山断裂带北东端西侧斜坡和川西平原交汇地带。最高处海拔 806 米，平坝最低处为 514 米。总体地貌特征为低山丘陵及平坝型。洛带镇位于成都“东进”区域内，是成渝双城经济圈发展的重要节点，为中国历史文化名镇，部分区域涉及生态移民工程。洛带镇总辖区面积约为 43 平方千米，下辖共 10 个村(社区)(表 5-4、表 5-5)。

表 5-3 洛带镇下辖行政区域及周边辐射乡村汇总

类别	政区	所属镇
村	松林村、金龙村、新桥村、岐山村、宝胜村、柏杨村	洛带镇
	土门村	洪安镇
社区	老街社区、菱角堰社区、八角井社区、长安村社区	洛带镇

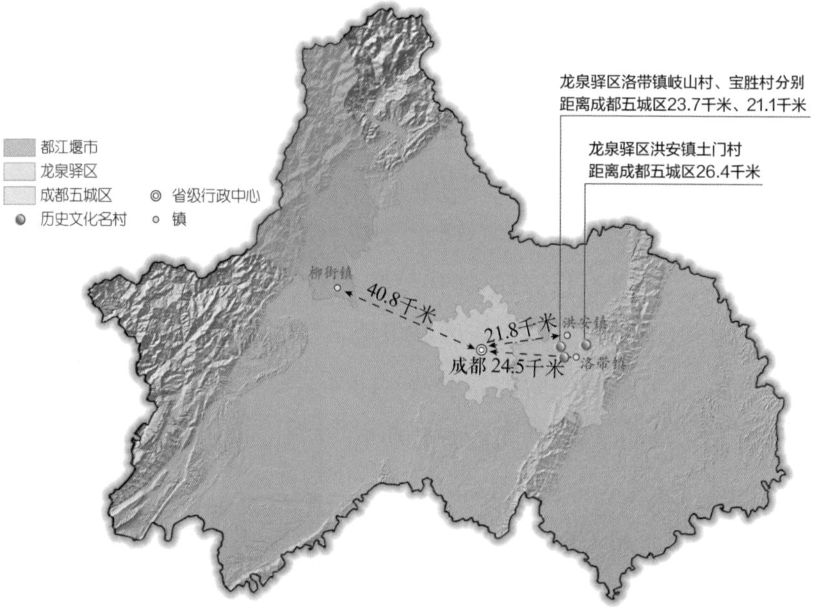

图 5-15 成都市龙泉驿区洛带镇岐山村、宝胜村、洪安镇土门村区位图

表 5-4 各村(社区)基本信息概述

名称	基本概况	发展水平
岐山村	岐山村地处洛带镇西部，辖区面积 5.34 平方千米，耕地面积 4 200 余亩。村党支部下辖党小组 10 个，共有党员 144 人，主要发展第一产业和第三产业	一般乡村
宝胜村	宝胜村属典型的农业村，全村辖区面积 3.898 平方千米，耕地面积 3 805 亩，辖 14 个村民小组，1 069 户，3 651 人，有 9 个党小组，党员 109 人	特色乡村

（续表）

名称	基本概况	发展水平
柏杨村	柏杨村由原柏杨村、莲花村合并而成，位于洛带镇北面，辖区面积 4 平方千米，耕地面积 3 385 亩，辖区内 19 个村民小组，全村共有 1 350 户，户籍人口 4 560 人；3 个党支部，10 个党小组，党员 122 人	一般乡村
土门村	土门村辖区面积 5.81 平方千米，耕地面积 5 126 亩，内有 19 个村民小组，总户数 1 565 户，11 个党小组，党员 184 人	特色乡村
老街社区	老街社区地处环境优美的国家 AAAA 级旅游景区洛带古镇中心地带，一街七巷子、三会馆一公园构成的历史村落；辖区面积 1.2 平方千米，辖 6 个居民小组；总户数 812 户，总人口 2 031 人；社区目前共有党员 85 名，设党支部下辖党小组 6 个	历史文化社区
八角井社区	八角井社区（双槐村）系涉农社区，地处洛带镇核心保护区，辖区面积 3.08 平方千米，耕地面积 814 余亩，辖区共 21 个村（居）民小组，服务人口 10 968 人，其中常住人口 3 424 户 6 815 人；党小组 8 个，党员 188 人	一般社区
菱角堰社区	菱角堰社区洛带镇客家新市民集中安置区；辖 5 个居民小组，社区服务人口 5 100 人，常住人口 3 215 人，总户数 595 户	一般社区

表 5-5　研究对象基本情况

名称	类别	辖区面积（平方千米）	建设用地（平方千米）	户籍人口	常住人口	住房总户数	卫生厕所户数
洛带镇岐山村	近郊村	5.34	124	5 397	1 267	1 922	337
洛带镇宝胜村	近郊村	3.898	360	3 651	3 280	1 069	1 003
洪安镇土门村	近郊村	5.81	2 350	5 495	5 535	1 482	1 482
平乐镇花楸村	远郊村	12	16.5	1 580	1 680	501	320

资料来源：成都市基层公开综合服务监管平台，http://jcpt.chengdu.gov.cn/chengdushi/。

1）图底关系及组合形态

社会结构、民俗文化、社会制度、地形地貌等影响因素在宏观层面制约着宅院空间的组合模式。成都市洛带镇位于成都平原林盘地区，村镇图底关系显示，洛带片区乡村聚落组团和个体宅院空间肌理存在相似性（表 5-2）。2020 年，《农业农村部 自然资源部关于规范农村宅基地审批管理的通知》①强调乡村宅基地用地建房审批管理事关亿万农民居住权益；2012 年《四川省〈中华人民共和国土

① 中华人民共和国中央人民政府，http://www.gov.cn/zhengce/zhengceku/2019-12/26/content_5464155.htm。

地管理法〉实施办法》第五十二条规定：乡村村民每户只能拥有一处宅基地，不能够超过规定标准面积。宅基地面积的标准为每人20～30平方米；3人以下每户按照3人计算，4人户按照4人计算，5人以上户按照5人计算。其中，民族自治的地区可以适当增加乡村村民宅基地面积标准。依据国家相关乡村土地利用管理的制度，聚落居住组团面积、农田面积均和户籍人口数成正比；聚落户数越多，其周围田地面积越大，组团之间直线距离越长，反之则越短。相反，分散分布的聚居点则是以大面积田地为中心，类似麻柳湾小型聚落，采取见缝插针地布置聚居点的模式（表5-6）。

表5-6　洛带片区及其周边乡村聚落图底关系图

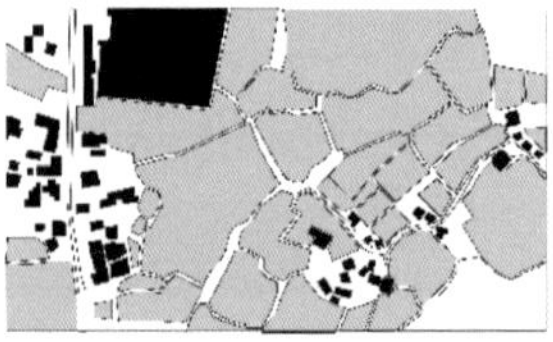	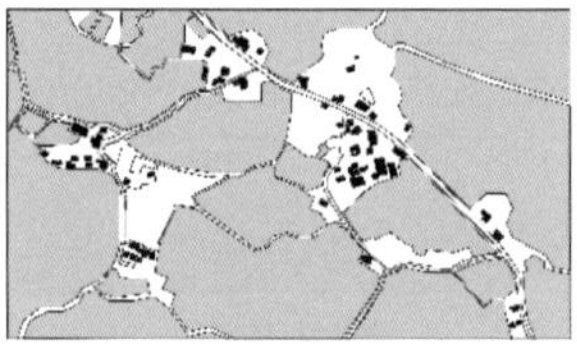	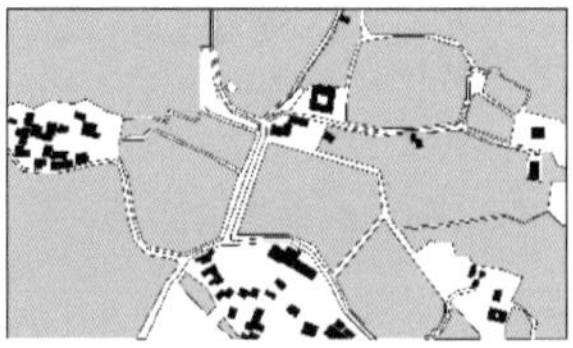
宝胜村靠近公路部分	宝胜村杨家大院周边	宝胜村中心
	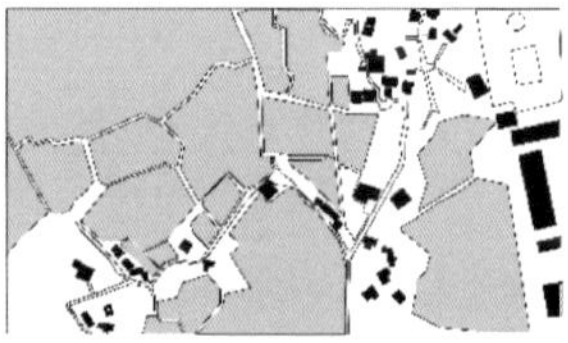	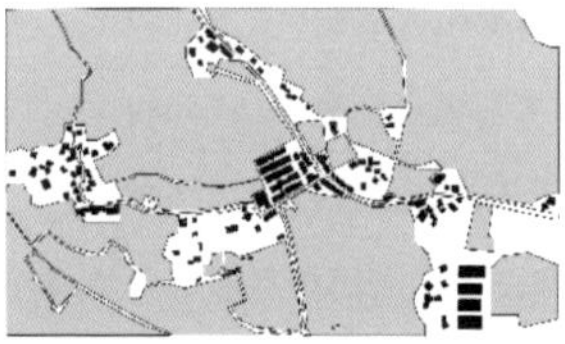
宝胜村刘家大院周边	麻柳湾局部	土门村局部

比较新石器时代村落遗址居住组团形态（图5-16、图5-17）和宅院组团类型，虽然目前聚落的安全性、圈养和种植等生产需求以及产业等方面发生变化，但是居住组团形态依然具有相似扩张发展趋势（图5-18），采取宅院空间单体出现宅院旁并依附小宅院、扩建加建底层楼房等模式。宅院外部空间存在部分邻里单位关系特征，包括交通干道边界、地方商业、政府公共配套设施等；乡村聚落公共空间则是茶馆、广场等场地，功能性相对简单，村民日常活动需求较单一。

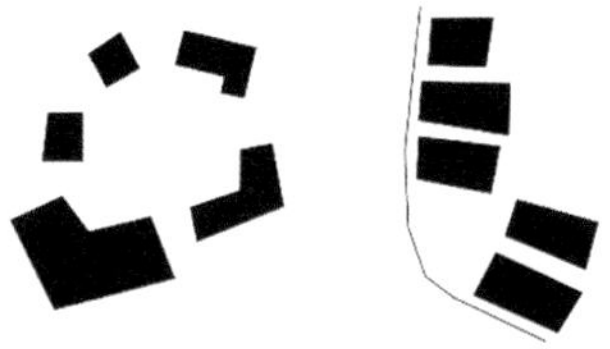

图 5-16　宅院组团类型

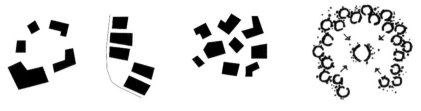

图 5-17　新石器时代村落遗址图

资料来源:李允鉌.华夏意匠:中国古典建筑设计原理分析[M].天津:天津大学出版社,2005.

图 5-18　岐山村带状宅院沿道路链状布局形态

四川乡村住宅平面形态常见 L 形,"门"字形、"一"字形、"口"字形、"目"字形、"日"字形、"T"字形等,根据院落和住宅的方位可以分为前院式、侧院式、内院式和后院式,并与乡村生产空间组合,构成复杂的宅院空间分形图谱(图 5-19)。前院多具有生活、社交、晾晒等功能,后院偏重储物功能,侧院空间偏重圈养和停车等生产功能,内院空间主要是有利于通风采光和生活功能。许多不带前院的宅院,临近公共空间兼具前院功能。人们对前院空间的偏爱,表现出村民与周边其他邻

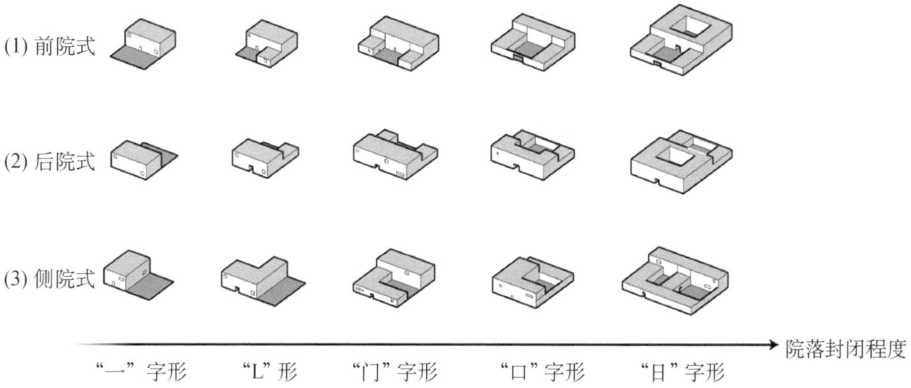

图 5-19　洛带片区宅院空间组合类型分形

居沟通、交流的愿望(图 5-20、图 5-21)。感性偏好体现在使用者在这些空间体验感各不相同:前院给人开放和包容感,侧院给人理性和中心偏离感,后院则给人以隐蔽和私密感。多种院落组合丰富了宅院空间的层次和结构。

图 5-20 门字形建筑前院空间(土门村)

图 5-21 日字形建筑前院+侧院(宝胜村)

宅院空间分形和乡村环境之间联系紧密。宅院空间内外关系一定程度上反映了当地村民的生活习俗和文化心理。洛带镇等地的宅院空间以封闭式室内建筑空间布局方式为主,例如当地民居人口和户数较多的宅院组团常用偏内向型的"日"字形平面布局。调查中发现,随着农业科技的发展,农业产值和生活质量的日趋提高,宅院生活空间增加量大于生产空间增加量,侧院空间减少,预示着未来研究区域宅院空间的发展方向。对于乡村农户心中理想的宅院空间形式进行问卷调查的结果显示:平面形态方面,"口"字形平面占 40%,"门"字形占 36%,"目"字形占 9%;立面形态方面,"凸"字形立面占 40%,不规则形占 23%,方形占 21%。这充分说明集体记忆心理图示的固化影响十分明显。当地村民偏好"口"字形、"日"字形、"目"字形平面,立面固化图示偏好"凸"字形、方形等。村民选择形式最高的两者也是现存宅院出现频率最高的形式。值得注意的是,在立面形式选择上,不规则立面占比高达 25%,可见村民在立面意象的选择上增加了新的内容(图 5-22)。

洛带片区乡村民居中,独栋二层建筑多以外廊式或客卧相连的方式进行起居室以及卧室的布局。一层为生活储藏功能区,侧面附属房屋作为添加的生产或生活功能空间,因此住宅立面多为"凸"字形。比较成都平原其他乡村,例如郫都区友爱镇农科村,多是前宅后院式或单层前院的"门"字形布局,可见乡村宅院空间原型固化作用影响较大(图 5-23、图 5-24)。

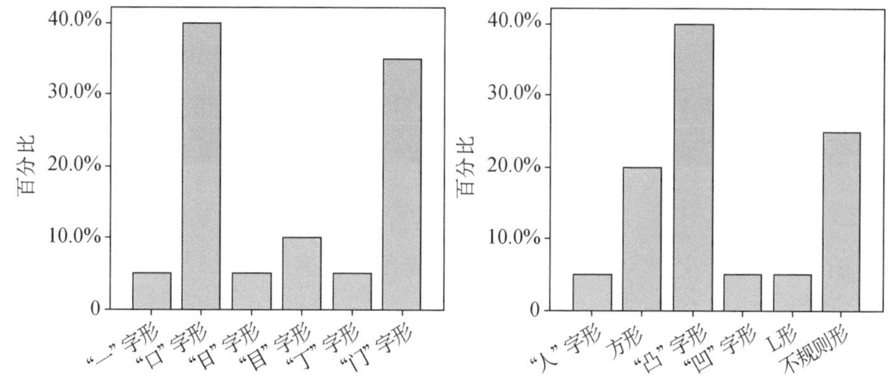

(a) 喜欢的住宅平面形式　(b) 喜欢的建筑立面

图 5-22　问卷调查中村民住宅平面与立面倾向性

图 5-23　龙泉驿区洪安镇土门村 L 形侧立面扩建

图 5-24　郫都区友爱镇农科村前宅后院布局

宅院立面不规则形图式的喜好倾向性显示村民对外来建筑文化接受度，有效提升了空间使用频率，激活了乡村建设中宅院空间的活力，使村落建筑风格更加多元化。符合村民心理需求的新图式，增强了村民的归属感，可以有效利用拓扑手段进行聚落宅院空间分形优化设计、分区设计、改造更新设计。

2）构成要素及空间建构

（1）构造要素

① 宏观构成要素

现代川西林盘聚落一般由“田、林、水、院、业、绿道、文”七个要素构成，宅院空间是川西林盘构成的基本单元，七个要素亦是宅院空间的宏观构成要素。

“田”是林盘的精华和生态基底，宅院占地比的主要影响要素之一；“林”是林盘连接纽带，沿河、斗渠、盆周地区均有较多的林木及竹笼资源，林木青翠，参天蔽日，是田地和宅院的过渡空间、村民劳作后的交往空间与休憩空间；“院”是宅院空间主体，直接关系到村民居住环境的质量；“业”是林盘聚落的主要产业，包括民宿类、农家乐、文创类林盘，而宅院空间院子兼具小型手工作坊等功能，影响宅居组团形态比较明显；“文”是文化资源，包括非物质文化遗产，传统节日庆典等。

洛带片区乡村居住单元中，宅院用于田地面积很少，常常只在 1 亩以内，少的只有几十平方米。宅院形态各不相同，主要满足提供每户农家的自给自足，常常与半开敞式院落相结合，从而实现自有田地的可达性和便利性，形态多属于见缝插针式的布局，基本上是闲置院落空间的再利用。这些自有田地形成了占用宅院单元周边的造景区域，参与院落造景，从而加长宅院与自然环境的距离感。洛带片区宅院空间单元的外部空间形态包括树林、小路、小广场等。比较新乡村规划，洛带片区宅院组团图底关系显示当地宅院单元空间疏密关系布局缺乏秩序性，聚落图式的领域边界利用树林进行隐蔽围合，彼此空间渗透交流没有硬边界，但是整体宅院组团和组团之间形成均质性分布，充满张力和结构秩序性。

② 中观构成要素

中观宅院主要空间构成要素存在形式包括住宅、院落、围合界面、附属棚屋等。

首先，洛带片区的围合界面有不同形式。通常宅院周边有道路隔开田地与邻里，并利用建筑、围墙、篱笆、宅林、花园等围合界面区分宅院内外部空间，其中围墙是院落围合的普遍方式，宅院空间单元之间的无秩序性极易形成小广场和小路等公共空间，丰富了宅院组团的灵活性。宅林是乡村宅院空间中常见的柔性围合界面，通过花园和宅林成片种植以隔绝视线，形成过渡空间。篱笆和栏杆围合空间可以促进生活事件的发生，促进村民交流，但调查发现当地运用较少，说明村民生活是内向性空间，屏蔽视线及注重私密性。合理利用围墙、宅林和篱笆三种围合方式的不同组合能够让院落空间产生不同的效果。传统川西院落围合中广泛应用的龙门，蜀地俗称“摆龙门阵”，在不同乡村，呈现不同形式（图 5-25）。

(a) 龙门门斗　(b) 围墙　(c) 宅林　(d) 栅栏

图5-25　洛带片区院落围合界面构成

其次，洛带片区的住宅也颇具特色。住宅是宅院空间生活功能构成主体。住宅结构构成要素包括屋顶、台基、墙体、门窗、楼板，空间构成要素包括耳房、堂屋(客厅)、起居室、卧室、露台、阳台及扩建房等。当地住宅建筑主要是夯土、砖混、框架及烧结砖砌体结构，少数传统住宅仍然是木骨泥墙穿斗结构。住宅与院落之间多用外廊、玄关或门斗作为室内外之间的过渡空间。在土门村甚至大部分村民直接利用雨棚遮盖院落空间顶部，从而占用院落空间作为室内外的过渡空间。

住宅作为居住单元，其形态的组合和生成主要受到村民自建、家庭结构、民俗文化、建筑规范等因素的影响。根据问卷调查结果显示，洛带片区独门独栋的宅院之中住着家族的三到四代人，人口数从4～10人不等；而大杂居中，存在一个房东家族带有其他租客以及亲戚的家庭形式，人口从6～20人不等；单个宅院单元中家庭数量则从5～10个不等。各个家庭之间关系较为复杂，从问卷调查数据中提取占各类型的最高百分比的样本，数据如表5-7所示。据统计，洛带片区近10年来政府组织建设民居项目远大于居民自建项目，聚落超过百年房屋的仅占5%左右。

表5-7　根据人口和家庭分类的宅院单元类型情况(宝胜村及土门村为例)

宅院单元类型	家庭人口数(夫妻户、核心户为单位)	家庭之间社会关系	建筑层数	单元类型(L形为例)	聚落中该类房屋所占百分比
聚落内独门小院	1～3人 一宅一户	血缘关系	1～2	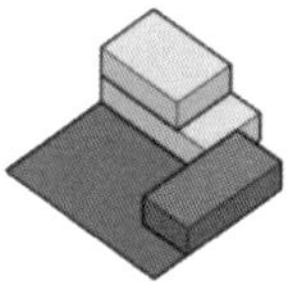	50%～80%

（续表）

宅院单元类型	家庭人口数（夫妻户、核心户为单位）	家庭之间社会关系	建筑层数	单元类型（L形为例）	聚落中该类房屋所占百分比
独栋式（含楼房）	10～20 一宅多户	血缘关系 邻里关系	3～5		5%～10%
大杂院	5～10 一宅多户	血缘关系 邻里关系	2～3		10%～30%

再次，洛带片区院落布局的形式亦多种多样。空间秩序随着宅院空间的不同组合而更加灵活。洛带片区周边乡村多用混凝土铺地，而石材和砖材铺地十分稀少。院落界面按照其高程分类，主要存在水平式、微斜式、下沉式三种[图 5-16(a)～图 5-16(c)]。封闭式的合院空间是目前洛带片区乡村较多选择的一种模式，开敞式则通常出现于杂居房屋，花园和篱笆围合的宅院空间仅在小面积宅院中出现[图 5-26(d)]。

(a) 水平式院落　(b) 微斜式院落　(c) 下沉式院落

(d) 半开敞院落　(e) 通道　(f) 附属棚屋

图 5-26　宅院入口空间微地形差异及构成

另外，洛带片区的宅院中存在联排院落时常建造一些通道，用以连接院落与院落之间的灰空间，尺度通常较小，最多并排同行 2 人，具有遮挡的顶面，采光要求不高[图 5-26(e)]。

最后，洛带片区房屋建筑常常有附属棚屋[图 5-26(f)]，即村民利用院落空间搭建具有生产、饲养或储藏功能的房间。棚屋面积大小不定，其围合界面可能是烧结砖、黏土、轻钢隔板或其他材料建造，具有可拆卸性，其平面形态多为简单的长方形。

③ 微观要素

宅院微观要素是潜在的建筑语言要素，各种类型的要素在环境的交织下有着共同的潜台词——空间形成的动机和叙事。空间上的生活要素按照其功能可以分为生存要素和生产要素两大类；按照其服务对象又可以分为四个大类：应我（个人对自我）、应人（个人对他人）、应物（个人对自然）、应知（个人对社会存在）。应我包括饮食、衣饰、炊事、安全、心理、睡眠、娱乐、生理、卫生等；应人包括会客、婚丧宴请、游戏、喝茶、祭祀、商品交易、社会活动等；应物包括储藏、加工、饲养、晾晒衣物或者谷物、种植活动等；应知包括儿童教育、农事教育、个人爱好、农业作业管理等。

围合是建筑空间的限定方法，约束使用者行为活动，对于不同生活要素可以起到聚集作用。例如乡村宅院空间的祭祀空间至少有单面围合性。古人认为院落空间能连接天地神灵，其形式象天法地，因此让堂屋祭祀空间的正门正对院落空间，同时具有至少单面围合性；祭祀空间在院落中也会出现，不局限于室内。村民在进行婚丧嫁娶等红白喜事时，会进行过礼、舞龙等活动，通常会把仪式物品放在储藏室，当仪式开始前，将物品置于龙门或过道上。舞龙仪式用品的储藏场所在储藏室，而展示场所通常在双面围合的过道上。在炊事上，除了厨房，院落空间同时也可以成为炊事活动的发生地，表 5-8 中的红砖炉灶是宝胜村旧时杨家老宅遗留的痕迹。现代社会宗族礼法渐趋弱化，传统的建筑形制也随之改变，但是炉灶依然存在于部分现代宅院中，例如当代四川乡村坝坝宴依然使用这样的炉灶。

表 5-8 洛带片区生产要素堆积空间图示

<table>
<tr><th>生活要素类型
所占空间大小</th><th>生活要素
(洛带片区)</th><th>生活要素
(成都周边乡村)</th></tr>
<tr><td>炊事用品</td><td>
杨家大院院落中的炉灶</td><td>
坝坝宴中的炉灶</td></tr>
<tr><td>祭祀用品</td><td>
杨家大院堂屋祭祀牌位</td><td>
村居中客厅的祭祀空间</td></tr>
<tr><td>农具用品</td><td>
农科村某院落常用杂物堆放地点</td><td>
储藏室中农具所占空间</td></tr>
<tr><td>红白喜事用品</td><td>
舞龙花轿在储藏室中所占空间</td><td>
舞龙在院落中存放空间</td></tr>
</table>

洛带片区在建筑立面符号上承载的地域文化日渐式微。院落和堂屋是具有精神属性的空间，传统礼法的没落让这些空间的精神属性渐趋荒芜。至今留存的建筑空间构件形式，可用于传统意象空间的再生。四川民居的坡屋顶和宅院空间格局基本延承下来，但是地域建筑特色难免趋同，甚至在房屋改造中掺杂了不属于四川地区的建筑形式。目前亟需对具有四川地域文化

内涵与地方特色的符号进行深入挖掘和整理，并鼓励村民积极应用到乡村房屋建筑中。

（2）空间建构

通过研究早期川西民居（图 5-27）以及从当地住宅中提取建筑原型构成要素，可知围合形制、屋顶、院落、台基是洛带片区乡村宅院空间的建筑原型构成要素，表现出行为人的动机，包括私密、遮蔽、活动与抬升。洛带片区及周边基本的宅院单元的原型图式是四川传统宅院原型的拓扑类型，部分仪式化空间的痕迹仍然在当地有所保留。宅院空间单元自然生长过程多以复制和拓扑原型建筑文本为主要手段，转移性文本和创造性文本在当地很少出现。

图 5-27　成都市博物馆展示早期四川民居建筑模型

洛带片区宅院空间类型中除“日”字形平面（多为传统建筑和乡间小镇建筑）以外，其余各平面在村落中出现频率均较高。侧院“日”字形以及侧院“门”字形出现频率较低。宅院空间平面形制，更注重院落空间的生产功能，例如祭祀空间的风水位置关系，部分圈养空间的通风需求等。村民生活动机在对建筑形式选择上具有决定性作用。随着时代变迁，宅院空间新陈代谢时，根据生活、生产需求淘汰使用不佳的空间，拓展新建空间，然而由于国家政策限制，宅基地总面积不变，常常出现朝竖向空间进行拓扑的现象。在每户人口增多时，需要扩大原有宅院；有人口流动到城市定居时，又需要对空间进行减法处理。以原型为例，分别进行拓扑后的社区宅院空间会产生出如图 5-28 所示的空间效果。

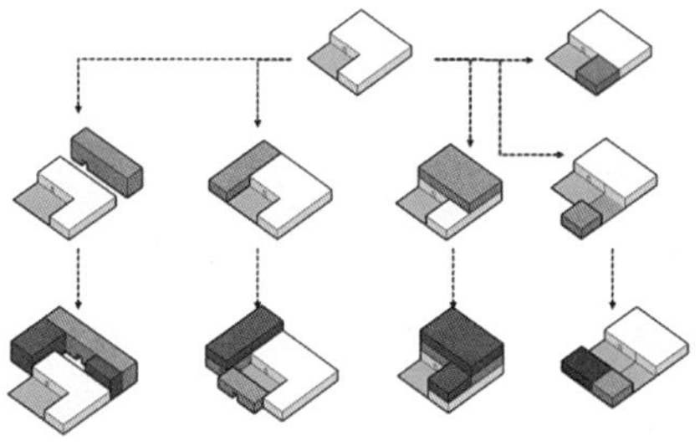

图 5-28　五种分形拓扑
注：蓝色为减法，橙色为第一次加法，褐色为第二次加法

洛带片区根据宅院五种拓扑方向及相应存在的社会结构与邻里关系的变化背景可分为四种情况。①空间减法：人口减少，造成空间浪费，需要进行减法还原院落空间；②空间切割：搬离原有宅院，建立新宅，以及对聚落公共空间的需求

等;③体量增加,完型拓扑:因人口增加,聘用雇农或招租等增加层数;④空间生长:增加商铺、生产空间等。

村民在扩建宅院时,受到完型心理学倾向影响通常优先对建筑形体进行完型补足,例如利用将带有露台的“凸”字形立面补足为方形立面等方法,而使新建空间和原有空间的形式呈现和谐统一的效果。农科村以林业为主产业,图底关系中林盘所占空间较大;宝胜村以农业为主产业,田地空间占比较大。在聚落布局上,进行乡村振兴的战旗村则具有明显的乡村小组社区化的规划倾向,在布局上倾向有明显几何结构的地块分区布置宅院单元;而传统的川西林盘聚落则是以自然为载体,依靠树林和河道进行宅院单元布局。

宅院空间在进行拓扑时,需要深度结合产业类型,符合现代智慧化乡村条件。从空间和产业上分析,现阶段的乡村规划倾向于小组人口的集中化,实现林盘地区散落的村落集约化管理,打造尺度小于乡间小镇规模的村落,将周边农田整体租赁,村民作为雇员进行土地集约化管理,并发展农、林、牧、渔业的副产业及第三产业,例如旅游业、食品加工业、服务业、商业、餐饮业、艺术文化产业等。因此在进行宅院设计时,应确保各功能区域与周边环境的合理配置。

在村落中,村民一般延续着同一生活习性,它渐渐成为了部分集体记忆,并赋予其宅院以本土村落形制的住宅结构。新旧建筑风格分别代表土门村两种建筑形式:一种为“门”字形的传统老旧院落,一种为现代建筑格局的钢筋混凝土楼房。新建筑生长在老旧建筑之上,建筑格局发生较大变化,老建筑明显的三开间堂屋,在新建筑中发生了空间完整性割裂:①空间功能的割裂,扩建后原有的三开间堂屋祭祀和客厅在功能上分割开来;②结构与形态的变化,新建建筑虽然意图沿用老建筑的开间,但实际上平面布局的自由度更强,秩序感减弱,同时新老建筑布局结构关系与形态尺度之间发生变化,让整个建筑更显突兀。

新建建筑正在发生变化,而透过建筑各个功能空间类型所显露出的居民的生活方式并未改变,例如饲养家畜空间、农业器具存放空间在宅院中的空间位置都相对固定化。土门村宅院空间在新陈代谢时受到了文化和技术的冲击。乡村宅院原型文本的在传播过程中出现了村民和建筑工匠选择文本的不加约束以及改、扩建不规范化等问题,通过政府组织建筑师指导建筑工匠并出台政策性文件可以有效避免这种过度创造或者创造不足的现象，从而整合并优化乡村风貌。

3）功能流线

（1）宅院空间承载功能

乡村宅院空间承载村民生产活动、交流行为、家庭休闲行为等功能。调研村落的现代功能空间包括卧室（衣饰、睡眠、心理调适等，10～15 平方米）、客厅（会客、心理调适、儿童教育、娱乐、祭祀等，12～20 平方米）、棋牌室（会客、麻将、游戏、喝茶，10～15 平方米）、储藏室（储藏农事家具，15 平方米）、厨房餐厅（炊事、储藏饮食，6～15 平方米）、卫生间（生理、卫生，5～8 平方米）、院落（饲养、晾晒衣物或者谷物、婚丧宴请、储藏、种植活动等，60～500 平方米）、出租房（出租给雇工或其他外来人员，每间 10～15 平方米）、商业或娱乐店面（商业、娱乐，20～50 平方米）。传统乡村宅院空间包括厢房（睡眠、衣饰、梳妆等，12～20 平方米）、耳房（辅助用房，综合性功能空间，3～5 平方米），前屋（商品交易、储藏、安全需求等，4～10 平方米）、堂屋（会客、祭祀、喝茶，12～18 平方米）、天井或院落（饲养、晾晒衣物或者谷物、婚丧宴请、储藏、种植活动等，60～400 平方米）。

中国传统宅院空间基本根据存在空间的区域与领域关系进行空间划分，体现中国传统文化中一脉相承的方位和空间认知模式；现代宅院通常以功能主义的实用空间进行分区，两种划分方式可以根据需求进行选择。现代乡村中则通常以使用功能空间进行划分。按照乡村每人 20～30 平方米面积，人口按照 5 人计算最小功能空间净面积，则宅基地面积为 150 平方米左右。

院落空间的生产要素包括饲养棚、加工坊、培养室、储藏空间及自有田地等，这些空间通常和院落相连，可达性较好，空间尺度随着村落产业的变化而变化，通常在耳房增加一开间进行布置（图 5-29）。关于各个住宅中的功能空间需求顺序，根据问卷调查资料如图 5-30 所示，空间需求顺序为：衣食住空间＞生产空间＞交往空间＞祭祀空间或娱乐空间，根据马斯洛需求层次理论，一个林盘小聚落的公共空间中则可以按照娱乐空间＞商业空间＞生产空间＞疗养空间的需求顺序进行功能补足。

图 5-29　庭院空间生产要素

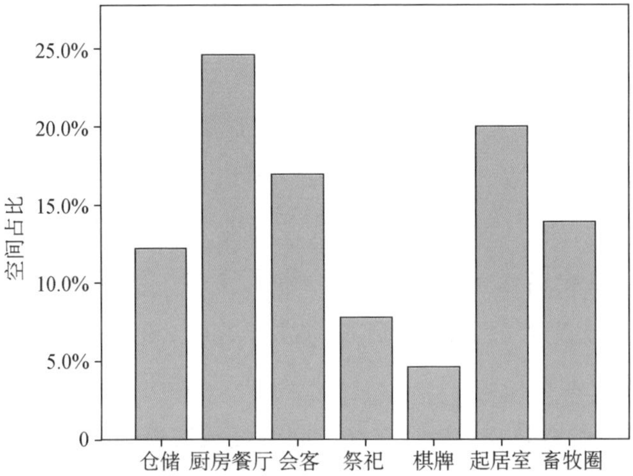

图 5-30　居住功能需求调查结果

(2) 宅院空间流线

调查显示洛带片区村内探亲距离普遍在 20 米以上，最近为 5 米，最远为 1 千米以上，可见宅院设计要注意院落和主入口方位，把握宅院单元之间的渗透关系。宅院单元内流线主要分为两条：一条为居住起居流线，一条为农副业加工流线、商业或茶馆娱乐空间流线，院落则作为交通枢纽和链接功能区(图 5-31)。若为一宅多户，流线的设计要避免出现邻里单位之间出现内部流线交叉嵌套；若为一宅一户，则要考虑宅与宅之间流线关系，利用流线加强宅院人口流动性，利用流动性增加满足宅院空间安全的要求。

若有结合产业的生产空间，选择前店后院或侧店前院的形态。若结合艺术文化产业、食品加工业等可能需要较大的室内空间的情况，则可以优先进行空间设计，再进行预留扩建空间，避免体量差距对比过于明显造成感官上的不协调。如果乡村道路过于狭窄，主入口不宜正对乡村主要道路，以免发生拥挤，而是在侧院或前院设置停车场地，且在院落中设置狗屋以保证宅院夜间的安全性。综上所述，以现代功能空间布局为例进行流线分析，宅院空间功能流线如图5-32所示（以带商铺、茶铺或生产用房的宅院为例）。

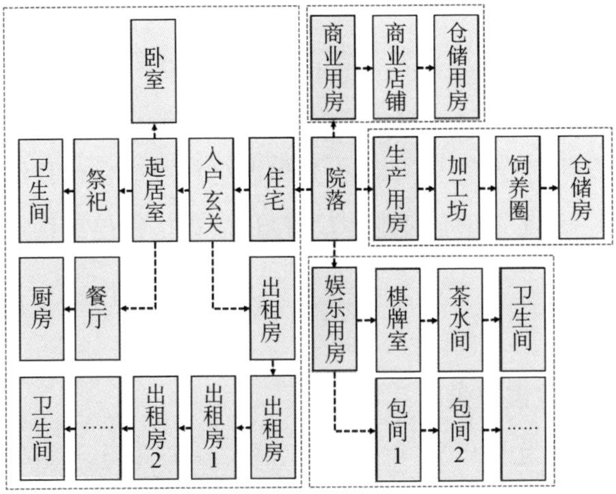

图5-31　宅院空间流线关系图

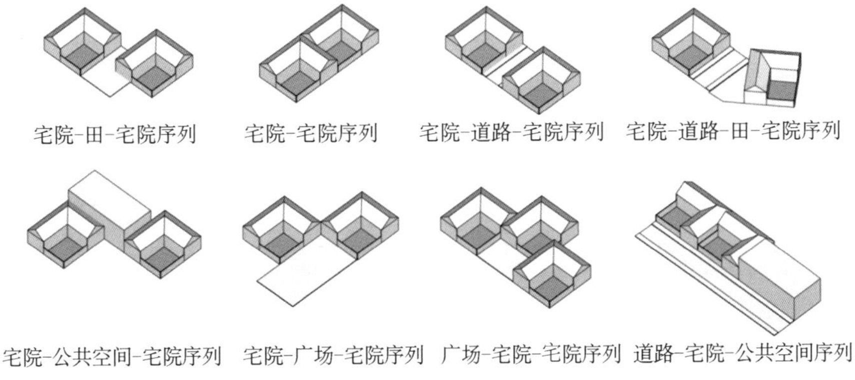

图5-32　宅院空间序列部分类型

4）物理环境——民居节能构造情况

成都市洛带片区宅院传统建造方式中，利用顶部开敞的院落空间提供自然采光，方便院落中的植被进行光合作用，而且可以形成风压，起到拔风作用，从而获得自然通风以减少建筑热工消耗。2018年，洛带片区最冷月实地温度的测量数据显示（测温仪型号 Smart Sensor AS382），院落空间午间平均温度在11.8 ℃，而加盖棚的院落平均温度为6.5 ℃。同时，加盖棚院落会影响与院落相关房间的采光和通风，加剧热功消耗。院落加盖棚后，院落中的绿化面积锐减，对院落小气候与居民心理影响较大。根据《夏热冬冷地区居住建筑节能设计标准》(JGJ 134—2010)，计算当地传统土坯墙建筑节能设计，乡村住宅建筑体型系数应小于0.55。当地传统加草黏土墙的传热系数 $K=0.862$ 瓦/(平方米·℃)，小于1.5 瓦/(平方米·℃)（建筑围护结构传热系数限值）。因此要满足居住需求，在构造上可以利用传统土坯墙加上外保温材料或改良屋顶结构保温性能，加强构造整体性等。如果不增加外保温层，仅仅依靠传统民居构造，就无法满足现有建筑的节能要求。

5) 村民心理行为及发展愿景

(1) 村民心理行为

乡村居住单元的院落空间属于半私密空间，这里将在院落中发生的事件或者活动分为三种：①必要性活动，包括晾晒谷物和衣物、停车、烹饪、清扫、储物、饲养等；②自发性活动，包括种植行为、乘凉、晒太阳、散步准备等；③社会性活动，包括儿童游戏、婚丧设宴、交谈、棋牌娱乐、赶集准备等。根据调查显示，宅院空间发生的日常活动如表5-9所示。

表5-9　日常活动作息时间表

时间段	4:00～11:00	11:00～18:00	18:00～4:00
行为活动	赶集准备、种植行为、扫地、洗漱、烹饪、早餐、农忙（或开店）准备	晾晒谷物和衣物、烹饪、午餐、晒太阳、儿童游戏、棋牌娱乐	烹饪、祭拜祖先、晚餐、乘凉、儿童游戏、散步准备

通过问卷调查村民对建筑风格偏好（图5-33），发现35岁以上村民对花园洋房的喜好多于传统宅院，这和现存建筑现象相反，反映出乡土建筑图式选择文本和社会结构变化的相关性，主要受到两方面影响：①常住人口家庭结构简单化，人口基数的变少，导致压力传播的基数标准变低；②文化价值取向的输入与暗示，

西方先进文化和其建筑图示的引入，对村民心理造成西方建筑文化的选择性暗示。

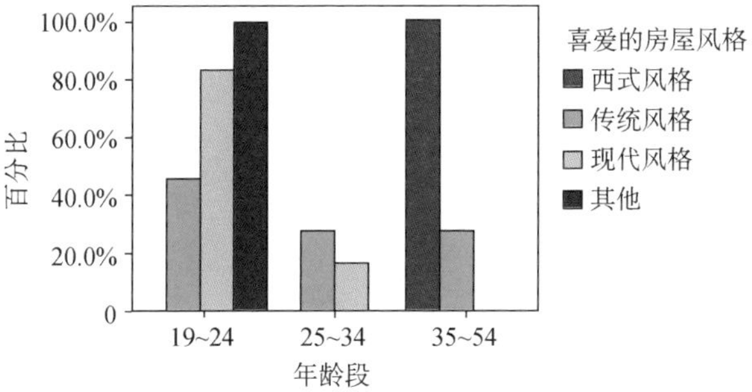

图 5-33　不同年龄段村民对建筑风格偏好

进城务工和学习的年轻人，对乡愁的感受比安居本地的人更深刻，因此更偏好传统风格，希望乡村能沿袭旧有格局。当代的宅院空间设计需要讨论历史和现代的共生，解读符号要素，重建历史空间结构。此外，乡村居住单元中的宅院使用者对空间设计需要考虑人体尺度和复合人体工程学，同时考虑无障碍及养老住居的需要。

川西民居是依托林盘文化，并对传入的其他建筑文化兼收并蓄而发展起来的民居类型，讲究天人合一的自然观与环境观，将半开敞及开敞的院落空间引入环境，而院落的围合模式、边界性质和街巷等半公共空间的组织模式，也间接影响院落空间的行为发生类型及其频率。空间渗透性适中的宅院相较于封闭性较强的宅院，邻里间关系及其相处方式更容易触发事件。根据问卷调查，改善环境行为以及院落空间围合方式的结果如图 5-34 所示，院落为开敞式的当地村民进行环境改善行为的个案最少，而半开敞式院落最多，封闭式院落次之。

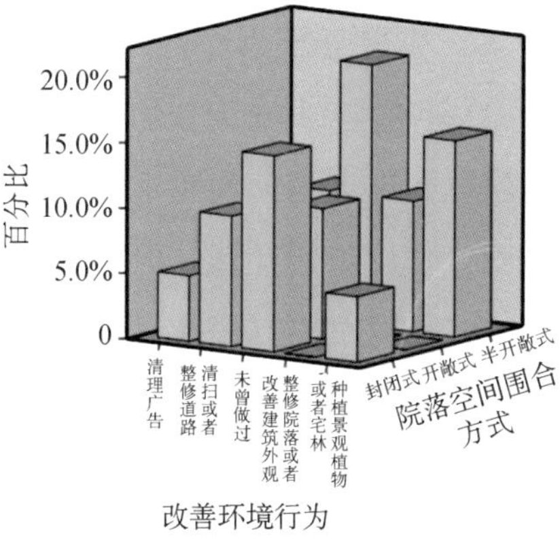

图 5-34　院落开放程度对行为发生影响分析

村民在自组织建设宅院的事件上，村民的态度及参与度有着较大的区别（图 5-35）。顺其自然的态度占据 49％，而积极参与的人占比为 36％，抵触情绪的占 15％。这个数值表明村民对乡村建筑建造匠人的满意程度，部分村民已经对自组织建设行为存在不满。这就表明，宅院空间设计需要进行原有建筑语言结构框架下的本土化建筑语言调查，正确引导集群心理以及乡村人居环境的发展方向。

村民通勤时间的调查结果显示，除外出务工村民以外，去读书、工作、赶集、耕种等通勤时间普遍都在 15～30 分钟(图 5-36)。每户单元在可达性上存在较大差距。在 20 分钟的通勤时间里，按步行至少也要行走 1.2 千米，可达性较差，而疏落有致的聚落组团模式可以增加从聚落到乡村各处的可达性，并明确不同聚落的产业分区。

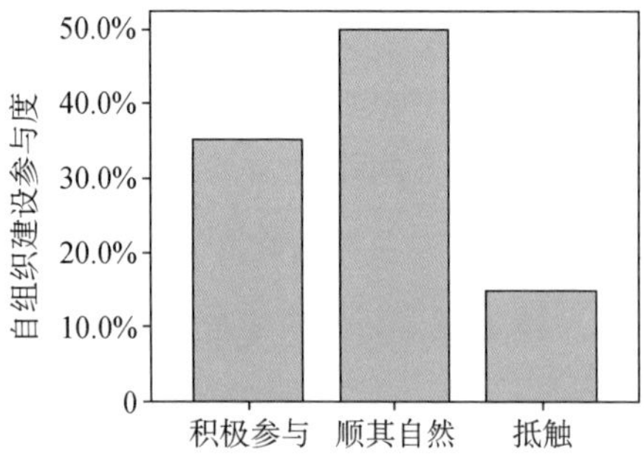

图 5-35　村民对乡村自组织建设宅院空间调查

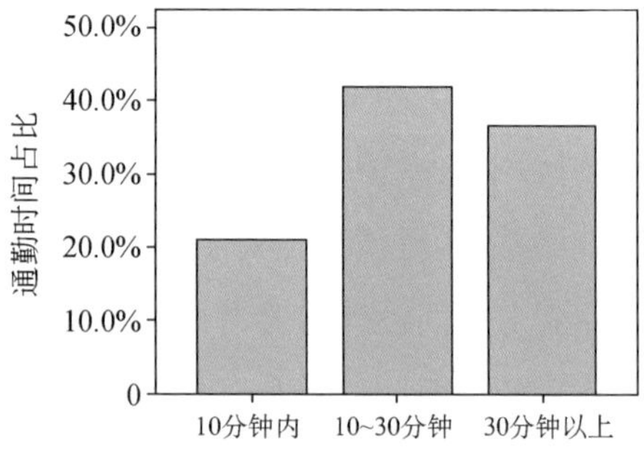

图 5-36　通勤时间问卷调查结果

(2) 发展愿景

目前我国乡村正处于物质以及配套资源相对匮乏时期，城市反哺乡村规划正在进行中。如今乡村生活条件日渐提高，越来越多的村民开始认为现在的生活就是理想的田园生活。但是洛带片区周边村民“最开心的田园时光”在调查问卷中选项最多的依然是 10 年前的田园生活，数据如图 5-37 所示。10 年前实行土地承包经营制，乡村的集体土地按人口分配到每家每户，人均田地较多，能自给自足并有足够产出，聚落之间鸡犬相闻，农忙和农闲时，院落中都有不同的景象，富有田园野趣。

问卷调查结果显示(图 5-38)，村民们普遍都认为田园生活中房屋、院子、田地、市集为必要元素，答案在问卷中的比例分别为 30%、28%、20%和 18%。院落空间在图示愿景中占比较大，而花园广场的排序较低，其中公共空间总占比小于私有空间，而基于需求层次理论，村民的前三种基本需求尚未基本满足，通过对实行乡村振兴的战旗村以及产业调整的农科村居住单元田野调查显示，战旗村新建单元前院出现较少，村民依然开垦绿化或者其他闲置土地作为自有田地(图 5-39)。

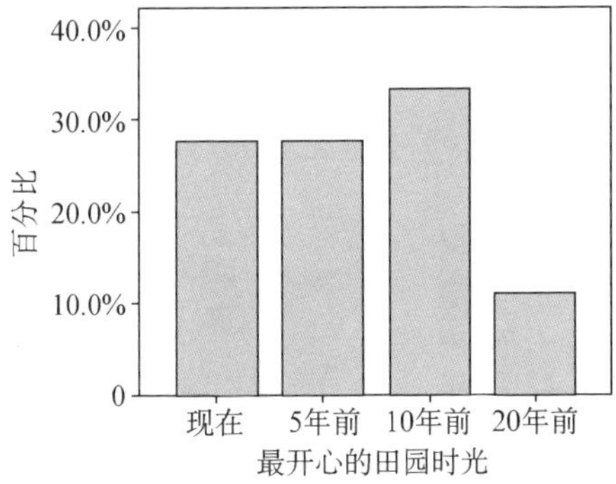

图 5-37　田园生活记忆调查问卷结果

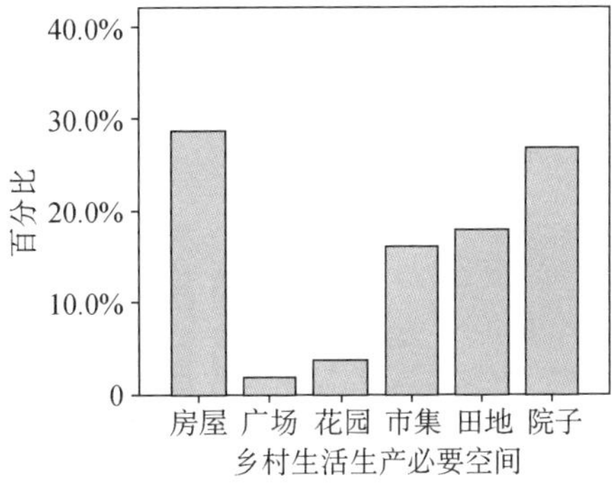

图 5-38　必要生产生活空间问卷结果

图 5-39　战旗村各居住单元实景照片

5.2.2　生活型街道空间

生活型街道是指在乡村区域中不仅承担交通功能，而且具有场所性，由沿街建筑物以及公共空间共同组合而成的街道，人们在此发生交通移动及其他生活行为的同时，能够满足和解决居民日常生活需求的公共线性空间。其主要特征包括：承担区域内各功能分区的交通联系；交通方式多样化，人行、非机动车行比例较高；使用主体通常为人与车辆；两侧建筑功能较为复杂；街道空间中人发生的行为活动丰富。此外，生活型街道的功能通常还包含一定的农业产业活动。

通过对基础建设现状、客家文化辐射范围、产业发展良好程度、基础人口、未来建设意愿 5 个方面进行筛选，整理相关政府部门信息，并选取 8 个具有一定研究价值和不同类型的村(社区)，辖区面积共计 24.21 平方千米，进行生活型街道现状情况以及街道使用者研究，各村(社区)基本情况见表5-4。

1) 乡村街道构成要素

(1) 乡村街道基本要素

乡村内部使用的生活型街道具有畅达的通行能力，主要包括机动车道、人行街道、无障碍通道、过街通道、交叉口、信号灯和标识7个基本要素(图5-40)。

(a) 机动车道　(b) 人行街道　(c) 标识

(d) 过街通道　(e) 交叉口　(f) 信号灯

图5-40　乡村街道的基本构成要素图示

四川乡村机动车道规划设计目前依据的相应规范标准包括《四川省村规划编制技术导则(试行)》(2019版)，《四川省乡通公路村技术指南》，《四川省农村公路条例》(2018版)等。洛带片区位于川西林盘，乡村中大部分道路紧邻开放农田等农作物区域及河流等自然景观。生活型街道需要连接各个乡村的功能区域，村民出行的交通工具大部分为机动车、电动车等，街道空间承载通行、会车及错车等功能。

四川乡村人行道类型包括人车分流街道、人车混流街道、步行街道。无障碍通道作为评价街道空间便利性的重要因素，在目前乡村环境中较少考虑老幼通行的便利程度及安全性设计，无障碍通道较缺乏。乡村生活型过街通道主要是内部通道，通过在街道中划定过街标识，例如斑马线等进行规划与建设，该类型街道建设成本较低，造价经济。在过街通道附近设置交通信号灯以及监控设施，以便管理和降低交通事故发生率。

四川乡村交叉口分流在乡村生活型街道中十分常见。调研过程中村民反映街道的红绿灯设置不足，机动车辆在街道上随意行驶。道路标识设计中，采取一定的国际或国家标准能够清晰地对村民传达不易混淆的信息，目前四川乡村街道标识的设置及安装有所欠缺。

（2）乡村街道的拓展要素

乡村街道的拓展要素主要包括非机动车道、街道绿化、基础设施、街道家具、晴雨设施以及垃圾收集，它承载着村民休憩、农务活动、商业活动等行为(图 5-41)。

(a) 非机动车道　(b) 街道绿化　(c) 基础设施

(d) 街道家具　(e) 晴雨设施　(f) 垃圾收集

图 5-41　乡村街道的拓展要素图示

目前乡村非机动车使用频率高，共享交通普及，但是大部分乡村非机动车道尚不完善，未严格进行人车分流。乡村街道绿化布置存在千篇一律现象，需要考虑设置与自然环境相融合的绿带。由于四川乡村居民点分散且具有不规律性，乡村街道的雨污、防洪排水系统、电线系统及附属设施、通信网等街道基础设施配置尚不完善。

乡村街道家具主要包括休憩用设施、照明设施、书报亭、公共展板、广告招牌、公共艺术品等家具。这些拓展要素能丰富街道的使用功能，也是街道空间的重要组成部分。乡村功能性不同，其街道家具配置各异。例如旅游型乡村的生活型街道，商业类活动居多，街道家具中的广告招牌、休憩设施、公共艺术品的数量会相应增加。

乡村晴雨设施关系到乡村公共空间的活力营造。四川地区全年多阴雨天气，晴雨天气对人们的出行影响程度较大。由于乡村公共空间街道、晴雨设施的不足，人们只能利用高大的树木躲雨和避暑，在一定程度上限制了出行率。因此，街道需要设置能够避雨避暑的设施，例如带有遮雨棚的公共座椅、公共空间节点中设置亭子等，能够有效地方便乡村居民出行，并为此提供安全性保障。

乡村生活型街道中的垃圾收集包括日常垃圾收集和集中垃圾收集。2020 年四川省住建厅发布《四川省农村生活垃圾收集转运处置体系建设指南（试行）》及配套图集，为各地加快建立健全乡村生活垃圾收集转运和处置体系提供治理模式和技术路线参考。目前，在街道中设置小型垃圾桶数量有所欠缺；垃圾分类、较大生活垃圾和农作物活动产生的废弃物收集仍然存在问题。

（3）乡村街道的其他要素

乡村街道的其他要素是主要街道和两侧建筑边界空间构成要素，主要包括建筑出入口、建筑前区和沿街面等，属于街道使用者的选择性功能空间。

表 5-10　不同类型建筑出入口分析

建筑类型	商铺	住宅	公共建筑
现场照片			
特　征	墙身窗墙比接近 3∶1，采用透明或半透明门窗，标识清晰，色彩多样	墙身立面窗墙比接近 1∶2，非透明门窗，色彩统一	大尺度开口，常采用栅栏门杆，色彩单一

建筑出入口是街道和建筑内部私密空间联系的半公共过渡空间，与生活型街道边界直接发生关系，能够促进交往活动及街道空间活力的产生。建筑前区是街道和两侧建筑的空间转换节点，呈现开敞、半开敞和封闭的街道形态。建筑出入口具有丰富街道空间趣味性的作用，同时兼具交通、生活、交往功能。乡村部分生活型街道两旁为村民自有住宅，村民自发进行不同行为活动。建筑前区

空间性质随着建筑功能属性不同而异，例如下店上宅，建筑前区作为商业延伸空间；村委会、居民中心等公共建筑前区空间，一般设置不同功能的景观设施（表 5-10）。沿街面作为街道空间的立面，与街道平面形成垂直关系。日本建筑师芦原义信在《街道的美学》一书中所述街道沿街面的高宽比仍然是当今街道空间设计的重要参考。在乡村生活型街道空间的设计中，需注意整体把控，对建筑立面突出物进行一定的约束和管理，避免复杂化和标新立异。

人文要素对于街道也会产生影响。研究区域为洛带客家文化的承载区域，历史遗留的街道空间形态和建筑空间组成了丰富而独特的客家区域文化，例如洛带老街"一街七巷子"的街道空间构成形态，老街中独特的"广东会馆""江西会馆"等历史建筑，传递出客家人生活的集体记忆。

2）洛带片区生活型街道

运用图底关系分析所调研片区的街道类型分布见图 5-42。以交叉口为端点，将两段之间承载相同功能的街道视作一条街道，将纯交通型街道视为单纯以承载交通功能为主的街道。洛带片区共计 148 条街道，其中 32 条为单纯交通型街道，116 条为生活型街道，生活型街道占总体街道数量的百分比为 78%，交通型街道占比为 22%。对比研究区域中 2010—2018 年街道形态演变图可以看出，

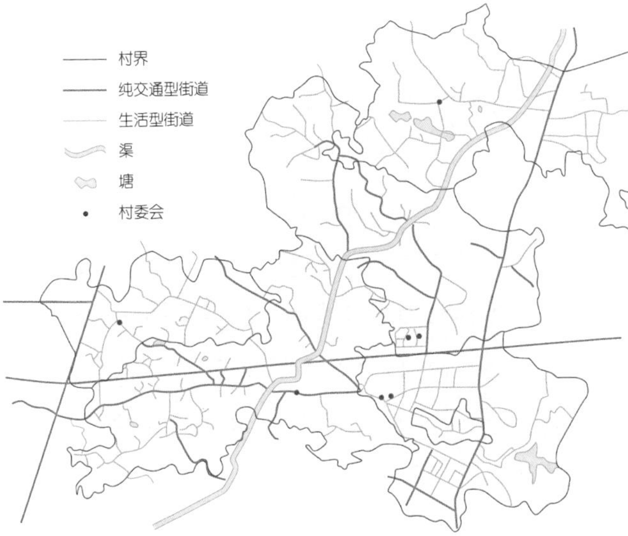

图 5-42　成都洛带片区街道类型研究分布图

近 10 年内主干路、支路骨架形态演变不大(图 5-43)。街道平面形态呈树枝状分散,由主干道路分散的小路随时间推移,经济发展变化、总体数量呈增多趋势,路网结构更加丰富,可达性明显提高。

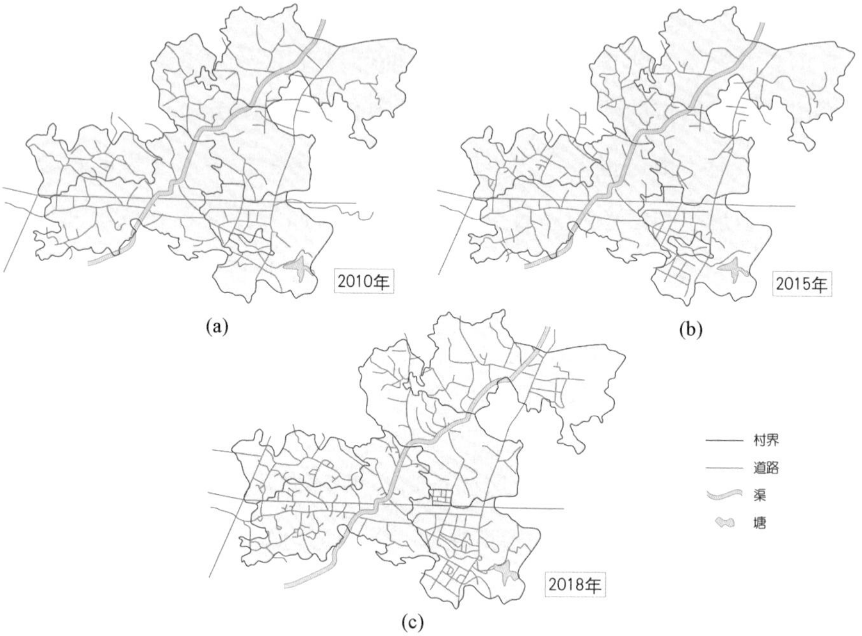

图 5-43 成都洛带片区研究区街道形态演变

(1) 乡村生活型街道分类

乡村生活型街道可以按照道路级别、区位、功能进行分类。

按照道路级别分类:乡村社区所属镇区的街道分类按照现行国家标准规范《镇规划标准》执行,划分为主干路、次干路、支路、巷道。研究范围内街道图底分析后得到研究区街道分类图,具体见图 5-44。

按照道路区位分类:小城镇管辖多个乡村、社区,集镇中心一般位于小城镇范围中心区域,汇集交通枢纽站、商业中心、教育文化中心等设施,村民会通过各种路径到达集镇中心进行不同的行为活动,因此,街道区位分类以集镇中心为中心点,将镇区范围内及周边乡村街道以距离为单位进行分类,即以集镇中心洛带镇老街社区为中心点,500 米为半径向研究范围边缘扩散(图 5-45)。根据距离洛带镇老街集镇中心的远近划分为四类街道。

图 5-44　成都洛带片研究区道路分类图

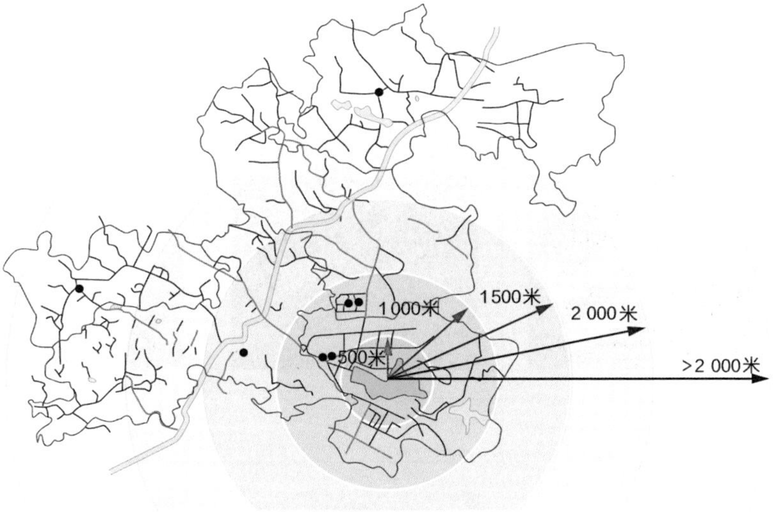

图 5-45　成都洛带片研究区按区位分类街道距离图

① 集镇中心街道，指距离洛带镇老街集镇中心 500 米以内的街道，具有区位优势，商业业态丰富，街道活力度高。目前街道机动车通行较混乱。建筑风貌具有客家文化特色，多为仿古式建筑。

② 近中心街道，指距离集镇中心 500～1 000 米范围内的街道，同时具备商业及居住的优良条件。街道活力度高，尺度适中，居民出行率较高，目的地通常为集镇中心，此类街道能够辐射更外圈层的居民。建筑风貌为大量客家元素和现代建筑风格的混合。

③ 远中心街道，指距离集镇中心 1 000～2 000 米范围内的街道，范围更为广泛，街道活力度逐渐下降，商业类型逐渐减少。居民出行目的地向集镇中心以外地段扩散。建筑风貌采用客家建筑元素，多见于公共建筑。

④ 边缘街道，指距离集镇中心 2 000 米以外的街道，通常在受集镇中心辐射影响范围内，更加自主地建立满足本区域生活的商业业态，居民通常需要在集中式购物时前往集镇中心。该类型街道尺度范围丰富，拥有自身的地域特征和街道特性，受集镇中心文化的影响。建筑风貌类型较为丰富，大部分建筑中均体现出客家文化。

按照道路功能分类：洛带片区乡村街道功能多样化，按照主要使用功能可以将街道类型分为集市类型街道、作坊式类型街道和住宅式类型街道（表 5-11、表 5-12）。

表 5-11 不同类型街道实景及示意图

类型	集市类型	作坊式类型	住宅式类型
示意图	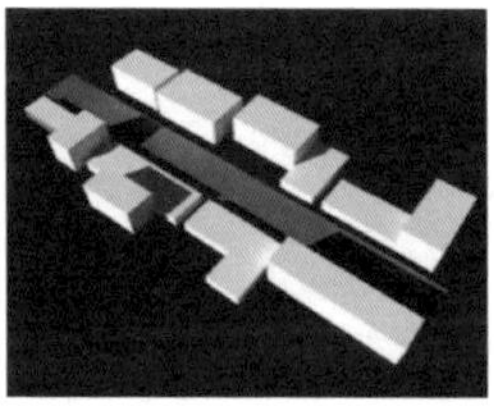	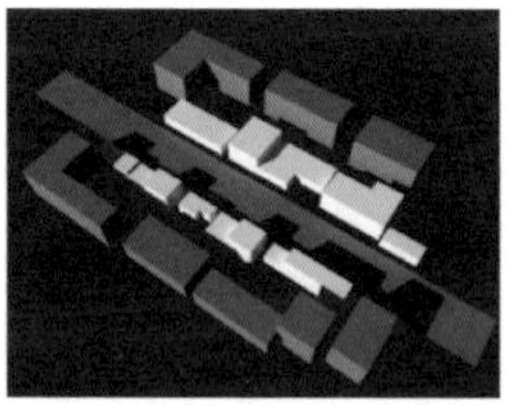	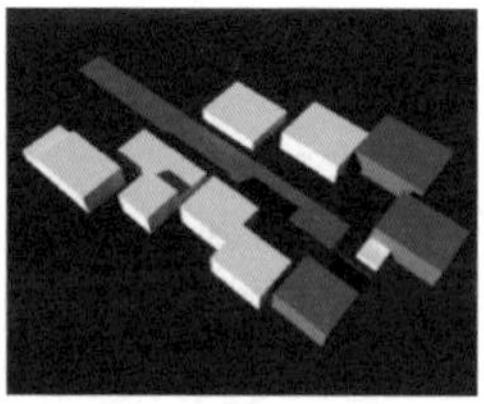
位置	老街社区	土门村	岐山村
实景图			

表5-12 各村(社区)研究街道平面肌理图

岐山村	菱角堰社区	宝胜村	八角井社区

柏杨村	老街社区	土门村	
	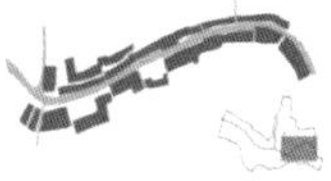		

① 集市类型街道:集市指乡村定期或不定期举行商品交易的有规律、有组织的、发展为一定规模的公共场地,居民们主要在集市类型街道中进行商业性活动,例如集镇中心商业街区、集中进行商业活动的乡村社区街区、定期举办集市赶集活动的街道等。区位分布特征包括人流聚集区位、靠近政府区位、交通便利之地、靠近旅游景区、宗教寺庙等;空间形态上,街道宽度宽于另外两种类型街道,便于车流通行,附近设置集中或分散停车场地,增设人行道,两旁建筑多为商业性建筑,彼此相连,也掺杂居民住宅;公共服务设施及街道家具的设置较为齐全,例如洛带老街社区中的老街上街、老街下街。

② 作坊式类型街道:作坊是指从事手工制作与加工的场所。乡村地区中的作坊式街道大部分建筑由作坊建筑构成,其主人通常以建筑为居住、劳作之所;二三层下店上宅建筑,通常辅以小庭院等空间,或者前店后宅、产居分离等形式建筑,其平面形态根据作坊生产的产品类型而不同。由于中国传统作坊建筑多以内院形式为主,外铺售卖,街道也如同商业街形式呈线性展开,立面风格与当地风俗民情相关。此类型街道分布常位于临水处、沿交通干道之处、居住区内部、老街区等,例如洛带土门村中的作坊式街道。

③ 住宅式类型街道:此类型街道是主要乡村生活型街道,其功能主要供当地居民生活使用,不掺杂或少量掺杂其他功能。例如乡村进行农耕收作时,常在街道两旁堆放收成物品;闲暇空余时,在街道中同附近居民聊天等。街道主要具有

交通、休闲等用途。其平面形态同居民居住点分布形态密切关联，呈多线性分布，岔路较多，常于居住小组团中形成尽端路。

(2) 乡村街道交通分析

研究区域位于成都市东部，规划中为市区汽车制造业、现代化产业基地、生产性服务业等创新业态发展片区。成都市 2018 年第十三次党代会提出的"东进"规划方针，大大促进了东部城区主干道建设，车流通行量及大货运物流承载量增大，片区交通网络性能得到改善。区域性交通主干道有新、旧成洛大道横穿调研区域，汽车城大道位于调研区域西部，五环路东段位于调研区域东部，次干道有锦洛西路等，支路及巷道若干。其中，新成洛大道横跨岐山村、八角井社区。将所选研究区域分为南北两个片区，以南是岐山村南部区域、洛带老街社区、八角井社区南部区域；以北是宝胜村、岐山村北部区域、柏杨村、菱角堰社区以及土门村。整体交通网络畅行度较高，连接度较好，可达性较强。

社区中的街道路权划分情况较好，人行道设置普遍，机动车道多为双车道及以上，非机动车道的建设有待加强。在乡村中，机动车道与人行道没有严格的区分，大多为人车混行，大部分车道宽度为 3 米左右，交叉口情况整体建设较好，通行度流畅(表 5-13)。

表 5-13 各村(社区)街道交叉口情况及路权划分统计

名称	交叉口通行状况	交叉口设施	现场照片	机动车道	非机动车道	人行道	现状照片
岐山村	良好、车速适中	监控、照明、标识、过街通道		有	有	有	
宝胜村	良好、车速较快	监控照明		有	无	无	

（续表）

名称	交叉口通行状况	交叉口设施	现场照片	机动车道	非机动车道	人行道	现状照片
柏杨村	良好、车速较快	监控、照明、标识		有	无	无	
土门村	良好、车速适中	监控、照明、标识、凸面镜		有	无	无	
老街社区	无车通行、行人通行良好	监控、照明、标识		无	无	有	
八角井社区	良好、车速适中	监控、信号灯、照明、标识、过街通道		有	无	有	
菱角堰社区	良好、车速适中	监控、照明、标识、凸面镜		有	无	有	

老街社区游客数量多，且原有历史街区尺度较小，不适宜机动车通行，因此平日机动车不允许通行。全街区多为人行道，有非机动车及景区人力车穿行，交叉口通行状况良好。八角井社区是所调研片区中街道建设最为完整的区域，生活型街道基本可供双车道通行，且机动车道地面标识完整，多车道划分明确，机动车与非机动车道划分明显，人行道整体建设良好，交叉口通行状况良好，且交通设施齐全。菱角堰社区围合建设，以居住小区为主，整体可通行车辆，街道尺度相似，多为 5 米，可供双车道行驶，无单独非机动车道以及人行道的设置，交叉

口通行状况良好，基本交通设施完整。

岐山村主要街道旧成洛大道为双车道，划分机动车道、非机动车道以及人行道，车流量较大，交叉口通行状况良好。宝胜村主要生活型街道未划分机动车道、非机动车道、人行道，宽度可供双车道通行，交叉口通行状况良好，但缺少交通设施。柏杨村的柏杨街是村落中的主要通行道路，连通菱角堰社区、柏杨村、松林村，直通北部的土门村，其宽度在与成洛大道相连处为 9.2 米左右，通过菱角堰社区之后以北，宽度减小至 4 米，基本保证双车道通行，非机动车与人均在此混行，交叉口的通行状况良好。土门村主要生活型街道未划分机动车道、非机动车道、人行道，宽度可供双车道通行，未划标识，交叉口通行状况良好，但缺少交通设施。

（3）乡村街道建筑风貌

洛带片区乡村多客家文化，受清代移民浪潮影响，大量客家人在四川定居，经过数百年繁衍生息，以洛带古镇为中心形成独特的四川客家文化，其建筑作为重要物质载体成为客家人的文化表现形式之一。文化特征主要以崇尚儒家思想为基底，睦邻群居、合家行动，富有闯荡精神，注重教育，寄情山水。

洛带老街社区保留大量的历史建筑，例如洛带客家会馆、江西会馆、广东会馆等；新建客家建筑借鉴了传统设计手法，例如洛带博客小镇。民用住宅建筑以客家建筑风格为主，原始客家住宅多为平房，一般采用木骨泥墙穿斗结构。社区集资建设时在屋顶形式、色彩、样式造型等方面结合传统客家文化，建设现代宜居的多层住宅，例如菱角堰社区中的住宅。

在乡村中，住宅建筑多为村民自主修建，风格、材质、形态并未有严格统一标准，因此更具有独特民族文化特色。传统建筑作为文化遗产得以保留，例如洛带宝胜村的刘家祠堂，传统建筑结构、空间尺度难以满足现代人的生活需求，目前洛带片区常见二三层小楼房成组团布置形成一定围合形式。建筑材料常见钢筋混凝土结构，配建的砖混结构储物房单独设置在一旁；建筑立面以白砖、黄砖为主，平坡屋顶形式。公共建筑（例如村委会、活动中心、商铺）等则以一二层为主，建筑风格多为仿古式。

（4）乡村生活型街道业态分析

洛带片区生活型街道业态主要是生活服务类、商贸类及其他。生活服务类包括快递、餐饮、医疗、维修、酒店客栈、银行等；商贸类包括购物、旅游、婚庆摄影、玩乐体验、体彩等；其他类包括汽修、邮政等。街道商铺形式包括商住作坊式、独立商铺式、底层商铺式(图 5-46)。洛带片区乡村地区生活型街道沿街多为居住建筑,街道主要是住宅出入口,商贸业态过少,导致大部分村民购买生活必需品不够便利。在商业业态中,洛带片区的沿街业态以基本需求型生活服务类为主,其中餐饮、购物占主要业态,邮政、医疗点、物流等生活服务业态相对较少。旅游产业为主的老街社区,沿街业态以商贸类最为发达,餐饮业比重大,商业服务半径辐射周边绝大部分乡村及社区,缺点是消费者多为外区域游客,非节假日餐饮业客源少。

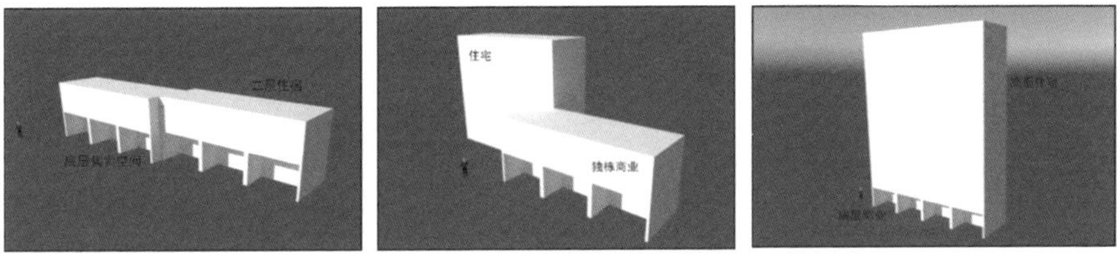

商住作坊式　　独立商铺式　　底层商铺式

图 5-46　乡村生活型街道沿街商铺形式

(5) 乡村生活型街道空间尺度及断面分析

现场调研统计成都洛带片区的不同街道尺度(0～3 米,4～6 米,7～10 米,大于 10 米)出现的频率分别为 47%、30%、15%、8%,其中 0～6 米尺度街道出现频率最高,占 77%,街道两侧建筑高度普遍较高,D/H 值在 0.5～2 之间[①]。社区城镇化程度高,空间感舒适,尺度亲切;乡村区域空间感开阔,视觉均衡性不足。街道边界均种植行道树,岐山村、土门村及各社区种植中低整形灌木丛;乡村街道与农田相结合的区域,例如土门村的玉米种植地,街道沿侧种植树木较高,形成垂直绿化界面;低矮的农田种植区使街道底界面有一定的视觉延伸性(表 5-14)。

表 5-14　各村(社区)街道尺度分析

名称	岐山村	宝胜村	柏杨村	土门村
沿街实景	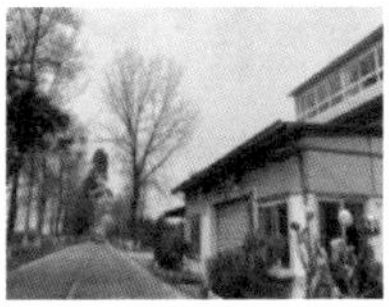	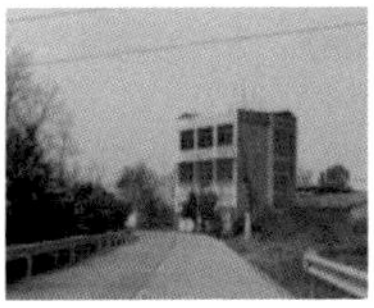		

① D 表示"宽",H 表示"长","D/H 值"即宽与长的比值。

（续表）

名称	岐山村	宝胜村	柏杨村	土门村
示意图分析	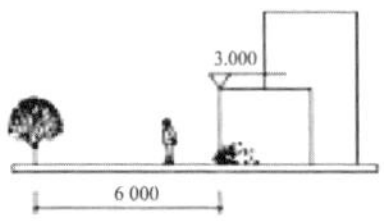	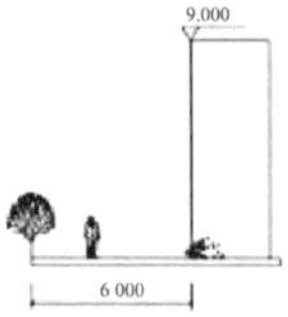	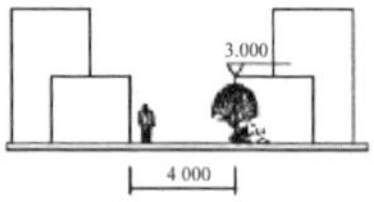	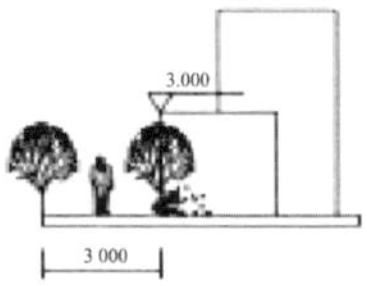
D/H 值	2	0.68	1.3	1
名称	老街社区	八角井社区	菱角堰社区	
沿街实景				老街社区 D/H：0.68 八角井社区 D/H：2 菱角堰社区 D/H：0.48
示意图分析	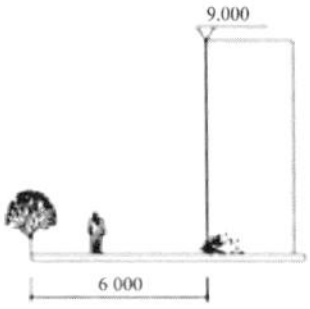	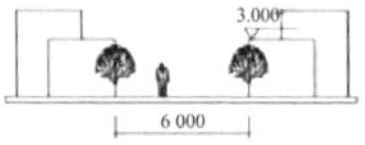	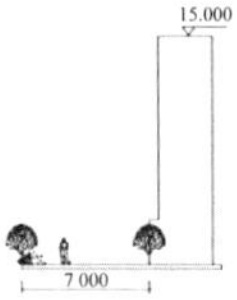	

通过对于使用者满意度调研分析，洛带片区乡村生活型街道基本能够承载交通通行，较为顺畅，但是节点空间设置较少，街道活动承载、商业业态、沿街建筑风格、街道设施以及街道绿化满意度均较低。总之，乡村生活型街道目前仍存在以下问题：①街道交通管理失序，路权划分不明确，交通设施建设不完备；②街道空间元素布置单调，在街道设施设置上，无障碍设计、垃圾桶、公共厕所数量、照明灯具、晴雨设施等仍存在明显欠缺。尤其目前乡村使用群体中老年、幼小使用者居多，乡村街道设施便利性方面有待提高；③街道界面建筑风格不统一，底层界面设计感有待提升。新旧建筑之间的风格延续以及柔性界面设计不足，呈现较为生硬的观感，更多依赖于基础建设，人文地域性设计感较弱；④街道空间活力不均衡，沿街业态完善度不够。空间利用效率低，街道两侧存在较多面积不大的荒废用地，成为杂物堆积或闲置空间，影响街道整体美观感和舒适性。例如宝胜村中街道养老服务中心，汇集大量人群，相应产生休闲、散步的日常行为活动，但是街道缺乏其他业态和街道设施，不足以提供足够的休憩空间。一方面人

流过于集中，另一方面人的行为活动受到限制。

5.2.3 四川乡村集市空间

乡村集市空间既是乡村农民交易场所，更是乡村民俗文化与乡村交往空间重要载体，是国计民生的基础，也是基本物质生活保障的重要场所之一。新冠疫情期间，乡村集市空间是乡村环境综合治理的重要对象。商品经济不发达时代和当今四川乡村地区大部分仍普遍存在定期聚集进行的商品交易活动形式。乡村的集市，按照约定俗成的阴历单双号、节假日开集，或者三五天一小集，十天半个月一大集。每到赶集日，周边四乡八村的乡民们携带各式农副产品，牵着马、牛、羊来到集市，买回他们所需要的生活和生产物资。集市里熙熙攘攘，人声鼎沸，禽鸣兽叫，儿童嬉闹；摆地摊的，理发的，编筐的，卖各种小吃的……一派人间烟火热闹繁忙的景象，乡村集市在传统乡村社会秩序中占据重要位置，满足了乡村居民物质和精神的双重需要。

四川乡村集市空间并没有像美国经济学家施坚雅预言的所谓集市会随城乡区位条件的优化而逐渐消亡，反而显示出更蓬勃的生机[52]。定期的乡村集市依然在四川乡村居民日常生活中占据重要地位。乡村集市空间发展以乡村场镇为主要承载体，其发展程度直接影响乡镇的现代化水平，对乡村场镇的空间布局也产生影响。集市作为乡村振兴的一个重要物质空间要素，在传承乡村文化、延续历史文脉、激发乡村经济活力等方面成为衡量乡村振兴战略实施成功与否的重要指标之一。乡村振兴战略的提出，为乡村集市空间的发展提供更有力的政策支撑[53]。

1) 乡村集市的界定与分类

(1) 乡村集市概念

乡村集市是在乡村地区依托乡村聚落定期聚集进行的乡村商品交易流通形式，乡村集市具有开市周期性、交易地点固定性与随意性兼具、参与者广泛等特点。最初的集市贸易大都没有专门固定的交易场所，集场(通常意义上的集市空间)多设于乡村空旷之地，集散场空，因此被形象地称为“露水街”“草棚街”。而后路途较远的赶集商贩为了不错过赶集期，就在集场周边搭起草棚用以过夜且兼作简易的销售货摊，逐渐形成了相对固定的“草棚街”。其后随着集场和集期不断趋向稳定，部分流动性“行商”的活动空间逐渐稳定下来，成为在某一固定场所经营的“坐商”，并且部分临时的商贩向职业化商贩转化，使集场的规模不断壮大，并在集场周边建起商铺、房产等固定构筑物，由此以集市空间为中心的集镇便开始形成[54]。因此，乡村集市空间即指乡村商品交易流通形式的空间承载体。

（2）乡村集市类别

根据《乡镇集贸市场规划设计标准(2000)》按照乡村集市平集日入集人数划分为小型、中型、大型和特大型集市（表 5-15）。此外，乡镇集市的规模，根据《乡镇集贸市场规划设计标准(2016)》，按照占地面积同样分为小型、中型、大型、特大型四类。小型市场：占地面积小于 2 000 平方米；中型市场占地面积 2 000～5 000 平方米（含 2 000 平方米）；大型市场占地面积 5 000～20 000 平方米（含 5 000 平方米）；特大型市场占地面积大于 20 000 平方米。

表 5-15　乡镇集贸市场规模分级

集贸市场规模分级	小型	中型	大型	特大型
平集日入集人次	≤3 000	3 001～10 000	10 001～50 000	>50 000

按照布局形式划分为集中式集市和临街分散式集市（图 5-47）。布局形式要结合当地的市场现状、镇区规划、交易品类与经营方式等情况，因地制宜地加以确定。小型集市的各类商品交易场地宜集中选址；商品种类较多的大、中型集市宜根据交易要求分开选址，以利于交易、集散和管理。

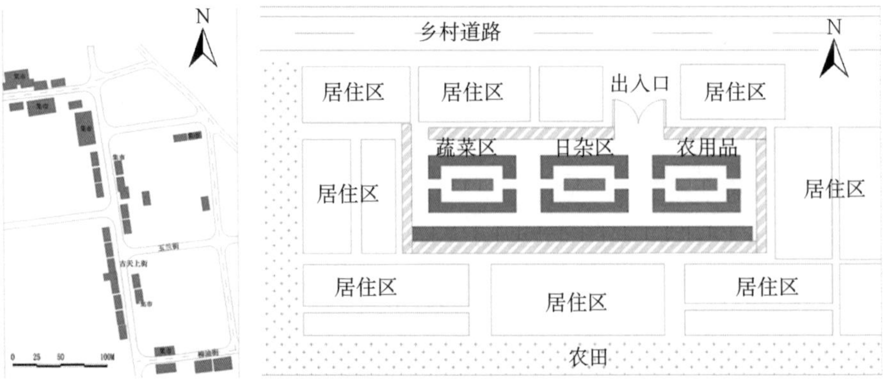

图 5-47　临街分散集市和集中式集市

按距离区域中心的城市建成区边缘距离划分为城郊集市、近郊集市、远郊集市、偏远集市(表5-16)。城郊乡村集市所处区域城镇化程度较深,多形成了城市型乡村社区,乡村集市已经由传统集市转变为集中式且规模相对较大的集贸市场。此外,由于多样化的城市商业形式的浸入,传统集市多样化的商品类型逐渐转化为专门化的综合农副市场。其他类型集市,按距城市建成区距离增加而受城市化影响越少,乡村集市就越呈现出传统模式,集市空间也呈现出更多不固定性和多样性。

表5-16 空间距离集市分类

项目	城郊集市	近郊集市	远郊集市	偏远集市
距离(千米)	≤10	10~20	20~40	≥40

按照乡村聚落形态划分乡村集市空间类型,四川乡村集市大致分为村落型、场镇型、工矿型、节点交通型、大型工程临时型、特殊聚落类型。

按照集市开市周期划分为不定期集市(此类集市较少)、定期集市、特殊集市。其中定期集市又可分为三日集、双日集、单日集、常集(每日开市,此类集市多位于城郊或近郊)。特殊集市是指因商业、文化或政治等的特殊需要,在乡村地区临时开辟场所进行商品、货物展销的集市,此类集市往往带有某种特殊意图性。

按照乡村集市所处的地区民俗特征进行分类,可以划分为客家乡村集市、多民族地区乡村集市、丘陵山区乡村集市、普通乡村集市等。民俗类型的乡村集市空间具有丰富的建筑风貌,并且销售的商品常独具特色,蕴含着浓厚的民族和地域特色。

此外,乡村集市空间的类别,依据《乡镇集贸市场规划设计标准(2016)》,按建筑的不同类型划分为露天集市、厅棚型集市、商业街型集市、商店型集市;按所处地段分为独立用地集市、马路集市、街市混合集市;按所在地的行政区划分为镇集市、乡集市、村庄集市;按营业时间分为每日集市、定期集市。

2) 乡村集市的功能

(1) 乡村集市成因

乡村集市是连接国家与社会、城镇与乡村、市场与居民的桥梁,具有重要的经济、社会、政治和文化功能。[55]在中国经济结构转型升级和新时代背景下，集市作为乡村经济贸易的综合性场所、乡村社会互动的公共空间、农民信息共生互补的平台，对推动乡村区域经济社会发展具有重要作用。此外，乡村集市是城乡空间中一种特殊的商业业态和空间形态，具有特殊的功能，是一个地区特色文化的载体和乡土记忆的体现。由于乡村商品市场有限，在某个区域范围内难以同时支撑多个乡村集市开集，因此通常相邻的乡村集市约定俗成地会错期开市。

（2）乡村集市功能

① 商品交易功能

乡村集市空间本身便是乡村居民商品流通的交易场所，早期是乡镇居民物物交换的场所。随着社会发展，居民对于各类商品的需求逐渐增加，乡村集市便承担更多乡村居民的购物需求，场所中所售卖的商品日益丰富。调查显示，成都平原乡村集市空间目前售卖商品主要包括蔬果、日杂、水产、肉类、熟食品、畜禽幼苗，部分乡村集市还售卖农资产品以及服装服饰、电器五金等。

② 社交功能

传统乡村社会普遍缺乏完善的社会公共空间，例如成都平原地区“大分散，小聚居”的聚居模式，使得传统场镇成为村民生活中社会交往和娱乐的重要场所，而“赶场”则成为了适应乡民社交和文化娱乐需求的主要形式。集市作为乡村社会空间的重要核心，较大流量的乡村居民与商贩交流，商贩与商贩之间的交流、乡民与乡民之间的交流有机容纳在集市空间中。集市在乡村社会交往中扮演了重要的角色，是较为贫乏的乡村生活中为数不多的交往娱乐空间。

③ 文化民俗功能

乡村集市空间往往会体现所在区域的传统特色，尤其是在乡村旅游较为发达的成都平原，集市空间作为乡村旅游一张对外开放的名片，对于乡村形象塑造具有重要的作用，乡村集市空间的风貌、建筑立面、商品等都是地域特色的展现。并且，商贩为尽可能销售商品而展开一些诸如叫卖、展销、舞蹈、摊位形象等的营销手段，往往也体现了地方乡村民俗。

（3）乡村集市功能转型

随着城镇化的进一步推进，成都平原作为城镇化较为深入的地区，城市生活方式逐渐渗入乡村社会，城镇型商品零售业也逐渐在乡村兴起，对传统的乡村集市造成极大的冲击，传统的定期市场部分功能被场镇新型零售业所代替。此外，随着乡村振兴战略和成都平原乡村旅游的进一步发展，对乡村集市空间的营造提出了一些新的要求，乡村集市将会更多地面向广大国内外游客而不单纯是本地居民，因此如何促进现代乡村旅游发展和乡村振兴战略推进，将会是乡村集市空间规划设计的迫切课题。另外，互联网产业的发展和乡村居民收入水平的提高，人们对于商品的种类和市场服务产生多样化的需求，并且居民对于精神文化生活的需要也相应增加，而乡村集市空间也是文娱活动的重要载体，这就要求乡村集市空间由传统业态向多样化现代业态、单一商品交易空间向复合空间的有机转化。乡村集市空间的发展规划也必须要顺应变化转型，否则便会被时代所淘汰。

3）乡村集市的构成要素及布局

（1）乡村集市空间布局

乡村集市空间作为乡村公共活动空间之一，往往依附于场镇而存在，其空间分布形态必然受到集镇本身的影响。乡村集市空间的布局形态往往与场镇的布局形态密切相关。成都平原上的乡村场镇通常有棋盘街道网状布局（如龙泉驿区洛带镇）、环状布局、组团状布局（天府新区白沙镇等）、带状布局（如都江堰市柳街镇），其中尤以街道网状、带状布局居多。结合整个成都平原乡村集市的调查情况看，乡村集市空间大多布局在乡镇人口相对密集且日常活动及节庆日活动较多的地域、车行交通便利且有交通主干道便于运输的地域、临近乡镇政府所在地及临近乡镇的寺庙或道观等场所。此外部分乡村集市位于乡镇边缘，这类集市所在的乡镇一般不是区域核心，聚居地的政治中心职能通常不明显，或与周围乡镇的规模相比并无太大差异，且一般临近区域交通主干道，集市的部分空间位于交通高架桥所覆盖的灰空间内。在此类形态中，道路两侧的闲置地空间较大，且相距临近建筑较远，相关部门没有对此部分空间进行有效组织，因此适合乡村集市贸易空间形态存在。

（2）乡村集市空间构成要素

成都平原的乡村集市多为沿街巷布局或场镇周边集中布局，经过较长城市化的进程，乡村集市空间多改造为城市型集中式贸易市场（农贸市场），主要由建

图 5-48 红花村室内农贸市场

筑围合空间或者位于较大体块建筑的首层或者底层(后种类型主要位于城郊或城市化程度高的乡镇)而空间距离较远的地区还存在部分沿街巷布局的乡村集市。但无论哪种布局形式,集市主要的空间构成要素均包括出入口、通道、建筑、摊位、附属设施等形式。

集市出入口一般作为乡村集市空间主要形象展示和标识性的构成要素。集中式集市空间往往建筑围合或置于建筑内部,因此其出入口多为建筑式的大门或者牌坊式出入口,出入口构筑物相对比较简单(图 5-48)。街巷式乡村集市空间多没有明确的出入口标识,在部分乡村旅游较为兴盛的地区存有街巷入口牌坊等入口标识类构筑物。

集中式乡村集市空间通道主要是由出入口通道或内部道路构成,是由内部构筑物围合而成的线性空间,主要功能是内外连通和内部行人通行;街巷式集市空间由于多为占道经营,其通道多为场镇的主要车行道路甚至过境道路,线性空间形态往往比较平直,承担功能比较复杂,所以在其开集期集市内交通流线十分复杂。

集市建筑并不是位于高层商住建筑底层的乡村集市空间,集中式乡村集市空间围合建筑多为常见 2～3 层砖混多用途建筑,城市型乡村集贸市场通常由多层或高层建筑围合构成。集中式乡村集市空间内部多有改造过的顶棚,以钢结构立柱和钢结构屋架做支撑,屋顶铺设钢板或半透明钢化塑材,造型多呈坡屋面的外观(图 5-49)。此外,临街式围合乡村集市空间建筑物常见低层或多层砖混民居,在四川柳街镇、万兴乡、壮溪乡等地保存着部分传统的川西民居风格建筑。

图 5-49 洛带镇集市顶棚

集市的摊位一般按照《乡镇集贸市场规划设计标准》进行设计布置,主要形式为混凝土结构桌式摊面构筑物，两排摊位内部相对，在集市内部可能存在部分流动摊位点，无固定摊位构筑物。在临街乡村集市空间，一般无永久性摊位构筑物，多为临时摊位设施并以摊贩自身设置为主，但也存在临街底商的情况。

一般集中式乡村集市空间附属设施相对完善，配置消防设施、环卫设施、卫生间、停车位等。临街乡村集市无专用配套设施，与场镇街道设施共享。

4）乡村集市现状问题及影响因素

（1）现状问题

① 选址不合理

近年来，随着城乡一体化进程推进，调研发现部分乡村农贸市场选址在前期规划和使用者需求研究方面分析不透彻，缺少科学的评估和环境调查等问题导致乡村集市选址不合理，从而使集市运营无法获利，集中式集市空间失去活力。

② 集市内部功能分区及交通秩序混乱

乡村集市空间存在蔬果区、肉类区、干货、水产等九种分区（表 5-17），集中式乡村集市空间一般都会进行经营功能分区，但其无法将部分相邻的功能靠近或存在分区混乱的现象，一方面导致集市经营利益无法最大化，另一方面导致集市内部环境质量较差。临街式的乡村集市空间往往自发形成，无明确的功能分区。

表 5-17　集中式乡村集市分区等调查

序号	分区名称	消费者购买频率	购买量	污水污染	异味污染	环境状况	备注
1	蔬果区	高	较大	一般	一般	一般	—
2	肉类区	较高	一般	一般	较严重	一般	—
3	干货、佐料区	一般	较少	无	一般	较好	—
4	水产区	一般	一般	严重	严重	差	—
5	熟食区	一般	较少	一般	较严重	一般	—
6	畜禽幼苗区	较少	少	较严重	严重	差	部分无该区
8	百货区	较少	少	无	一般	一般	部分无该区
8	服装区	少	少	无	一般	差	部分有该区
9	其他区	少	少	无	一般	一般	五金、餐饮等

集中式集市空间存在停车空间缺乏的问题，导致内部空间人流或车流流线混杂，消防通道被汽车、摩托车、人力车占用，部分集市车辆随意进入，影响集市正常通行，从而降低集市品质。部分集市将停车区主入口设置在过境交通干线上，形成相互交通干扰及安全隐患。沿街集市多为人车混行，开集期间各种交通流线交织往往造成交通堵塞甚至交通事故。

③ 相关配套设施欠缺

建筑环境质量是场所得以建立、场所精神得以被感知的基础条件，环境心理学也指出，人的一切经验和行为得益于对外在物质世界的实践，人与环境是一种互动关系，空间环境质量既能提高人对场所的青睐，也能使场所使用者将其抛弃。这就需要从空间环境的刺激程度、空间物理环境（声光热）、空间的可视度等方面来讨论空间环境的客观属性，从客观层面研究人对空间环境的体验程度，找出空间环境质量设计的客观因素，并进一步设计出符合人们需求的质量空间。

调研显示，乡村集市空间使用者多为 45 岁以上中老年居民，但是乡村集市空间缺乏无障碍设施设计。此外，乡村集市空间是乡村人口流量较大的场所，目前存在消防设施不足问题，消防隐患极大。此外，乡村集市空间在通风、市政地面排水等基础设施设计方面都有所欠缺，夏季多雨时往往形成内涝，内部空间污染较大，环卫设施不足以满足集市人流需求。多样化的使用者对于集市的休憩及文娱功能提出更多的要求，而目前乡村集市缺乏休憩的空间。

④ 环境景观面貌较差

由于分区不科学或者交通组织不善及缺乏相关的环卫设施，导致集市空间内部环境质量较差，污水乱排、垃圾随意放置情况严重（图 5-50、图 5-51）。此外，除临街式集市存在部分行道绿化和居民自种植物之外，其他类型的集市基本无景观设施。乡村集市空间风貌缺乏地域特色，与外部乡村环境融入不足，没有充分融入本土文化，空间识别度不高，无法延续传统集市脉络。集中式集市钢架顶层体块规模较大，与周边底层现代砖混民居风格不协调。历史文化名镇（村）的集市也未能体现其丰富的历史文化特色和脉络。

图 5-50　垃圾箱欠缺

图 5-51　洛带镇商户排水

⑤ 乡村集市业态布局不合理

调查中发现，场镇或聚居点中大多数集市都出现较大规模的现代零售业（尤其是服装、电器等），但在许多乡村集市中仍存在传统集市的百货区或服装区，调研得知该区域的经营状况不佳，居民较少选择在乡村集市中购买服装家电等。此外，还存在百货区域和农副产品混杂现象，降低集市空间购买业态分布连续性，且由于随意的摊位布局也易造成严重的消防隐患和空间浪费（图 5-52、图 5-53）。

图 5-52　四川黄土镇集市服装区

图 5-53　四川白沙镇集市服装区与农产品区

（2）乡村集市空间影响因素

① 交通区位

一般状况下，集市空间都会分布在交通较为便利的位置。在集市购物属于生活中的必要性活动。集市空间使用者多为当地乡村居民，因此良好的可达性对于乡村集市空间的经营状况十分重要。靠近过境主干道或者较大规模新型乡村社区的集市往往效益较好。

② 经济条件

集市空间所在场镇以及乡镇区域的经济社会状况对于乡村集市空间的规划发展具有决定性的意义。距离成都市较近、场镇建成区规模较大的乡镇，乡村集市空间规模也往往较大且具有良好的配套设施，经营状况较好。此外，场镇规模越大，集市空间规划越大，其辐射的服务范围也越大。

③ 建筑设计

据研究发现城市区域中集市场所内部建筑、构筑物及景观设施的设计对于集市空间的经营具有重要作用，在乡村区域同样存在这一规律。内部建筑设计较为优良的集市空间，集市现状也较好。

④ 规划设计

具有科学规划设计的乡村集市空间，集市的内部布局、配套设施、建筑设计、整体风貌也较为吸引使用者。

⑤ 科技因素

互联网正改变着人们的生活观念和生存方式，智能空间、网络售菜等已经蔚然成风，无人菜市场将发生在可预见的未来。

5）四川都江堰市柳街镇集市空间

柳街镇集市位于成都市都江堰市柳街镇场镇，地处成都市西北部、都江堰辖区最南端，距成都市主城区约 40.8 千米。柳街镇辖区面积 47.29 平方千米，全镇总人口 3.96 万余人。南与崇州市观胜镇交界，北与都江堰市石羊镇接壤，西与都江堰市安龙镇相连，东与温江区寿安镇毗邻。

（1）集市布局形态

柳街镇乡村集市主要分布在柳街镇场镇中部，沿古天上街带形分布，在玉兰街、柳油街等形成次要摊位分布，在古天上街下段与柳油街交叉处布局一处小型集中式菜市场（图 5-54）。集市摊位主要为占道经营的临时摊及临街建筑铺面，集市起始于古天上街与诗香路交叉口南 100 米，止于古天下街起始段。集市所处古天上街红线宽度为 23～25 米，部分较窄位置约为 18 米，集市通常占人行道经营并与铺面形成 1～2 米不等的通道空间。柳街集市的开集日期为每逢

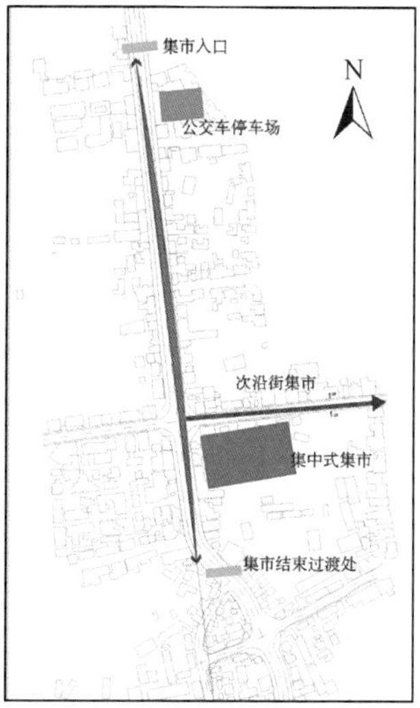

图5-54 柳街集市空间环境现状

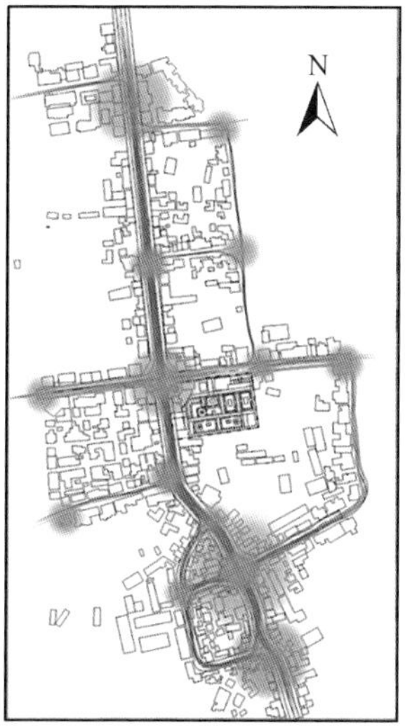

图5-55 交通流线及强度分析

图5-56 分时段人流分布图

公历日期尾数2、5、8日开集，节庆日集市人流量较大，空间占用率较高，集市的服务范围大约为该镇行政区域及临近的其他村庄。

沿街集市摊位主要分布在古天上街人行道，摊位与现代商业建筑间隔3～4米，与车行道路间隔1米左右。由于开集日人流量较大，摊位往往不能保证人行道通行，占道经营状况较为普遍。

（2）交通流线与强度分析

实地调研发现集市及场镇主要车行交通流向为南北向，布局在纵贯南北的古天上街、下街，东西向交通流线较少。交通量最大的地方位于集市中下段集中集市交叉口处，其他交通量较大的地方主要是各条街道交叉位置。沿街集市主要分布在中部古天上街，与主要交通流向冲突，在中部交叉口形成主要拥堵点（图5-55）。

开集日是9点到10点时间段，集市人流主要分布在集市南北入口，已经部分早起赶集的远村人流和早起买菜的场镇人口主要分布在中部集中集市附近；10点到11点为赶集人流高峰时间段，此时人流分散分布在整个沿街集市；11点至12点，人流布局较为分散，赶集人流开始撤离集市；12点至14点，赶集人流大部分都离开，此时集市人流主要分布在南北入口和西南部各个机动车停车场（图5-56）。

(3) 存在问题

① 交通秩序混乱无章

这类问题在成都平原地区乡村集市中普遍存在。柳街集市位于县级交通干道之中，日常车流量较大，多为通往青城山方向的旅游客车以及温江方向通往都江堰市内的客、货车。随着生活水平的日益提高，车流量逐渐加大。赶集时期人流量加大且流动缓慢，集市摊位占道经营妨碍车辆通行，尤其在十字路口及转角处，十分拥堵，集市整体空间交通秩序混乱，且车辆没有固定停放空间，随处占地现象严重，也对整体交通秩序造成了干扰。

② 环境景观面貌较差

柳街集市的基础环境相对较差，集市局部边沟积满垃圾和污水，路面上的垃圾并无处理和收集设施，当集市刚刚散去时，遗留的垃圾遍地，街道底层界面形象较差。主街上绿化空间较少，仅在集市周边有局部绿树及草地，整体景观环境需要统一设计，无论在赶集时或无集时都需要提升乡村集市空间的总体环境。

③ 配套设施不足

赶集活动带来周期性流动人口，包括本地的乡村居民、周边乡镇及市内的赶集者或商贩。在此空间范围内流动人口的数量远大于日常无集市时的状态，这部分使用者对于公厕及排污垃圾站等配套设施需求增加，在节庆时期带状柳街集市摊位长度加大，在柳街集市中并无与其配套的服务设施。

(4) 改造设计思路

成都平原乡村集市空间存在问题是只能“立于场镇”而不能真正“融于场镇”，创造良好的空间形态对于激活集市空间具有重要意义。集市空间更新应在保证原有集市风貌的基础上建设乡村集市与场镇互补融合的场所，并进行集市空间内部优化和外部空间设计。

① 设置“集市广场＋游憩公园”的集市空间节点

承载成都平原传统的乡村集市空间的街道或者集中式集市空间尺度通常较小，并自然形成盘曲转变、起伏错落的形态，在较为宽阔的转折区域和平台部分则由两侧的建筑围合形成空间节点。这些空间节点的存在可以给平淡冗长的带型集市空间带来多样性的变化，同时也为乡村居民提供了休憩交往的空间。相对而言，现代化乡村商业街道在空间变化与场所营造方面较为欠缺。通过局部地段空间改造设置微广场、小公园等空间节点，不仅可以打破由于线型街道空间、整齐划一的街道立面所带来的单调与呆板，激活场镇集市空间的活力，同时还可以大大提升乡村场镇的景观面貌。这些空间节点在非集日则可以作为乡村居民休闲、娱乐、交往的公共空间。

② 形成"沿街商铺 + 沿街流动摊位 + 集中市场"的商业形态

经过沿街式集市空间街道横断面的改造和集市空间节点的设置，即构成了"沿街民居式商铺 + 沿街流动摊位 + 集中市场"的乡村集市商业形式。这种商业形态有利于乡村集市空间的良性发展，促进集市商业空间与场镇生活空间实现有机融合，并使集市空间得到高效利用，此种商业形态不但能满足周期性集市应有的功能需求，同时也为乡村居民提供了充足的开放性公共空间；促进场镇的景观风貌得到实质性改善，并创造既充满浓厚乡土民俗文化又充分体现现代性特征的乡村场镇风貌。

③ 整合沿街集市，扩建原有集中式集市

设计首先考虑改变原主干道布局沿街集市的形态，改、扩建原有集中集市，并在集市北部街道设置沿街式集市，尽力保持传统乡村集市空间特色并避免对场镇交通造成过多干扰。集市入口空间设置在沿街集市入口附近，减少对主干道交通干扰，同时增加集市交通流向选择，增加新建沿街集市人流吸引力。在集市东北侧利用空地设置一处摊位设施停放处，保证无集日集市街道的正常交通和环境面貌。

④ 优化沿街集市摊位及建筑风貌

在集中式集市北侧利用现有街道布局及传统沿街式集市空间设施，开集日街道实行周期性临时交通管制，限制机动车通行。沿街集市全长约225米，集市设置带状分区，沿街集市仅布局特色的商品零售和其他一些不产生或较少产生环境污染的商品，各个不同功能分段布置（图5-57）。集市摊位设施开集日占道经营，在集市中部保留不少于5米的消防通道，禁止任何市场参与者占用人行通道。两侧建筑进行传统风貌的外立面改造，摊位设施采取传统木制或钢制可移动、可拆卸式摊位设施，方便集市参与者使用，即使在柳街集市无集期间集市街道空间也能够供其他使用者继续经营。提供多样化的集市摊位设施，增加乡村集市空间的吸引力。

图 5-57 沿街集市摊位布局及建筑风貌

⑤ 摊位集中布局

集中式集市摊位设施采用混凝土永久式摊位构筑物，并采用围合式布局，摊位底部设置部分配套设施及储物空间。集中式集市共设置 135 个集市摊位，按照相关规定，摊位构筑物 1.8～2.0 米进深、2.5～3.0 米长度，围合空间内部为摊贩留足经营空间，并保证集市至少保留 3 米的通道空间。

⑥ 空间景观及重要节点设计

入口空间设计，如以北侧沿街集市西侧作为入口空间，在入口道路交叉处设置柳街乡村集市的名牌标识，清晰明确地表达所代表区域的功能，在不占用过多空间的同时可以起到界定作用，并且让标志性构筑物成为场镇景观一部分。在无集市时可以对柳街特色集市空间起到宣传和推广作用，即使在无集日时期集市空间也能够吸引人流量。集中式集市入口结合人行通道简单设置构筑物作为空间的界定，建立集市外部空间的秩序，在集市入口处形成较为优良的小广场景观系统。开集时可作为集市人流疏散空间，无集时亦可以作为乡村居民休憩交流的公共空间。

⑦ 集市休憩空间设计

在不干扰集中式集市内部交通流线情况下，在集市空间内部设置一处景观游憩广场，布局景观设施以及休憩设施，如绿植、室外座椅、人行铺装等。可以在开集日为集市使用者提供交流和休息空间，在无集日可作为场镇居民的公共空间。在集市内部设置多处绿池、特色行道树等，辅以各种廊架、特色铺装材料等构成丰富的集市景观系统。在集市外部，利用集市与建筑构成的局部空间，设置多处节点小型广场，作为公共空间供集市参与者使用。

⑧ 改进配套设施

首先是停车设施改造。一是机动车停车设施改造。针对柳街集市普遍的路边停车现象进行改造设计，禁止在北部沿街集市路边停车，并在西南侧设置一处集中式公共停车场，停车场采取对向双排停车，可容纳 40 辆，停车路面采用绿色环保透水材质并可以种植部分低矮草类植物，并与北部集市做景观连接，保证司机能够直接进入集市空间。二是非机动车停车设施改造。据调研结果显示，非机动车为柳街集市赶集者主要的交通工具之一，并且柳街集市无序的非机动车停放现状也对乡村集市空间面貌及交通安全造成了较大影响。因此规划设计在集市部分沿街设置临街集中式的非机动车停车区，并在停车区设置部分配套景观设施。此外，利用部分建筑角落空间设置脚架式自行车停车设施。规范化的非机动车停车场设置有利于改善集市空间风貌和景观环境。

其次是防火设施改造。集市空间按照相关消防设计规范和场镇规模进行集市消防空间设施规划设计，每 50 米设置一处消防设施，整个场镇设置一处消防站。沿街集市设置 4～6 处消防栓，商铺及较大消防隐患摊位设置消防器械，集中式集市内部设置 4 处消防设施，并设置一处储水式消防泵站，以保障整个集市和场镇的消防安全。

再次是排水设施的改造。目前集市缺乏科学的排水系统，存在污水乱排、雨水内涝等诸多问题。改造方案中，增设、拓宽沿街两侧的排水沟渠，集市商贩也可以利用排水沟渠的设施布置绿植。集中式集市内部也设置完整的排水沟渠系统，并使雨水能直接排入绿化植物底部。沿集市摊位主要采用 40 厘米×40 厘米尺寸梯形及矩形边沟，并采取钢制上盖。

最后是无障碍设施设置的改造。考虑老年人及残障人士使用，集市入口及人行道应尽可能采用“牛腿”式出入口，平石沿人行道边向前延伸，侧石下降 1～2 厘米。斜式铺装路面应用到多个人行通道节点，便于儿童车、轮椅及残疾人通行，并避免各处铺装间的过高梯步及坡度。

第6章　四川乡村调查地区人居环境

从地理学视角看，人居环境包括全球、区域、城市、社区（村镇）、建筑五大方面；人居环境优化分为宏观、微观两方面；城市人居环境的地域层次分为微观（住宅、邻里）、中观（社区）、宏观（城市）三方面。本章借鉴城市人居环境在地理学视角地域层次上的划分[56]，并按照吴良镛先生对人居环境的界定，把乡村人居环境看作自然、空间和人类构成的有机整体，从宏观——县域人居环境、中观——村落人居环境、微观——近接居住环境三个层面展开研究[1]。

宏观——县域人居环境，是指村落生长的整体环境，调查研究目的是满足村民更高层次的生产、生活需求及保障乡村整体环境的适宜性、安全性等。主要包括县域自然地理环境、人文社会环境以及外部政策环境三个方面。自然地理环境为乡村人居环境搭建基础物质平台，是与农户活动息息相关且客观存在的地理空间，影响并制约着乡村空间布局、景观风貌以及村落发展等；人文社会环境构成乡村人居环境的社会交往空间，包括传统习俗、制度文化、行为活动方式以及人口流动等；外部环境对于乡村人居环境建设产生重要影响，例如区域产业发展能够有效改善村民生活水平，外部环境包括政府政策、投入资金、区域产业以及规划措施等。

中观——村落人居环境，是村民社会活动的主要环境，强调村庄个体，村民行为活动包括农业生产、学习、通勤、日常生活用品购买及常见病的治疗，村民个体活动形成的同时促使社会群体性的村组织形成。村落人居环境包括村落空间形态、基础设施以及生态环境三部分。村落空间是乡村生活的载体；基础设施是乡村人居环境的支撑系统，村民生产生活的基本保障，是推动乡村经济发展、促进乡村生活现代化的重要措施；生态环境则是乡村公共空间环境品质的直接表现，直观地反映乡村人居环境的生态面貌。

微观——近接居住环境，是指以住宅为核心，影响人类情感和活动的近人尺度空间，包括住宅和邻里人居环境两个部分。人是社会中最小的基本单元，而住宅则是人日常生活最重要的地方，农户改善居住环境的首选往往反映在住宅及院落环境方面的建设。由于农户自身收入、审美差异以及政策影响，县域间乡村住宅建设存在明显差异，且县域村落内部住宅也同样存在前后错落、建筑质量参差不齐的情况。通过分析各县域近接居住环境质量，包括户均住宅建筑面积、建筑层数、住宅内部布局、邻里环境以及村民满意度等，可以了解乡村近接居住环境特征、存在的问题、产生这些差异的原因以及村民的意愿。

6.1　县域人居环境

6.1.1　自然地理环境

本书研究的典型地区所处的自然地貌包括平原、丘陵、高原。郫县地处川西平原腹心地带，彭山区地处川西平原南缘丘陵区，三台县属川中丘陵地区，苍溪县位于四川盆地北缘深丘，都属亚热带湿润气候区，气候较为适宜；布拖县属亚热带滇北高原气候区，气候呈立体型，即“一山有四季，十里不同天”，日照充足，灾害频繁，主要有暴雨、泥石流、寒潮等自然灾害。

郫县属新华夏构造体系的第三沉降带，除浅丘为老冲击黄泥粘土层，下覆紫色砂岩和砾岩以外，平原地表皆为岷江新冲积灰色水稻土细沙粒泥层，下伏洪积物黄泥层或黄泥夹沙层，适合多种农作物生长。郫县地势由西北到东南呈现逐步下降趋势，相对高差为 121.8 米。境内除西北角为浅丘台地外，其余均为平原地区，平面略似一只五指并拢、由西北伸向东南的手掌，具有“大平小不平”的特点。

彭山区境属四川盆地与川西北丘状高原山地过渡地带前缘，地处古隆中新陷雁行褶皱带内，“东西被龙泉山和总岗山断裂所挟”，地表覆盖砂卵石填筑层，地貌单元属崛江水系一级阶地[57]；彭山区地势西北高、东南低，东西两边的地形为低山丘陵，中部为平原。岷江由北向南纵贯境内，构成中部冲积平原，中部为开阔的平坝区，占总面积的 32%。

三台县大地构造分区为扬子准地台之川中台拗、台拱新华夏系第三沉降带四川盆地川中褶皱带旋扭构造，境内全由褶皱构造组成，无地质断层；三台县境内海拔高度在 306.2～672 米之间，全县平均海拔在 450 米，地势倾斜，北高南低，地形以平坝、丘陵为主，次为低山，山多为圆锥状、长梁状和驼背状，谷坡多为阶梯状。

苍溪县境内以白垩系下统苍溪组分布最广，占总面积的 82.7%。县内发育的滑坡集中分布在残坡积、崩坡积碎块石土较为发育的斜坡地带，崩塌主要分布在巨厚层砂、泥岩互层的岩体组成的斜坡地带[58]；苍溪县地貌由河谷平坝、低山及深丘构成，地势东北高、西南低，海拔在 284～1 338 米之间。

布拖县在康滇南北向构造体系终端的凉山褶皱断裂带上，由一系列南北走向的断裂带组成，向斜褶皱紧密，八度地震烈度区，在大地构造上，位于扬子块体周缘盆山变形构造系统的西缘，属于滇东楚雄盆地及小江剪切走滑的盆山前陆复合构造的北部[59]。布拖县境内地势西北高、东南低，从西北向东南形成倾斜面，山脉纵横，小溪交错，为山地地貌，海拔由 535 米到 3 891.2 米，形成中山深切割地貌，分为低山地貌、中山地貌和中山山原地貌，且以中山山原为主，其地貌特点可概括为："三个坝子四片坡，两条江河绕县过，九分高山一分沟，立体气候灾害多"。

目前，苍溪县森林覆盖率最高，接近 50%，郫县最低，为 15.09%（图 6-1），森林覆盖率的高低影响土壤肥力及空气环境条件。调研结果表明，认为郫县、彭山区气候宜人的村民占多数；少数村民认为调研县域有干旱的情况，例如苍溪、三台县易发生干旱、洪灾，但整体环境较为宜人；而村民认为布拖县灾害多，砂石、泥石流、冰雹、暴雨时常发生（图 6-2）。比较之下，郫县、彭山区地理环境条件优越；三台、苍溪县次之；布拖县最差，自然环境条件恶劣。

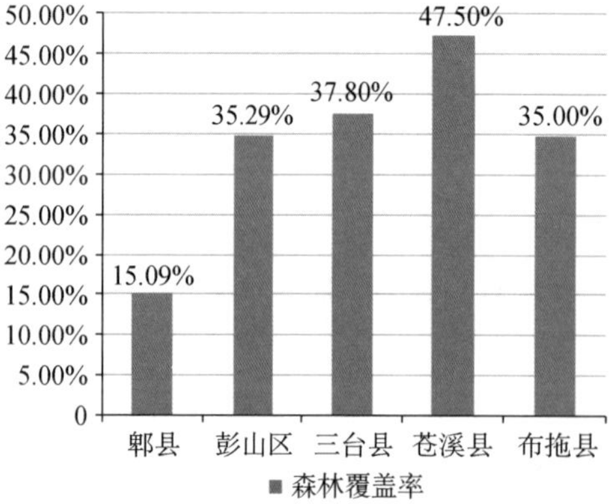

图 6-1 调研典型地区各县森林覆盖率

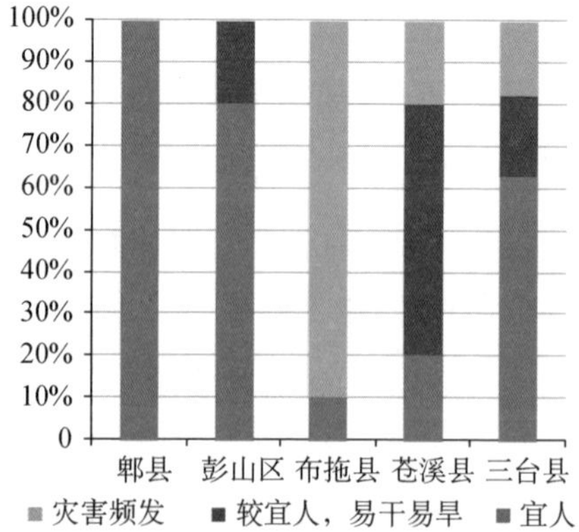

图 6-2 调研地区村民认为气候适宜度

6.1.2　人文社会环境

虽然城镇一体化、经济发展促进村落之间交流和人口流动，但是从社会文化心理学角度来看，村落所凝聚的群体记忆是人们世代生存繁衍所共享、传承并一起建构的，不论是物质的还是非物质的，都是由于村民的意愿或时代洗礼而变成群体记忆的遗产，并进一步构成乡村人文社会环境。[60]村落群体记忆是乡村真正的灵魂，它促使乡邻之间同族、同亲，是吸引外出务工者渴望回流的动力。无论村民流向何方，当地的民俗、宗教信仰等传统观念仍灌注在他的身体之中，并影响着村民的行为与观念。人文社会环境的加强与改善有利于乡村社会结构合理化，有利于政府在乡村实施及开展相关的振兴与发展政策。

1) 人文历史环境

郫县、彭山区、苍溪县、三台县以及布拖县人文历史厚重，各具特色。丰厚的人文历史文化为村庄的旅游行业发展奠定良好的基础，例如郫县三道堰镇青杠树村、彭山区刘家院子等。郫县是古蜀文明发祥地，迄今有2 300余年历史，有鹃城、古城遗址、唐昌文庙等历史遗迹，望丛祠是世界蜀人祭祖的圣地；彭山区武阳茶市遗址，是中国古代最早的茶叶市场，境内还有养生文化、长寿文化盛行的4A级以上景区彭祖山、李密故里等；三台县名胜古迹众多，已发现旅游景点有150余处，国家和省、市、县保护单位有57处，最负盛名的有先秦时期古郪国遗址、鲁班湖、云台观、梓州杜甫草堂及大佛寺等历史、人文景点，有彩莲船、磨刀会等民俗文化；苍溪县西武当山、少屏山为中国古代道教及佛教圣地，是红色革命老区，有“玉女凿溪”等神话传说和川北灯戏、唤马剪纸等民间艺术；布拖县是2015年课题调研中唯一一个特色民族地区，是彝族阿都文化保留最原始、最完整的彝族聚居区，也是“火把节”的发源地，拥有丰富的民族文化资源，包括节庆文化（火把节、彝族年）、宗教文化（毕摩、苏尼）、民风民俗、民间艺术、服饰文化及饮食文化等。

通过调研发现，祠堂庙宇和传统民居是村庄特色的关键，但是村民对于物质文化缺少认识，除布拖县调研村民大多认为村中没有有价值的东西外，其他县的村民对传统文化、工艺等非物质文化认可度较高，部分还提到传统农具和一些传统节目值得传承(图 6-3)。在调研绵阳市三台县尖山村时候,村委会干部特意展示过去每逢春节舞龙的道具,非常遗憾地表达现在乡村年轻人口流动性大,已经几年没有再舞龙了(图 6-4)。

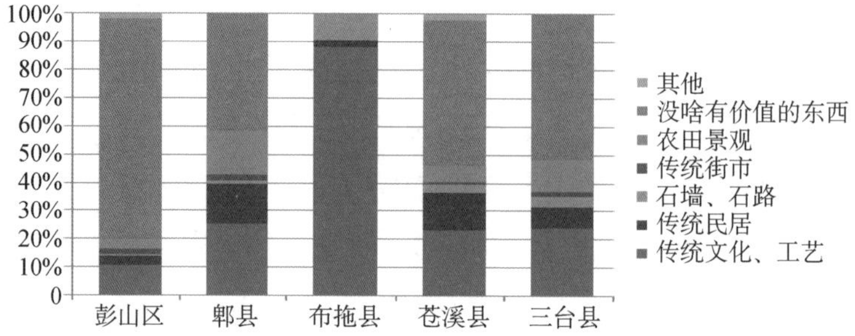

图 6-3　调研村民认为村庄最需要保留传承的文化占比

图 6-4　绵阳市三台县尖山村村委会储藏间舞龙道具

2) 社会环境

传统的乡村社会以农业生产为基础,乡村社会的基本单元是农户个体,乡村中社会成员趋于同质,家庭、邻里关系在社会关系中扮演重要的角色并占据重要的地位,传统的习俗在农户思想文化、日常生活及人际交往中发挥着重要的作用,并且主要依靠"礼治"来维持运转。自秦以来,巴蜀地区就一直是个移民社会,到明末清初"湖广填四川"时更甚,这种移民文化使得血缘关系有所削弱。同样,建立在小农经济基础上的四川社会,重"道"且追求自由,顺应自然并讲究生活的闲适,使蜀民在独特的地理条件下形成了追求安逸、悠闲自在的生活理念。这种小家庭分家独居且在当地择地建居,为村落和谐环境氛围的营造打下了良好的基础。在调研中发现村民大多是同一姓氏且有着一定的血缘关系,许多村民选址建居时都保留着这一习惯,村中能人在外面有所发展后会带着村里人出去工作,他们认为同村人出去工作可以节约磨合时间，用更多的时间高效地完成工作。

调研中将人际关系分为很好、较好、一般、较差、差，分别对应 5 分、4 分、3 分、2 分和 1 分，由村长对其村落人际关系进行打分，发现村落人际关系都较好，平均 4.28 分，其中布拖县最高，彭山区最低（图 6-5）。这是因为彝族人比较团结，文化观念比较一致，每年一次的“火把节”盛会将他们聚集一起，增强了凝聚力。只要到了这一天，不论外出多远，彝族人都会回家过年，加深相互之间的感情交流，但是对外来人员往往抱着较为排斥的态度。调研发现，91％的村落都有能人，例如种植技术能手、营销大户、农家乐以及建筑经商包工头等，且能发挥作用的占 71.43％，基本能够带动村内经济发展，这是由于大多村民都极为重视家乡发展并愿意回乡投资建设。当前 76％的村干部认为村内年龄结构不合理，随着社会的发展，乡村向城市的人口流动速度加快，儿童、老人以及妇女留守在家。其中 52.2％的村民认为这种不合理的年龄结构已经影响了村庄的健康发展，一方面因为领导干部大多是老年人，思想保守，对待新鲜事物的接受能力较差；另一方面是由于劳动力不足，土地闲置，经济跟不上。63.04％的村庄存在村民自治组织或村民自发团体，其中绝大多数是文化娱乐方面的村民自发团体，有少数村落存在村民自治工作组织，负责村委会的监督工作。

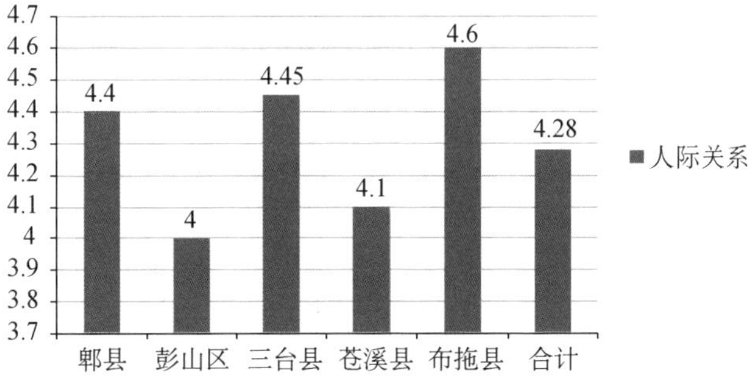

图 6-5　调研县人际关系状况(5 分制)

6.1.3　外部环境

在乡村形成与发展早期，人居环境的形成多是一种自下而上的过程。当前，我国新乡村建设大多是在政府主导下进行，属于自上而下的过程。土地流转、环境保护、政治经济等制度及乡村规划均与乡村人居环境建设水平密切相关。随着城镇化的快速推进，这些村庄系统之外的其他组织力量逐渐渗透并影响乡村人居环境建设，打破乡村内部长期形成的相对封闭、僵化的平衡态，引起农户居住、就业、交往等空间行为的改变，并最终引起乡村人居环境系统的变化。

1）政府相关政策

国家包括四川省出台一系列关于新农村建设及改善乡村人居环境的相关意见、政策以及资金投入，主要有危房改造、扶贫工作、环境治理以及乡村基础设施工程等方面，各县都在进行新村建设，但投入实施力度不同，建设情况不一。

郫县主要通过启动“小组生”林盘改造项目，彭山区主要通过百村绿色家园工程，三台县推行“五改三建”工程、苍溪县通过全域村乡村旅游、布拖通过彝家新寨建设改善乡村人居环境（表6-1）。调研发现，各村落财政拨款力度不一，有些高达几千万元，有些仅几万元，而村民对于政府给予一定支持，大多表示愿意参加到美丽新村建设中。而实施政策、投入资金较大的村落在人居环境建设上与其他未进行规划建设的村落相比，设施完备，人居环境较好，村民满意度高，例如郫县三道堰镇青杠树村、彭山区牧马镇莲花村、三台县景福镇营盘山村、苍溪县白鹤乡柳池村以及布拖县特木里镇民主村。

表6-1 2015课题调研地区有关乡村人居环境方面的政策

地区	相关政策
郫县	《郫县深化农村产权制度改革》《郫县社会主义新农村规划建设管理实施细则》《郫县城市总体规划修改方案（2010—2020）》《成都市郫都区土地整治规划（2016—2020年）》《成都市城建攻坚十年（2016—2025）规划》《成都市郫县村级治理实施方案》《成都市郫都区“乡村振兴·巾帼引领”行动计划》，“五市十县百镇千村环境优美示范工程”、“小组生”微新村建设，乡村新型社区建设，林盘保护利用整治，市级示范点建设，土地综合整治等
彭山区	《关于实施“256”工程建设彭山幸福美丽新村的实施意见》《彭山区新农村建设成片推进示范区总体规划》，四川彭山经济开发区建设，成眉工业集中发展区建设，全国第二批农村改革试验区，重点镇建设及传统院落民居保护工程，百村绿色家园工程
苍溪县	《苍溪县城市总体规划（2010—2030）》《苍溪县2006—2020年新村建设规划》《苍溪县猕猴桃产业发展总体规划（2013—2020）》《苍溪县养殖水域滩涂规划（2017—2030）》，2014年全县新启动55个幸福美丽新村建设，全域村乡村旅游
三台县	《三台县城市总体规划（2010—2030）》、《三台县城市总体规划》修编，推行农房“五改三建”，永新、涪江两轮省级新农村示范片，建成涪城村、五柏村等15个幸福美丽新村

（续表）

地区	相关政策
布拖县	《四川省布拖县县域镇村体系规划和布拖县县城总体规划(2016—2030)》《江油市对口帮扶布拖县脱贫攻坚2016—2020年工作规划》《布拖县木切勒黑山饮用水源地保护区划分》《布拖县农村人居环境整治三年行动实施方案》;2011年起,投入资金7.06亿元,建成90个村彝家新寨建设;2015年建设11个村,投入资金10 437万元

2）区域产业发展

区域产业发展影响乡村人口流动，有助于改变乡村现有不合理的年龄结构，破除产业、区域、要素资源等关联互动障碍，增加村民及县域财政收入，带动乡村经济发展，促进产业链拓展延伸，从而进一步提高乡村人居环境建设水平。

郫县高端产业聚集，形成“一镇一港三园一总部”的产业布局，即菁蓉镇、成都现代工业港、川菜产业园、智慧科技园、小微企业创新产业园以及建筑业和房地产总部基地，吸引了中软、中航、万达、法国迪卡侬等国内外知名企业。彭山区为“省级知识产权示范试点园区”，有西南最大元明粉产业基地、青岛海尔、联合利华、青龙国际物流园、恒大·金碧天下“三大中心”、养生养老服务业等，是全国第二轮深化乡村改革试验区，确定岷江现代农业示范园彭山区域为乡村改革试点区。三台工业园区是省级中小企业创业园区，由两江工业集中区和芦溪工业集中区组成，主要发展纺织业、食品医药、机械制造及能源化工。苍溪县主要发展旅游业，建设全省天然气综合利用基地、清洁能源基地、全国最大的猕猴桃加工基地以及川东北特色农产品加工基地，如广元天然气化工园、紫云工业园、肖家坝科技工业园以及天新现代农业园区等。布拖县主要发展农业和物流业，有现代农业示范基地、华能补尔、乐安、火烈风电扩能、昌运建材等企业。

相比之下，郫县、彭山区域产业发达，苍溪、三台县较弱，布拖县目前工业农业园区建设不发达。调研过程中，在工业发达县域，周边村落村民大多白天在此就业，晚上回村，乡村人口结构逐渐合理。

3）城镇设施建设

随着信息科技的迅猛发展，城乡来往越来越快捷，城镇、乡镇设施建设的完备程度影响村民满意度水平(图 6-6、图 6-7)。如乡村教育设施以及医疗卫生，多数家庭儿童在城镇就读，看病就医多在城市、乡镇。调研中 80%的儿童都在除本村以外的乡镇、县城或市区内读书，且住校学生占多数，家长需要花很多时间来回接送，这种就读模式增加了乡村家庭的负担并给生活造成了极大不便，影响农户日常生产活动。

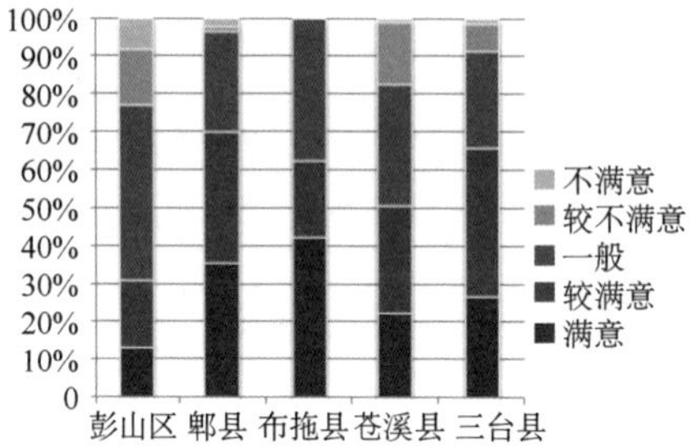

图 6-6　典型地区各县镇卫生院满意程度

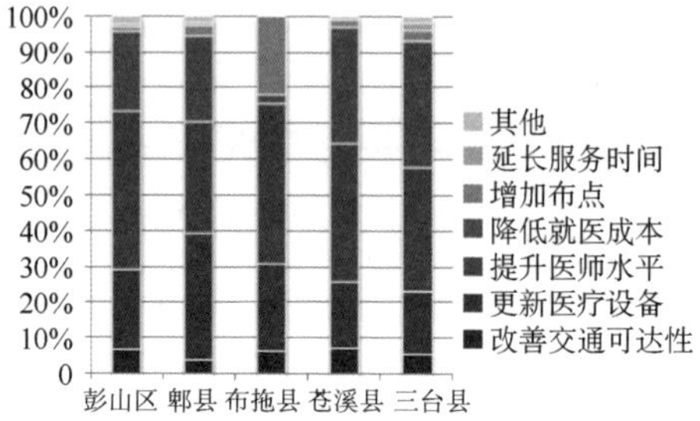

图 6-7　典型地区各县镇卫生院最需改善方面

各地城镇建设发展情况不一。郫县发展建设最早，目前已开通地铁，2016 年基建总投资 18.6 亿元，城镇化率为 52.51%。彭山区 2015 年投入 10.1 亿元进行市政工程建设，乡镇建设投入 2.59 亿元，大力实施重点镇和安置区建设，城镇化率为 51.26%。三台县已有 9 个镇完成总规、详规编制工作，芦溪、西平两镇纳入 100 个示范镇，开建 9 个场镇生活污水处理厂，城镇化率为 34.6%。苍溪县以完善城镇功能为重点，推进副中心城镇、重点镇建设等，城镇化率为 32%。布拖县实施系列城市建设项目以及公共服务设施建设项目，例如教育园区、食品药品工业集中区、城市生活垃圾处理、垃圾污水处理厂、乡镇农贸市场改造等项目，投入 270 万元维护县城路灯并完善都寨大道绿化，投入 3 000 万元建设县域垃圾污水处理厂，着力抓好城市绿化美化亮化工程，城镇化率为 18.48%。

通过调研发现，村民对近几年乡镇的建设比较满意(图 6-8)，各县村民认为乡镇主要缺少大超市以及公园等休闲散步的地方，高档餐厅及网吧不是特别需要，部分还提到需要增加银行、停车场(图 6-9)，调研过程中发现场镇乱停车现象严重，村民多靠路边停车。

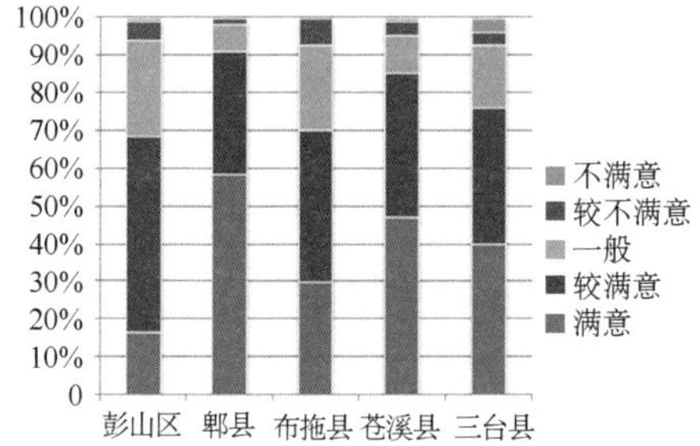

图 6-8　典型地区村民对乡镇建设满意度

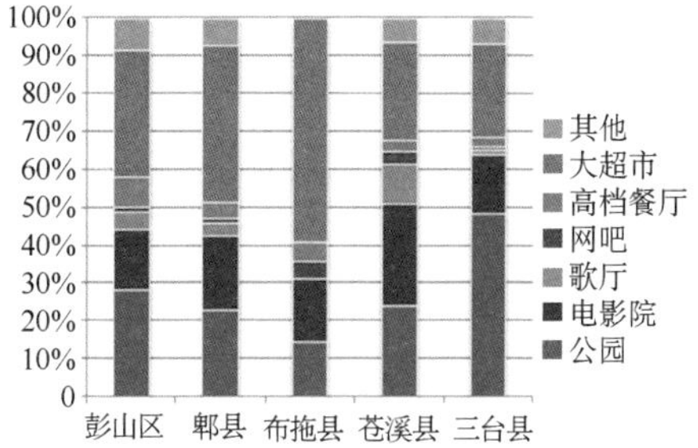

图 6-9　典型地区村民认为乡镇缺少设施

综上所述，自然地理环境、人文社会环境和外部环境共同构成乡村人居环境的大背景，是乡村人居环境发展的基底，是生态环境基底形成的最初分异和地域性特色产生的原因。地理和人文资源及禀赋要素为乡村人居环境建设提供发展基础和地域产业开发的路径，而区域产业发展、政府投入等外部环境显著提高了乡村人居环境的品质，自然环境条件通过影响人工建设的成效以及人文社会环境通过影响村民生产生活方式进一步影响村民满意度。

地形简单、地势平坦为郫县和彭山区乡村的建设发展提供良好的基础，而深厚的历史农耕文化则为其发展提供更多可能，形成郫县、彭山地区独特的川西林盘文化；浅丘地区的三台县以及丘陵地区的三台县则形成独特的“农田—居民点—山地”的秦巴文化；地势复杂、自然灾害多使布拖县的发展受阻，但历史悠久的彝族文化为其发展提供良好的文化基础。天府新区之一的彭山区以及成都西部卫星城郫县在良好的区位政策等优势下发展速度明显快于其他县，近几年布拖在政府大力支持下城镇乡村面貌发生了明显的改变。

6.2　村域人居环境

6.2.1　村落空间形态

村落空间的自然环境条件是形成村庄空间基底的最初分异和地域性特色产生的主要原因。村落空间的发展首先要顺应自然环境条件，而经济社会的发展加速村庄空间的演化，新乡村建设政策的实施进一步改变乡村人居空间，村落空间布局整体上朝着集聚的方向发展，村庄地域特色受到不同程度的破坏。

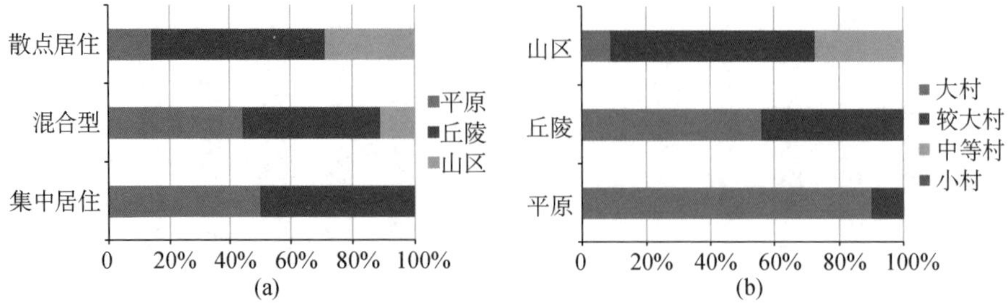

图 6-10 不同地貌调研地区居住模式、乡村规模占比

1）自然环境塑造村庄多样化空间形态

村庄形成初期，受生产力发展的约束、自然条件的限制、村民对交通便利的要求以及对山水自然的亲近态度，使村民在村庄选址、布局上常尊重自然环境，自由发展，塑造出多样化的村庄空间形态。郫县、彭山区地势平坦，气候宜人，水系发达，形成极具川西特色的田园风光，村民单家独户或几家聚集，规模较小的聚落呈线性布局，较大的形成半围合或围合的复合布局，这种随田散居的林盘分布形成集生产、生活和生态为一体的独特复合型乡村聚落形态。三台、苍溪属于丘陵地区，空间布局多顺应山体，沿等高线分布，在立体空间上呈现垂直林盘特征。而布拖县属山地地区，地势复杂，集中分布在山地平原区、峡谷区或零星分布在山地平坦区。根据地质高程图将典型县域村庄地形分为平原、丘陵和山地三类，平原地区地势平坦、气候宜人、地质灾害较少，村落选址自由，规模较大，易于扩张，村落分布较为密集，多呈现川西林盘特色；山地地区则由于地势起伏较大、地质灾害较多，耕地破碎，村庄规模较小，多依山顺势并与自然充分结合；而丘陵地区则介于二者之间（图 6-10，表 6-2）。同时，调研中发现村落空间分布多自由灵活、因地制宜，与耕作半径、生产方式密切相关。

垂直空间上，平原地区呈现出住宅、农田以及河流在同一平面的格局；丘陵地区村庄分布在丘陵间的洼地边沿处（图 6-11），稻田和水塘分布在丘陵间的洼地里，部分果树林、玉米、棉花和花生等经济作物种在丘陵的山坡上，农田、鱼塘、村落、远山交相辉映，呈阶梯状分布；而山地地区村庄住宅多分布在山地间的洼地边沿处，稻田和水塘分布在山间的洼地里，部分果树林、玉米等经济作物种在山坡上，部分建筑在山腰和山顶的平坦处（图 6-12）。

表 6-2　调研县不同地貌村落空间布局形态[①]（Google Earth 影像图）

		Google earth 卫星图片	住居二维提取		Google earth 卫星图片	住居二维提取
平原村落布局	1			3	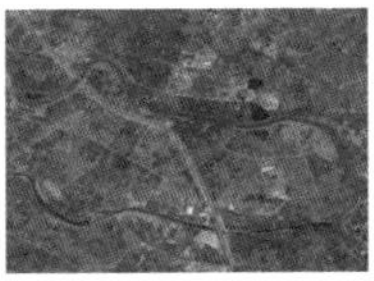	
	2	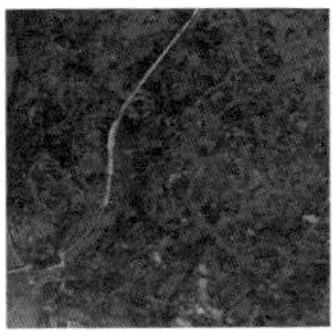		4		
丘陵村落布局	5	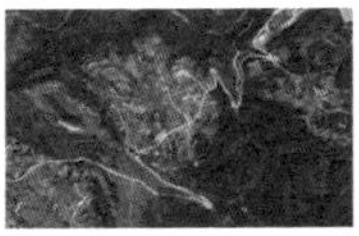		7		
	6	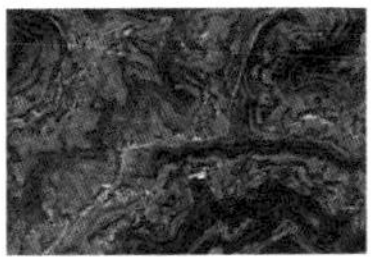	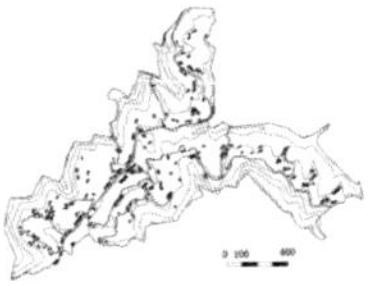	8	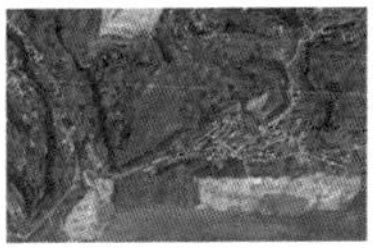	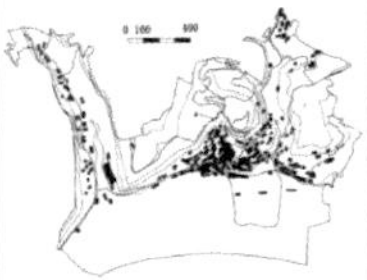
山区村落	9	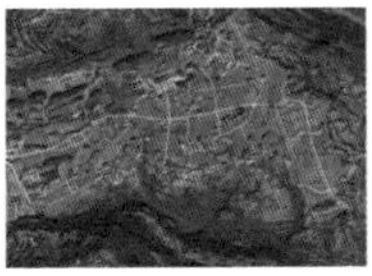	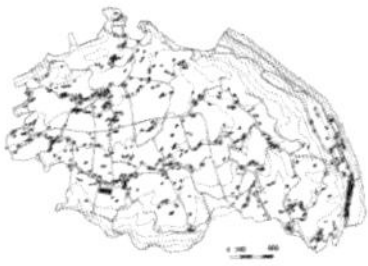	11	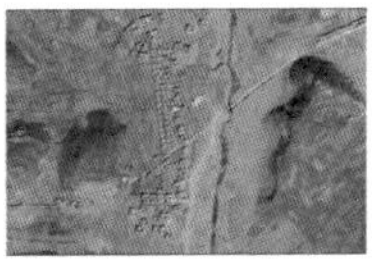	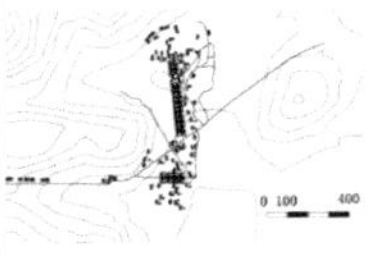
	10	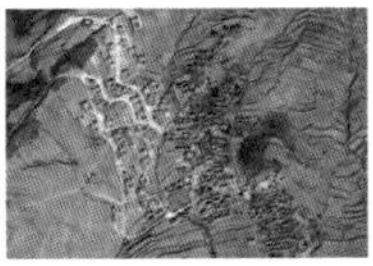	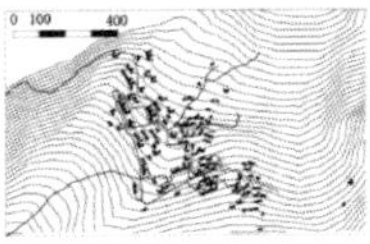	12	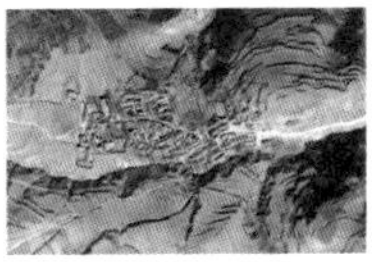	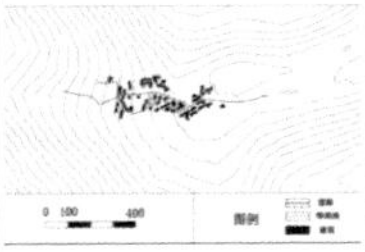

① 编号：1. 郫都区三道堰镇青塔村；2. 彭山区牧马镇天宫村；3. 郫都区三道堰镇青杠树村；4. 彭山区牧马镇莲池村；5. 苍溪县雍河乡桃园村；6. 苍溪县歧坪镇杨家桥村；7. 苍溪县白鹤乡鼓子村；8. 苍溪县陵江镇金斗村；9. 苍溪县白鹤乡柳池村；10. 布拖县美撒乡俄觉村；11. 布拖县补洛乡泰机乃村；12. 布拖县木耳乡布柳村。

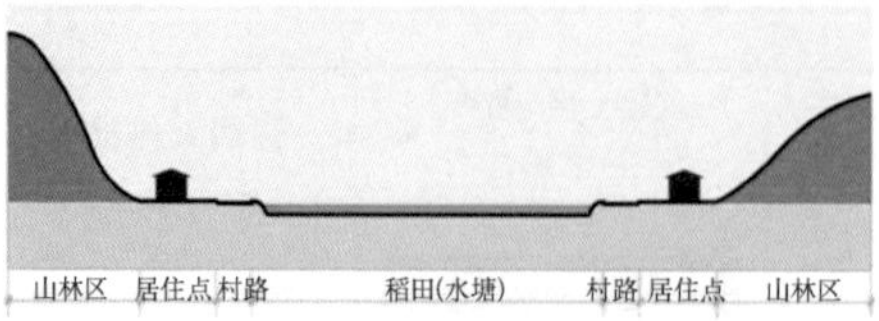

图 6-11 丘陵地区垂直空间布局示意

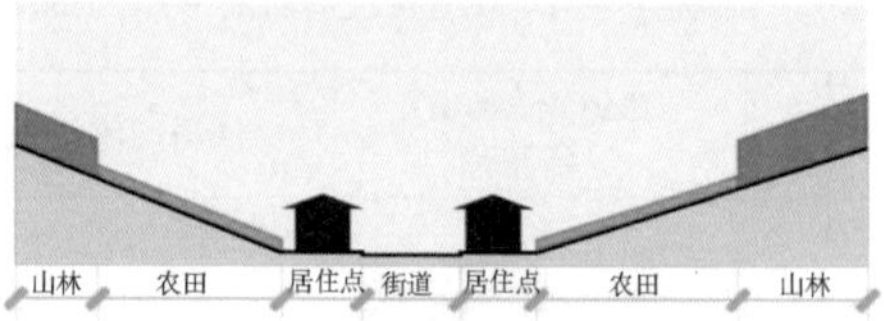

图 6-12 山区垂直空间布局示意

2) 经济发展加速乡村空间形态演变

随着城镇化进程的快速推进、社会经济及生产力的发展使得人们改造自然的技术日渐精湛，自然要素对于村落空间形态限制逐渐减弱，人为要素如交通、经济发达程度以及距离中心城市远近等成为影响乡村空间布局的重要因素，村庄“山”“水”“田”“园”的自然肌理逐渐模糊，住宅由散居点状布局变为沿道路线性布局或成团面状布局。在同一地域条件下，距离城镇的远近、交通便捷程度以及经济发达程度都决定着村庄空间形态改变的大小，距离城镇越近，交通、经济越发达，相应的村庄规模越大，集聚程度越高，受自然条件限制越小；距离城镇越远，交通、经济越欠发达，村庄规模越小，布局相对传统自由、灵活分散(图 6-13)。

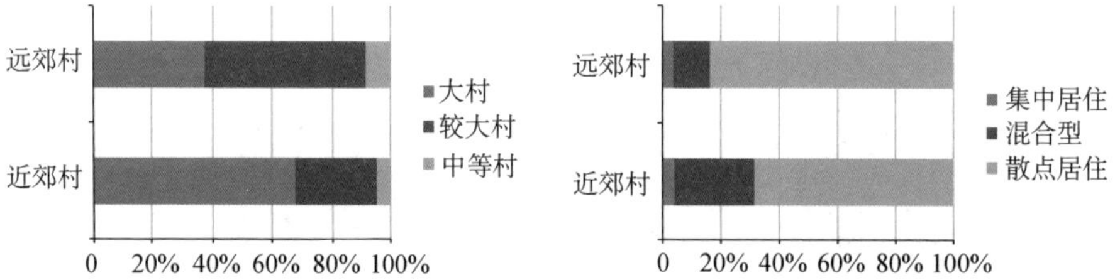

图 6-13 距离经济中心不同区位农村规模、居住模式对比

3) 新乡村建设重塑乡村空间形态

在乡村建设日渐受到关注的情况下，一系列乡村规划、乡村政策的实施以及“新农村综合点建设”“集中居住”“中心村、一般村”以及“彝家新寨建设”等乡村试点工作的推进，以政府为主的外部力量正在成为乡村空间重塑的主导力量，相应的自然环境以及村民自建等力量在削弱。

郫县通过小城市和特色镇建设工作以及“百镇千村”项目带动美丽乡村建

设，以“小组微生”的规划理念，建设具有川西民居特色的新农村综合体，形成示范镇村。彭山区完成了通过旧村改造、微田园建设、传承历史和文化保护以及农业旅游观光为主的幸福美丽新村的规划设计、百村绿色家园工程。三台县推进统筹城乡示范区建设，通过示范新村成果，突出田园特色、产村相容，推进幸福美丽新村建设，新建文化院坝，建成永新、涪江省级新乡村示范片。苍溪县以乡村旅游及现代农业园区建设为基础，整村连片推进新乡村建设，以“户办工程建家，三村建设连片”为内容的“百村万户”生态小康新乡村规划，鼓励适度集中居住，建设乡村新型社区。布拖县 2011 年启动彝家新寨建设，以“新农村百村示范点”作为推进新农村建设的有效举措，使乡村面貌焕然一新。

在此背景下，乡村集中居住程度不断提高，土地得到集约利用，农户居住环境得到极大改善，但这种大规模的新村建设使乡村朝着“城市化、一样化”方向发展，片面追求高效、居住条件改善，缺乏对乡村深入了解，使得各地的村庄部分格局风貌愈发相似。但在这种情况发展下，也有不少规划师走出了特色之路，例如郫县倡导的“小组生”新村规划——青杠树村、苍溪县白鹤乡柳池村规划以及依托“彝家新寨”建设木耳乡布柳村等。其中，青杠树村在规划时充分利用林盘，按照“宜聚则聚，宜散则散”的规划理念，考虑耕作半径，深入挖掘川西民居特点及都江堰灌区的农耕文化，在林盘原有组团上将散居的农户集聚，突出本土历史文化资源的挖掘和利用，提供相应的基础设施，为农户的生产生活提供极大的便利。柳池村依托现代农业示范园建设，充分挖掘区域优势、地域文化，顺应地形、水体等自然因素，统筹城乡发展与山区特色，制定“花之猕”现代农业园建设详细规划，实施产村一体建设，形成“园在山中、山在水中、产在园中”的空间布局形态(表 6-2)。布拖县彝家新寨建设则充分尊重群众意愿，综合考虑不同海拔、地区农户的经济承受能力，将散居居民集中，利于居住并避开地质灾害地，配备相应设施，融入地域特色，规划时考虑产业发展，推进一村一产业一品牌建设。

6.2.2 村落基础设施

基础设施是为保障村民基本生活和乡村生产发展而提供的公共服务设施的

总和。本文研究的基础设施为广义的基础设施(包括公共服务设施),它们既为乡村联系的骨架,也是乡村各项活动实施发展的基础。乡村基础设施更多地依赖政府、社会力量等外部条件建设。相对城市基础设施建设水平,当前乡村基础设施水平非常薄弱,一方面因为经济发达程度不及城市,另一方面因为乡村地域宽广,农房布局分散,布设基础设施工程建设难度大,但是村民对于近几年乡村基础设施建设的满意度较高(图 6-14)。

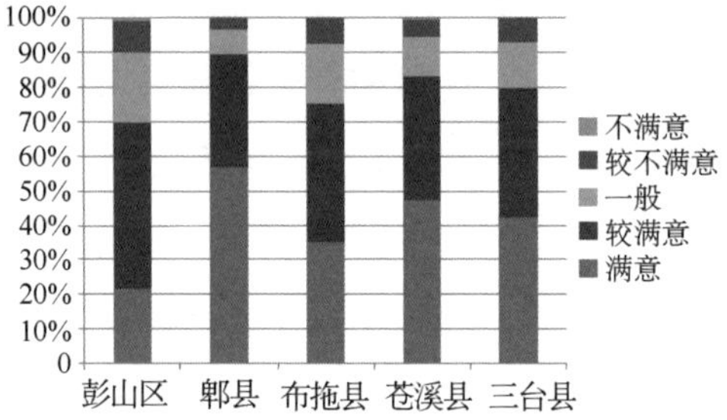

图 6-14　典型地区各县村庄建设满意度①

随着西部地区经济的发展,四川乡村地区受到了更多的关注,从数据上显示,当前乡村交通较为便利,通村公路硬化率加大,但与电力、公共服务设施相比,自来水、污水处理设施则较为落后(图 6-15),其中郫县基础设施建设整体情况较好,而布拖县则有待进一步完善。通过进一步分析得知,造成这种现象发生

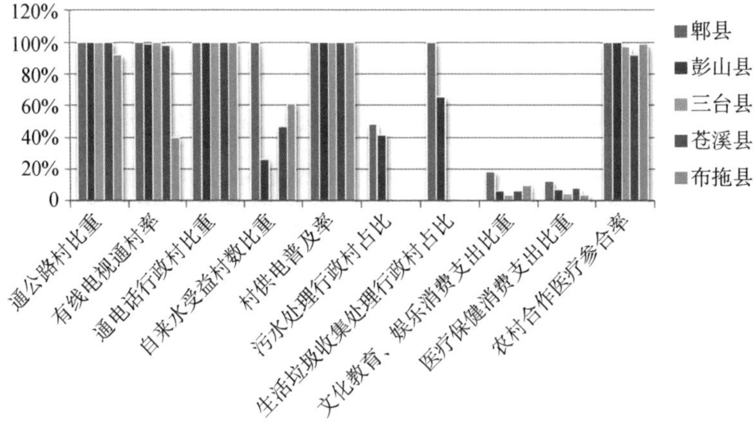

图 6-15　典型地区各县村庄基础设施建设水平

① 图 6-14～图 6-17 的资料来源于各县统计年鉴(2014 年)以及 2015《国民经济与社会发展统计公报》。

的原因是自然环境和政府等外部力量共同作用的结果。在技术条件受限的情况下，自然环境艰苦的地区往往各项设施建设相对迟缓，实现同等的基础设施普及需要耗费更多的物力财力。而近几年随着社会生产力的发展，乡村基础设施建设水平的提高更多依赖外部力量的介入。

调研数据显示，平原地区基础设施建设水平整体优于山地地区，而丘陵地区介于二者之间(图6-16)。进一步研究发现村庄自然环境条件越恶劣，基础设施覆盖率越低。

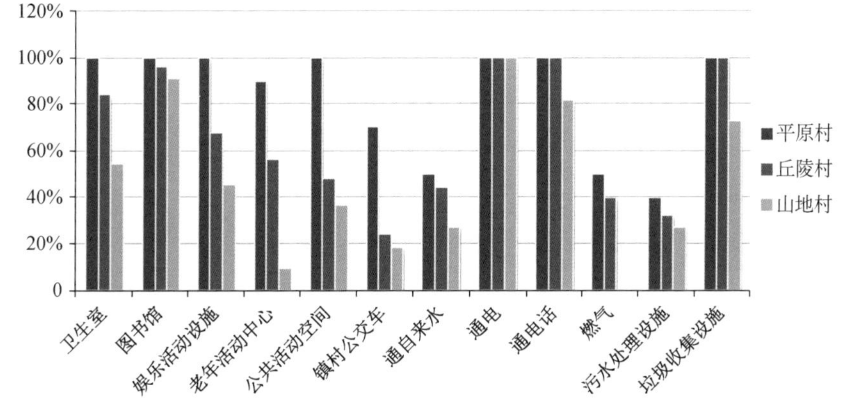

图6-16　平原村、丘陵村与山地村各项基础设施普及率90%以上乡村占比

山地村由于地形复杂、环境恶劣，基础设施建设难度较大且极易受损，村民也为减少支出而使用柴草等不清洁燃料。郫县因地处川西平原，基础设施相对普及；而布拖县则因地处山区，自然环境恶劣，基础设施相对匮乏，硬化道路、燃气以及垃圾处理等设施尤为不足，且设施故障情况相对较多(图6-17)。

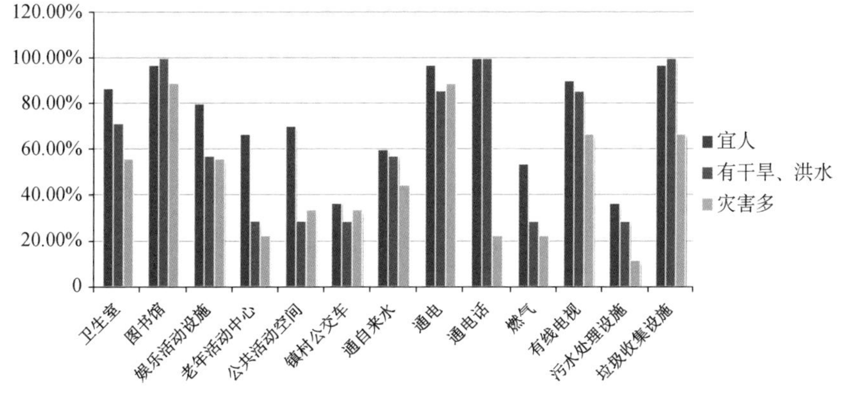

图6-17　不同宜居程度的村庄各项基础设施普及率90%以上乡村占比

经过长时间的资金等外部力量介入，乡村基础设施水平得到了极大的改善，尤其公共服务设施。其中学校教育、卫生以及娱乐健身设施是乡村公共服务设施的三个重要组成部分，而学校教育以及卫生室是村民基本生活的保障，其建设水平的高低决定着村民的精神面貌。在教育服务设施方面，各县整体教育配套服务质量较之前都有了不同程度的改善，但是由于撤村并镇政策的实施，交通的便利程度影响着学生的受教育情况，导致教育资源分配不均且教育质量存在明显差异，如三台县教学设施较为完善，教育质量较高；布拖县教育质量较低，辍学率高(图 6-18)。

图 6-18　三台县营盘山村三娅学校及布拖县特木里镇九年义务学校

根据四川省 2010 年人口普查资料，在教育资源方面，成都市、眉山市优于绵阳市，绵阳市优于广元市，广元市优于凉山州，在空间分布上呈现出与地理环境条件相一致的特征。凉山乡村在小学以下和 15 岁以上文盲人口占比高于其他地区，且初中以上占比最低，小学文化程度的占多数。调研显示，近年乡村地区受教育程度明显改善，初中文化程度以下的地区逐渐减少，这表明国家实行九年义务教育比较成功，但是受教育的质量及乡村地区固有思想的影响，高中以上文化程度的人口仍然较少。就村民满意度而言，布拖县对教育设施满意度较高，但实际设施水平不及其他几个县域，发生这种现象的原因是在交流的过程中语言不通，但村民对政府的态度极为肯定，而比较其他几个县域发现调研县的满意度逐渐递减：郫县＞三台县＞彭山区＞苍溪县。而村民认为学校最需改善的方面更多的是“提高教师质量和更新教育设施”，还有部分县村民提到改善学校食堂饭菜的质量(图 6-19)。

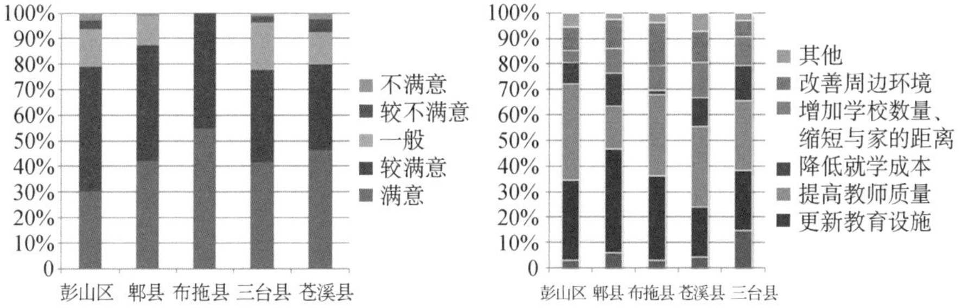

(a)　(b)

图 6-19　各县域乡村学校满意度、村民认为学校最需改善的方面

卫生室以及娱乐活动设施方面，虽然各村都有覆盖，但利用率不高，调研过程中发现村图书室、老年活动中心、卫生室存在关闭现象(图 6-20)，且位于室外的健身设施使用率极低，一方面因为农户干农活，娱乐时间不足，且缺乏学习新知识的意识；另一方面则因为乡村面积较大，村民居住地分布较为分散，公共服务设施多居于较为中心或者接近村委会的位置。

(a)　(b)　(c)

图 6-20　2015 课题调研典型地区经常关闭的村庄活动室

村民反映乡镇卫生院以及村卫生室比较以往发生了极大的变化，并且十分认可这种改变，满意度都较高。在最需要改变的方面，更多村民认为是降低就医成本和提升医师水平，部分村民还提及改变就医环境(图 6-21、图 6-22)。在调研询问的过程中，村民口中提及更多的是“小病不看，大病上大医院”，可见乡村卫生医疗宣传与普及工作需要进一步加强，而提高村卫生室医师水平是重中之重。

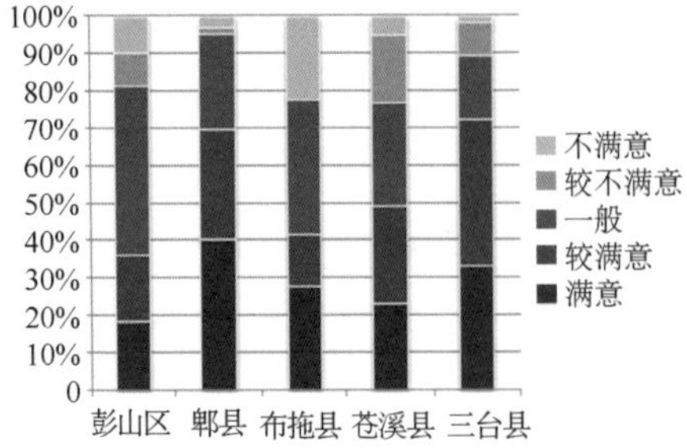

图 6-21　典型地区各县村卫生室满意程度

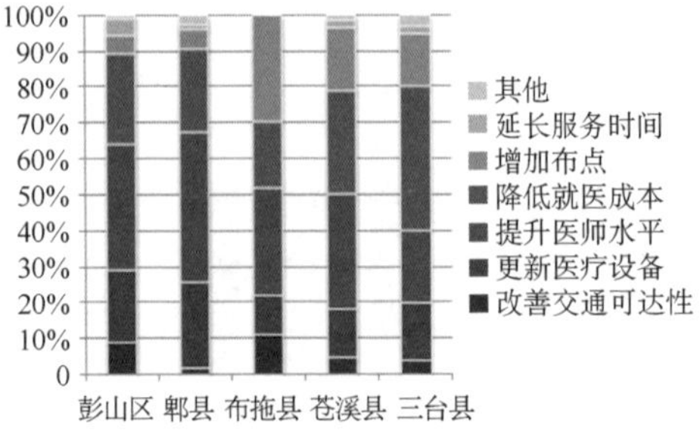

图 6-22　典型地区村卫生室最需改善方面比较

基础设施中道路建设方面由于政策的不同导致区域之间不平衡的现象较为明显。郫县、彭山区实施林盘整治、天府新区建设等政策后，经过近几年的发展，村庄道路硬化率极高，且镇村公交车较为发达，小汽车普及率较高。苍溪县以及三台县建设则一般，在风貌改造、地震灾后重建以及幸福美丽新村建设中，村落道路基本硬化，有些村民小组的道路未完全硬化。布拖县村内道路硬化率极低，多依赖步行和客运车出行，仅进行彝家新寨改建的村落道路硬化，2015 年现场调研发现通往市州的道路曲折蜿蜒且颠簸，尘土飞扬。雨季地质灾害时有发生，狭窄的未硬化的黄土山路夹杂着没有山体护坡的无组织排水，汇成小溪往山下流淌，车辆多次驶过后在路上压出很深的轮胎沟痕，甚至还有牲畜群经过，颠簸湿滑而且危险的交通条件成为阻碍当地经济发展以及思想观念解放的重要因素(图 6-23)。

(a) 郫县、彭山区某小区道路　(b) 布拖县民主村道路　(c) 噶吉村道路

图 6-23　调研村庄道路对比

6.2.3　村落生态环境

村落生态环境是乡村公共空间环境面貌品质的直接表现，对人类生存和发

展产生深远的影响。村落生态环境包括空气环境质量、水环境质量以及村容、村貌等，这些方面往往受到乡村自然环境以及村庄环境整治力度的影响。村庄环境整治主要表现为生态环境建设，主要有垃圾集中处理、污水收集处理设施建设、自来水设施建设、清洁燃料使用、清理河道、清理房前屋后及田头露天粪坑、清理乱堆乱放等，而乡村生态环境污染的程度逆向反映村落生态环境质量的优劣。

当前的乡村生态环境污染主要有农业生产污染、生活污染以及工业污染(图 6-24)。村民薄弱的环境保护意识、现代农业片面发展、工业企业的转移以及乡村基础设施的缺乏是导致乡村饮用水安全以及生态环境污染的原因，其中饮水安全和空气质量直接影响村民的身心健康。

(a) 生活垃圾　(b) 水污染　(c) 工业污染

图 6-24　典型地区乡村生活垃圾、水污染及工业污染

调研发现，在空气环境质量方面，排名从高到低依次为郫县、布拖县、苍溪县、三台县、彭山区；在水环境质量方面，排名从高到低则是郫县、布拖县、三台县、苍溪县、彭山区(图 6-25)，同时郫县、三台县及苍溪县村民对村容村貌及卫生环境满意度较高，而彭山区及布拖县较低，与各县村民对居住环境满意度情况较为一致(图 6-26、图 6-27)。其中，彭山区出现空气环境质量和水环境质量评价最差及村民满意度较差的原因，更多是因为成眉工业集中发展区的不当建设，对当地及周边的村镇空气造成了严重的污染。而在水环境方面，彭山区村民饮水水质较差，在乡村安全饮水工程调研中，白鹤村反应最为明显，村中得结石病的农户较多，饮用水为井水，较为浑浊。而布拖县空气及水环境质量评价较高，但村民满意度不高，在调研的过程中发现布拖县乱扔垃圾现象最为明显，村落居住和卫生环境最差，村民环保意识尤为不足。

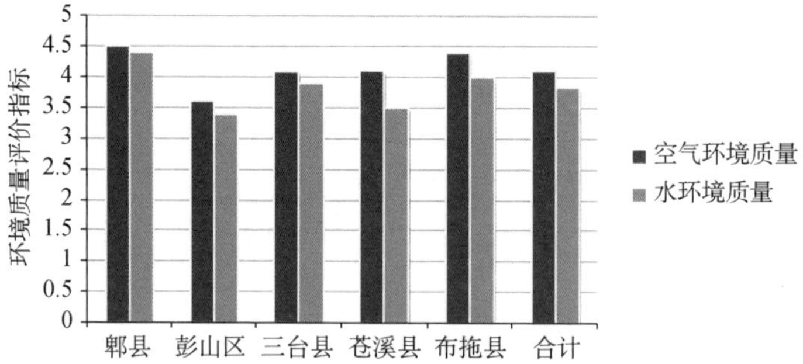

图 6-25　典型区域各县空气、水环境质量比较

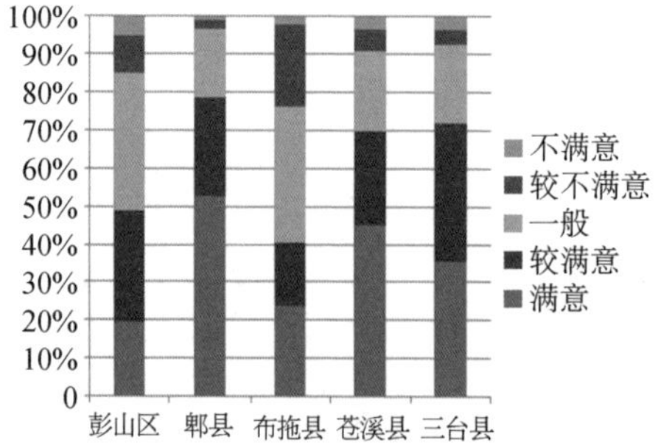

图 6-26　典型区域村容村貌、卫生环境满意度

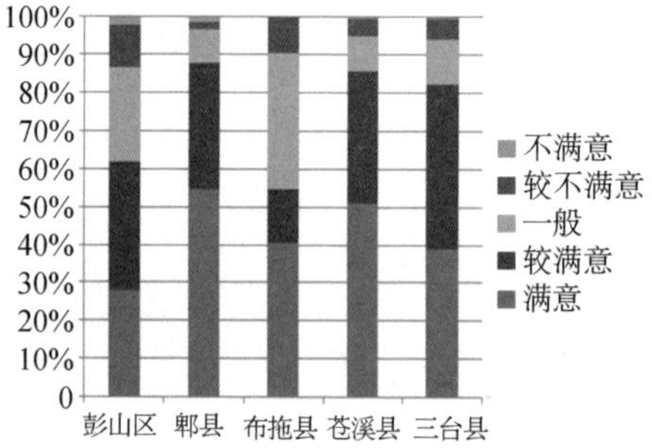

图 6-27　典型区域村民居住环境满意度比较

村落空间布局、基础设施以及生态环境共同组成中观层面乡村人居环境。村落空间布局是乡村生活的载体，基础设施是村民生产生活的基本保障，而生态环境则直观地反映乡村人居环境面貌。受自然、人文环境等内部条件以及政策、资金等外部因素的影响，村落人居环境层面呈现一定的相似性，同时也表现出差异性。共性表现在各村域空间布局朝着集中式居住方向发展，且人居环境建设整体水平不断提高，但部分设施建设仍需进一步完善，教育、医疗等设施服务质量有待提升，养老、文体、商业等设施需求不断扩大，但是相关设施建设普遍滞后；差异性特征表现为因地理条件限制使各地空间景观风貌不一，例如布拖县在基础设施建设方面整体落后，特别是需要重点加强道路的建设。此外，各地对集约化设施配置模式的态度反映不一，平原地区接受程度明显大于山区。

6.3　乡村住宅及邻里环境

6.3.1　乡村住宅环境

1) 村落住宅建设

衡量家庭户居住条件的好坏，不但要看住宅建成年限、人均居住面积的大小、住房结构的好坏，还要看住房内部设施情况。其中，住宅结构又分为建筑层数及承重结构。与村庄空间形态演变相似，乡村农房建设同样受到自然、经济以及政策投资资金的影响。改革开放前，住房建设并未受到重视；改革开放以后，政府调整过去重积累轻消费的政策，住房建设得到重视。随着改革的深入，国家综合经济实力提高，居民收入增加，住房建设进入快速发展阶段，特别是进入 20 世纪 90 年代，政府在乡村从补助、报建、用地等多个方面采取鼓励措施，掀起建房热潮。据第五、六次四川省人口普查资料显示，全省五分之四的农户住宅是 1980 年以后建成的，占乡村居民住房总面积的 85%，其中 64%的家庭户住宅建于 90 年代，从住房的不同建成年代可以看出家庭户住宅面积的变化，1980 年以前住房建设发展极为缓慢，20 世纪 80 年代后户均建筑面积开始上升，到 90 年代达到 121.00 平方米[图 6-28(a)]。就农房内部设施而言，洗澡设施翻倍增长，使用燃气燃料的明显增多，使用煤炭以及柴草的有所下降，在一些经济较为发达的地区尤为明显，例如成都市周边；而使用独立厨房以及独立厕所的在 10 年内有所

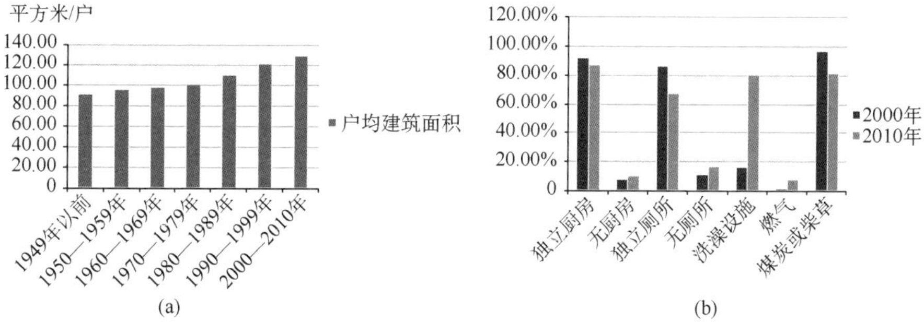

图 6-28　四川省按住房建成时间分的家庭户户均建筑面积及住房设施情况对比
资料来源：《四川省 2000 年人口普查资料》《四川省 2010 年人口普查资料》。

下降的原因可能是多户人共同使用厕所、厨房以及地震后房屋修建的同时与他人合住[图 6-28(b)]。

发展过程中，彭山区通过打造新村聚居点，形成长寿旅游、柑橘之乡、农业观光等一批典型的具有乡土气息和村民乐居的居民点，高速公路两侧按照莲藕、葡萄产业与传承彭祖文化相结合进行风貌改造，刘家大院实施对清代历史文化的保护，依托美丽乡村建设、风貌改造以及新村居民点聚居等形式，乡村住宅发生了翻天覆地的变化，但各地住房条件差异却更加明显，这与村庄经济发达程度关联密切。

从建成年限及外观上看，各县都有 1990 年前的建房，部分县中华人民共和国成立前的建房仍存在(图 6-29)，且这部分多为土木结构的房屋，房屋裸露的占少数，布拖县裸露的房屋占比较大，为 35.3%(图 6-30)，主要有土墙和砖墙两种类型，根据房顶又可以将其分为草顶房、土顶房、瓦顶房及瓦板顶房，土墙瓦顶房，分散在道路两旁及交通不便的山腰、山顶村落占绝大多数，其中的瓦板顶，是用云杉木板盖住，上压石头，以防被风刮走。多数瓦板顶房都会漏雨，所以在室内的家具、电器上尤其是床顶都要使用塑料布防雨。草顶房及土顶房多用于储存马铃薯或者养牲畜，在某些人口多的极贫困家庭，会有男主人或者孩子居住。砖墙瓦顶房少见，多为彝家新寨成片建设，2011 年开始实行并集中在近几年建设。

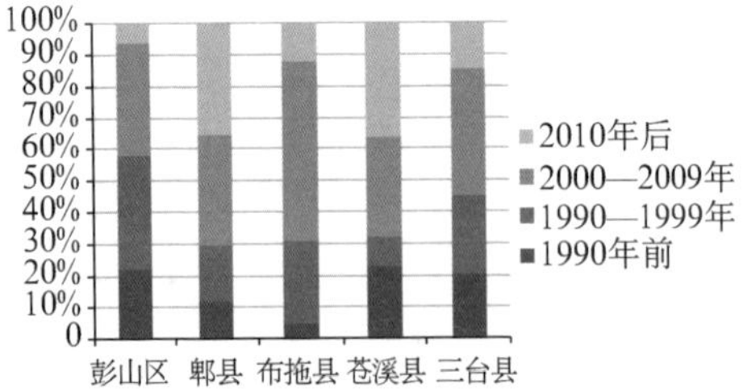

图 6-29 典型地区住宅建成年限占比

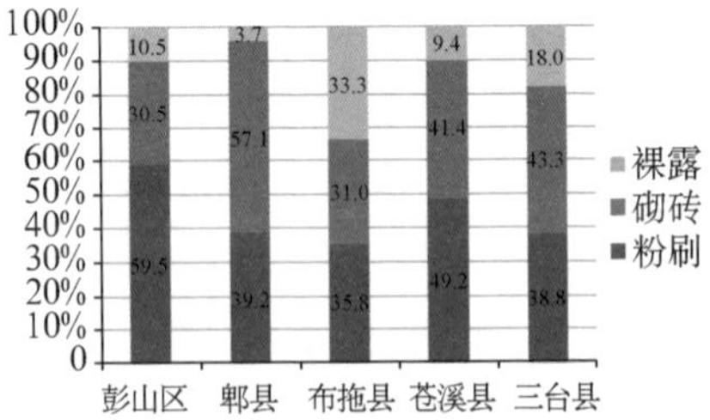

图 6-30 典型地区住宅外观质量

郫县农房多为 2000 年后建设，占比为 70%，林盘改造，地方布局多错落有致，布拖县因实行彝家新寨建设改善住房质量。从层数和面积上看(图 6-31、图 6-32)，布拖县户均建筑 100 平方米下的住房占多数，建筑多为平房，其余各县差异不大，多为 1～3 层，建筑面积多为 100 平方米以上，部分高达 450 平方米，其中郫县户均建筑面积最大，多为 2～3 层楼房（图 6-33）。就房屋内部陈设来看（图 6-34），郫县明显优于其他县，布局独立，设施完善；而布拖县房屋内部设施最差。由此可见，经济发达程度明显影响住房相关方面的建设（图 6-35、图 6-36）。

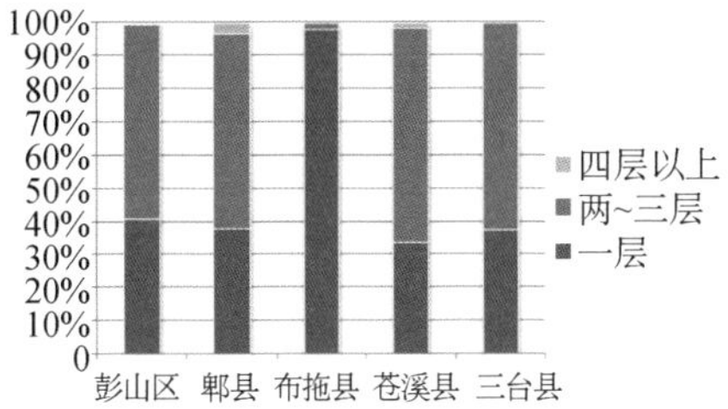

图 6-31　典型地区住宅层数占比

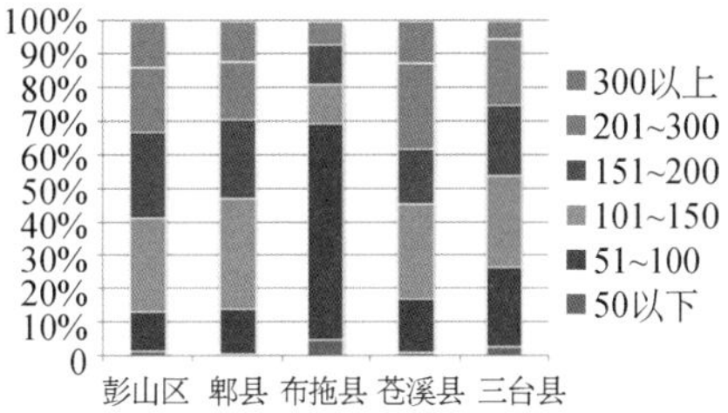

图 6-32　典型地区住宅建筑面积占比（平方米）

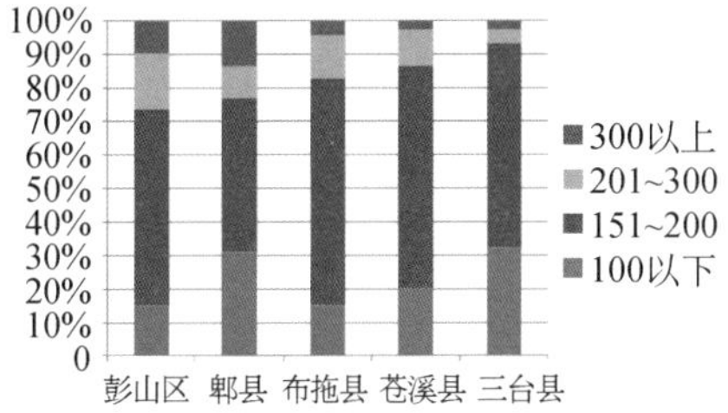

图 6-33　典型地区住宅宅基地面积占比图（平方米）

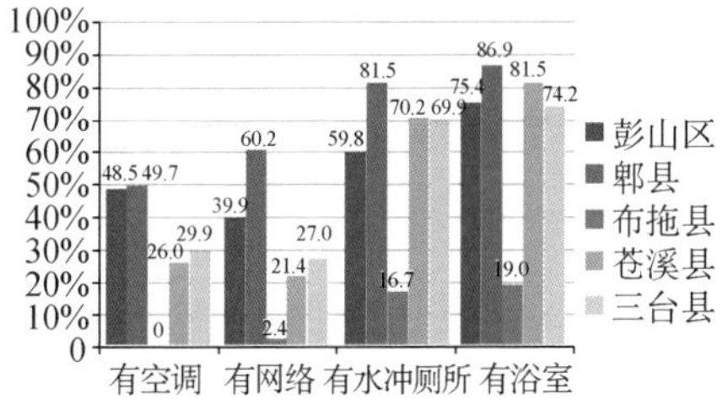

图 6-34　典型地区住宅内部设施情况

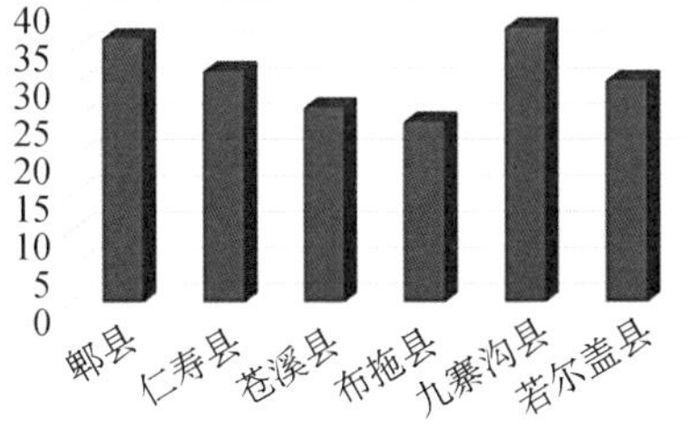

图 6-35　乡村人均住房建筑面积对比图（平方米）

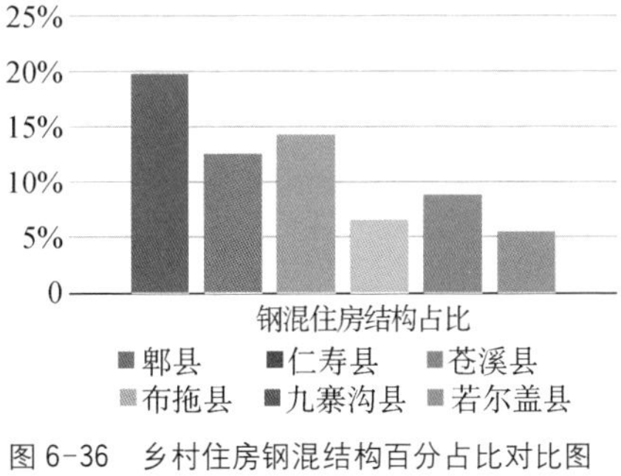

图 6-36　乡村住房钢混结构百分占比对比图

村民满意度方面（图 6-37），村民对乡村住宅建设的满意度整体较高，满意及较满意的人群占 74％，仅有 3.7％农户表示不满意，但布拖县农户对住居满意度较差，一般、较不满意以及不满占 50％以上，表明乡村住房建设仍有较大的提升空间。

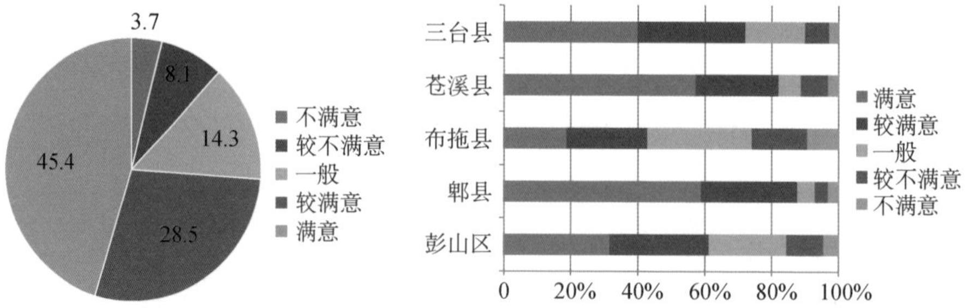

(a) (b)

图 6-37 调研地区村民住房建设满意度及各县乡村农户住房满意度

在调研过程中，出现三种现象值得关注。一种是农房空置，空间资源浪费，多数未考虑如何利用空置房屋；一种是农户自建、无序及过度建设，房屋外表一部分粉刷贴砖一部分裸露，内部完全未粉刷，地面仍是水泥地，农户希望将房屋建设好但收入不够，只能建设一半留一半，等第二年有收入后再回乡建设；还有一种是高层住宅频现，集中居住住房盲目建设。导致这种现象产生的原因是农

(a) 布拖县嘎吉村某宅1 (b) 布拖县嘎吉村某宅2 (c) 歧坪镇宋水村某宅

图 6-38 闲置住宅及半好半坏住宅

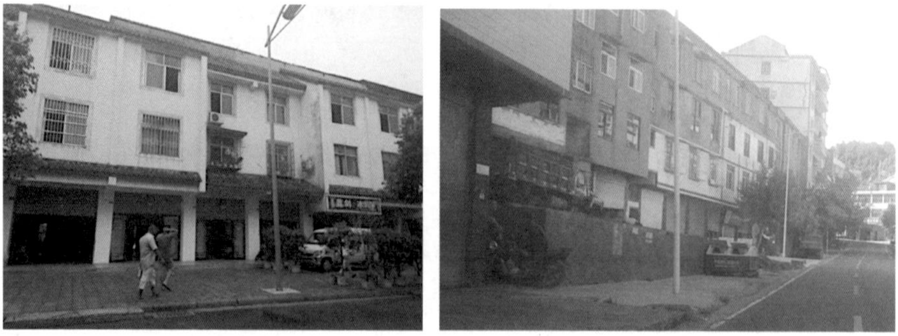

(a) 三道堰镇三堰村 (b) 歧坪镇宋安村

图 6-39 调研各县乡村集中建设一样化村民住宅

房建设缺乏统一的引导、管理及规划，大量资产未得到充分利用，缺乏长远意识和整体统筹，盲目翻修形成空置及集中(图 6-38)，最终造成村庄面貌混乱无序与同质化发展(图 6-39)。

2) 住宅平面布局

为有效推进农房建设，四川省编制新农村农房设计方案图集，包括川中南、川西及川东北。当前乡村住宅建设方式有两种类型：一类是自建房，一类是集中建设。自建房往往根据村民意愿划定宅基地，自建房又分为传统住居和现代住居，在原址基础上改建，传统住居多为平房，现代住居多为 2～3 层楼房。集中建设房屋又以楼房、独户集中及独户散点进行布局，楼房多为 5～6 层，独户集中及散点住居多为 2 层。

自建房中居住平面基本由堂屋、卧房、灶房、禽舍以及院坝构成，禽舍一般单独分离开，厕所与禽舍一起，多采用木、泥土及石头等乡土材料构筑而成，房屋采光不好，家中成员成婚后多在附近另择址修建房屋。郫县、彭山区、苍溪县、三台县及布拖县老式住居多为自建房，此外，还留下部分吊脚楼。自建现代住居又分为"一"字形、曲尺形和弧形等多种形式，多数房屋占地面积大，一楼为厨房、杂物室、客厅及老人房，二楼为卧室、书房、厕所，部分兄弟姊妹或者三代同居(图 6-40)。各县正在提倡风貌改造，统一自建房风貌。传统住居存在许多问题：一是光线昏暗，不利于隔热保暖；二是大多年代已久，建筑材料简陋；三是功能布局不完善，禽舍与厕所一体，家人流线与访客流线交杂，环境脏、乱、差，极不宜居。

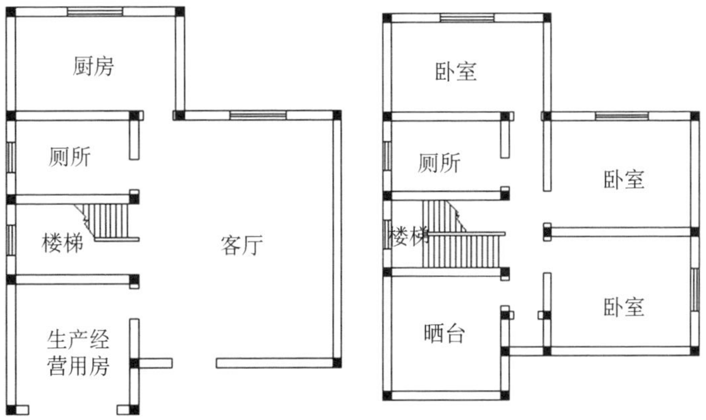

(a) 一层平面图　　(b) 二层平面图

图 6-40　郫县林盘改造集中布局住宅平面示意图

集中建设房屋中楼房同城镇住房相似，一梯多户，90平方米左右，内有客厅、厕所、卧室、厨房及阳台，多为两个卧室；而独户集中为院落式风格，三合院、四合院布局。川西地区多依赖林盘打造，建筑为现代川西民居风格，以统一的白墙、青瓦、翘屋檐、六斗梁门窗为主基调的川西乡土建筑，增加了厕所空间，多为坡屋顶、两层楼，用钢筋混凝土构筑而成[图6-41(a)]。苍溪县部分则是独户散点居住，建筑多为川东民居式样及彰显“穿斗小青瓦、白墙坡屋顶”的川北民居建筑风格，协调融入楹联、剪纸、根雕等文化元素[图6-41(b)]。彝族地区主要体现在彝家新寨建设，多为平房，“前庭+后院+屋檐”的模式新居，并统一采用西式瓦(彩瓦)，在民居设计和风貌打造中融入彝族阿都文化元素，充分体现田园风光、民族风格和地域特色[图6-41(c)]。从长远的发展来看，集中式建房有利于土地的集中利用，有利于降低配套设施铺设成本，更有利于村民生活及人居环境的改善。但也要看到其中的不足，特别是小区楼房式集中居住，一方面它改变乡村生产生活方式，加大耕地与住居之间距离；另一方面隔绝了邻里之间的交往空间，间接淡化邻里间感情；三是楼层太高，老年人的活动极为不便。

(a) 郫县花园镇筒春村某宅　(b) 白鹤镇柳池村某宅　(c) 特木里镇民主村

图6-41　各地新村建设住房

3）住宅院落建设

院落是家庭运作的重要载体，是农耕社会的产物，在一定程度上反映了村民的生产方式及工作途径。它包括了住房和空地，有时还有围墙。住房是村民生活中头等重要的场地，主要功能是住人和摆放家具。当农活完成时，住房就成了农户的休息、娱乐的场所。空地位于农房前，除了种花种菜外，还晾晒粮食以及放置一些生产工具，空地上还有天井，并用水缸储水。对于农户来说，乡村的院落非常重要，承载了农户生产、生活的重要功能，是村庄存在的微观基础，主要发挥了三个功能：一是生活的基本场所，农户生活时间最长的地方就是庭院，庭院的布局和摆设同农户自身生活方式和行为特征有关；二是农户社会生产的重要基地，在早期，生产工具的存放及粮食的存放和农产品加工都在庭院进行；三是农户举办活动的主要场地。为节约成本，结婚请客等活动都在此进行。

宅基地面积在一定程度上反映了庭院面积，当前各县乡村宅基地面积多在 100～200 平方米之间。其中，传统林盘民居多为坡屋顶，与竹树林木相映成趣，院外竹林或乔木覆盖一大半小青瓦房，院内种植果木花草，低矮的墙面被遮掩，庭院内外融为一体，院坝与建筑虚实相生，通透流转(图 6-42)。院坝主要有三种类型，一种是以房屋、绿化、沟渠等共同界定，与外部环境直接相连，空间渗透性强，形态自由；一种是以房屋与围墙或篱笆等围合，与外围空间有明显的界限，院坝多用于生产活动；还有一种是以房屋直接围合，空间大小由房间数量决定，小型院坝中间有天井，大的中间可用作酒席等的活动场所，界限更为明晰。而林盘整治后的部分安置房的建设改变了原有的院落式房屋布局形式，宅基地面积较低，这类楼房中村民多共同使用庭院。目前的住宅院落主要由村民自建及统一规划建设(图 6-43)。

(a) 天宫村　　(b) 筒春村　　(c) 白鹤村某宅

图 6-42　林盘院落

(a) 营盘山村　　(b) 青杠树村　　(c) 柳池村

图 6-43　村民自建及统一规划院落

6.3.2 乡村邻里环境

邻里社会是乡村社会关系的基础，是人们日常生活中最为普遍的一种关系。乡村居民大多比邻而居，邻里交往是农户相互间交流和沟通的主要方式，是乡村生活中不可或缺的重要内容，邻里之间时常因为日常生活、生产而发生联系。

从整体上看，各县村民村内关系和谐，邻里关系融洽，来往密切者占多数(图6-44)。据了解，村民之间相互帮助的居多，一人有事众人帮。相比其他县，布拖县因是彝族聚居地，邻里关系更为密切，经济收入少且家庭状况较为一致而相对矛盾较少，社会关系更为和谐。在其他县会有因为土地权属、经济利益等冲突发生纠纷，但是这种冲突较少而且一般能协商解决。在调研过程中，发现楼房式住宅居民间联系、交往较少，这种交往模式割裂乡村人与人之间的邻里联系。人是社会形态中最小的单元，而住居则是人日常生活最重要的地方，农户对人居环境的改善主要集中在住房以及院落的建设，其建设程度直接反映当前农户物质生活水平。

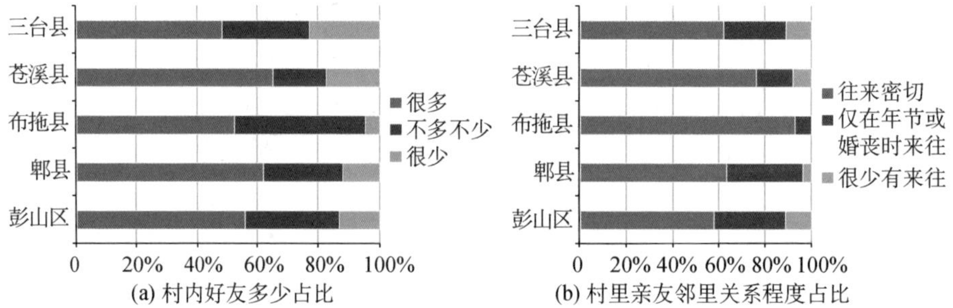

图6-44 村内好友多少及村里亲友邻里关系程度

目前，各县域在近接居住的人居环境层次存在一定共性，也存在明显的差异。共性主要表现在随着集中居住广泛推进，风貌逐渐一致，农房虽大量投入改造，但住房建设提升空间仍然很大。自建农房模式粗放、空置浪费现象严重(图6-45～图6-47)，但邻里关系较好且农民满意程度较高。差异性表现在集中居中推行力度及村民评价不一，住房水平在各县域间呈现地域差异，郫县农户整体建筑质量明显优于其余县域农户建筑，内部设施也较为齐全，村民满意度也更高。

图6-45　布拖县特木里镇民主村

图6-46　布拖县木尔乡布柳村

图6-47　布拖县木尔乡草木村

6.4　调查地区人居环境综合评价

本节仅针对调查地区2015年调研问卷内容、数据采集及调查地区“宏观—中观—微观”人居环境研究内容，构建人居环境评价体系，包括目标层、系统层和指标层，系统层由24项具体指标组成（表6-3）。各项指标权重确定采用因子分析法和熵值法，得出每项指标的相应权重。数据来自各县2015年统计年鉴与2015年《四川农村年鉴》，满意度数据来自现场调查问卷统计整理（表6-4）。

表6-3　2015年四川乡村调查地区人居环境评价指标体系（结合调研问卷内容）

目标层(A)	系统层(B)	指标层(C)
四川调查地区乡村人居环境建设水平评价指标体系	微观近接居住环境(B1)	乡村人均住房面积(C1)，钢混结构房屋面积比重(C2)，住房满意度(C3)，居住环境满意度(C4)，农民人均纯收入(C5)，乡村恩格尔系数(C6)，经济满意度(C7)
	中观村落人居环境(B2)	通车比重(C8)，通电话行政村比重(C9)，有线电视通村率(C10)，自来水受益村数比重(C11)，村供电普及率(C12)，乡村建设满意度(C13)，文化教育、娱乐消费支出比重(C14)，医疗保健消费支出比重(C15)，乡村新型合作医疗参合率(C16)，社会和谐满意度(C17)，空气环境质量(C18)，水环境质量(C19)，生活使用清洁能源所占比例(C20)，卫生环境满意度(C21)
	宏观县域人居环境(B3)	森林覆盖率(C22)，城镇化率(C23)，城镇建设满意度(C24)

表6-4　2015年四川乡村调查地区人居环境评价最终得分

县城	彭山区	郫县	布拖县	苍溪县	三台县
综合得分	0.411	0.896	0.272	0.51	0.509

本节调查地区人居环境指标体系构建及权重分析的具体过程不再赘述，研究结果显示五个县域综合得分郫县远远高于其他县域，三台县与苍溪县接近，彭山区次之，布拖县最低，呈现明显的差异性。研究数据量化分析结果与实际建设程度、现场调研认知较为一致(图 6-48～图 6-53)；彭山区出现略微偏差，因为在量化选取指标中既考虑实际建设程度也考虑村民满意度，表明彭山区建设与村民满意度呈现差异，彭山区发展建设虽然较快但村民满意度不是很高。根据量化结果，郫县乡村人居环境质量远远优于其他县域，其建设发展过程中充分利用自身资源并注重环境治理，建设水平同满意度一致，都较高。三台县与苍溪县综合得分一致，一方面表明两者人居环境建设以及村民满意度较为相似，一方面也反映出自然地理环境对人居环境的影响。布拖县得分最低，表明人居环境水平亟待提高，设施建设完备度较低但是村民满意度较高，这是由于近几年彝家新寨的实施，乡村面貌变化巨大，设施水平较之以前明显改善，使得村民满意度较高。

图 6-48　郫县安德镇行列式农宅

图 6-49　彭山区木马镇白鹤村

图 6-50　苍溪县白鹤乡柳池村

图 6-51　三台县景福镇桅杆湾村

图 6-52　郫县安德镇安龙村交通站台

图 6-53　郫县安德镇安龙村垃圾箱

第 7 章 四川乡村人居环境质量评价及健康区划

改善乡村人居环境是我国乡村振兴战略的关键任务。2021 年中共中央办公厅、国务院办公厅印发《农村人居环境整治提升五年行动方案(2021—2025 年)》。2021 年 3 月中共四川省委、四川省人民政府出台《关于全面实施乡村振兴战略开启农业农村现代化建设新征程的意见》;2021 年 12 月四川省委农村工作领导小组办公室印发《“美丽四川·宜居乡村”建设五年行动方案(2021—2025 年)》,提出农村实施人居环境整治“五大提升行动”、农村基础设施“五网共建共享”、山水林田湖“五项系统治理”、农村“五大建设”,逐步补齐全川农村基础设施短板,持续改善人居环境。整体布局将全省分成四大区域,重点支持片区中心镇中心村美丽宜居乡村建设。成德眉资全域建设美丽宜居乡村示范区域,川渝沿线、沿江、沿界率先建成巴蜀宜居乡村示范带,丘陵和山区打造 50 个具有示范引领效应的美丽宜居精品乡村暨丘陵山区乡村振兴示范区[61]。

四川省是我国西部地区具有重要战略地位的省份。截至 2020 年 11 月,四川省第七次全国人口普查数据统计四川常住人口约 8 367.5 万人,位居全国第五位,占全国人口比重 5.93%;其中乡村常住人口约 3 620.9 万人,占四川省常住人口比重 42%,占全国居住在村的常住人口比重 6.89%。全省村平均常住人口 1 298 人①[62],四川省 2020 年常住人口城镇化率达到 56.73%。四川作为全国农业大省,经济发展不平衡,差异化地优化乡村人居环境质量对于全省的人居环境提升具有重要意义。

四川省乡村人居环境质量研究涉及四川省乡村人文生态环境、生产经济环境、生活物质环境的整体评价。本章研究有利于发现四川省乡村人居环境质量分布规律,抓短板并且核验乡村人居环境政策实施效果;对四川省乡村人居环境影响因素的分析,有利于乡村人居环境品质的精准提升;有利于地域性政策有的放矢地制定,从而逐步达到共同富裕。

① 截至 2020 年 11 月,四川省常住人口最多的三个村,分别是绵阳市涪城区绵兴村(36 329 人)、成都市郫都区土地村(35 469 人)、成都市郫都区雍渡村(28 529 人)。

第一部分主要在2015年国家住建部课题选取调查研究区域基础上，扩展研究183个区县；按照《四川省“十三五”生态保护与建设规划》①中六个功能分区进行整体乡村人居环境质量评价，构建指标体系，剖析整体乡村人居环境质量空间格局；进行四川省生态保护与建设规划中六个功能分区人居环境质量整体比较。

第二部分主要包括对标全国爱国卫生委员会发布的《全国健康城市评价指标体系（2018版）》以及对相关文献进行梳理，利用GIS技术和熵值法计算四川省健康乡村人居环境质量指数，构建四川省健康乡村人居环境质量评价体系，进行分区评价并且提出优化建议。

研究对象原本为四川省183个区县，但因为成都市锦江区、青羊区、金牛区、武侯区、成华区城镇化率已达到100%，不纳入研究范围，故实际研究对象个数为178个。

此外，本章研究主要探究以下问题：胡焕庸线作为我国最为重要的地理分界线，其东西两侧的地形地貌、人口数量、经济发展水平均有着十分显著的差异，而四川省乡村人居环境质量分布是否符合胡焕庸线分界规律；2016年《成渝城市群发展规划》通过以来，四川省乡村人居环境质量是否和成渝城市群经济发展呈现涓滴效应；成都自古以来就是南方丝绸之路的起点，2015年四川省对接“一带一路”倡议布局，挖掘制度红利，搭建合作平台，着眼产业融合，积极融入“一带一路”，力求增强我国西南地区与东盟国家经济联系，那么“一带一路”倡议发展是否在四川省乡村人居环境质量提升方面有所体现；四川文旅融合高质量发展，尤其是“红色旅游”16条精品线路主要分布在四川省西部，这是否促进沿线四川省乡村人居环境质量的提升。

7.1 质量评价指标体系构建

7.1.1 权重计算方法

1) 数据归一化处理

为使数据不受量纲影响，对数据进行归一化处理，也称为指标的无量纲化。

① 《四川省“十三五”生态保护与建设规划》生态保护与建设规划分区对应县（市、区）参见本书附录1。

对正向指标进行正向处理、负向指标进行负向处理。

正向处理：

$$X_{ij}=\frac{X_{ij}-\min(X_{1j},X_{2j},\cdots,X_{nj})}{\max(X_{1j},X_{2j},\cdots,X_{nj})-\min(X_{1j},X_{2j},\cdots,X_{nj})}+1,$$

$$i=1,2,\cdots,n;\ j=1,1,\cdots,m \qquad \text{（公式 7-1）}$$

负向处理：

$$X_{ij}=\frac{\min(X_{1j},X_{2j},\cdots,X_{nj})}{\max(X_{1j},X_{2j},\cdots,X_{nj})-\min(X_{1j},X_{2j},\cdots,X_{nj})}+1,$$

$$i=1,2,\cdots,n;\ j=1,2,\cdots,m \qquad \text{（公式 7-2）}$$

同时，为避免求熵值时对数的无意义，对数据进行非负平移。

2）计算熵值 e_j

$$P_{ij}=\frac{X_{ij}}{\sum_{i=1}^{n}X_{ij}}(j=1,2,\cdots,m) \qquad \text{（公式 7-3）}$$

$$e_j=-k\cdot\sum_{i=1}^{n}P_{ij}\ln(P_{ij}) \qquad \text{（公式 7-4）}$$

其中，$k>0$，ln 为自然对数，$e_j\geqslant 0$。式中常数 k 与样本数 m 有关，一般令 $k=\frac{1}{\ln m}$。

3）计算评价指标的差异系数 g_j

$$g_j=1-e_j \qquad \text{（公式 7-5）}$$

4）确定评价指标的权重

$$W_j=\frac{g_j}{\sum_{j=1}^{m}g_j},\ j=1,2,\cdots,m \qquad \text{（公式 7-6）}$$

5）计算得分

根据归一化处理后的数据和相应指标的权重算出每个区县的具体得分。

7.1.2 指标体系

在参考乡村人居环境评价已有成果的基础上，综合考查四川省自然基础环境多样性给乡村发展建设带来的巨大影响，对四川省乡村人居环境评价体系构建思路如下：评价体系由目标层、准则层和指标层3个层次构成。目标层为四川省乡村人居环境评价，选取自然生态环境、基础设施、生产经济环境、生活物质环境4个一级指标作为准则层，再分别选取若干个二级指标。从数据可得性、可比性和与乡村人居环境的相关性出发，共筛选出30个二级指标，其中正向指标25个，负向指标5个（表7-1）。

表7-1 四川省乡村人居环境质量评价指标体系

目标层	准则层	指标层	指标权重	指标属性
四川省乡村人居环境质量评价	自然生态环境（17.37%）	年平均降水量（毫米）	1.63%	正向
		活动积温（℃）	0.85%	正向
		平均海拔高度（米）	1.43%	负向
		暴雨洪涝灾害风险	5.35%	负向
		地质灾害风险	5.58%	负向
		森林覆盖率（%）	1.30%	正向
		单位面积化肥施用量（千克/公顷）	0.39%	负向
		生活垃圾集中处理或部分集中处理的村（%）	0.84%	正向
	基础设施（19.54%）	公路网密度（千米/平方千米）	3.82%	正向
		道路硬化率（%）	1.86%	正向
		通宽带互联网的村（%）	2.35%	正向
		有公园及休闲健身广场的乡镇（%）	3.56%	正向
		有社会福利收养性单位的乡镇（%）	4.70%	正向
		中小学阶段师生比（%）	0.68%	负向
		每千人卫生机构床位数（卫生机构床位数/千人）	2.57%	正向
	生产经济环境（33.47%）	一般公共预算支出（万元）	2.39%	正向
		人均耕地面积（亩/人）	4.87%	正向
		农林牧渔增加值（万元）	4.91%	正向
		地区生产总值（万元）	6.33%	正向
		第三产业占GDP比值（%）	1.94%	正向

（续表）

目标层	准则层	指标层	指标权重	指标属性
四川省乡村人居环境质量评价	生产经济环境（33.47%）	社会消费品零售总额(万元)	7.19%	正向
		乡村人均可支配收入(元)	0.64%	正向
		非物质文化遗产在录数量(省级)	5.20%	正向
	生活物质环境（29.62%）	有商品交易市场的乡镇(%)	3.51%	正向
		钢筋混凝土结构住房占比(%)	3.83%	正向
		水冲式卫生厕所占比(%)	5.02%	正向
		煤气、天然气、液化石油气使用占比(%)	5.15%	正向
		乡村最低生活保障人数占乡村人口比例(%)	5.18%	正向
		乡村人均用水量(升/人.天)	0.62%	正向
		乡村用电量(万千瓦·时)	6.31%	正向

熵值的大小反映方案的随机性及无序程度，也可以通过反映指标的离散程度进一步判断该指标对综合评价结果的影响[63]。四川省乡村人居环境质量评价共有四个准则层，各个准则层和指标层的权重见图 7-1。各个准则层指标权重占比由高到低为生产经济环境、生活物质环境、基础设施、自然生态环境。从指标层来看 30 个指标平均权重为 0.033 3，在平均权重以上的指标有 16 个，在平均权重以下的指标有 14 个。权重排在前 5 位的指标分别是社会消费品零售总额、地区生产总值、乡村用电量、地质灾害风险、暴雨洪涝灾害风险。权重排在最后 5 位的指标分别是单位面积化肥施用量、乡村人均用水量、乡村人均可支配收入、中小学阶段师生比、生活垃圾集中处理或部分集中处理的村。从以上权重分析可以看出经济发展及其对应的社会消费品零售总额、地区生产总值对乡村人居环境质量影响最大，其次是生活居住及其所对应的乡村用电量。尽管自然生态环境准则层所占权重较低，但是因为受四川地形地貌等因素的影响，自然生态环境所对应的指标地质灾害风险、暴雨洪涝灾害风险对乡村人居环境质量的影响也较大。因此提升生产经济环境和生活物质环境水平是今后提升四川乡村人居环境质量重要举措的实施方向，同时要对暴雨洪涝、地质灾害等加强防范。

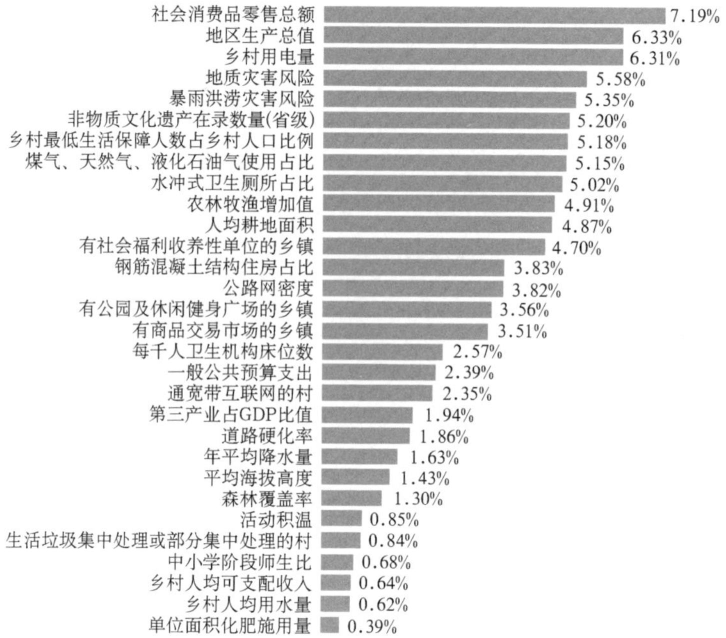

图 7-1 指标层权重排序

7.2 乡村人居环境质量评价

7.2.1 空间特征

1) 四川省乡村人居环境质量空间分布总体特征

为了更直观地体现出四川省乡村人居环境质量在空间上的分布特征，使用平均值分区法将四川省划分为高水平、较高水平、较低水平和低水平四个区域。四川省乡村人居环境质量分数平均值为 0.340 8，初步划分出 Si>0.340 8 和 Si≤0.340 8 两大区域；在 Si>0.340 8 的区域中，进一步取平均值 0.379 6，得到 0.340 8<Si≤0.379 6 和 Si>0.379 6；当 Si<0.53 时，区域内各区县分数平均值为 0.313 1，因此该区域划分为 0.313 1<Si≤0.340 8 和 Si≤0.313 1 两个区域。最终，得到四川省乡村人居环境的高水平区域（Si>0.379 6）、较高水平区域（0.340 8<Si≤0.379 6）、较低水平区域（0.313 1<Si≤0.340 8）、低水平区域

(Si⩽0.313 1)。

四川省西北是西部生态高原，东南是东部绿色盆地，符合胡焕庸线人口、地形、文化等的分界规律。研究结果显示四川乡村人居环境质量高水平区域全部位于胡焕庸线的东南侧，以成都市城镇化率 100％的锦江区、青羊区、金牛区、武侯区和成华区五个区为中心，向外质量等级逐渐降低。整体来看，南部的人居环境质量低于东北部。西北的综合得分没有显著差异，处于较低水平区域的仅有壤塘县、红原县和黑水县三个县，其余全为低水平区域，这些地区降低了四川省乡村人居环境质量的总体得分，迫切需要改进。四川省乡村人居环境质量呈现“东高西低”的空间格局，在子维度层面，除自然生态环境质量外，基础设施质量、生产经济环境质量、生活物质环境质量也呈现此格局，尤其是基础设施质量与生活居住质量的空间分异特征与综合人居环境质量吻合度高。因此，应该有效规划乡村人居环境建设，实行差异化治理，实现生产要素的有效聚集和优化，提高四川省乡村人居环境质量(图 7-2)。

图 7-2　四川省乡村人居环境质量等级区划

2) 四川省乡村人居环境质量各准则层空间分布特征

进一步分析评分结果，将各准则层评分同样按照平均值法划分出高水平、较高水平、较低水平、低水平区域，最后得到各系统层得分在四川省的空间分布(图7-3)，四川省各区县乡村人居环境质量评价得分结果见附录6。

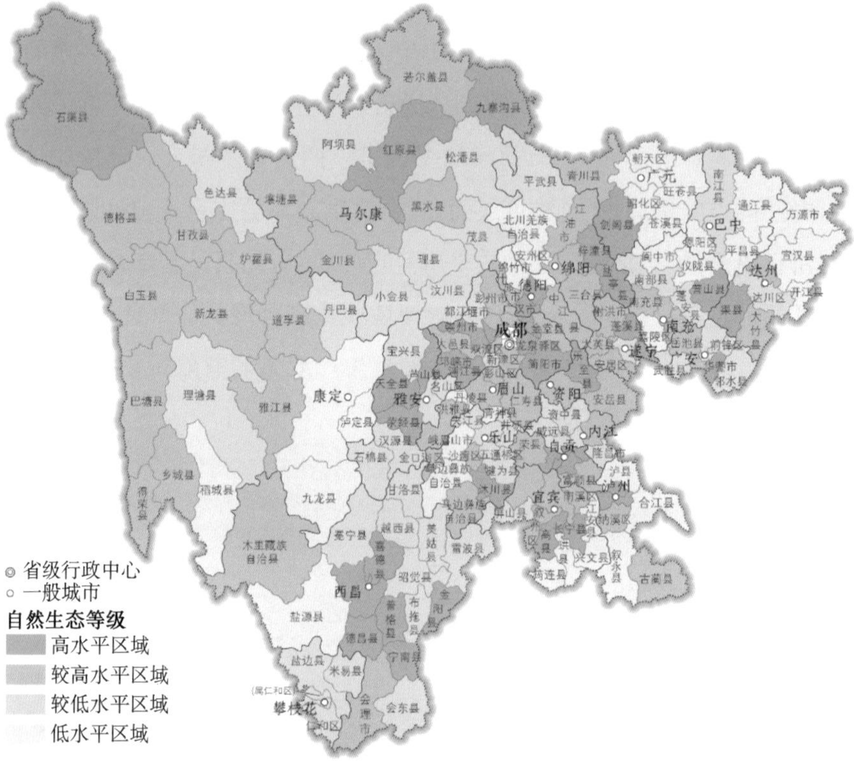

图7-3　四川省乡村自然生态等级区划

(1) 自然生态环境

自然生态环境评分与总体空间分布相差较大，整体分布呈现出中部低、东西高的特点。这主要与四川省多样而复杂的自然环境相关，也与经济发展程度和生态环境质量相关。自然生态环境准则层下权重最高指标为地质灾害风险(5.58%)和暴雨洪涝灾害风险(5.35%)。地质灾害风险较高地区主要位于四川盆地周边山区，即东部绿色盆地与西部生态高原分界线及其周边区域。地质灾害高风险与断裂带的分布位置关联性较大，这正是位于这些位置的区县在这方面评分较低的原因。暴雨洪涝灾害的风险则与降水量相关，四川西部高原山地降水量稀少，暴雨洪涝风险普遍较低。

（2）基础设施

四川省乡村基础设施水平地区差距较大，整体上呈现东高西低的空间格局（图 7-4）。乡村基础设施层的质量分数平均值为 0.094 3，成都市、德阳市、宜宾市、内江市等市均含高水平区域，其中最高分数为自贡市自流井区 0.157 1，基础设施发展水平高于其他地区。各等级公路形成完善的交通网络体系，道路硬化率高，宽带等基础设施基本覆盖所有村，基础医疗资源的人均分布情况也较为合理。

图 7-4　四川省乡村基础设施等级区划

较高水平区域主要分布在成都城市群以东、以北区域。阿坝藏族羌族自治州由于在本层权重最高指标“有社会福利性收养单位的乡镇占比”（4.70%）中得分较高而在本层中被划入较低水平区域。甘孜藏族自治州和凉山彝族自治州的基础设施建设相对较弱，均为低水平区域，甘孜州色达县 0.016 6 是最低分数。

这两个州在公路交通、道路硬化、宽带、公园等基础设施建设中和其他市县存在着明显差距。

(3) 生产经济环境

整体而言，四川省乡村经济发展的程度呈现出东高西低，并且以成都市为中心向外逐渐降低的格局(图 7-5)。经济发展水平随着与成都距离变大而降低，表明成都经济快速发展对周边地区的辐射带动作用随着距离增加而不断减弱。

图 7-5 四川省乡村经济发展等级区划

高水平区域主要分布于成都市及其周边市、自治州，尤其成都以东的资阳、绵阳等地经济发展得分较高；阿坝、甘孜、雅安等地经济建设比较落后。成都市、资阳市、德阳市等地均含高水平区域，其中成都市双流区 0.1617 得分最高，一般公共预算支出得分突出，全区生产总值、社会消费品零售总额得分均高于其余区县，整体经济发展水平高于其他地区。阿坝、甘孜、雅安等地经济建设比较落后，经济发展评分相对较高的区域主要为市、自治州首府所在区县和具有一定经济发展特色和潜力的区县。但是这些市、州的绝大部分区县都为低水平等级，经济发展各方面均与其他地区存在差距。

（4）生活物质环境

高水平区域主要分布于成都市及其周边市、自治州，如德阳、遂宁、资阳、乐山等地区（图 7-6）。最高得分者为绵竹市（0.191 7），钢筋混凝土结构住房占比、水冲式卫生厕所占比、燃气使用占比、低保人数占比等得分均较高，发展比较均衡。较高水平区域主要分布在成都城市群以东地区，较低水平区域主要分布在川西地区，也包括阿坝、攀枝花、凉山等少部分地区，甘孜全州为低水平区，甘孜、阿坝在水冲式卫生厕所、燃气使用占比等指标评分较低是整体评分低的最主要原因。

图 7-6　四川省乡村生活居住等级区划

3) 四川乡村人居环境指标层聚集空间关联度分析

通过 ArcGIS10.5 软件空间统计工具计算出四川省乡村人居环境质量评价得分的全局莫兰指数(Moran's I)(图 7-7)。莫兰指数值为 0.584 958,说明四川省各区县乡村人居环境质量布局具有较强的空间相关性,分布与所处的地理位置有关。*Z* 值得分为 28.567 577,*P* 值为 0.000 000,表明空间自相关工具所观察到的空间模式不属于随机过程,四川省大部分乡村人居环境质量呈正向聚类分布。研究进一步采用莫兰局部自相关方法来分析衡量指标的局部分布特性,通过 Geoda 软件分析四川省乡村人居环境的局部空间聚集情况(图 7-8)。大部分区县的乡村人居环境质量水平处于 H—H 和 L—L 象限,属于高高相邻或者低低相邻,局部空间差异小,乡村人居环境高质量区县对邻近区县的人居环境质量产生积极影响,乡村人居环境低质量区县对邻近区县的人居环境质量产生消极影响。四川大部分区县的乡村人居环境质量存在空间集聚特征,进一步证实全局莫兰指数所表明的乡村人居环境质量呈现全局正的空间自相关。

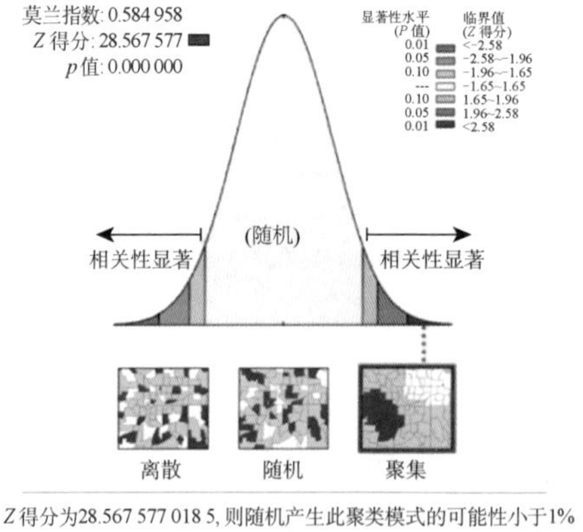

图 7-7　四川乡村人居环境质量全局空间自相关图

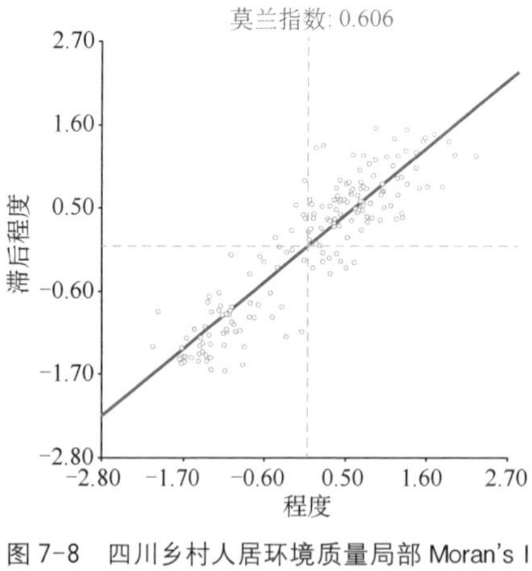

图 7-8　四川乡村人居环境质量局部 Moran's I 散点图

LISA 聚集图展示局部空间自相关显著对应的区县(图 7-9),围绕成都市呈现出明显的高高型空间自相关,尤其成都及成都以东地区,充分说明成都市作为四川省城镇化水平最高的城市,资源丰厚,利于集中发展,对其周边区县的涓滴

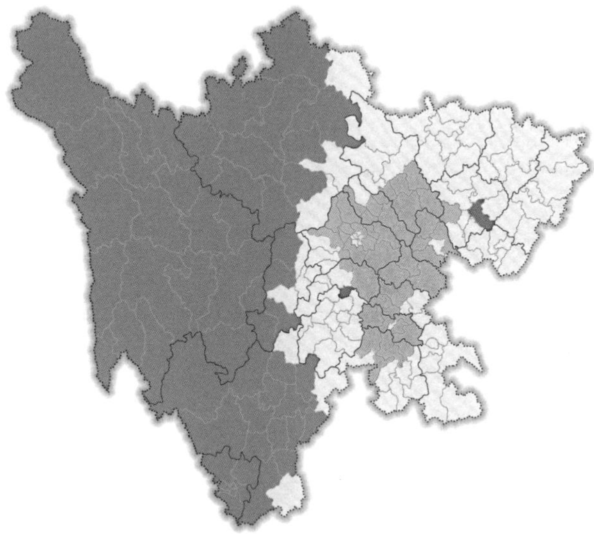

图 7-9　四川乡村人居环境质量 LISA 集聚图

效应比较明显。四川省西部地区呈现明显的低低型空间自相关，该地区多为高原和山地等，城镇化发展水平低，乡村人居环境质量水平也比较低。人居环境较低水平区域并没有对低水平区域起到辐射带动作用，例如壤塘县、红原县、黑水县、宝兴县、喜德县等。西部地区中大多数区县的自然生态板块处于高水平区域或较高水平区域，但是在基础设施、生产经济环境、生活物质环境等其他板块处于低水平区域，各个区域的自然条件和经济条件差异巨大。西部的冷点组团式聚集和东部热点的组团式聚集反映了四川省东西部发展的差异，因此对于西部地区的扶贫工作还需要加大力度，以提升四川省西部地区综合人居环境质量。

4) 四川省六个生态功能分区乡村人居环境质量分布特征

四川省人民政府办公厅于 2017 年印发的《四川省"十三五"生态保护与建设规划》在构建东部绿色盆地和西部生态高原的一级分区框架下，将四川分为成都平原区、盆周山地区、盆地丘陵区、川西北高原区、川西高山峡谷区和川西南山地区六大二级分区（图 7-10）。尽管六大分区内部区域的自然条件、生态区位、资源禀赋及社会经济差异性相对较小，但是不同分区因地貌类型不同，乡村人居环境质量存在较大差别。

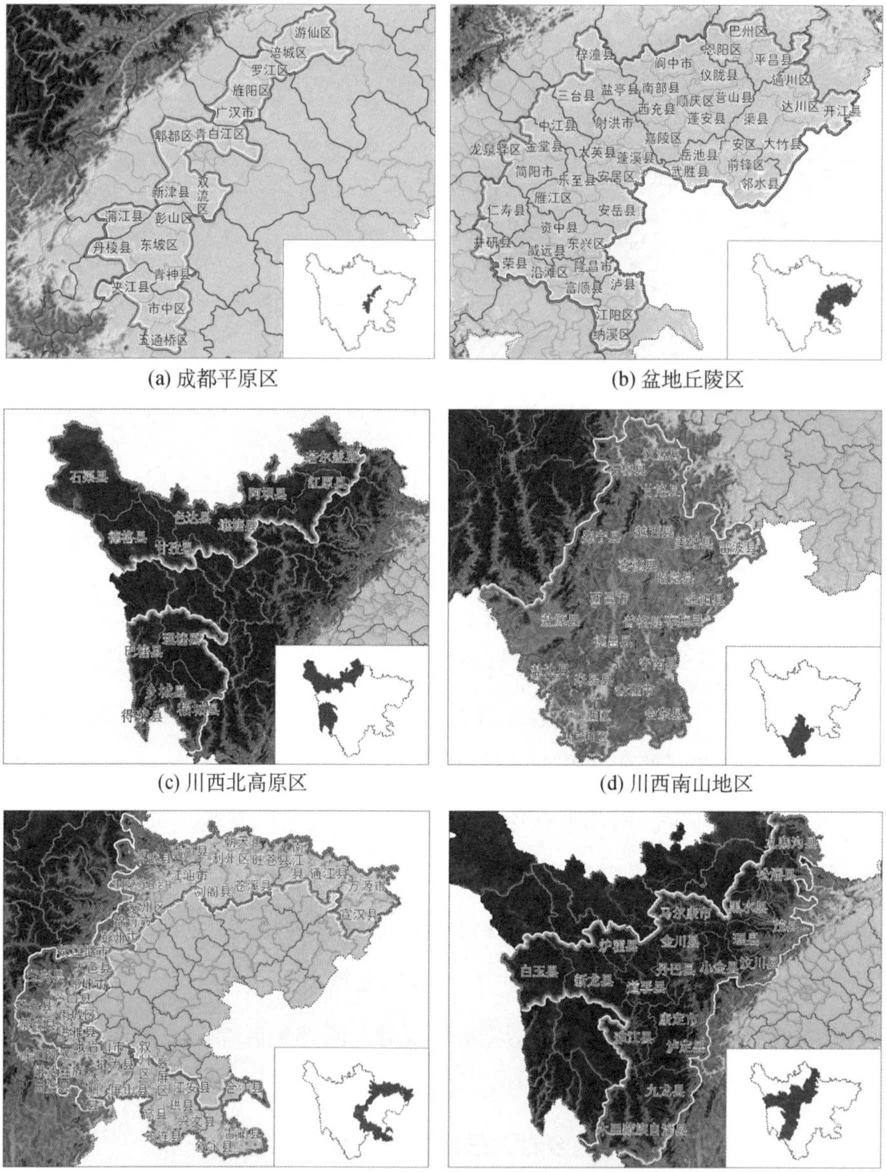

(a) 成都平原区　(b) 盆地丘陵区

(c) 川西北高原区　(d) 川西南山地区

(e) 盆周山地区　(f) 川西南高山峡谷区

省界　区县界　地级界　二级分区边界

图 7-10　四川省二级生态功能分区区县边界图

（1）四川省生态保护与建设规划二级分区评分基本情况

四川省生态保护与建设规划二级分区（简称二级分区）在乡村人居环境质量总分方面的排名依次为成都平原区、盆地丘陵区、盆周山地区、川西南山地区、川西北高原区、川西高山峡谷区，呈现出东高西低、从成都平原向外逐渐减弱的特征，与地区乡村人居环境建设的整体情况基本符合(图 7-11)。初步对比各系统层的二级分区平均分，成都平原区、盆地丘陵区和盆周山地区的得分分布较为接近，除乡村自然环境系统层外，其余三个系统层均表现出较为明显的优势。川西北高原区、川西高山峡谷区和川西南山地区的得分分布则与另三个分区相反，呈现出“一高三低”的情况。系统层评分的整体差异又与一级分区的情况保持一致，即属于东部绿色盆地的三个二级分区乡村人居环境质量高于西部生态高原内的三个二级分区。

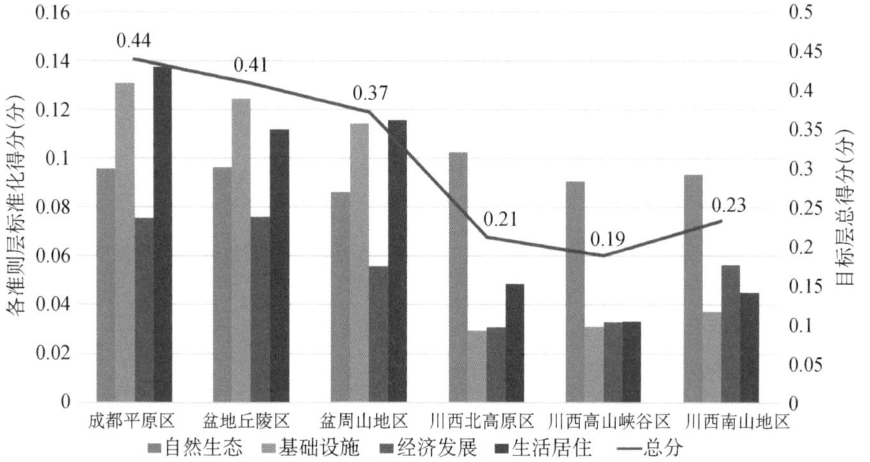

图 7-11　四川生态功能分区人居环境质量评分情况

(2) 各系统层评价结果分析

① 乡村自然生态环境

四川省区域内部自然生态状况评分较高的区域主要出现在川西北高原区，水平较低的区域主要出现在盆周山地区和川西高山峡谷区(图 7-12)。丰富的降水在为东部绿色盆地带来大量水资源的同时也给位于此区域内的三大生态保护分区带来较大的暴雨洪涝灾害风险，因此川西北高原区、川西高山峡谷区和川西南山地区在这一方面表现明显。四川省境内的断裂带主要分布在盆周山地区、川西南山地区和川西高山峡谷区区域范围内，地震频率高，地表稳固性相对较低，因此地质灾害风险较高。盆周山地区具有从成都平原及其周边区域向高原山地区域过渡的特征，虽然气候条件相对优越，但山地地形并不适合种植业发展，森林覆盖率在六大分区中最高。

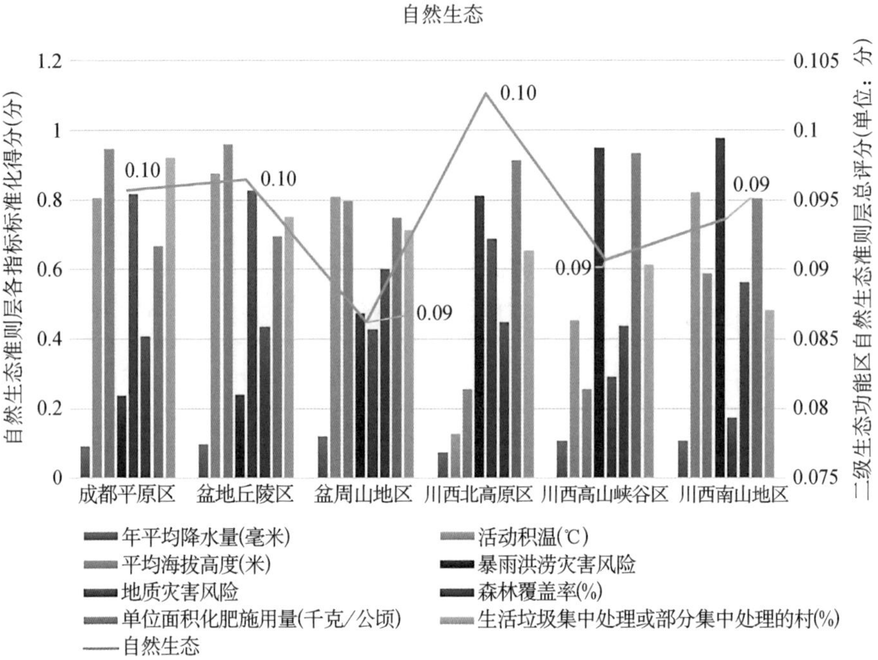

图 7-12　四川乡村自然生态环境层评分结果

《四川省农村人居环境整治三年行动实施方案》提出，要有效控制乡村面源污染，减少化肥和农药施用量，单位面积化肥施用量在乡村人居环境质量方面也随之转变为衡量生态环境的负向指标。从单位面积化肥施用量评分情况可以看出，东部三个二级分区由于化肥施用量大而在这项指标得到较低分数。生活垃圾处理的推进程度则与经济发展水平成正相关。

② 乡村公共服务及基础设施

四川省乡村人居环境基础设施水平差异极大(图 7-13)，东部生态盆地的三个二级分区评分远高于另外三个分区；西部生态高原三个二级分区仅在中小学阶段师生比和每千人卫生机构床位数这两项指标的水平与另三个分区相对接近。

成都平原区、盆地丘陵区和盆周山地区在公路网密度、有公园及休闲健身广场的乡镇、通宽带互联网的村、道路硬化率等指标评分差距不大，且明显高于其他三个分区，反映出这三个分区基础设施整体建设水平较高，为较高的人居环境质量打下坚实的基础。成都平原区在基础设施方面的整体优势最为突出。盆地丘陵区的社会福利收养性单位在乡镇的建设普及率最高，但是在公园及休闲健

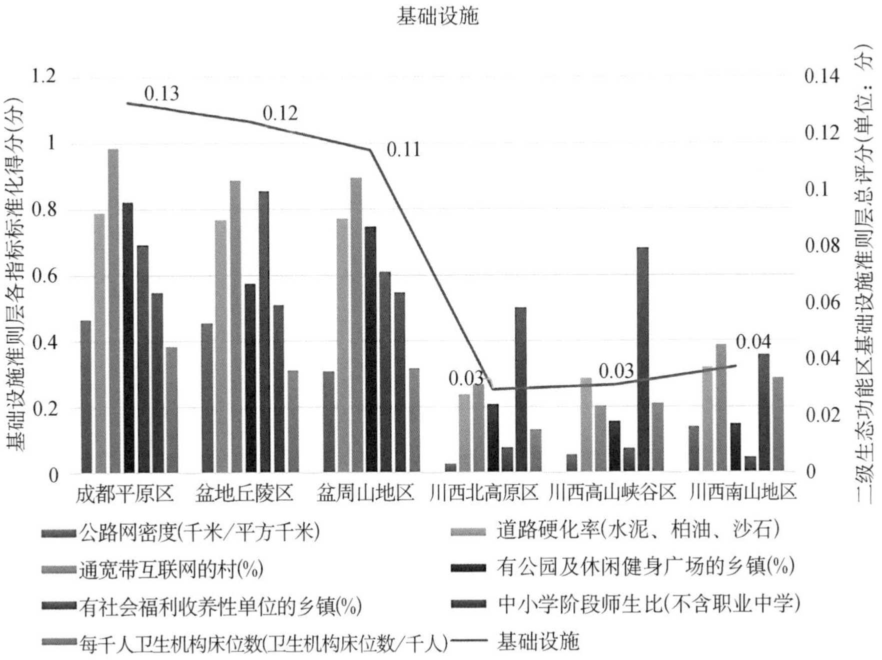

图 7-13　四川乡村公共服务及基础设施层评分结果

身广场的建设方面还需进一步加强。盆周山地区在基础设施建设方面则既没有突出优势，也没有明显短板。

川西南山地区在西部三个二级分区中总分平均值最高，原因主要是在公路网密度、通宽带互联网的村、每千人卫生机构床位数等指标的评分优势较为明显，可能与当地政府在这些方面的政策倾斜与财政投入力度较大有关。

③ 乡村生产经济环境

经济发展水平的区域差异小于基础设施建设方面的差异，但是也存在明显的差别(图 7-14)。成都平原区由于经济发展重心主要在第二、三产业，人均耕地面积在六个分区中最小，在农、林、牧、渔增加值等指标的得分并不突出。其他分区的地区生产总值与成都平原区存在一定差距，这是成都平原区社会消费品零售总额和乡村可支配收入等指标评分高于其他各区根本原因。

盆地丘陵区的经济发展层得分略高于成都平原区，原因可能来自以下三个方面：成都平原区的经济发展速度近年来相对放缓，而盆地丘陵区正处于快速上升期；成都平原区的基础设施建设趋于饱和，更新换代速度较慢，盆地丘陵区近

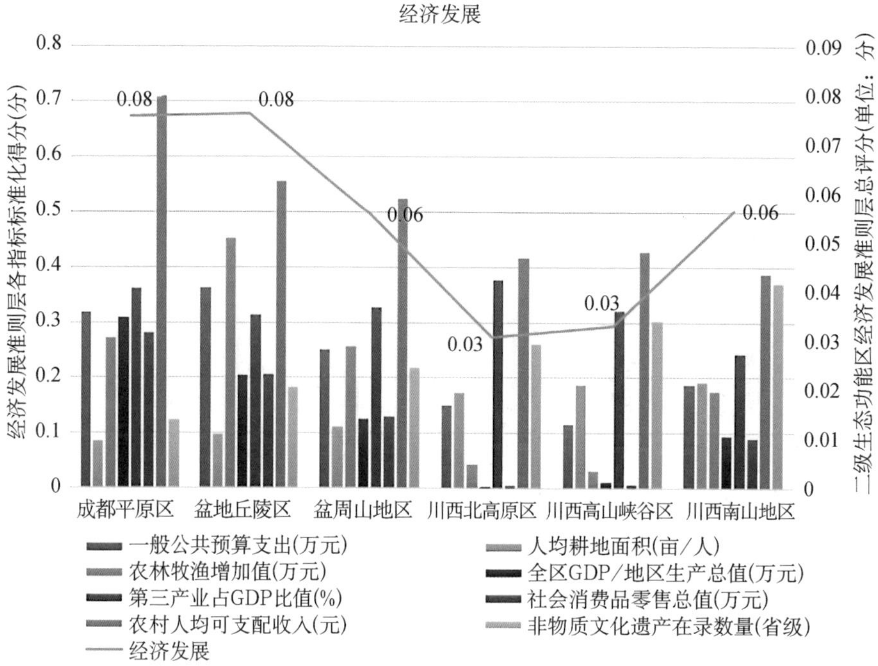

图 7-14 四川乡村生产经济环境层评分结果

年来投入加大，建设速度加快，这一点反映在一般公共预算支出等相关指标的评分上；盆地丘陵区的农业经济在地区生产总值中占比更大，因此在乡村人居环境质量的评价中具有一定优势。

在乡村经济环境这一系统层，非物质文化遗产在录数量的评分结果与其他指标较为不同。川西南山地区、川西高山峡谷区和川西北高原区民族人口较多，拥有极具特色的民族文化，非物质文化遗产极为丰富，因此川西部地区在这一指标的得分均高于东部的三个分区。

④ 乡村生活物质环境

生活居住发展水平的区域差异较大，评分整体情况与基础设施、经济发展两个方面比较接近，东部绿色盆地和西部生态高原区域差别较大，但两个一级分区内部差距较小（图 7-15）。

东部绿色盆地的三个分区在有商品交易市场的乡镇占比、水冲式卫生厕所占比、煤气天然气液化石油气使用占比等三个指标评分具有绝对优势，体现出该区域内部乡村居民生活便利，居住条件较好。钢筋混凝土住房占比评分与生活

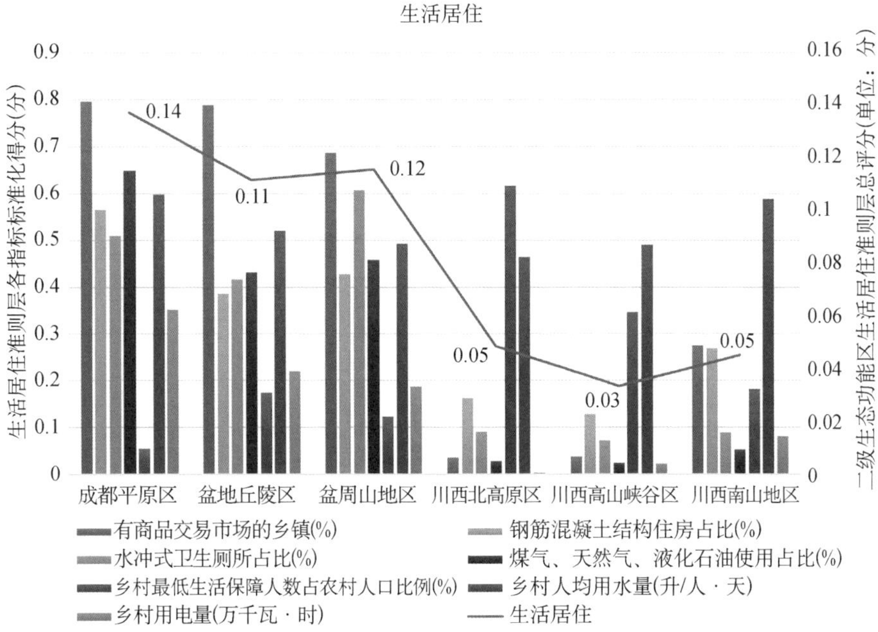

图 7-15　四川乡村生活居住环境层评分结果

居住层整体评分情况最为接近。

乡村最低生活保障人数占乡村人口比例的评分结果与整体评分结果差别较大；西部生态高原整体较高，东部绿色盆地整体较低；川西北高原区最高，成都平原区最低。乡村最低生活保障人数既与当地经济发展水平有关，也与当地政府保障力度有关。以成都平原为代表的东部绿色盆地经济较为发达，达到最低生活保障标准的人口较少，因此乡村最低生活保障人数占比相对较低；以川西北高原为代表的西部生态高原乡村低保人数占比较高，一方面说明当地经济较为落后，另一方面也说明当地政府对贫困人口的保障越来越到位。

（3）四川省乡村人居环境质量等级区划和二级分区的关系

被划入每个二级分区的区县个数不相同，因此通过对比不同等级水平的区县占分区内区县总数的比例来分析乡村人居环境质量等级区划和生态保护与建设规划二级分区的关系（表 7-2）。成都平原区接近 90%的区县被评为高水平或较高水平，仅有 2 个区县被评为较低水平，没有区县被评为低水平，说明该分区乡村人居环境建设水平普遍较高，与经济发展水平相协调。

表 7-2 四川生态功能二级分区乡村人居环境质量各等级区县统计

生态保护与建设规划二级分区		成都平原区	盆地丘陵区	盆周山地区	川西南山地区	川西高山峡谷区	川西北高原区
高水平区县	个数	10	23	11	0	0	0
	占比	52.63%	41.82%	22.45%	0	0	0
较高水平区县	个数	7	29	24	0	0	0
	占比	36.84%	52.73%	48.98%	0	0	0
较低水平区县	个数	2	3	14	8	1	2
	占比	10.53%	5.45%	28.57%	34.78%	4.17%	25.00%
低水平区县	个数	0	0	0	15	23	6
	占比	0	0	0	65.22%	95.83%	75.00%
区县个数合计		19	55	49	23	24	8

在生态保护与建设规划二级分区方面被评为较低水平的两个区县中，眉山市丹棱县在基础设施和经济发展方面短板明显，例如地区生产总值和一般公共财政预算总支出较少、公路网密度和公园及休闲健身广场的乡镇占比较低；青神县则在生活居住方面有较大不足，需要提升乡村居民在商品交易方面的便利性并且改善居住条件。

盆地丘陵区在生态保护与建设规划二级分区方面的较低水平区县比例较成都平原区更低，但人居环境质量被评为高水平或较高水平的区县超过 90%，被评为高水平的区县比例均低于成都平原区。被评为较低水平区县的恩阳区、平昌县和蓬安县各系统层评分均低于盆地丘陵区平均分。恩阳区和蓬安县在经济发展方面的短板最为突出，需进一步发展经济，通过提高地区生产总值为财政支出提供资金支持，进而提升乡村人居环境质量水平；平昌县的地质灾害风险较大，这是导致其在自然生态方面评分低的主要原因，另外，该县的公路网密度和道路硬化率在盆地丘陵区也属于较低水平。

盆周山地区和川西南山地区的乡村人居环境质量区划水平等级相对比较集中，盆周山地区有接近一半的区县为较高水平区县，高水平区县和较低水平区县各占约四分之一。川西南山地区约三分之一的区县为较低水平区县，三分之二的区县为低水平区县。

川西北高原区和川西高山峡谷区绝大部分区县的生态保护与建设规划等级为低水平区县，仅有个别区县为较低水平。通过对比可以发现，红原县在自然生态和基础设施方面的评分高于平均分，自然基础状况在全区处于较高水平，并且教育和医疗投入较多；壤塘县的优势则更多由经济发展带动，第三产业占 GDP 的比值为全区最高，说明通过发展经济来带动人居环境质量的建设是最有效的途径。黑水县是川西高山峡谷区的唯一一个被划入生态保护与建设规划等级较低水平区域的区县，其评分的主要优势来自生活居住和基础发展两个系统层，该县的乡村用电量和乡村人均用水量均远高于全区平均水平，同时公路网密度较高。

综上所述，成都平原区和盆地丘陵区的乡村人居环境质量水平整体较高，有少数区县存在部分短板，通过借鉴区内水平较高的区县，加大财政投入，重点建设评分较低的方面就能有效提高乡村人居环境质量。盆周山地区和川西南山地区的人居环境质量评分整体协调性低于前两个分区，需要在巩固已有基础和优势的前提下对弱项进行补足。川西北高原区和川西高山峡谷区整体水平较低，可以通过借鉴区内乡村人居环境质量相对较高区县的发展模式来确定接下来的建设与提升方向。在生态保护与建设规划等级方面居于高水平的区域，较高的经济水平和优越的自然条件是该区域乡村人居环境质量较高的根本原因。未来应充分发挥新型城镇化、工业化对乡村振兴的辐射带动作用，培育乡村特色产业，构建现代农业产业体系，进一步推动乡村人居环境不断改善。

7.2.2　优化建议

在生态保护与建设规划等级方面，高水平区域、较高水平区域和较低水平区域各系统层之间的协调发展程度较低，各区县均存在短板，使乡村人居环境整体质量受到影响。未来应在继续发挥自然条件优越性和已有其他优势的基础上，补足短板，提高人居环境质量的整体协调水平。

生态保护与建设规划等级低水平区域的经济发展水平普遍较低，这是该区域内区县乡村人居环境质量水平较低的根本原因。但是，这些区域又具有丰富的旅游资源，例如以非物质文化遗产为代表的文化旅游资源和以高山、极高山为代表的自然旅游资源。未来应当以开发旅游为契机，不断发展第三产业，促进经济水平的提高，进而推动乡村人居环境质量的整体提升。同时，低水平区域的经济基础薄弱，需要持续的财政支持来推动乡村的人居环境建设。

1）高水平区域

提高现代化农业发展水平，促进产业转型升级。一方面，提高农业科技水平，加快推进化肥、农药、农膜减量化以及废弃物资源化和无害化，减少环境污染，增加农业废弃物的综合利用，建立农业资源循环的网络，力求达到资源节约型、环境友好型社会的要求；另一方面，培育乡村特色产业，鼓励发展参与式或体验式生态农业等新型农业发展模式，推动产业转型升级的同时实现农民增收，为乡村人居环境的建设与发展打下坚实的经济基础。

健全公众参与机制，建立新型乡村社区管理模式。村民是乡村人居环境的直接体验者和使用者，乡村在规划建设时应重点关注村民的实际需求和改造意愿，建立和完善村民参与机制，积极引导村民加入乡村人居环境提升的建设过程。同时，政府应加强组织领导，通过提高乡村社区管理者队伍的整体素质来提高村民自治和乡村社区管理水平，进而为乡村人居环境质量优化提供更坚实的民众基础。

提升优质公共服务供给能力，提高村民生活幸福感和获得感。成都平原区乡村基础设施体系相对完善，乡村人居环境质量优化需提高基础设施的数字化、信息化水平。如建设智慧养老院、智慧养老社区，打造“15 分钟养老服务圈”。同时，健全区域内一体化公共服务体系，例如推动教育资源跨市配置、支持远程教育资源全域共享等。

建设新型城镇化引领示范区，引领四川省乡村发展。发达的城市经济推动成都平原区城乡一体化水平的发展，城市近郊的乡村逐渐成为城市的一部分。成都平原区未来应充分发挥新型城镇化、工业化对乡村振兴的辐射带动作用，加强示范乡镇、示范村建设，鼓励临近村镇的互助共建，以点带面引领四川省，尤其是四川省东部三个二级分区乡村的发展。

2）较高水平区域

发展特色农业，构建现代产业体系。加快农产品冷链物流发展，重点打造一批柑橘、猕猴桃、香桃网货生产基地和产地直播基地。大力发展农产品初加工和精深加工，加快现代农业园区建设。依托宜宾五粮液产业园区、泸州白酒产业园区、古蔺郎酒生产基地，建成全国领先的白酒生产基地和智能酿造基地，联合推广区域品牌，创建国家地理标志产品保护示范区。开展电子商务进乡村综合示范，发展农产品订单直销、连锁配送、社区直营等零售新业态。

加快完善基础设施体系建设，争取国家专项支持。进一步提高区域内铁路、公路网密度，争取将区域内重要铁路纳入国家中长期铁路网规划。加快完善区域内部骨干公路网络，完善城际快速通道和旅游快速通道建设，为增加区域内经济联系提供交通支撑。实施“全民健身场地设施补短板工程”，大力建设体育公园、健身步道、乡镇（社区）健身中心、多功能运动场等群众身边的体育设施。

巩固生态文明建设成果，促进景观资源开发。进一步提高森林覆盖率，推进荒漠化、石漠化、矿山和采煤沉陷区生态修复和治理，加强重点区域水土流失治理和地质灾害防治。落实土壤污染治理措施，推动土壤调查和风险评估，促进受污染农用地安全治理与利用。寻求生态效益与经济效益的平衡，在保证生态修复有序进行的同时，充分利用区域内丰富的自然景观资源，促进旅游开发。

3）较低水平区域

巩固生态环境保护成果，推行绿色生产生活方式。加快推进长江上游干旱河谷生态系统综合治理，巩固退耕还林成果，建设江河岸线防护林体系和金沙江、雅砻江、安宁河等江河绿色生态廊道。大力发展绿色有机农产品产业，广泛开展创建节约型村镇等行动。

完善基础设施建设，提升乡村居民生活品质。提升教育发展质量，改善薄弱高中办学条件，扎实推进彝族地区“9 + 3”免费教育计划。提升公共文化服务水平，统筹城乡公共文化设施布局。完善最低生活保障制度，加强社会兜底保障。

打造特色经济增长点，推动乡村振兴和新型城镇化。充分发挥干旱河谷的自然资源优势，打造国际阳光康养旅游目的地，建设康养文化，促进文旅深度融合发展。依托良好的生态本底，利用山地旅游的发展契机，促进休闲农业、特色农业与山地旅游的融合，推动乡村产业的转型升级。积极开展彝族文化、摩梭文化、茶马古道文化传承保护，积极创建“攀西三线创业文化”“大凉山彝族文化”“摩梭文化”等非遗保护示范基地。

4) 低水平区域

构筑生态安全屏障,改善生活环境质量。严格落实生态保护红线、环境质量底线、资源利用上线和生态环境准入清单“三线一单”,实施生态环境分区管控。鼓励建设生态养殖场和养殖小区,减少化肥、农药污染,综合治理面源污染。强化源头水体保护,加大水环境治理力度。

实施基础设施补短板行动,提高公共服务水平。加快构建内通外联、功能完善的高速路网体系,实施乡村电网巩固提升工程,完善乡村水利基础设施网络,加强农牧区灌溉工程建设。推进新型基础设施建设,推动5G网络向乡村地区延伸。优化城镇商贸网点布局,增强对农牧区辐射带动能力。

构建高效生态产业体系,促进环境友好型经济发展。构建全域旅游发展格局,统筹整合绿色自然风光、红色长征精神、特色民族文化等旅游资源,推进藏羌彝文化走廊建设,创建一批国家级、省级旅游度假区和生态旅游示范区。

近年来,四川省大力推进红色旅游,积极推动红色经典旅游景区的建设,比如:“长征四川段”十日游线路,经过若尔盖县、红原县、松潘县、黑水县、理县等区域;“川陕苏区”五日游线路经过仪陇县、平昌县;等等(图7-16)。红色旅游路线途经的区县充分利用红色文化,指导辖区内批发零售和住宿餐饮企业开展形式多样的促销活动,促进经济发展,拉动就业增收,并通过红色旅游基础设施和配套服务建设带动扶贫,打造特色鲜明的红色旅游精品产业,增强经济滞后地区造血能力,使全省红色旅游保持良好的发展态势。例如:2016年四川全省预计实现红色旅游收入324亿元,同比增长30%,红色旅游景区预计接待游客8 320万人次,同比增长20%,带动直接就业人数达到了46 000余人,间接就业人数可达到18万人次。黑水县2017年成立红色昌德乡村旅游农民专业合作社,先后建成红军文化广场、红色教育基地等,2017年以来累计收入181万余元。若尔盖县在2018年仅国庆长假巴西会议会址就接待游客1 057人,实现红色旅游收入42.28万元;2019年端午假期,红色旅游景点接待游客198人,实现红色旅游收入7.6万元;2019年“五一”小长假,红色旅游线路巴西会议会址共接待游客118人次,实现红色旅游收入4.68万元。红色旅游不仅拉动了四川各市县的经济增长,并且旅游人群类型目前正呈现出年轻化、亲子化的特点,发展具有可持续性。自然生态良好但是其他方面不足的各低水平区县要抓住红色文化风潮，加强线上线下旅游宣传营销力度，不断做大做响红旅路线，积极促进消费市场的增长。

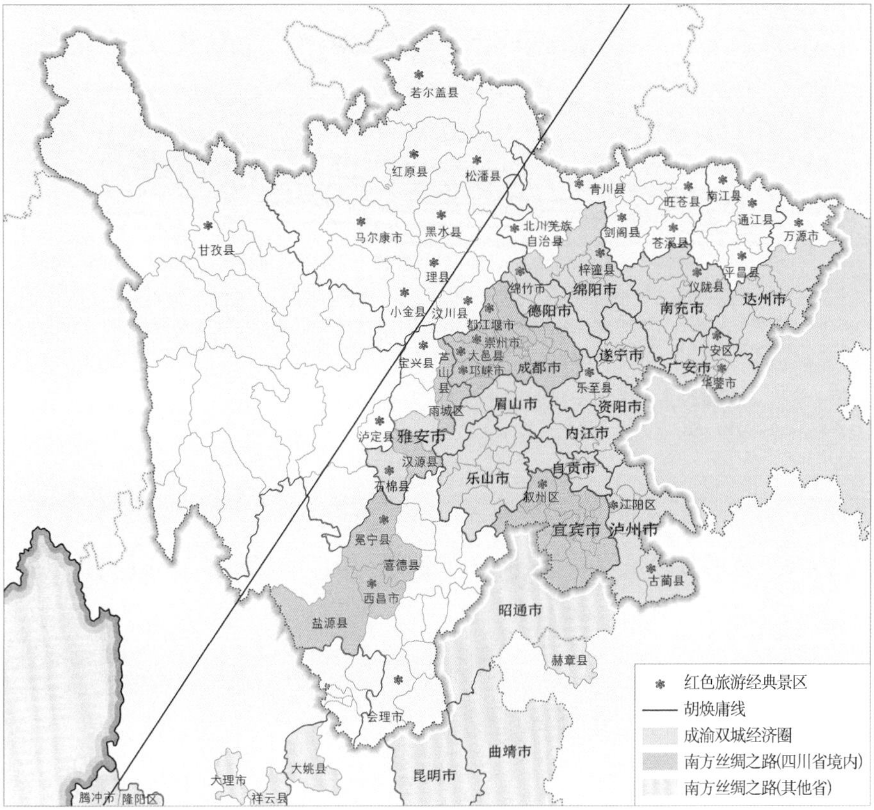

图 7-16　四川省人居环境部分相关政策地理区位图
资料来源:《四川文化和旅游年鉴 2020》。

2016 年 1 月《成都市国民经济和社会发展第十三个五年规划纲要》提出建设西部经济中心，建设国家“一带一路”和长城经济带建设的门户城市之后，2019 年成都出台《成都市融入“一带一路”建设三年行动计划(2019—2021 年)》;2020 年 1 月 3 日，中央财经委员会第六次会议提出，要大力推动成渝双城经济圈建设，标志着成渝地区双城经济圈建设上升为国家战略。成都市大部分区县生产总值在 2016 年之后增速明显，以龙泉驿区、双流区、邛崃市、蒲江县、简阳市表现最为明显(图 7-17)。邛崃市 GDP 2017 年比 2016 年增长 36.264 2 亿元，增加约 15.90%;温江区 GDP 2017 年比 2016 年增长 61.507 8 亿元，增加约 14.42%等。四川是中国西部高铁网络上的重要节点，高铁成网，打通陆路通道，加快推进天府机场建设，

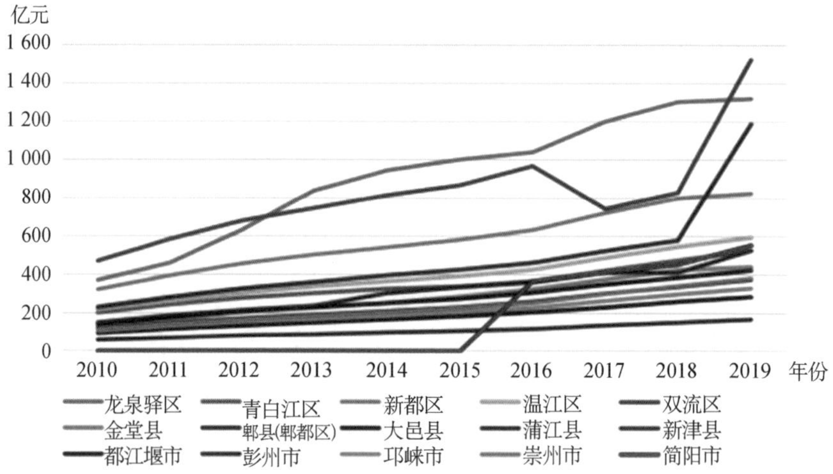

图 7-17 成都市区县乡村 GDP 增长情况
资料来源:2010—2019 年《成都统计年鉴》。

积极配合“一带一路”政策,走到对外开放的最前沿,才能更好地将资源转变为经济优势,促进各区县经济发展,建设经济走廊。经济环境的改善是乡村人居环境提升的重要保障。

7.3 乡村健康人居环境区划

乡村健康人居环境包括乡村居民居住生活的健康以及与健康有关的一切主客体背景及其相互之间的关系,整个乡村健康人居环境应该包含四大系统:由人工建造的人工聚居环境;由原生环境和次生环境构成的自然生态环境;由文化、经济等因素构成的人文社会经济环境;由卫生设施、健康检查、疾病构成的健康保障系统。因此本节所研究的四川省健康乡村人居环境是在乡村这一特定层次上,以人类居住生活为中心,以健康为研究重点,包括人工聚居环境系统、自然生态系统、经济社会环境系统、健康保障系统在内的乡村健康人居环境系统(图 7-18)。

本节主要对标《全国健康城市评价指标体系(2018 版)》,参考健康乡村人居环境评价已有成果及相关文献基础上[64-74],结合四川省自然基础环境多样性给乡村发展建设带来的影响,建构由目标层、系统层和指标层构成的评价体系。目

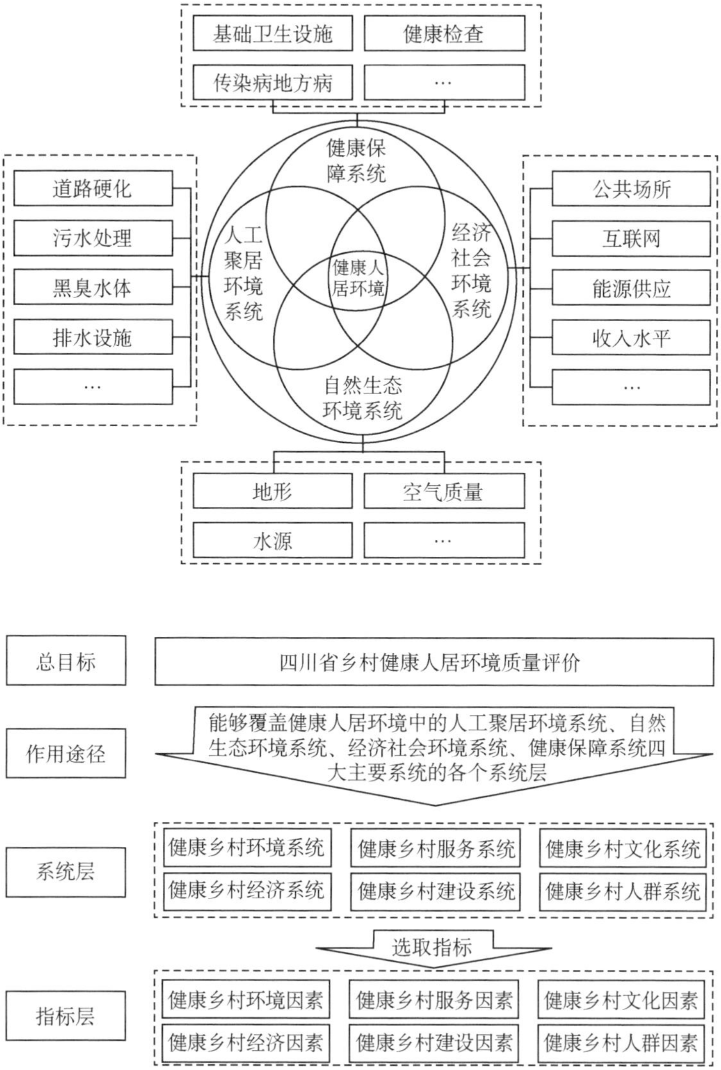

图 7-18　乡村健康人居环境系统模型图

标层为四川省健康乡村人居环境质量评价；系统层有 6 个系统，各系统再分别选取若干个指标。从数据的可得性、可比性和与健康乡村人居环境的相关性出发，筛选出 25 个指标层的指标，其中正向指标 21 个，负向指标 4 个。负向指标均位于乡村健康人群指标系统之中，分别是万人克山病患病数、万人碘缺乏症患病数、县城内氟中毒乡村数、万人肺结核患病数（表 7-3）。

表 7-3 四川省乡村健康人居环境质量评价体系

目标层	系统层	指标层	指标代号	指标属性
四川省乡村人居环境质量评价	健康乡村环境(A)	县域内乡村平均乡村地形类型	A1	正向
		县域内乡村平均乡村供水情况	A2	正向
		县域内乡村平均乡垃圾收集处理情况	A3	正向
		千人乡村人口厕所粪污入污水处理设施户数	A4	正向
		空气质量(AQI)	A5	正向
	健康乡村服务(B)	千人乡村人口卫生院人员数	B1	正向
		千人乡村人口乡镇卫生院床位数	B2	正向
		千人乡村人口健康检查次数	B3	正向
		万人乡村人口村卫生室数量	B4	正向
	健康乡村文化(C)	有文化、体育等公共活动场所的乡村占比	C1	正向
		编制村庄规划的乡村占比	C2	正向
		规模乡村商超占比	C3	正向
		通宽带的自然村屯占比	C4	正向
四川省乡村人居环境质量评价	健康乡村经济(D)	乡村人均耕地(平方米)	D1	正向
		乡村人口人均用电量(千瓦时)	D2	正向
		乡村人口人均化肥施用量(千克)	D3	正向
		农民人均可支配收入(元)	D4	正向
	健康乡村建设(E)	县域内乡村平均村内排水设施情况	E1	正向
		县域内乡村平均乡村污水处理情况	E2	正向
		县域内乡村平均乡村污水处理情况	E3	正向
		村内道路硬化的乡村占比	E4	正向
	健康乡村人群(F)	万人克山病发病数	F1	负向
		万人碘缺乏症发病数	F2	负向
		县域内氟中毒乡村数	F3	负向
		万人肺结核患病数	F4	负向

7.3.1 指标体系

运用 ArcGIS10.2 将各个指标层指标进行加权分析,得到四川健康乡村人居环境质量指数,按照自然间断点法进行分类,得到四川省健康乡村人居环境质量评价结果的空间分布图(图 7-19)。健康乡村人居环境质量指数越大,健康乡村质量越高。本文将评价结果划分为四个等级,健康乡村人居环境质量指数

0. 14～0. 22 为健康低水平地区，指数 0. 23～0. 28 为健康较低水平地区，指数 0. 29～0. 36 为健康较高水平地区，指数 0. 37～0. 49 为健康高水平地区。四川省健康乡村人居环境质量评价结果呈现较明显相关性，与四川省整体经济水平基本保持一致，即以成都为中心东高西低的格局。结果说明健康乡村建设是系统性工程、整体性工程，需要对乡村的基础条件进行全面提升，才能促进乡村居民整体健康水平的提高与人均寿命延长。符合实际情况的评价结果验证了评价指标的科学性与实用性。

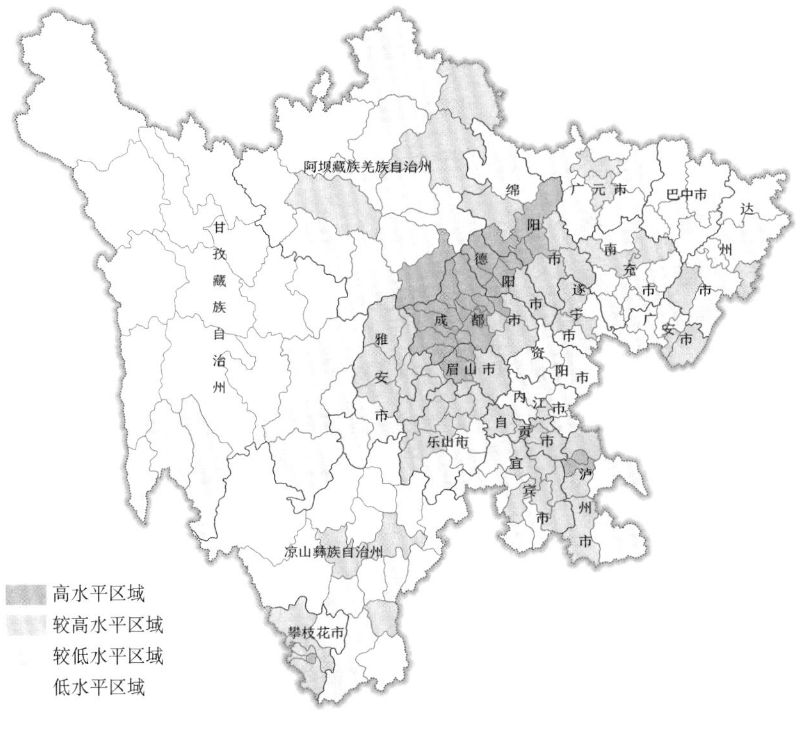

图 7-19　四川省健康乡村人居环境质量空间分布图

7.3.2　质量分析

四川省二级生态功能分区中区县健康人居环境质量平均得分排名依次为成都平原区、盆周山地区、盆地丘陵区、川西南高山峡谷区、川西南山地区、川西北高原区，呈现出东高西低、从成都平原向外逐渐减弱的特征，与四川省整体的城乡发展建设水平有着强烈相关性（表 7-4）。四川省功能分区内部的健康乡村人居环境质量评价结果(图 7-20)显示城乡统筹发展情况不一定会带动健康工作发展,例如盆地丘陵区的成都市辖区简阳市、金堂县得分比泸州市的泸县、富顺县低。表 7-5 四川省二级生态功能分区人居环境质量分区县数及其所占比重中,高水平地区区县占比按从高到低依次为:成都平原区、盆周山地区、盆地丘陵区、川西南高山峡谷区、川西南山地区、川西北高原区。分布特征和四川省内东高西低、从成都平原向外逐渐减弱的自然特征十分符合,说明虽然健康乡村工作具备一定特殊性,但是经济基础仍是高水平健康乡村建设的必要条件[75-77];低水平地区区县占比按从高到低依次为:川西南山地区、川西南高山峡谷区、川西北高原区、盆周山地区、盆地丘陵区、成都平原区。分布特征与城乡建设水平分布有很强关联性,作为经济发展较为滞后、人居环境较为恶劣的川西生态高原地区,低水平地区区县均集中在这里。高水平地区分布情况显示其过度集中在成都周边地区,说明城市建设会对乡村健康的发展有促进作用,需要更加关注城镇化水平低的地区如何更加有效地提升乡村健康水平。四川省不同二级分区的得分有着较大的差异性,可能会造成不同区域之间的区域健康公平问题。整合医疗资源,让更多的医疗资源流向需要进行健康水平提升的低水平与较低水平区县是目前亟需解决的问题。

表 7-4 四川省生态功能分区健康人居环境质量平均得分表

二级分区	成都平原区	川西北高原区	川西南高山峡谷区	川西南山地区	盆地丘陵区	盆周山地区
得分	0.393 29	0.206 88	0.259 39	0.255 23	0.300 78	0.312 24

表 7-5 四川省生态功能分区中人居环境质量分区县数及其所占比重

	成都平原区	川西南高山峡谷区	盆地丘陵区	川西南山地区	川西北高原区	盆周山地区	总计
低水平区区县个数	0	6	0	8	4	0	18
较低水平地区区县个数	0	7	23	7	9	17	63
较高水平地区区县个数	5	5	28	7	0	23	68
高水平地区区县个数	14	1	4	1	0	9	29
总计	19	19	55	23	13	49	178
低水平地区区县占比	0	31.58%	0	34.78%	30.77%	0	—
较低水平地区区县占比	0	36.84%	41.82%	30.43%	69.23%	34.69%	—
较高水平地区区县占比	26.32%	26.32%	50.91%	30.43%	0	46.94%	—
高水平地区区县占比	73.68%	5.26%	7.27%	4.35%	0	18.37%	—
总计	100.00%	100.00%	100.00%	100.00%	100.00%	100.00%	—

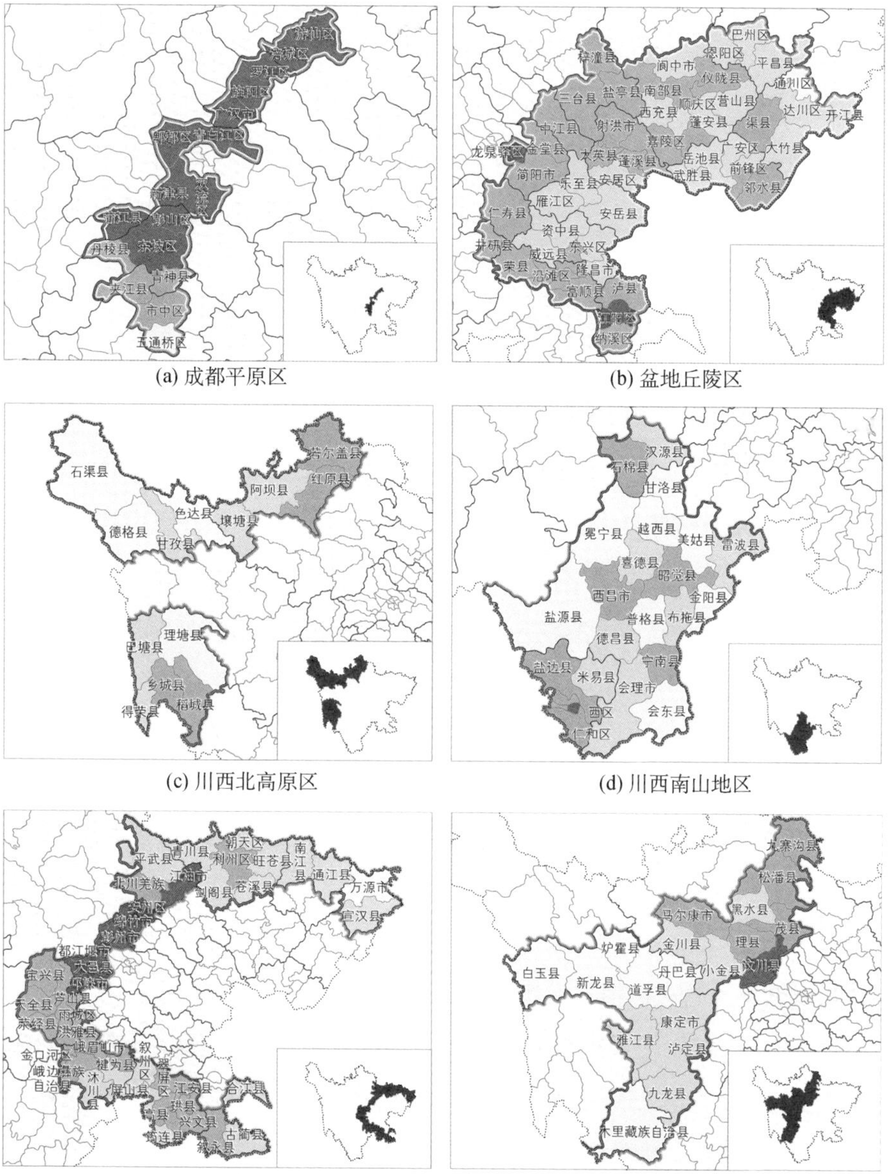

(a) 成都平原区　(b) 盆地丘陵区

(c) 川西北高原区　(d) 川西南山地区

(e) 盆周山地区　(f) 川西南高山峡谷区

■高水平地区　■较低水平地区　■较高水平地区　■低水平地区

图 7-20　四川省功能分区健康人居环境质量评价空间分布图

1）四川省健康乡村人居环境系统层分布情况

四川省健康乡村人居环境质量评价共有六个系统层指标、各个系统层权重（表 7-6）和得分分布，各个系统层指标权重占比由高到低为健康乡村人群、健康乡村环境、健康乡村建设、健康乡村服务、健康乡村文化、乡村经济环境，说明四川省内部各个区域之间的经济基础差距比较大。作为权重最高的健康乡村人群系统，对于该系统所选取的疾病患者以及患者所在地的选取都是与乡村环境有紧密联系的，例如该系统下的氟中毒乡村数指标层，该疾病的发生往往是因为水源污染以及不恰当燃煤造成的空气污染，权重最高说明四川省对于这些疾病的防控取得一定进展。

表 7-6 四川省健康乡村人居环境质量评价系统层权重

指标系统层	健康乡村环境	健康乡村服务	健康乡村文化	乡村经济环境	健康乡村建设	健康乡村人群
权重	0.189 7	0.164 2	0.156 2	0.145 7	0.183 7	0.195 7

健康乡村服务、健康乡村文化、乡村经济环境、健康乡村建设四个指标系统均在一定程度上符合以成都平原为中心向外扩散的情况，然而，健康乡村服务分布情况较为离散(图 7-21)。乡村基础医疗作为乡村居民健康的第一道防线，在四川省中普遍质量较差，整个基础医疗体系发展并不健康。四川省作为一个仍需要中央财政转移支付的省份，亟需加强基层医疗建设。健康乡村人群的系统指标体现人居环境质量保证的底线条件，四川省仅有少数区县为低水平区域，说明四川大部分乡村人居环境已经满足清洁、健康水源等基本需求。

2) 四川省健康乡村人群相关疾病分布情况

疾病是威胁健康的最重要因素。本书选取克山病、氟中毒、碘缺乏症、肺结核四种与地域分布相关疾病展开研究。四川省仅有少部分地区是处于这些疾病分布的高水平地区。研究显示，四川省当前不具备这些重大疾病广泛分布的基础。整体来看，克山病分布与龙门山脉的走势有相关性，多高发于山区的偏远乡村。碘缺乏症的分布呈现出散布的空间格局，以成都为中心向甘孜州、凉山州、巴中市三个方向发散的趋势。氟中毒疾病集中分布在雅安市散布至凉山州，在宜宾、泸州均有高发区。氟中毒的分布与龙门山脉有强的相关性，说明龙门山脉地区的乡村有较为严重的水质问题，应该加强当地相关水质过滤系统建设，降低氟元素在人体的富集。肺结核在川东北地区和川南有片状分布的趋势，在甘孜、

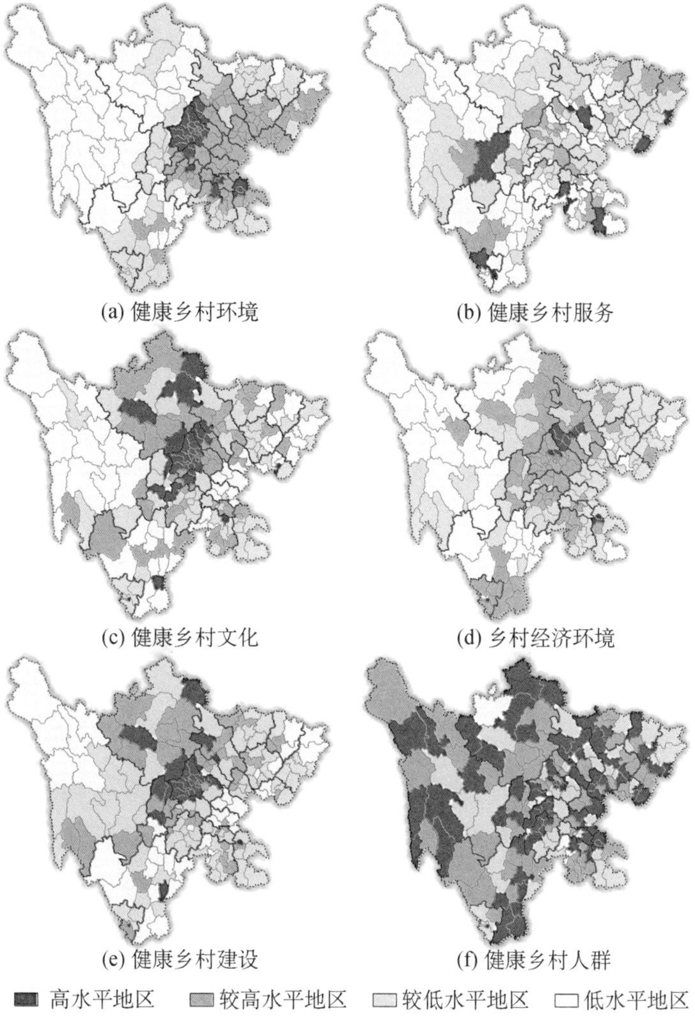

图7-21　四川健康乡村人居环境质量指标体系系统层指标评价结果

凉山出现少量患病高水平区域。比较前面三种疾病，肺结核疾病是四川省区县的分布中最多的一种疾病，肺结核和前面三种疾病最大的不同是该病具有强传染性，而且易因身体条件使病情恶化。肺结核的区域蔓延趋势充分说明传染性疾病在医疗服务系统较差的区域目前难以遏止，肺结核高发地区同样可能成为其他传染病疾病的高发地区，因此该传染病高发地区需要加强传染病医疗服务系统建设，加强预防措施。

四川省四种疾病分布地图显示，目前以雅安市为中心沿龙门山脉走向可能存在一个健康乡村人居环境质量低的连片地区，该地乡村居民的患病率明显高于其他地区。川东北与川南地区的肺结核蔓延情况说明这些地区在传染病防治方面可能有所欠缺，需要进一步提升相关的卫生服务能力，以及应该尽早加强高发地区乡村居民相关疾病的早期症状科普教育，尤其目前新型冠状病毒全球流行时期，更应该提高相应地区传染疾病预诊率和筛查率。

3）四川健康乡村人居环境指标层聚集空间关联度分析

四川省健康乡村人居环境质量具有较强正向聚集性特征，研究进一步采用莫兰指数（Moran's I）局部自相关方法来分析衡量指标的局部分布特性，通过Geoda软件分析四川省健康乡村人居环境的局部空间聚集情况（图7-22），通过ArcGIS10.2软件空间统计工具计算出四川省健康乡村人居环境质量评价得分的全局莫兰指数（图7-23）。通过LISA进行可视化分析并检验健康乡村人居环境质量得分的显著性[78-79]。图7-24中健康乡村人居环境质量热点地区，具有高的健康乡村人居环境质量，且对邻近区县的健康乡村人居环境质量产生积极影响，使得邻近区县的健康乡村人居环境质量处于较高的水平；健康乡村人居环境质量冷点地区，具有低的健康乡村人居环境质量，且对邻近区县产生消极影响，使得邻近区县的健康乡村人居环境质量处于较低的水平。局部空间自相关显著（$P<0.01$）对应的区县，在LISA聚集图中显示围绕成都市呈现出明显的“高—高”型空间自相关，充分说明成都市作为四川省城镇化水平最高的城市，对全省的涓滴作用比较强，围绕着成都市形成了一个相互促进提升健康乡村人居环境的环带。在甘孜州呈现出更加明显的“低—低”型空间自相关，冷点区覆盖甘孜州，并涉及凉山州和雅安市。这说明对于贫困地区的健康工作还需要加大力度，以期该区域达到整体改观。以上充分说明四川各个区域的自然条件和人文条件差异巨大，需要更加强有力的援助使得冷点地区的健康条件得到改善。冷点、热点的组团式聚集深刻反映出四川省东、西部地区的巨大差异，这也是四川省健康乡村建设不可避免的基础性问题，只有继续因地制宜地提升各类型乡村的健康水平，以最大努力维持与保障医疗健康方面的公平性，才能不让落后地区健康水平继续下降，并对其经济发展造成影响，甚至陷入“健康贫穷”。

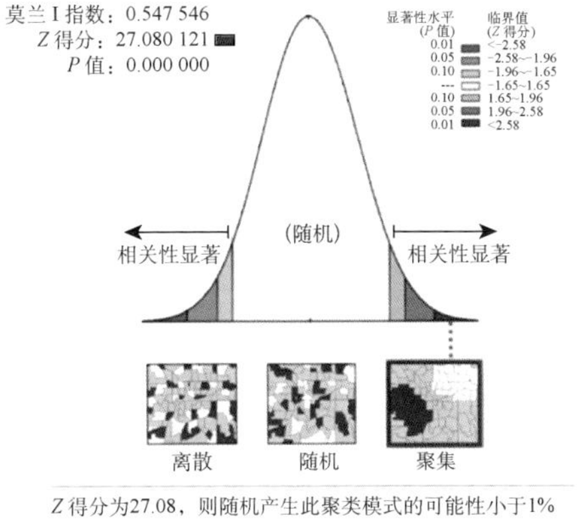

图 7-22　四川健康乡村人居质量全局空间自相关结果

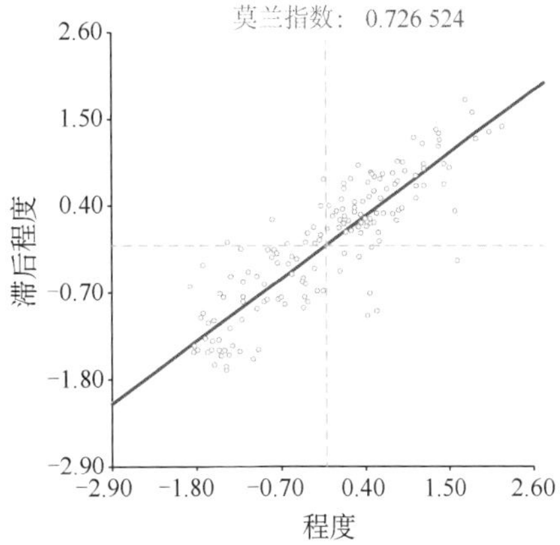

图 7-23　四川健康乡村人居质量评价局部莫兰指数散点图

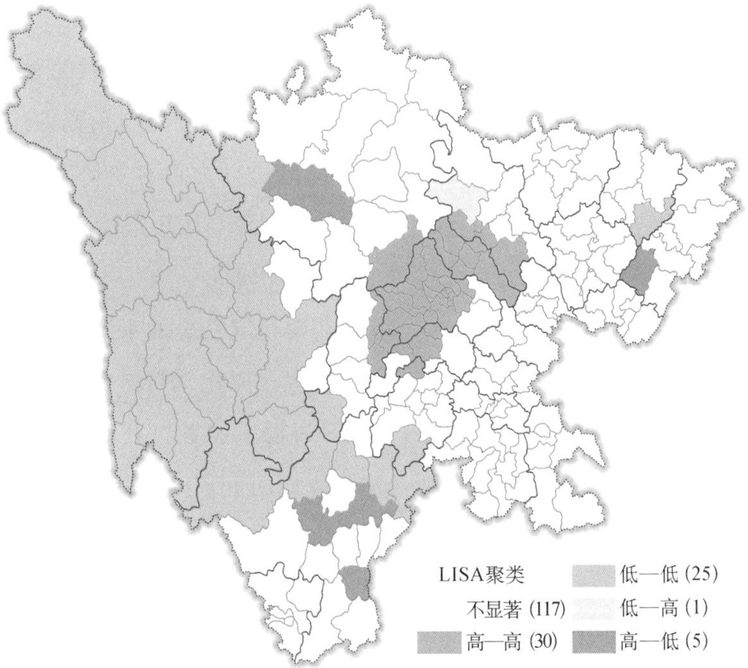

图 7-24　四川健康乡村人居环境质量评价 LISA 集聚图

7.3.3　优化建议

1) 深刻认识四川乡村地域差距

研究显示四川省健康乡村人居环境质量存在聚集性与地域性。通过 LISA

聚集图(图 7-24)看出,四川省内出现两个十分明显的聚集集团,其一是以成都为中心向外扩散的正向聚集区域,其二是以阿坝州、甘孜州为主体向外扩散的负向聚集区域。这种聚集状态充分说明四川省健康乡村人居环境质量有着较大的差异性,需要在政策层面上对落后地区的健康乡村人居环境质量加强提升,这也是在实现全面脱贫之后,整个四川省实现农业乡村现代化的重要部分。

2) 加强乡村基础设施建设

(1) 完善道路体系,疏通道路交通

基础设施中乡村道路建设处于重要地位。成都市、雅安市、眉山市、乐山市、绵阳市的乡村内部道路硬化占比高,而川西北高原地区、川西南高山峡谷地区、川东北部的乡村道路内部硬化水平不高。道路畅通是实现乡村居民产业振兴、旅游兴村的前提条件,在完成因地质灾害、生态、人居环境等因素的易地搬迁之后,应积极根据乡村的主要职能对乡村完成内部道路的硬化与拓宽,有利于促进乡村产业发展,有利于县级医院以及更加专业的医疗力量对乡村实施“巡回式”重大疾病的预防与诊断,有利于乡村居民的健康保障与医生巡诊。

(2) 普及清洁供水设施

加快建设中小型水利工程,让乡村居民获得稳定安全的水源,在一些靠近城市、乡镇等有较好条件的村庄可以通过城乡供水一体化来与城市共享水源,获得饮水安全。偏远、贫困的乡村需要推广、普及过滤水装置以及水源消毒装置,避免病从口入,实现疾病从水源的阻断。加强固定时间段对村庄内部水源进行水质检测,人口规模较大的乡镇与行政村,可以通过修建小型自来水厂的方式提升整个区域乡村的自来水覆盖率,达到 2025 年乡村自来水覆盖率 88%的目标。高原地区可以通过教育劝导使用高原炊具将水煮沸后饮用的方式来达到饮用水的安全可靠标准。

(3) 推广安全燃气设施

我国 2050 年碳中和战略实现的部分内容是乡村燃气设施建设。四川省有条件的乡村应该积极探索城乡燃气一体化,将城市燃气管网扩展到周边乡村,部分乡村自身应建设安全可靠的乡村燃气微型管网网络,积极发展乡村生物质能源。较为偏远的乡村地区,推广太阳能辅助发电,推广有排烟管道的燃柴炉并以经过环保处理的煤作为燃料，通过劝导教育方式减少村民使用木柴，减少村民与野生生态系统的互动次数与时间。

（4）完善乡村通信设施

建立专门针对四川省乡村健康的网站、微信公众号、微博账号等新媒体账号，用寓教于乐的方式进行科学普及健康知识，纠正不良的非健康生活习惯，澄清没有科学依据的健康类谣言，讲解重大疾病发生预兆。

3）持续整治乡村人居环境

大力推进厕所革命，普及乡村污水处理系统；完善乡村垃圾处理，关注美丽乡村建设。美丽乡村建设是乡村居民精神文明的重要内容[80]，深入推进村庄清洁和绿化行动，积极对乡村景观进行美化。尊重乡村原有的自然山水格局，融合四川不同地区传统地域的特色文化，营造具有四川本地特色的乡村公共空间和村民交往场所，积极开拓乡村居民的文化生活与体育生活，加强乡村图书馆、乡村篮球场、运动器材的建设，使得乡村文化产品更加丰富多彩。

4）推动乡村健康服务发展

（1）加强乡村卫生室建设，促进乡镇卫生院水平提升

村卫生室是乡村居民健康服务的首要选择。提升四川省内乡村卫生室的建设水平，提高村卫生室的硬件水平，使之能够促进乡村居民在日常生活中遇到的一些常见病、慢性病以及重大疾病的预防和早期排查。目前四川省乡村卫生室在总体覆盖程度方面较为完善，但是四川省地形地貌特征多样化，不同地貌区应该制定区域乡村卫生室的规范及标准。鼓励地方医院通过派驻、巡回坐诊等方式提升乡村基层卫生服务，让乡村居民享受到更加专业、更加细致的医疗卫生服务。重视乡镇卫生院应对突发紧急公共卫生事件能力的提升，加强整个县域内部医院之间的联系，不同需求的患者和居民能够依据其自身情况到不同等级的医院享受健康服务，建立健全县域医疗综合联合体，更加高效合理地利用好乡镇卫生院的医疗资源，加强乡镇基层首诊能力。

（2）完善乡村健康保障制度，关注弱势群体健康

乡村健康保障制度作为健康服务制度的重要组成，加强乡村医疗保险制度，

从社会治理层面对乡村居民的健康服务进行升级。应该加强乡村居民的健康体检覆盖度,加强健康教育,改变乡村居民畏病心态及习惯,养成健康的定时体检习惯,降低重大疾病致死率,降低因小病拖成大病的几率。弱势群体的健康难以保障,需要在政策上给予倾斜,实现健康水平的整体提升。乡村的留守儿童、妇女、老年人和贫困人员属于弱势群体,需要对其提供更加完善的健康服务[81]。重视进城务工人员的家属心理健康建设,推动县级、乡镇、乡村衔接的三级养老、儿童保障、妇女保健网络建设,推动相应服务设施建设,积极探索新型服务制度[82]。

研究显示,四川省城镇化率与健康乡村人居环境有着较为明显的关系,四川省的乡村健康人居环境质量分布特点呈现出与四川经济本身发展分布相一致的情况,聚集性方面与四川自身发展特点具有相似性。正视差异,在现实的基础上加快提升健康乡村人居环境的质量水平,乡村居民才能够更加健康、幸福地生活,乡村人居环境的满意度才会持续增长。

第8章　四川乡村人居环境优化及可持续发展

2022年10月16日，习近平主席在党的第二十次全国代表大会报告中十二次提及“农村”、六次提及“乡村”、十次提及“农业”、五次提及“农民”。报告提出全面推进乡村振兴，坚持农业农村优先发展，坚持城乡融合发展，畅通城乡要素流动，加快建设农业强国，扎实推动乡村产业、人才、文化、生态、组织振兴，发展乡村特色产业，统筹乡村基础设施和公共服务布局，建设宜居宜业和美乡村。

近年我国关于乡村人居环境方面的政府工作报告始终强调乡村振兴、乡村建设、乡村产业、乡村教师、乡村医生、人居环境整治；2021年强调农村信用社改革、乡村生产生活条件、乡村宅基地制度改革试点、新型乡村集体经济、强化乡村基本公共服务和公共基础设施建设、启动乡村人居环境整治提升五年行动。在四川地区，继续推进成渝双城经济圈建设、扎实推动长江经济带发展、推动西部大开发形成新格局成为重要主题。

通过中国期刊网(www.cnki.com)搜索2012—2021年期间“农业、农村、农民”和“乡村”关键词，筛选出500篇参考文献，围绕关键词形成“乡村振兴”“‘三农’问题”“城乡融合”“乡村旅游”“脱贫攻坚”“农村金融”“农产品”“四力(潜力、动力、活力、合力)”等十个聚类时间线，可以显示出围绕乡村“三农”问题国家政策的相关关键词有聚集度(图8-1)。

2020年、2021年四川省人民政府工作报告中均强调乡村振兴战略深入实施、建设宜居宜业乡村。2021年报告提及加强统筹县域城镇和村庄规划建设，强化县域综合服务能力，把乡镇建成服务农民的区域中心。深入推进乡村人居环境整治，加强农业面源污染防治，实施80万户左右无害化卫生改厕，推动60%以上行政村生活污水得到有效治理，乡村生活垃圾收集转运处置基本覆盖，全面完善乡村水电路气网、物流等基础设施。实现光纤通到村、5G通到县。积极推进县乡村三级物流体系建设，实施“金通工程”，构建人民满意乡村客运服务体系。支持凉山做好巩固拓展脱贫攻坚成果同乡村振兴有效衔接示范建设。推进村容

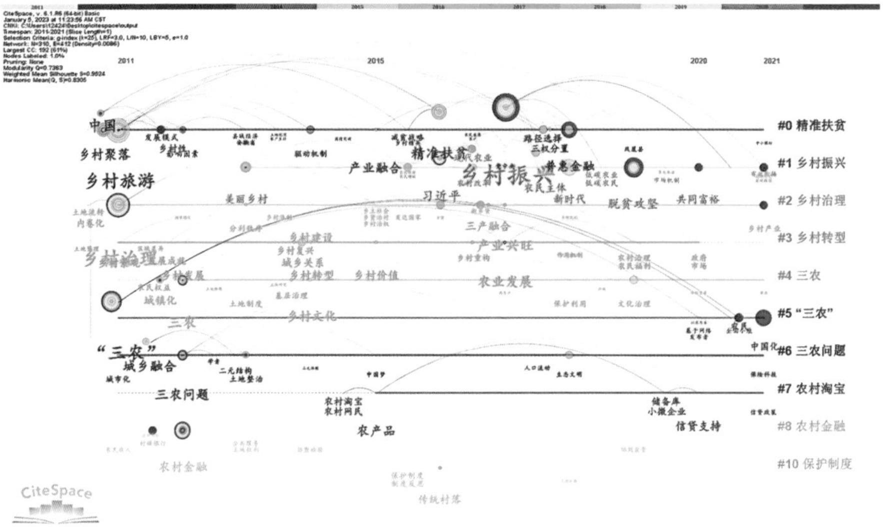

图 8-1 运用"Citespace"分析"三农"领域关键词时间线聚集度(2012—2021 年)

村貌提升,新建翠竹长廊 10 条、建设水美乡村 300 个。持续培育创建"最美古镇古村落"。

四川省具有丰富多样的乡村自然生态人文环境,产业协同、集群发展的乡村生产经济环境,因地制宜、民风淳朴的乡村生活物质环境。本章在剖析四川省乡村人居环境 SWOT 特征基础上,通过选取"申请中国重要农业文化遗产的川西林盘""2020 年全国传统村落集中连片保护利用示范地区甘孜藏族自治州"两个案例来具体阐述四川乡村人居环境优化措施,继而提出四川乡村人居环境可持续发展的优化建议。

8.1 四川乡村人居环境 SWOT 分析

8.1.1 优势(S)

1) 生态与人文环境优势

四川省自然资源、旅游资源、文化遗产资源丰富,属于我国长江、黄河上游重要的水源涵养地,国家生态环境"三线一单"管控示范省;气候复杂多样,地带性和垂直变化明显；生物资源丰富，保存有许多珍稀、古老的动植物种类，是中国乃至世界的生物基因库之一；水资源总量丰富，人均水资源占有量高于全国平均水平，水力发电资源丰富；四川省是全国旅游资源大省，其A级旅游景区、国家级自然保护区、国家级风景名胜区等数量位居全国前列。四川省拥有民族56个，其中纳西族、布依族、傣族、傈僳族等14个民族世代居住在四川，具有明显的民族特征；四川省非物质文化遗产资源丰富，拥有多项世界文化遗产和自然遗产保护地，由联合国教科文组织参与主办以及国务院正式批准的中国成都国际非物质文化遗产节等，以及列入"世界人与生物圈保护网络"的保护区4处。依据中国非物质文化遗产网・中国非物质文化遗产数字博物馆中所录国家级非物质文化遗产代表性项目名录四批次十类别1 372个项目中，四川省拥有139个项目。此外，截至2018年，四川省拥有国家级历史文化名城7个、国家级历史文化名镇8个、国家级历史文化名村2个。

2）生产经济环境优势

在2019年中国县域经济百强中，四川省11个县（市）区上榜。四川省GDP 2018年排位全国第六名，2018年上半年GDP总量1.833万亿元，全年增速7.5%左右。随着社会的发展，乡村经济总量逐年提升，村民经济收入逐渐提高。乡村居民的人均收入和支出逐年增加，乡村居民家庭耐用品量上升，农用机械用品更加现代化，移动通信、宽带等网络服务也逐渐在农村普及，基础设施建设水平逐年提升，邻里关系密切，社会关系和谐。发现潜力、激发动力、呈现活力、形成合力。世界500强企业持续落户四川、开放型经济持续升级。

乡村创业创新园区（基地）建设方面，依据《2018四川农村年鉴》目录，成都市锦江区七彩田野创新创业孵化园区、眉山市东坡区"中国泡菜城"创业基地等83个园区（基地）入围，全国省（区、市）位居第二。四川软件产业作为国家整体科技竞争能力的重要支撑，电子信息产业在四川起步早。1959年，中国第一支黑白显像管在成都国营红光电子管厂诞生，四川省在此基础上，聚集英特尔、德州仪器、京东方等大批知名企业，迈向"万亿级"电子信息产业。2019年，成都市发展和改革委员会发布《软件产业高质量发展规划》，深耕五大领域，目标到2025年全市软件业务收入突破8 000亿元，目前成都天府软件园已经成为中国西部唯一国家级数字服务出口基地，在“一带一路”倡议中占据重要地位。

3）生活物质环境优势

四川村庄空间布局灵活自由、因地制宜。山地区的布局模式多依附于等高线，沿着道路水系布局；平原地区布局较为集中，在空间形态上乡村有着明显林盘聚落特征。随着新农村建设、灾后重建以及彝家新寨、风貌改造等措施推进，村庄住宅相较于以前质量明显提升，村民居住条件显著提升，村民对于住房的满意度较高，并且村民表示关心村落景观环境，愿意参与美丽乡村建设（图 8-2～图 8-4）。

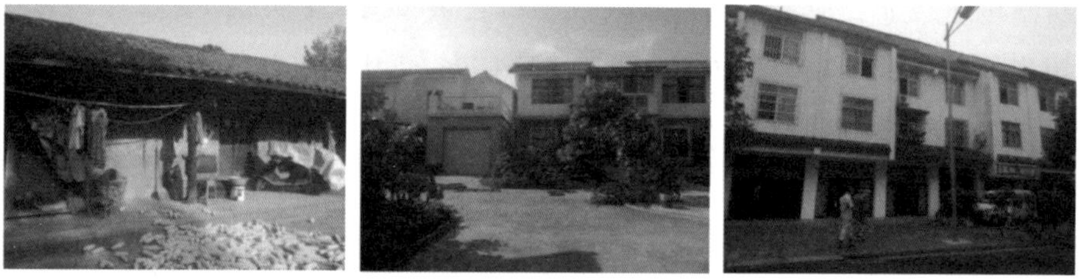

图 8-2 莲花村以及古堰社区住房(1990 年建)

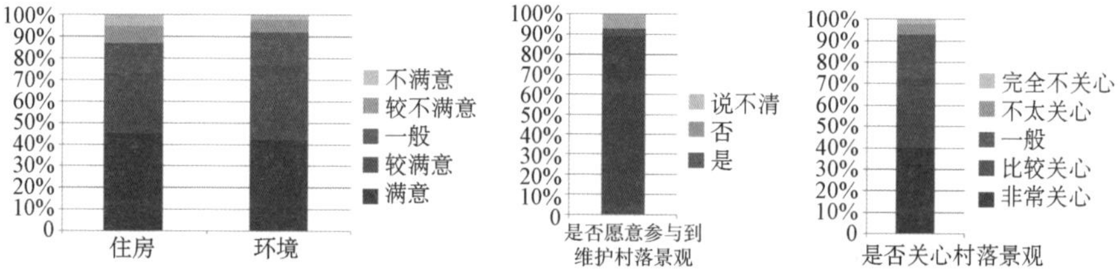

图 8-3 调研显示住房、环境满意度及村落景观维护意愿

图 8-4 郫县八角村、大路坡社区住房、布拖县民主村环境

四川成都市公园城市建设对于成都市城郊村的影响带动性显著，乡村人口流动性及安居性趋于稳定。政府搭建自然资源与居民生活之间的桥梁，亲山乐水、活力运动、健康文明生活新风尚正在兴起，践行新发展理念，呈现山、水、人、城和谐相融的画面。

8.1.2　劣势(W)

成都市位于盆地西侧，紧邻龙门山脉，东侧龙泉山脉阻断，空气对流极弱，常年大面积处于静风区，污染物易累积。2020 年 7 月以及 2022 年 11 月 IQAIR 显示均对于敏感人群不健康。依据 2021 年 IQAIR 全球空气质量报告，2021 年成都市 1 月、2 月、12 月达到空气质量危险级别(图 8-5)。成都市虽然近 5 年治理环境有效，PM2.5 值呈下降趋势，但是 2021 年 PM2.5 值在全国六个一线城市中仍然位居第一。

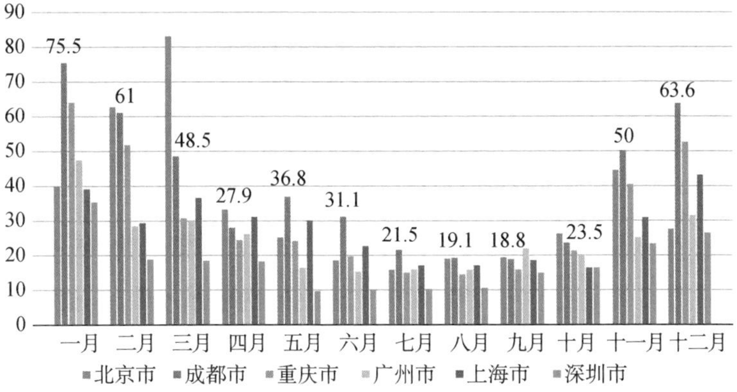

图 8-5　2021 全年逐月空气质量 IQAIR(仅标出成都市的数据)
资料来源：IQAIR，https://www.iqair.cn/cn/china/sichuan/chengdu。

四川省气候垂直变化大、气候类型多，气象灾害种类多，发生频率高且范围大，暴雨、洪涝和低温等，生态环境破坏、退化、恶化；生态建设任务重，生态敏感区面积大，地域差异大，建设难度大，地理条件区别大，脱贫攻坚难度大、土地资源紧缺、水源保护责任重大；城镇化进程中，农村劳动人口外流、人口老龄化现象严重。

调研显示，一方面乡村部分自建房破坏村庄环境整体性，另一方面乡村建设人才匮乏，部分地区工作落实不到位。政府自上而下的城市空间规划方式建设乡村，缺乏重视村庄传统保护，致使乡村传统风貌破坏、差异性减弱。村民集中居住社区按照城市居住区规划方式建设配套公共服务设施，底层商铺存在闲置状况。村民活动中心往往是乡村公共空间，是村民聚集度最高的场所，但是受到面积限制，公共空间家具配套不完善，活力空间外延带动辐射性不强。社区工业内迁以及村民缺少自觉保护景观的意识使得生态环境逐渐恶化(图 8-6)，乡村部分地区住宅质量较差，村内自来水、排水设施缺乏，村内患病率提升，特别是凉山州地区，布拖县村民红眼病现象普遍。在调研过程中发现彭山区白鹤村患有结石病以及苍溪县柳池村村民患癌较为集中。公共卫生服务基础设施，以及相关产业和配套设施发展滞后，满足不了现代化发展需求。

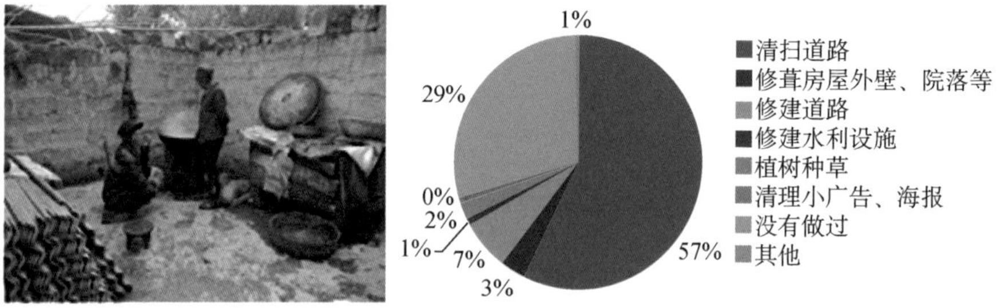

图 8-6 四川调研地区村民"是否曾主动维护过村落景观"问卷归纳

此外，乡村旅游形式单一；休闲产品开发缓慢，层次低端化；缺乏资源优化整合，尚未形成规模效益；农业、商贸、服务产业之间的联系不密切，尚未形成互补、互动、高效、共生产业系统协调发展局面。

8.1.3 机遇(O)

四川省目前发展定位是长江经济带和"一带一路"的交汇处，省会成都是连接"一带一路"和长江经济带的重要纽带。加快实现建设国家门户城市、国家内陆开放高地、西部经济中心和西部创新中心。四川以建设完备的交通网络为基础，把自身的经济、文化资源和"一带一路"沿线国家有机地结合起来，实施四川的"251"经济发展。2016 年，国家发展改革委、住房和城乡建设部联合印发的《成渝城市群发展规划》明确，至2020年，成渝城市群要基本建成经济充满活力、生活品质优良、生态环境优美的国家级城市群。至2030年，成渝城市群要完成由国家级城市群向世界级城市群的历史性跨越，大力推动成渝地区双城经济圈建设，在西部形成高质量发展的重要增长极。

1) 政策推进西南部发展

国务院总理李克强在2020年政府工作报告中指出：加快落实区域发展战略，继续推动西部大开发，推进长江经济带共抓大保护，推动成渝地区双城经济圈建设。促进革命老区、民族地区、边疆地区、贫困地区加快发展。改善乡村人居环境相关政策的数量逐年增加，精准扶贫、精准脱贫等政策以及财政资金投入比例加大，2017年出台《关于加强产业扶贫工作促进精准脱贫的意见》，在全省88个贫困县、11 501个贫困村制定了省、市、县、村四级产业扶贫年度计划，加大资金投入、加强科技支撑、做优特色农业、搭建流通平台。就业扶贫，实施“脱贫专班”进行集中培训，开展“送培训下乡”活动，依托产业发展带动就业，加强返乡创业基地建设；教育扶贫，制定《四川教育脱贫攻坚（2017—2020年）实施方案》等；医疗扶贫，创新推行“十免四补助”；易地扶贫搬迁、定点扶贫、东西部扶贫协作、对口帮扶等。2009年到2014年，四川省乡村地区危房建设了113.5万户，2015年有32万户。基础设施4年内投入20亿元，垃圾处理实行户集村收到县处理。截至2019年6月底，四川省在中央和省级补助范围内的4类重点对象存量危房改造任务19万户全面完成。

2) 传统村落连片保护

中华人民共和国财政部经济建设司等部门评选排名前十的甘孜州传统村落片区中，每个传统村落预计获得200万元支持，启动《连片保护规划》，藏式传统村落保护试点和对口技术支持，梳理出传统村落保护突出问题，采取抢救措施对于历史传统建（构）筑物予以修缮保护、排危除险，风貌协调，对传统村落缺乏基础和公共服务设施、消防和旅游设施进行补齐和改造。2020年上半年“百镇建设行动”试点镇共完成基础及公共服务设施建设投资约149亿元，完成产业项目建设投资约347亿元。

3) 产业调整，产业融合

党的十六大提出统筹城乡社会经济发展为乡村旅游发展开创新思路，各级政府将乡村旅游列入发展议程和重点扶持对象。灾后重建提供了发展契机，汶川、水磨古镇等城乡统筹和成都建设“世界现代田园城市”的历史机遇相碰撞，从而使产业调整激活地方活力。

4) 农村危房改造

四川省按照“两不愁三保障”和“四个好”要求，锁定住房安全有保障目标，中央安排 2017 年全省乡村危房改造年度任务 24.33 万户，共 29.33 亿元。截至 2018 年 4 月底，竣工率 95.3%。建庭院、建入户路、建沼气池、改水、改厕、改厨、改圈，结合藏区新居、彝家新寨、巴山新居、乌蒙新村等幸福美丽新村建设推进农村危房改造。2020 年，全省 2 954 个乡镇污水细化项目已开工 2 855 个(其中已完工 2 490 个)，开工率为 96.6%、完工率 84.3%。全省具备污水处理能力的建制镇共 1 532 个，污水处理设施覆盖率达到 80%、污水处理率 51.6%。全省 1 009 个乡村垃圾项目完工 992 个，完工率为 98%，乡村生活垃圾收转运处置体系覆盖全省 91.9%的行政村。

8.1.4 威胁(T)

四川省实施“一干多支，五区协同”的战略部署，四川区域发展不平衡在全国排名第一，产生工业化、城镇化过程与生态、环境以及乡村原有“三生空间”的新冲突，也为社会主义新农村环境质量提出了新要求。城乡统筹与城乡二元结构的矛盾，生态灾害，如地震、泥石流等，以及环境污染、乡村宜居性问题逐渐显现并加剧。例如东部盆地丘陵地貌区，目前存在乡村聚落布局分散不科学的现象，安全隐患较大，部分区域存在规模极端化等现象。此外，部分乡村存在靠山吃山、开山采石等破坏自然生态环境的情况。

由于我国城乡二元结构长期存在，城市乡村政策存在明显偏差，城乡发展明显不均衡，城市工业由东部向西部转移、由城市向县域乡镇转移，经济发展不平衡。城镇一体化进程中，乡村污染日益严重，调研发现彭山区青龙镇空气环境质量明显低于彭山区白鹤乡，且低于其余各县，调研反映主要原因在于青龙镇工业企业的进驻。在城市化快速发展的过程中，以前自给自足的乡村小农经济受到以工业文明为中心的城市现代文化冲击，来自外部的经济社会文化压力逐渐增加；新农村建设集中居住，使得乡村聚落肌理、习俗、传统文化日渐消失，种植传统无法持续，乡村文化价值观念等受到信息社会的冲击，村民家园意识逐渐淡薄，乡村生活方式逐渐向城市趋近，原有乡村闲散自由的生活状态被打破。

四川的“天府粮仓”成都平原，也是机械化农业生产的有限土地资源，存在和成都市城市规模不断扩张、周边农业用地占用现象的突出矛盾，还存在近郊村村民失地现象。乡村种植产业园区的大面积承包经营，粮食安全及耕地有限资源等缺乏科学合理规划；土地流转等各种政策在实施过程中的衔接问题、职责权属问题突出；城市地价带来成都近郊村村民土地租金高，各种城乡补贴高，反而造成村民再生产意愿不强。对于如火如荼的成都市建设带来的经济发展机遇，乡村欠缺充分的准备和科学引导。村民文化教育水平落后于规划发展时代的需求，例如信息化时代电商及网络平台营销，即使政府建立网站，但是由于村庄配备人员相应知识储备有限，后期网页内容维护更新等滞后。

人口增长持续放缓，人口老龄化程度加深，预计 2030 年全省 65 岁及以上老年人口占比将达到 20%左右，其中 80 岁及以上高龄老年人口将明显增加。“一大一小”问题日益凸显，社会保障压力不断加大。劳动年龄人口下降，提高人口素质任务紧迫。未来劳动力有效供给约束将持续显现，劳动人口素质对科技创新、产业升级关键支撑作用更加突出，推动人口数量红利向人口质量红利转变需求迫切。全省呈现乡村人口向城镇持续转移、小城镇人口向大中城市加速转移，空间分化趋势明显，造成成都都市圈及其近郊村资源环境压力明显增大。反之，部分县城和乡村地区由于人口外流、村民放弃土地、乡村空心化，发展动能受到影响。

2015 年前后发达国家已经进入“休闲时代”，然而我国休憩旅游等还处于初始阶段，四川作为旅游大省，和江苏省、浙江省、海南省等的发展定位存在竞争。四川“红色旅游”“国家公园”等线路存在交通不便、内容形式单一、服务质量参差不齐，以及季节性旅游、景区承载能力不足等问题。

2020 年新冠(COVID-19)病毒传播带来乡村公共卫生医疗设施的兴建完善急迫性，厕所改革、生活水过滤等一系列基础设施建设迫在眉睫。高龄和失能失智老人群体不断扩大，将大幅增加养老、医疗等公共服务需求，不断加大家庭养老负担和社会保障压力。

基于以上综合分析，改善乡村人居环境建设水平的四种战略措施即 SO、ST、WO 和 WT 战略(表 8-1)，可见坚定不移实施乡村振兴战略的重要性。四川乡村是生态涵养的主体区，在城乡统筹快速发展过程中，经济发展是乡村人居环境提升的主要动力，生态保护则是人居环境协调发展不可撼动的根本。四川作为农业大省，城乡互补，加强粮食安全，农产品宏观调控和建设健全市场营销机制，是四川省"一干多支，五区协同"发展战略实施的根本保证。四川大面积乡村区域经济不平衡的问题解决关键在于小城镇建设，协作协同，产镇融合，积极发挥小城镇联结城市，带动乡村的作用。完善乡村现代化产业体系、规划完善区县"三区三线"空间格局，重视农户文化科技素质提高、关注农户的"一老一小"乡村配套服务建设，加强乡村网格化社区医疗卫生建设，完善地域性乡村振兴规划体系，加强地区政府扶持资金及社会投资的精打细算，加强乡村基层治理管理，补齐发展短板，乡村人居环境才能得到根本改善。

表 8-1 基于 SWOT 分析四川乡村振兴战略模型

内因分析	S：	W：
	1. 乡村区位属于长江上游经济圈，承东启西、连南接北；"南丝绸之路"贯穿西南经济带起点；西南和西北两大经济区中心地带 2. 乡村自然本底资源丰富、矿产资源多样、旅游资源得天独厚；多民族聚集、非物质文化遗产及物质文化遗产多 3. 乡村经济加速增长，村民收入提高，劳动力资源丰富，规划建设水平进步 4. 乡村社会关系和谐，传统文化氛围深厚 5. 乡村原有自然山水格局优美；聚落空间布局顺应自然 6. 乡村住房质量改善、居民改善人居环境意识强烈 7. 乡村旅游村民接受度高，发展前景好	1. 乡村人口老龄化现象凸显，近郊村农民失地，乡村居民靠自身增收存在困难，劳动力务工，留守儿童；家庭压力大 2. 乡村地质、地理条件复杂，适耕土地有限，机械现代化生产受地形所限，农地零星分散、低效，存在粮食安全问题 3. 乡村规划不完善，乡村基础设施建设滞后，道路维护难，管理欠缺，山区物流难 4. 乡村生态环境需改善，乡村文化流失，居民家园意识日渐淡薄 5. 乡村经济发展不平衡，各村具体情况多样，难以统一政策；部分乡村依赖财政拨款，集体经济"造血"功能弱 6. 村民在城乡快速发展中欠缺足够经济意识和应对策略，适应生产力发展和市场竞争能力弱，文化素质低，骨干人才缺 7. 乡村居民收支不平衡，开放度不够，传统农业生产经营方式、农业产业体系不优，公共服务质量不高、民生保障任务重 8. 乡村市场机制不活，要素市场建设滞后

（续表）

O： 1. 国家政策和各级政府重视 2. 国家宏观调控发展四川定位 3. 财政资金投入比例加大 4. 国内大循环和国内市场一体化进程，产业梯度转移和要素回流 5. 城市经济、文化对乡村的积极辐射影响 6. 传统村落、历史文化名城名镇名村保护 7. 产业调整、产城融合 8. 国家公园、生态保护区建设 9. 后疫情时代乡村旅游复苏	SO： 1. 利用国家政策，推进乡村人居环境建设，城乡融合，加强乡村基础设施建设，加强城市反哺乡村 2. 加快小城镇建设，缓解成都中心城市压力，协作协同，产镇融合，发挥小城镇联结城市并带动乡村作用 3. 统筹城乡发展空间，强化空间功能布局，加快构筑“三区三线”空间格局 4. 加强基层管理、乡村地域特色，结合传统村落等政策扶持，提升乡村旅游品质，农民内生动力，增加农民收入 5. 发挥城市带动作用，促进乡村社会关系和谐，丰富乡村文化内涵，一村一品	WO： 1. 利用资金进一步完善基础设施、住宅建设并加强对环境治理的投入，加强对于务工劳动力“一老一小”乡村教育和养老配套建设 2. 加强行业协同，加强区域性农业发展规划及落实，加强现代化高品质农田建设 3. 引进城市资金、技术等改进乡村生产方式，加强政府对于农产品宏观调控和市场经济共同引导 4. 创造条件，充分结合乡村创业投资的政策，吸引各类资源增加村民工作机会，加强技术培训，增加村民再就业机会 5. 完善乡村规划的制定、实施及监督 6. 拓展乡村开放度，互联互通，加强数字化信息平台建设，丰富乡村农产品，完善营销渠道 7. 坚持乡村振兴，推进农业供给侧结构性改革，构建现代农业产业体系
T： 1. 现代城市文化对乡村的消极影响 2. 城市污染工业转移 3. 乡村人才缺失，引流难，基层工作难 4. 市场竞争压力、资金筹集难 5. 生态环境、地质灾害等 6. 乡村人口流动，缺乏适龄劳动力，乡村空心化、老龄化 7. 政府补贴带来务工动力不足 8. 四川山区乡村存在地质灾害等威胁	ST： 1. 充分发挥乡村传统文化中的积极部分，建设和谐乡村 2. 完善乡村环境保护的相关法律条例，加强对乡村生态环境的监测评价，饮用水质 3. 积极调动村民主动保护生态环境，改善乡村人居环境的积极性 4. 增加乡村干部编制，完善乡村人才补贴政策，鼓励技术人员下乡扶持 5. 充分利用乡村优势，避免雷同，发展特色产业，提高市场综合竞争力	WT： 1. 引进环保企业，做好排污排水设施建设，加强对乡村地区的环保宣传，增强乡村居民的环保意识 2. 优化乡村产业结构，以农业为基础，根据地理特征，选择特色农产品进行深加工，开拓新市场 3. 加大力度实施乡村人才引进政策，拓宽渠道，提供更多的工作机会以吸引当地年轻人回乡工作 4. 村民是乡村人居环境建设的主体，正确引导村民自建，积极发挥村民自身力量 5. 加强乡村住宅适宜性评价选址，按计划逐步迁移或加固，避免城市居住区规划方式规划村民集中居住社区，尽快出台乡村社区规划标准

8.2 四川乡村人居环境优化措施

全国而言，四川乡村人居环境优化方面有两项重要举措具有代表性。其一是成都平原乡村聚落形态，特别是拥有千年历史、农耕文化载体的川西林盘。目前四川郫都区、大邑、新都区、都江堰等地激活林盘经济，包括民俗文化艺术中心、膳食研究所、乐农学院、青创中心等特色营造，以及研学营地、水磨工坊、大地之眼等场景重塑。郫都区目前已经成功申请第五批中国重要农业文化遗产(图 8-7、图 8-8),都江堰市以申请世界遗产为目标拟定建设聚源天府农耕遗产郊野公园。其二是 2020 年全国传统村落集中连片保护利用示范市——甘孜藏族自治州(图 8-9)。目前形成以德格为中心的格萨尔文化片区、以丹巴为中心的嘉绒文化片区和以稻城为中心的香格里拉文化片区。

图 8-7 郫县古城遗址

图 8-8 指路村林盘农宅

图 8-9 因山就势的甘孜州传统村落

8.2.1 申请中国重要农业文化遗产及世界文化景观遗产:川西林盘

2002 年,联合国粮农组织(Food and Agriculture Organization, FAO)提出全球重要农业文化遗产项目 GIAHS,加强对全球农业文化遗产的保护。2005 年,世界范围内评选出 5 个符合标准农业耕作系统作为首批试点进行保护。截至 2018 年,我国有 15 个项目入选。GIAHS 计划的总体目标是通过宣传并建立远景保护性计划对全球重要的农业遗产系统,主要包含其相关景观、农业生物多样性和知识系统等进行保护,并增加对它们的动态保护,加强可持续管理的重视。入选 GIAHS 标志着项目具有重要历史人文价值,并且该传统农业系统对现代生产的循环农业有重要借鉴意义。通过对于农业文化遗产的有效保护,可以更好地挖掘传统农业价值,拓展农业多种功能,实现遗产地的生态保护、文化传承和经济农业可持续发展,也是乡村繁荣的有效手段。

GIAHS 项目的创办为农业遗产景观的保护和发展提供全新思路。世界遗产项目实施以来,遗产地大多都以旅游产业为支柱产业。2002 年 GIAHS 项目的实施增加了农业文化遗产的数量,使农业文化底蕴更加深厚。在保护原有农业文化遗产的基础上,大多数农业文化遗产地都开发了旅游业以带动当地经济。同时,入选世界遗产名录能带来多方面价值增长,经济价值方面,申报成功有助于提高遗产地知名度,为当地旅游、文创产业带来巨大商机,提高居民、政府财政收入，繁荣经济；生态、文化价值方面，申报成功是对遗产地保护、传承的肯定。入选世界遗产名录后，对于遗产地保护要求的严格化、规范化以及联合国教科文组织给予的经费支持和监督，将更好地保护和传承遗产。

川西林盘不仅是川西平原地区传统农村聚落的突出代表，同时也是川西景观生态圈中的重要组成部分，内部聚落景观生物多样性丰富，具有极高的生态价值、历史价值与科研价值。由于城市扩张、社会发展，在区域经济发展和居民传统收入的压力下，传统农业生产模式被边缘化，集约、高效的现代农业生产以及其他现代产业快速发展，具有川西农耕文明特色的川西林盘正逐渐消亡。李白“九天开出一成都，万户千门入画图。草树云山如锦绣，秦川得及此间无”的豪气，杜甫“清江一曲抱村流，长夏江村事事幽。自去自来梁上燕，相亲相近水中鸥”的抒情，范大成“一路江水入诸渠，雷轰雪卷、美田弥望”的惊叹，都源自林盘的给养。林盘缺失了，天府文化就失去了根基。因此，相应的保护措施和对维护林盘的真实性与完整性的保护性研究迫在眉睫。

传统川西林盘是指成都平原及丘陵地区农家院落和周边高大乔木、竹林、水系及外围耕地等自然环境有机融合，形成的集生产、生活和景观于一体的复合性乡村居住环境形态。川西林盘在人与自然相互协调、改造下逐步发展并延续至今的川西传统聚落形式，创建自流灌溉的耕作体系，形成以水、田、林、宅为基本要素的林盘聚落形态（图 8-10），在充分满足生存生活需要的基础上，注重景观整体生态性、可持续性，将林盘聚落与自然环境融合，形成持续发展的有机整体（图 8-11）。

图 8-10　指路村林盘水、田、宅、林

图 8-11　农宅傍林盘

2020年“四川郫都林盘农耕文化系统”，以林盘为核心，包括农田、自流灌溉渠系、传统农耕知识和技术、民风民俗在内的农业生产系统获得第五批中国重要农业文化遗产授牌，实现成都在全国重要农业文化遗产上“零突破”。2007—2020年四川成都在申请中国重要农业文化遗产方面经过长期卓有成效的准备及保护工作，织出乡村振兴的美丽图景(表8-2)。

表8-2 关于乡村建设及林盘保护的相关政策梳理

年份	文件名称	印发单位
2007	《关于推进我市川西林盘保护实施意见的通知》	成都市市建委
2007	《成都市林盘整治建设技术导则》	成都市市建委
2008	《国务院办公厅关于落实中共中央、国务院关于推进社会主义新农村建设若干意见有关政策措施的通知》	国务院办公厅
2008	《成都市川西林盘保护实施意见》	成都市市建委
2014	《国家新型城镇化规划(2014—2020年)》	中共中央、国务院
2015	《美丽乡村建设指南》	国家标准委
2017	《乡村振兴战略十大重点工程——川西林盘保护修复工程》	成都市农村发展局
2018	《乡村振兴战略规划(2018—2022年)》	中共中央、国务院
2018	《农村人居环境整治三年行动方案》	中共中央、国务院
2018	《成都市川西林盘保护修复利用规划》(2018—2035年)	成都市市建委
2018	《成都市城市总体规划(2016—2035年)》	成都市政府
2019	《成都市乡村振兴战略规划》(2018—2022年)	成都市委、市政府
2020	《四川成都西部片区国家城乡融合发展试验区实施方案》	四川省政府

2019年3月成都市委、市政府正式印发《成都市乡村振兴战略规划(2018—2022年)》、2020年9月四川省政府印发《四川成都西部片区国家城乡融合发展试验区实施方案》，提出川西林盘是重要的乡村发展载体，川西林盘保护与修复工作是乡村振兴“十大重点”工程之一，是国家城乡融合发展试验区建设“十大基础工程”之一。2019年开始，成都市计划分三年、分批开展特色镇(街区)建设和川西林盘保护修复规划设计方案全球征集，从全市重点打造的100个特色镇(街区)和1 000个林盘中，选择有依托、有资源、有基础、有支撑的特色镇(街区)和川西林盘，以国际视野、高点定位，面向全球征集一批彰显“国际范”“天府味”的规划设计方案；2018—2022年成都市将完成1 000个川西林盘的保护修复。坚持以绿色田园为本底，以自然山水为映衬，以天府文化为内核，加强外部风貌塑造

和内部功能提升，开展川西林盘保护修复工程。结合全市乡村振兴战略，促进城乡融合发展，以特色镇建设为抓手，全面保护修复川西林盘生态环境，植入现代产业功能，通过“整田、护林、理水、改院”，建设“宜居、宜业、宜游”的现代特色林盘。“整田”就是发展现代农业，实施农田规模化、景区化改造；“护林”就是保护林盘生态，实施景观化改造提升；“理水”就是依托都江堰自流灌溉水系，彰显水文化，提升水景观；“改院”就是按照“乡土化、现代化、特色化”的原则改造和建设林盘建筑，打造体现天府“乡愁”记忆、功能复合的现代林盘院落。

1）第五批中国重要农业文化遗产“四川郫都林盘农耕文化系统”①

成都市郫都区位于四川省成都市西北部，整体地势由西北到东南逐步下降，地面相对高度差 121.8 米，平均海拔 580 米。全区土地表层土壤除横山子为老冲积黄泥层外，平坝地区皆为岷江新冲积灰色细泥沙层，代表性土壤为灰色潮土型水稻土。气候特征属亚热带季风性湿润气候区，位于都江堰灌区上游。境内有蒲阳河、柏条河、走马河、江安河、毗河、府河、徐堰河、沱江河 8 条河流，总长 158 千米，水资源非常丰富，属于成都平原“上风上水”地区。区位属于《成都市城市总体规划（2016—2035 年）》确定的“中优”“西控”地带，紧贴“胡焕庸线”及羌、藏与汉族的民族交融线。

古蜀时（距今 4 500 年前），郫都河沼纵横、洪灾频发，人们以渔猎为生。西周时期（约 2 800 年前）望丛二帝建都于郫，杜宇“教民务农”、鳖灵“治水兴蜀”；秦灭蜀后，都江堰的修建，实现了岷江水的合理调度，川西平原农业得以迅速发展，形成了“水旱从人，不知饥馑”的天府之国。南宋时期（约 800 年前）北方人大量南移，以麦为食的人口激增，麦供不应求，一年稻麦二熟的水旱轮作耕作制度在四川盆地内开始扩展，自此“南稻北粟兼而有之”。在轮作的同时，还形成了增、间、套种等复种制度以及小春作物轮种等耕种制度。

随着农业繁荣，人口大量迁入，傍田而建的林盘逐渐形成。两汉时期川西庄园经济快速发展，“随田散居”的庄园成为林盘的最早雏形。至东汉末，依托日趋

---

① 本节部分郫都区川西林盘方面内容资料参考闵庆文研究员主编《四川郫都林盘农耕文化系统——中国重要农业文化遗产保护与发展规划》（2019—2030），感谢郫都区农林局高露主任，王亚平同志提供资料。

完善的都江堰灌区体系，各式各样的林盘得到发展，林盘形制渐趋规制化，形成田园式川西乡村景观。至唐宋时期，农业和社会经济都得到较大的提升，林盘聚落景致明显。明末清初，由于战争、瘟疫等问题四川境内人口大量减少，耕地荒废。

清前期的大移民与返乡旧民使得劳动力和土地有效地结合起来，推动了川西乡村社会重建。随着田地开垦和人类定居，再次形成川西平原聚落体系的初期骨架，为林盘规模扩大奠定了基础。据考首次使用"林盘"一词在清道光年间《听雨楼随笔(卷一)》中，王培旬为《绵州竹枝词十二首》作诗注"地少村市，每一家即傍林盘一座，相隔或半里或里许，谓之一坝"，在一定程度上描绘了清代川西林盘的空间分布。随着清代川西人口恢复与社会重建，川西地区现今的林盘聚落体系逐渐形成。

川西林盘系统结构主要由独特的川西坝子景观、复合农业生产系统、丰厚的农耕知识技术以及悠久的川西农耕文化构成，具有活态性、动态性、适应性、复合性、战略性、多功能性、可持续性、濒危性的基本特征。林盘农耕文化系统是典型的社会—经济—自然复合生态系统，集生产、生活、景观于一体的独特复合型居住模式和农耕环境形态，具有自然遗产和文化遗产的双重属性。系统不仅包含多样的农业物种资源、厚重的文化底蕴、丰富的传统知识与技术体系和独特的生态与文化景观，还包含传统川西传统民居、祠堂寺庙等实物载体。

蜀之先王，蚕丛"教民养蚕"，柏灌、鱼凫"教民捕鱼"、杜宇"教民务农"，以及鳖灵"治水兴蜀"都与农业生产密切相关。郫都区处于都江堰核心灌区，加之其得天独厚的自然条件，孕育了底蕴深厚的灌区农耕文化。古蜀遗迹、望丛文化、堰桥农具、作坊集市、耕读传家折射出郫都区农耕文明的璀璨光芒。流传至今的望丛兴农精神、古代农学思想、治水用水文化、农政思想、精耕细作传统、农业生产民俗、节气节庆文化、农业生态文化、茶园酒肆文化、渔文化、蚕桑蜀绣文化、畜牧文化、饮食文化、酿制文化、盆景花卉文化、民间艺术、农业文化遗产、耕读传家文化、林盘文化、宗祠文化、集市交易文化、涉农诗词歌赋等构成了四川天府之国农耕文化的核心和根基。

郫都区的古城遗址距今约 4 000 年，是成都平原史前古城址群的代表之一，城址整体呈西北—东南走向，位于四川省成都市郫都区最北端的古城街道，四川盆地西部成都平原核心地带，是一处保存完好、内涵丰富的以城址为特征的蜀文化早期遗址(图 8-12)。2001 年国务院公布为第五批全国重点文物保护单位。遗址内含用于防御的高耸城墙、礼仪性大房址、干栏式仓储建筑、木骨或竹骨泥墙房屋以及长方形竖斜土坑墓和形制多样的灰坑,出土大量磨制精细的石器和装饰精美的陶器,其文化面貌与新津宝墩、都江堰芒城、温江鱼凫城和崇州汉河古城等遗址较为一致,同属于"宝墩文化",带有明显巴蜀文化印迹。遗址上发现的瓮棺体现了关中秦人的丧葬风俗,属于汉文化,该遗址反映成都人的居住方式向汉文化变迁的过程,是以成都平原为主的长江上游文明起源的中心之一。

图 8-12　古城遗址南城墙

目前郫都区有林盘个数 859 个,林盘面积 975.65 平方千米(表 8-3),农民分散或三五成群、十数城聚地居住在大小不一的林盘中。随着这种传统聚落形态一起保存下来的还有传统农耕技术。目前存在的"稻- X"水旱轮作种植模式就是在传统的水稻-小麦种植模式基础上衍生而来,这样不仅使种植品种多样化,随时都能为市场供应应季农产品,而且也使传统的轮作模式在顺应时代需求的情况下被保存下来。这种水旱轮作系统是郫都区高度发达的农耕文明的集中体现。

表 8-3　郫都区林盘数量统计

镇	辖区面积(平方千米)	数量(个)	居住户数(户)	居住人口(户)	林盘范围面积(平方千米)	人均占地面积(平方米/人)	林盘密度(个/平方千米)
团结镇	28.67	58	1 008	2 906	77.91	268.10	1.09
安德镇	39	100	1 820	3 575	104.64	292.70	2.56
唐昌镇	29.7	327	5 274	17 347	243.8	140.54	11.01
花园镇	22.08	100	1 364	4 382	69.87	159.45	4.53
友爱镇	44.56	86	1 981	6 930	123.43	178.11	1.93
德源镇	31.38	48	1 078	3 392	63.05	185.88	1.53
新民场镇	17.8	38	910	2 850	74.56	261.61	2.13
唐元镇	25.34	44	1 327	5 334	86.77	162.67	1.74
古城镇	17.38	9	241	630	16.006	254.06	0.52
三道堰镇	19.86	49	1 731	8 039	115.91	144.18	2.47
合计	275.77	859	16 734	55 385	975.646	185.10	1.08

资料来源:《四川郫都林盘农耕文化系统——中国重要农业文化遗产保护与发展规划》(2019—2030)。

2) 基于世界文化景观遗产评选标准(v)有机演进类的都江堰林盘申遗

1992年12月,在联合国教科文组织世界遗产委员会第16届会议上,“文化景观遗产”通过统计世界文化景观遗产有机演进类案例的评选标准采用频次,发现各国申报世界文化景观遗产有机演进类时普遍采用评选标准(iii)、(iv)、(v),共有17处采用评选标准(v)与(iii)组合,9处采用评选标准(v)与(iv)组合,其余10处采用标准(v)、(iii)、(iv)组合。其中,世界遗产评选标准(v)采用频次最多,占比高达83.33%。由此,初步认定世界遗产评选标准(v)是世界文化景观遗产有机演进类的重要判定标准,其定义申报项目应是人类与环境相互作用的突出范例,例如代表一种(或多种)文化的传统人类住区、土地利用或海洋利用方式。结合世界遗产评选标准(v),针对性地优化世界文化景观遗产有机演进类的申报准备工作,有利于提高成功率。

都江堰市距离成都中心城区约57千米,位于成都市1小时经济圈及成渝双城经济圈内,交通便捷、区位优良。都江堰市地处内江引流灌溉源头,市域内山地、平原、水域面积比例约为6∶3∶1,其中平原地区面积约占市域总面积的34.21%。都江堰市内林盘分布众多(图8-13),历史遗存特色相对完整,在一定程度上代表川西林盘固有特征。《都江堰历史文化名城保护规划(2016—2035年)》中以申请世界遗产为目标拟定建设聚源天府农耕遗产郊野公园。

参照世界评选标准(v),选取与川西林盘文化景观相似度高的6处世界文化遗产案例进行比较分析,发现各案例虽然社会、文化背景不同,但影响其发展存续的因子均涉及社会经济方面(表8-4)。结合川西林盘文化景观现状,发现社会经济发展带来的消极影响,已经严重威胁川西林盘的存续,甚至对其造成了不可逆转的破坏。川西林盘符合世界文化景观遗产评选标准(v),在一定程度上可以判定其申报方向应为世界文化景观遗产有机演进类。核心保护内容主要涵盖生态环境、生产模式、生活文化三方面(表8-5)。生态作为自然要素,是世界文化景观遗产的基础;生产、生活作为人文要素,涉及生产技艺、建筑形制、宗教信仰、宗族观念、节庆仪式等多方面。在人类活动与环境的长期共同影响下三者相互依存,互为印证,共同构成真实、完整的世界文化景观遗产。文化景观遗产保护遵循原真性、整体性、可识别性原则。

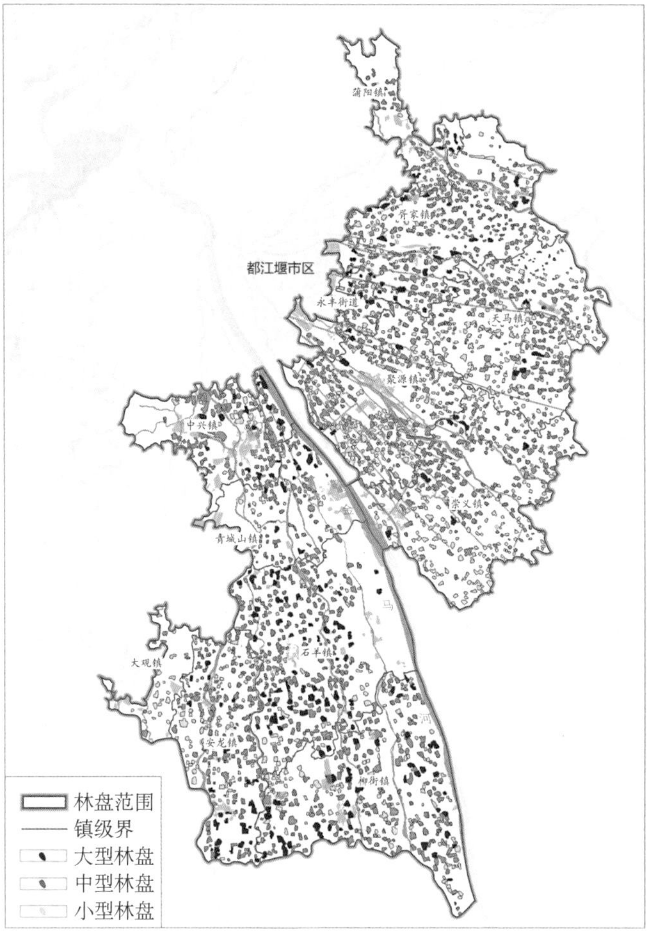

图 8-13　都江堰市林盘分布示意图
资料来源：《都江堰市川西林盘保护修复总体规划(2018—2035)》。

表 8-4　世界文化景观遗产案例核心保护内容及保护原则

项目名称	入选年份	所属国	核心保护内容	原则提取
喀斯、塞文—地中海农牧文化景观	2011	法国	1)受农牧业影响的高地景观及生态系统；2)传统农牧主义文化(宗教、建筑等)；3)地中海特色化土地利用、农牧生产方式	整体性、原真性
布吉必姆文化景观	2019	澳大利亚	1)火山景观及其生态系统(火山、熔岩流、湿地、湖泊、生物多样性)；2)原住民文化(语言、仪式、图腾、艺术、宗族)；3)冈迪特马拉水产养殖系统(河道、堰、坝)	整体性、原真性
哈尼梯田文化景观	2013	中国	1)山地生态系统(水系、森林、生物多样性等)；2)原住民文化(语言、仪式、信仰、艺术、节庆、宗族、建筑)；3)梯田农业生产模式	整体性、原真性、可辨识性

（续表）

项目名称	入选年份	所属国	核心保护内容	原则提取
塞内加尔东南部村落农田和遗址景观	2012	塞内加尔	1)山地、平原过渡区的丰富景观及复杂生态系统;2)原住民文化(语言、仪式、信仰、节庆、宗族、建筑、饮食);3)农牧结合的生产模式	整体性、原真性
哥伦比亚咖啡文化景观	2011	哥伦比亚	1)山地景观及其生态系统(包括改善后的咖啡生态系统);2)原住民与殖民复合文化(体现在音乐、美食、建筑、商业活动、宗族观点等方面);3)山地咖啡种植体系及加工管理模式	整体性、原真性
格朗普雷沼泽地和遗址构成的农耕文化景观	2012	加拿大	1)滨海环境催生的堤防系统—限制潮汐,保护农田;2)阿卡迪亚定居点遗迹及其反映的原住民文化;3)定居点周边因土地利用、农业生产形成的农业景观及生态系统	整体性、原真性

资料来源:世界遗产中心,https://whc.unesco.org/。

表 8-5　世界文化景观遗产案例评选标准(v)对标内容及影响因子

项目名称	入选年份	所属国	标准(v)对标内容	影响因子
喀斯、塞文—地中海农牧文化景观	2011	法国	地中海平原上源于农牧经济及自然环境作用形成的农牧系统	农业结构、城市化、人口数量
布吉必姆文化景观	2019	澳大利亚	人与环境共同作用创建水产养殖网络系统	经济发展、人口数量、自然灾害、文化冲击
哈尼梯田文化景观	2013	中国	适应、改造环境,创建农、林、水分配系统,并因长期存在的社会经济宗教系统得以强化	经济发展、人口数量、环境污染、自然灾害
塞内加尔东南部村落农田和遗址景观	2012	塞内加尔	尊重环境的脆弱性,将人类生产生活融入自然景观中	经济发展、人口数量、自然灾害
哥伦比亚咖啡文化景观	2011	哥伦比亚	适应环境,发展集生产、社会、文化于一体的可持续土地利用模式	经济发展、环境污染、自然灾害
格朗普雷沼泽地和遗址构成的农耕文化景观	2012	加拿大	适应沿海恶劣环境,建立土地复垦系统与管理制度	经济发展、城市化、自然灾害

资料来源:世界遗产中心,https://whc.unesco.org/。

基于世界文化景观遗产标准(v),都江堰林盘申遗及其保护策略主要包括四个方面。

(1) 生态修复策略

经济林的大规模栽植易破坏耕地原生肌理,一定程度上改变了川西林盘原始风貌。为适应社会发展的同时兼顾川西林盘生态性保护,以严守基本农田永久保护边界为基本原则，依据景观特征，本节以都江堰市聚源镇内川西林盘居住组团进行分区，并针对性地提出保护与发展建议（图8-14，表8-6）。

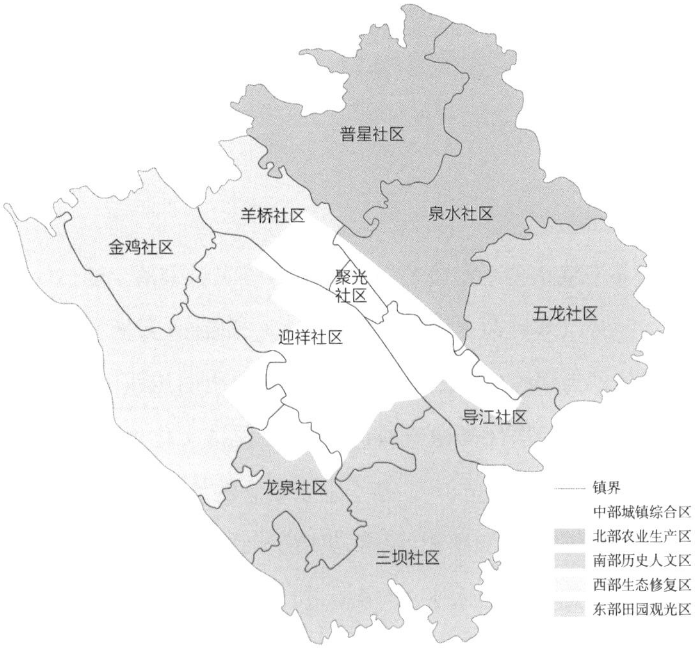

图8-14　都江堰聚源镇景观特征分类图
资料来源：《都江堰聚源镇总体规划(2018—2035)》。

表8-6　都江堰市聚源镇景观特征分类及川西林盘世界文化景观遗产保护与发展建议

景观特征		覆盖区域	文化景观遗产保护与发展建议
中部城镇综合区	综合服务配套	聚兴社区、羊桥社区、迎祥社区、大合社区、龙泉社区、导江社区、泉水社区、五龙社区	开发；突出综合服务功能，控制镇区建设用地向外扩张，减缓城市化带来的消极影响
北部生产农业区	农业体验 农耕文化博览	普星社区、泉水社区	保护性开发；严守基本农田永久保护边界，农业生产形式以耕地为主，经济林为辅，部分恢复川西林盘传统空间格局
南部历史人文区	人文景观、文化体验、文创博览、滨水湿地	龙泉社区、三坝社区	保护性开发；利用交通区位优势，依托丰富人文底蕴，修复人文景观，适度植入文化体验及文创产业
西部生态修复区	生态保护、滨水湿地、农耕文化博览	金鸡社区、羊桥社区、迎祥社区、大合社区	保护性开发；以生态保育、资源涵养为基本原则，退林还耕，塑造传统川西林盘景观，适度开展农耕文化博览
东部田园观光区	旅游观光、康养服务	导江社区、五龙社区	开发；依托交通区位优势，结合丰富乡村景观资源进行旅游康养产业开发

（2）产业转型策略

川西林盘作为川西农耕文化载体，其传统产业以一产为主、结构单一，经济发展水平低，与城镇经济发展差距逐步扩大，导致乡村人口大量向城镇迁移，出现林盘空心化现象。通过引入旅游、文创等第三产业，实现第一、第三产融合，可以在一定程度上推动乡村经济发展，提高当地居民经济收入水平，吸引城镇人口回迁、提升林盘活力。

（3）人文景观修复策略

川西林盘是基于宗亲关系形成的川西平原传统农村聚落。通过实地调研，发现单个林盘居住组团常以族姓命名，例如青城山镇王家院子、聚源镇周家院子、柳街镇黄家院子等。建筑作为居民生活的重要载体，以其突出的川西民居风格成为川西林盘空间构成要素之一。除居住类建筑外，具有深厚民俗文化价值的祭祀建筑也是不可或缺的[图 8-15(a)～图 8-15(c)]。基于宗亲观念的传承，宗祠成为旧时川西林盘中最为普遍的祭祀建筑，一度集祭祀、议事、集会于一身，是属于林盘居民的公共空间。但近年来林盘居民为提高生活水平，对房屋进行改造翻建，致使宗祠几乎消失殆尽[图 8-15(d)]。除此以外，具有丰富历史文化价值的水磨坊等农业景观也受到经济发展带来的冲击[图 8-15(e)]。人文景观是川西林盘文化景观中不可或缺的部分，在坚持原真性及可辨识性原则基础上，予以部分修复，重现川西林盘传统生活场景，并适当融入旅游及文创产业，提升居民收入水平、实现川西林盘"活态"保护。

(a) 成都市温江区陈氏宗祠鸟瞰图

(b) 成都市温江区陈氏宗祠祭台

(c) 成都市温江区陈氏宗祠入口

(d) 都江堰市迎祥社区佰依庵

(e) 都江堰市迎祥社区水磨坊遗址

图 8-15 川西林盘祭祀建筑及农业景观遗址

(4) 多方参与策略

各国的世界文化景观遗产管理体系多由三级政府及其他相关机构组成，偶有当地居民或公众参与。针对作为当地居民生产、生活载体的川西林盘而言，充分调动并发挥其积极性，激发其对川西林盘保护、管理的热情，与政府及其他相关机构配合，互为补充，可以完善并优化保护机制。

3) 川西林盘 SWOT 分析

基于川西林盘定义，确定川西林盘世界文化景观遗产核心保护内容，包括川西平原生态系统、自流灌溉农业生产模式及川西平原传统农耕文化。川西林盘文化景观受城市扩张、经济发展影响明显，数量减少及空心化趋势无法完全避免。通过 SWOT 分析，充分认知川西林盘自身资源优、劣势，结合外部影响因素，可以更加全面客观地了解川西林盘世界文化景观遗产保护现状。研究发现制约其保护发展因素主要包括城市化扩张、农业产业结构调整、乡村人口减少、人文景观没落等(表 8-7)。

表 8-7　基于 SWOT 方法的川西林盘文化景观保护及申遗分析

SWOT 分析	优势(Strength)	劣势(Weakness)
	1. 由生态环境、生产模式、生活文化构成，整体性佳，独具特色 2. 自然条件优越，区位优势明显 3. 农田种植技术娴熟，自流灌溉及轮作农业生产模式的可持续实践 3. 以川西林盘为载体的川西平原传统农耕文化得以高度保存及传承 4. 整体生态、历史、文化价值突出	1. 覆盖面积大，分布广，无法全面规范管理，林盘维护投入不足 2. 遗产构成要素部分受到破坏，遗产资源数量缩减 3. 部分资源邻近城镇，受城市化影响突出 4. 经济发展制约，人口数量减少等导致人文景观没落、林盘景观衰败 5. 水旱轮作模式效益相对较低
机会(Opportunity)	SO	WO
1. 拟申报“世界文化景观遗产”与成都“西控”发展目标契合，政府高度重视 2. 美丽乡村、新农村建设政策出台，乡村振兴战略 3. 川西林盘保护修复规划及导则的编制 4. 基本农田永久保护边界 5. 社会居民对绿色健康食品迫切需求	关注政策导向，落实保护标准，修复生态，涵养资源；尊重遗产整体性、原真性原则，适度引入文创、旅游等第三产业，调整产业结构，促进经济发展	组建专业团队，对遗产资源进行调研评估并予以分级，以便保护修复；修复并合理利用地理区位优越的部分受破坏资源，以作为遗产保护缓冲区域

（续表）

风险（Threat）	ST	WT
1. 公众认知、认同程度有待提高，传统知识传承与推广面临挑战 2. 过度开发对生态及居民生活产生影响，破坏遗产整体性、原真性 3. 新型城镇化加速林盘人口流失，空心化严重，水系逐渐消失	通过科普博览，加深公众认知程度；在遗产保护规划中强化当地居民的作用，提升认同感，促使其自主参与遗产保护、宣传；落实国土空间规划体系"三条红线"，生态保护红线、永久基本农田和城镇开发边界三条控制线	优先对具有突出价值的遗产区域进行试验性保护论证，而后全面应用；推广现代化高标准农田建设，维护林盘自然生态基底；推动"川西林盘＋产业"模式，细化川西林盘分类，确定发展目标及规划

激活林盘生态价值，创造田园生活美学，都江堰柳街镇人民政府将川西音乐林盘引领区域乡村发展，坚持因地制宜重塑林盘"三态"，林盘形态、林盘业态、林盘文态，将林盘及周边区域作为开放式旅游目的地进行整体规划打造，按照生活实用性、乡土记忆性和旅游观赏性需求，植入水境舞台、五线谱绿道等音乐主题元素展示平台，风铃廊、黑白琴键等音乐互动体验场景与传统农用工具共同形成微场景和微景观，尽显乡村风情。位于都江堰市柳街镇红雄社区的川西音乐林盘，面积约130亩，26户村民75人，2019年上半年接待游客超10万人次，旅游收入超500万元。大邑县"雪山下的公园城市示范区 · 文旅大邑"为统揽，制定《大邑县2021年度全域川西林盘建设实施方案》，构建"5廊道＋11组团＋6大景区＋百村百林盘"的空间布局，以林盘保护修复发展作为公园城市建设"主抓手"、城乡融合发展"助推器"、农商文旅体融合示范"新引擎"，秉持"一个精品林盘聚落催生一个规上服务业企业"理念，用林盘美学空间创新公园城市大邑表达，用林盘生态价值转化促进文旅大邑高质量发展。

川西林盘作为川西地区传统农村聚落形式，处于持续演进中，完全符合世界文化景观遗产有机演进类的特征要求及保护要点。合理引导保护与发展，利于兼顾社会经济发展与文化遗产保护，实现川西林盘"动态"保护。川西林盘文化景观是人类与自然协调发展的实证，几千年漫长演变中二者高度融合，相互依存，构成不可分割的有机整体。基于世界文化景观遗产视角下的川西林盘景观格局保护研究，以文化景观为纽带将物质遗存与文化传承紧密联系，符合最前沿的整体保护及发展方法论，对保护生物多样性、文化多样性，世界文化景观遗产申报及乡村振兴实践具有一定的参考及借鉴价值。

8.2.2　传统村落集中连片保护利用——甘孜藏族自治州①

传统村落是指拥有物质形态和非物质形态的文化遗产，具有较高的历史、文化、科学、艺术、社会、经济价值。中国传统村落是中华民族先民由采集与渔猎的游弋生存生活方式，进化到农耕文明定居生存生活方式的重要标志，是各民族在历史演变中，由“聚族而居”这一基本族群聚居模式发展起来的相对稳定的社会单元，是中国农村广阔地域上和历史渐变中一种实际存在的、历史最为悠久的时空坐落。中国传统村落的空间形态多样、文化成分多元，蕴涵着丰富深邃的历史文化信息。中国村落文化通过其相互关联、内在互动，成为社会有机体的重要组成部分，是中国传统文化的“根文化”与“母文化”。

2012 年住房和城乡接合部等四部联合启动全国范围内古村落调查，正式命名“古村落”为“传统村落”。传统村落是与物质与非物质文化遗产大不相同的另一类遗产，一种生活生产中的遗产、饱含着传统生产和生活。

1) 甘孜州传统村落总体特征及保护措施

中华人民共和国财政部经济建设司、住房和城乡建设部村镇建设司联合评选的 2020 年传统村落集中连片保护利用示范市，甘孜藏族自治州成为四川省唯一列入上榜公示名单的地区(图 8-16)。

甘孜州传统村落特征。近年来，四川省甘孜藏族自治州切实贯彻中央“把传统村落建设好”的重要指示，以“创建民族贫困地区传统村落集中连片保护利用示范样板”为总目标，把“加强古村落、古民居、古树名木保护利用”作为推动全州高质量发展的重要举措之一。传统村落的保护利用，对该州全域旅游、脱贫攻坚和乡村振兴发挥了积极的促进作用。截至 2020 年，四川 333 个国家级传统村落中，甘孜州占 71 个，数量位列全省第一；四川 1 050 个省级传统村落中，甘孜州占 214 个，占比超过 20%。甘孜州近 300 个传统村落，整体呈现三大鲜明特征(附录 7)。

---

① 感谢甘孜藏族自治州住房和城乡建设局村镇科杜春涛、杨磊提供相关资料，甘孜藏族自治州本节简称甘孜州。

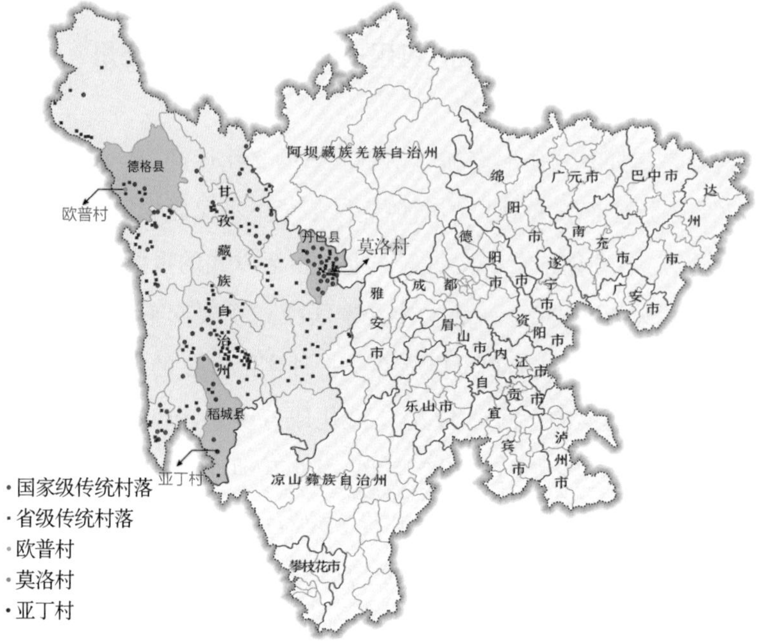

图 8-16 四川甘孜藏族自治州传统村落片区示范村区位图

(1) 传统村落的保护利用始终坚持助力脱贫攻坚

目前，甘孜州 18 个贫困县全部摘帽，包括 24 个国家级传统村落在内的 1 360 个贫困村全部退出，涉及贫困人员 101 714 户，454 321 人。

(2) 传统村落的地域文化色彩和民族特色浓郁且格局完整

甘孜州形成以德格为中心的格萨尔文化片区，其中，德格印经院是藏区三大印经院之一，是国家级文物保护单位；以丹巴为中心的嘉绒文化片区，分布有浓厚的嘉绒文化和东女文化，还有全国重点文物保护单位、中国的世界文化遗产名录——丹巴藏寨碉楼；以稻城为中心香格里拉文化片区，这一片区传统文艺、民间手工艺品、雪山海子等富集。

(3) 传统村落的建筑类型多样且世界稀缺

康巴“崩空”、嘉绒“邛笼”和梁柱框架是甘孜州传统村落的三大建筑类型，充分体现高原藏区天人合一的建筑理念。被誉为高原传统建筑“三绝”的丹巴古碉群、道孚民居、乡城白藏房举世闻名，将甘孜州传统村落的魅力展现得淋漓尽致。其中，丹巴古碉群既是世界上最集中的古碉建筑群，也是世界唯一的五角碉所在地，其传统建筑创造了中国乃至世界石室建筑、设防民居的奇迹。

甘孜州高度重视文物和非物质文化遗产代表项目的保护和传承，这为该州传统村落集中连片保护利用，特别是对传统村落的原生性、完整性保护和传承等提供了坚强的支撑。截至目前，该州传统村落内拥有人类非物质文化遗产名录项目“格萨尔”“藏戏”“德格印经院雕版印刷技艺”“藏族药浴法”四项，同时拥有国家级非遗名录项目 18 个、省级项目 29 个、州级项目 78 个。培养非遗传承人 253 人，其中国家级代表性传承人 12 人、省级代表性传承人 39 人、州级代表性传承人 202 人。同时，该州传统村落内共有文物保护单位 37 处，其中全国重点文物保护单位 4 处、省级文物保护单位 4 处、州县级文物保护单位 29 处。

2）甘孜州传统村落片区相关举措

按照《文物保护法》，甘孜州先后实施保护修缮工程行动 8 次。完成康巴文化（甘孜）省级生态文化保护实验区申报，启动世界文化遗产和世界记忆遗产申报，编制《甘孜州全域旅游发展规划（2016—2025）》，提出重点修复传统建筑集中连片区域，并遵循规划开展文物保护单位的申报、立档、挂牌、保护等方面的工作。颁布《甘孜州非物质文化遗产条例》，历时 9 年时间，完成“甘孜州歌舞数据库建设工程”，出台《甘孜州文物保护利用改革实施意见》等。连续 7 届参加“中国成都国际非遗节”，每届均获得“太阳神鸟金奖”及“特别贡献奖”。2018 年 12 月，甘孜州磨西镇召开第二届四川最美古镇古村落创新发展论坛。

四川省甘孜州传统村落片区保护措施包括两个方面。

（1）重点挖掘

坚持“深挖掘、先保护、后发展”的理念，挖掘一批具有保护和传承价值的古建筑、古文物、非物质文化遗产等。截至目前，进入国家级传统村落名录 71 个，列入省级传统村落名录 243 个，占全州行政村总数的 9.1%，为全省之首。制定传统村落保护档案 71 份，包括村落基本信息、村域环境、传统村落选址与格局、传统建筑、历史环境要素、非物质文化、文献资料、保护与发展基础资料、其他补充材料与说明。

（2）规划引领

坚持科学保护与利用传统村落资源，已启动 40 个第五批国家级传统村落保护与利用专项规划编制。截至目前，完成规划编制传统村落 33 个，并报省级相关部门技术审查，纳入 2019 年中央财政补贴传统村落 12 个。坚持通过立法以更好地保护和利用传统村落资源，编制《甘孜藏族自治州传统村落与利用条例（二审稿）》，已通过州人大二审，进入三审阶段，明确规定古民居的产权置换、安置补偿等内容，加强传统村落的保护与利用、维护传统村落风貌、继承优秀历史文化遗产。

3) 传统村落丹巴、稻城、德格中心文化片区特征

（1）丹巴为中心的嘉绒文化片区示范村——莫洛村

莫洛村内传统建筑分为藏寨民居、古碉楼。古碉楼依藏寨而生，藏寨因古碉而存，二者相互交融穿插，结为有机整体，形成了世界罕见的、具有浓郁的藏民族文化特色的设防民居聚落。保护主题“莫洛村——千碉之乡，因水而生；藏寨碉群，依山而建”。保护框架“两山、两水、多点、三区”，形成一个完整的风水格局。两山：卓绒山、宋子山是莫洛名村的区域大环境，是其风水命脉所在；两水：大渡河和段家沟是莫洛村赖以生存的母亲河；多点：四座古碉及布谷龙寺构成了名村的次要景观节点；三区：本次规划根据莫洛名村特点，确定将其划分为历史文化核心区、风貌控制区、风貌协调区。保护对象“传统村落——藏式碉堡（8 座）及民居、名木古树等环境要素、非物质文化遗产”（图 8-17～图 8-20）。

图 8-17　莫洛村全貌

图 8-18　大渡河

图8-19 莫洛村传统农业

图8-20 莫洛村畜牧业圈养、放养

藏寨民居——莫洛的嘉绒藏寨民居建筑形式独特，幢幢白色素装的寨楼掩映在这青山绿树丛中，树绿如碧，房白似玉。藏寨群由藏楼组成，有的三五成群、有的散居独户。每幢寨楼占地约200平方米，高约15米，都为石木结构，墙体是以当地的天然石块加上黄泥砌成。楼层一般为三到四、五层，每层间用大圆木作梁，上铺有小圆木、劈木、柏枝等，之后盖上约15厘米厚的稀黄泥，屋面排水采用数根枧槽。墙角上插有经幡，墙角顶部的白色小石塔，是村民崇拜的传统图腾象征的标志。

古碉群——莫洛村境内有古碉楼8座。有代表性的碉楼是四角碉、五角碉、八角碉，这些碉楼的存在无不彰显着当地藏族人民的智慧及民族特色。这些碉楼由天然石块砌筑而成，石头全部就地取材保持自然形状，据说在千年以前还没有勘测工具，没有水泥，但每个碉楼的墙体表面光滑、缝隙紧密、棱角线笔直，建筑全凭经验和目测。

莫洛村内共有6座四角碉，建筑时间为唐代。其中1座四角母碉、1座四角家碉、4座四角公碉，高度均在20米以上。其中四角母碉表面有横线条，传说是东女王权力的象征；家碉，即房碉同体，碉中水井、库房配套的碉，每个碉楼和一处民房相连，地面没有入口直接进入碉楼内，因此每座碉楼由一户居民拥有并管理；公碉表面没有横线条。此外，莫洛村内还有一座五角怪碉，它有五角，角不对等，不是星状五角，从南、北、西三面去看它，以为是四角碉，但从东面看，梳子状三个角，齐拥东方，好像是在说明什么，弦外有音，当地人称此碉为“贡很呷孟措考”。“贡很”是指上天，“呷孟”是指老祖母，“措考”是指专注一方。概括地说，就是面对上天老祖母。传说这里是东女国神灵回荡之地，碉的三个角指向的是东女国都城；四角家碉和四角母碉附近有一座八角碉，已有至少 800 年历史，仍然屹立在树木葱郁的莫洛村（图 8-21）。

民居建筑为石木结构建筑，其内框架为木结构，外围护结构用天然石块和粘土作原料砌筑而成。建筑为四层，各层的功能不同。底层为畜圈和草料房，与人的出入门分设，互不干扰；二层为厨房、火塘、杂物房等，火塘为“三足鼎立”的锅庄；三层为居室、粮仓等；四层为经堂。二层平台用作院坝，二、三层平顶均可供人活动或晒粮食等，四层平顶用作民间宗教祭祀活动。整个建筑物除二层为天井式四合院外，二层以上呈两级或三级“L”形。楼房四角顶部垒放白石，还安放有小孔的石板，以备插嘛呢旗。楼顶后方还设置“煨桑”用的“松科”。房顶月牙形的四角从宗教意义来讲，则分别代表四方神祇。民居外墙体绝大多数涂白色；墙檐的颜色主要涂于下方的椽木面板和椽木上，主要以红色为主；窗围与门围大多涂以黑色（图 8-22）。

图 8-21 八角碉

图 8-22 莫洛村传统嘉绒藏寨民居建筑

莫洛村是中国西部古碉最为集中和典型的地方，也是古碉类型最丰富、保护最完整的村落，碉楼群与藏寨村落融为一体并相当完整地传承至今，是研究中国石砌建筑不可多得的活化石。嘉绒聚落在山林中顺应自然有机排列组合，碉楼、宗教设施在聚落中具有显著统领作用，是聚落内聚的“核点”。多核点使聚落空间结构紧凑，具有“内聚性”“向心性”特征（图 8-23）。

(a) 石阶路

(b) 古井

(c) 黄梁树

(d) 藏式白塔

(e) 索桥

图 8-23　莫洛村历史环境要素

（2）稻城为中心的香格里拉文化片区——亚丁村

香格里拉镇位于稻城县南部，镇域面积约 756 平方千米，大部分地区海拔 2 700～3 500 米，镇内山脉纵横延绵。除仙乃日、央迈勇、夏诺多吉三座雪山以外，乡域内主要山峰有额翁山、瓦冲山等。河流两侧有少量平坦用地。香格里拉镇中心驻地距成都 850 千米，南距云南香格里拉市 200 千米，东从蒙自—木里—盐源至泸沽湖约 300 千米，稻城机场的建设和随着后两条旅游公路的建成通车将会显著提高香格里拉镇的旅游区位优势。

香格里拉镇位于稻城县南部，四周山脉纵横延绵，属于高山河谷地貌，其高程多集中在 2 900～3 200 米之间，地势由西部向东北缓慢倾斜。区域内中、东部沿河地段地表较平缓，用地条件较好；由中部向西南方向延伸地段坡度起伏较大，用地条件较差。香格里拉镇位处甘孜—理塘蛇绿混杂岩带与义敦古火山岛弧带接合带的中南段，地质地貌复杂，区内地层从震旦系到三叠系均有出露，在仙乃日及叶儿红一带出露有二叠系的白云岩、大理岩。

香格里拉镇原名日瓦乡，于 2002 年更名。2004 年镇域总人口为 2 551 人，比上年增加 3‰。常住非农人口 380 人，城市化水平 14.9%。全镇辖 12 个行政村，共计 16 个村民小组、32 处自然村。行政村包括呷拥村、仁村、亚丁村、康古村、西热村、热光村、日美村、阿成功、瓦龙村、俄初村、朗日村、拉木格村。香格里拉属康巴藏族地区，处于“农耕文化”与“游牧文化”的交接地带，是中国西部著名的民族走廊。当地民居以石、木为主材，窗户以黑色为主，屋顶以平屋顶为主，部分地区存在坡屋顶形式。

亚丁村的发展历史大概三个阶段：第一阶段即清朝及其以前，亚丁藏语意为“向阳之地”，由日照长而得名，康巴族人游牧于此，见此处水草丰美，故在此定居。第二阶段即民国时期，稻城与内地经商频繁，内地许多商人进入稻城收购虫草、松茸等藏族土特产品，西康省（西康省，简称康，旧省名，为中华民国的一省，延续清朝制度所设置的 22 省之一，设置于 1939 年，是内地进入西藏的要道，有重要的军事意义）主席刘文辉将部分军队遗留于此，金珠镇城镇建设和人口规模快速，成为稻城地区主要的商贸口岸和政治、军事中心，同时香格里拉镇也得到较快发展，亚丁村便修建于这个时期，成为一处藏族聚居村落。第三阶段即解放后至今，亚丁村位于亚丁景区核心区的北大门，由于旅游业的发展和人口的增加，村落向南扩张（表 8-8，图 8-24）。

表 8-8　亚丁村历史环境要素

冲古草坪		冲古草坪是天然的盆景，主要由草地、森林、小溪和嘛呢堆组成，站此地能一睹仙乃日和夏朗多吉的风采，会使人真正感觉到大自然的雄壮、美丽、神奇和妩媚；这里是大型冰川 U 形谷（J 形谷口），此地原是冰川堰塞湖，由于仙乃日脚下的冰川湖泊决堤后冲垮了这里的湖泊，才形成今天这样的地形地貌；这里同时是到冲古寺，仙乃日脚下和到圣水门、洛绒牛场的必经之地

（续表）

唯一转经房		村落内有民国时期兴建的转经房一处，建于民国时期，保存较为完好，是全村藏民的公共活动场所，目前仍在使用； 冲古寺位于村落南侧，处于亚丁核心景区内，意为填湖造寺，海拔 3 900 米，始建于元朝，至今 800 多年，在之前的寺庙在对面的山坡上，现为黄教，归贡嘎岭寺管；冲古寺曾两次火灾，现在寺院只有断垣残墙
翻修过的冲古寺	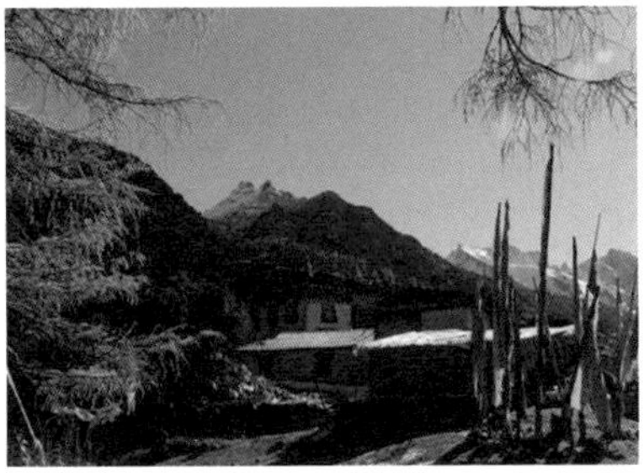	村落保存有 20 余幢传统藏式碉房，以侯夏多的民居为代表，建于清代；亚丁的民居均为木石结构建筑，建筑平面有呈一字形、曲尺形、撮箕形三种，长方形和曲尺形的比较多见；墙体用不加整修的石块和泥浆砌成，石墙为承重体系，里面用木料搭墙分层，一般分三层，最底层用来喂养牲畜，第二层住人，第三层存放粮，层与层之间上下是以木梯相连的；二层中间为堂屋，一般在堂屋进门左侧中间设火塘，火塘中间置羊角形石三脚为锅庄，锅庄周围用石条镶成边子，堂屋左右两侧为卧室，火塘一侧卧室（一般在堂屋左侧），为长辈及老年人居住，对面即右侧卧室为年轻人居住或作客房，正房右侧拐角另修一小间为厨房，或在堂屋一面另建一间为厨房，与堂屋相通
藏式传统民居		

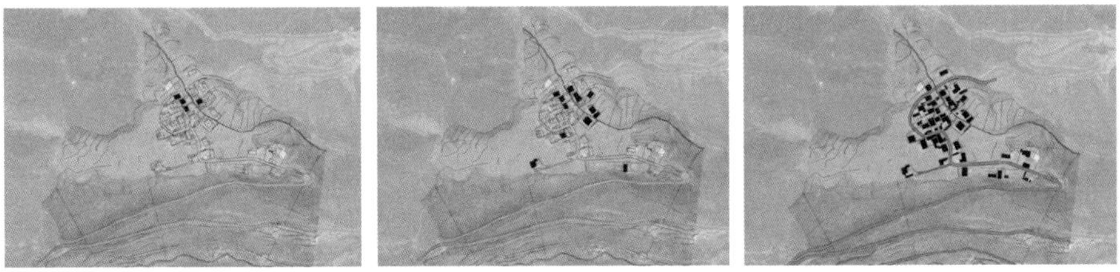

第一阶段　　第二阶段　　第三阶段

图 8-24　亚丁村历史演变示意图

村落传统格局进行分析，分别提取出建筑、院坝、步道、农田、溪流和山林 6 个主要传统格局要素，构建了“山—林—建筑”的完整空间格局。建筑，结合地势，依山就势，高低错落分布；院坝，村落内基本上户户有院，位于建筑正面，根据用地条件的不同，形状各异，有方形、弧形，其铺面有水泥、土石；步道，由于整个村落地形高差较大，由此村落内为步行梯道；农田，分布于村落周边，呈缓坡；溪流，贡嘎银河从村落南侧及东侧通过，与村落有百米高差；山林，村落四周均为高山生态林地，自然生态环境优美。

（3）德格为中心的格萨尔文化片区——欧普村（表 8-9）

表 8-9　欧普村历史环境要素

新路海		新路海位于德格县境内的雀儿山下，川藏公路侧，距甘孜县城 98 千米，海拔 4 040 米，平均深度 10 米，最深处 15 米，是甘孜州著名冰蚀湖；水源由雀儿山冰川和积雪消融供给，湖尾流出的溪流为措曲河源头之一；新路海藏语名为玉龙拉措，玉是心，龙是倾，拉措是神湖；新路海及周围生态原始、完整；晶莹的大型冰川从海拔五千米的粒雪盆直泻湖滨草原，极为壮观，湖泊周围由高原云杉、冷杉、柏树、杜鹃树和草甸环绕，仿佛世间仙境
多瀑沟		位于雀儿山南麓，四季云雾袅绕，康巴地区不可多得的自然生态大峡谷，地处麦宿沿普马乡上溯的原始荒塬地带；整个多瀑沟生态旅游占地面积 1 112 平方千米，从丁麦公路傍麦曲河逆行而上，穿行于绵延不尽的生态大峡谷之间，常年青山依依，溪水淙淙，犹如进入了另一世界
阿须草原		阿须草原位于德格县东北部，距离德格县城 206 千米，距离马尼干戈 120 千米，海拔 4 000 米左右，连接竹庆、浪多、阿须等地，总面积达 85 000 多公顷；整个阿须草原山清水秀，地表坦荡，远处山峦环绕，著名雅砻江川流而过；阿须草原是岭・格萨尔王出生成长并征战一生的主要地区，岭・格萨尔王出生于公元 1038 年，享年 81 岁；统一大小 150 多个部落，进驻位于阿须草原西北部俄支乡境内的故都“森周达则宗”，巩固并壮大了岭国；《格萨尔王传》是迄今世界上最长的史诗
更庆寺		更庆寺，四川康区藏传佛教萨迦派主寺，位于德格县更庆镇；原为宁玛派寺院，至第七代德格土司拉青向巴彭措改宗萨迦派并扩建，命名为伦珠顶寺，俗称更庆寺，意为大寺庙；它是土司家庙，规定土司长子出家主持寺政，次子继任土司，所以该寺至今无活佛

欧普村以河流与寺庙而建，自川西北丘状高原区，雀儿山绵亘全县，属横断山系沙鲁里山北段分支、金沙江河谷地带。南部主峰绒麦俄扎海拔 6 168 米，为全县最高点，最低点为西南解与白班县交界之麦典河口，海拔 2 980 米。雀儿山将县境分为东北、西南两大部分。东北部高，河谷宽平、土壤肥厚，古夷平面保存完整，为丘状高原地貌；西南部低，河流深切、高差悬殊，为高山峡谷地貌。村子周围寺庙林立，藏族文化氛围浓厚。元初，萨迦派第一代祖师、第一代萨迦法王八思巴，途经德格，将德格第二十九代四郎仁钦，选定为"色班"(法王膳食堪布)，称其具有"四部十善"("四部"指法、财、欲、解脱；"十善"指近牧、远牧善草、建房、耕种善土、饮用、灌溉善水、砌墙、制磨善石、造屋、作薪善木)的品质和福分，赐名"四德十格之大夫"。从此，四郎仁钦即以"德格"作为家族名，地名随家族名称为德格，亦为县名。德格，系德尔格忒宣慰司的简称，藏语，"德"为"品德"，指四德"格"为善意，指十善；一说"德格"系藏语昌盛之意，1914 年设县。庙宇、祠堂包围祠堂而建，分布不均，但多为山坡、山涧处。"在传统聚落当中，聚落空间构成的图解被形象化。每个民族、部族都拥有各自固有的空间概念，聚落景观如何诠释了它所处的自然环境，聚落的设计者如何巧妙地利用空间概念去构筑社会环境等，对于所有这些解读的深度和设计者的构思都记述在地表的平面图上。"①更庆地区的民居聚集区形态可以分为团块、线形、散点和混合四种形态。团块形态多处于较为平坦的区域，民居集中布置；线形形态多处于地势较陡的坡地之上，民居垂直于等高线布置，或沿着河流一侧布置；散点形态多处于地形条件复杂，或者村寨边缘；混合形态多出现在规模较大或地形复杂的村寨，随着村寨规模扩大，新建民居扩展到传统聚集区以外区域，较平缓区域呈现团块式，顺应地形向外呈线形扩展，在外侧呈散点布局(图 8-25)。

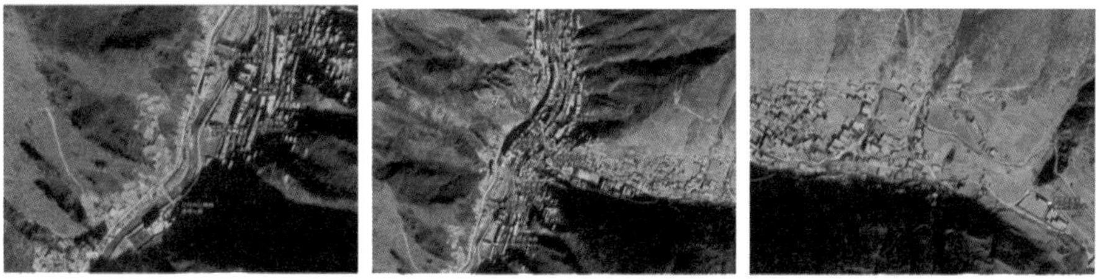

(a) 线形　(b) 混合式　(c) 散点式

图 8-25　更庆地区民居聚集区形态

① 资料来源：藤井明《聚落探访》，宁晶译，(中国建筑工业出版社，2003 年)。

随着佛教的传播，寺院建筑得到迅速发展，并成为德格古建筑的主体。寺院建筑保持了古碉式建筑中结构合理、造型美、风格突出的特点，还糅合了其他类型的建筑形式，加之在门窗套型以及建筑材料的使用等方面均具有共性，但不同地区和不同类型的每一栋建筑，又富有极其鲜明的个性。从空间上划分，有依山建筑、平川建筑等；从结构形式划分，有土木结构、石木结构等；从建筑类型划分，有一层平房、多层楼房等；从屋面形式划分，有平顶房屋、坡面房屋等；从平面形式划分，有矩形、圆形和不规则多边形等。由于各地民俗的差异和自然环境的影响，在西藏七座城市的不同区域，形成了各自特有的建筑形式和风格。

藏式民居除特殊情况外，都要面向朝南。收分墙体和柱网结构是构成藏式传统建筑在视觉和构造上坚固稳定的基本因素。由于自然和历史等条件限制，藏式传统建筑使用的木梁较短，在两个木梁接口下面用一个斗栱，再用柱子支起斗栱，连续使用几个柱栱梁构架，形成了柱网结构。这种结构扩大了建筑空间，增强了建筑物的稳定性(图8-26～图8-28)。

图8-26 干栏井干式民居

图8-27 欧普村传统民居内部

图8-28 欧普村聚落

8.3 四川乡村人居环境可持续发展

四川地区改善乡村人居环境的基本原则：一是关注农民“三生空间”、加强完善基层治理体系，引导激发农民内在动力，“授之以鱼不如授之以渔”；二是立足现有资源、循序渐进；三是因地制宜、分类指导；四是保护生态、弘扬文化，完善“三区三线”空间格局；五是城乡统筹、协调发展，加强小城镇建设，实现区域经济平衡发展。根据以上基本原则，依据2018年中央一号文件提出“产业兴旺、生态宜居、乡风文明、治理有效、生活富裕”的总要求，以四川乡村人居环境根本影响因素——多尺度地貌特征为立足点，本节进一步探讨基于四川六个生态功能分区的生态人文、生产经济、生活物质三方面的因地制宜可持续发展，并且探讨疫情防控常态化下，教育和医疗环境可持续发展的可行性措施(图 8-29)。

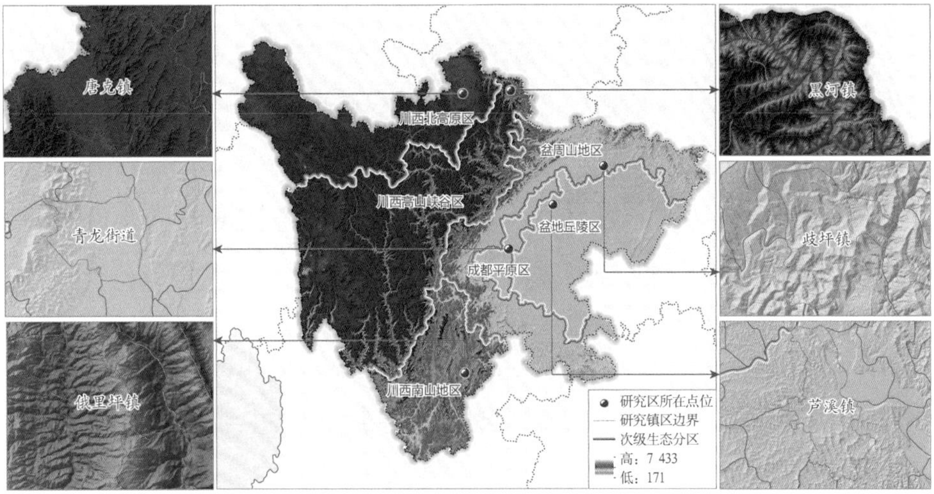

图 8-29　研究区位置示意图

8.3.1　生态与人文环境可持续发展

“绿水青山就是金山银山”，生态环境是乡村立足和发展的基础。改善乡村生态环境需要从提升村民意识出发，以农户院落整治为基础；加强产业调整过程中入驻乡村的园区建设环境影响评价，走出一条“敢于策划、统筹规划、谨慎实践”的创新之路，多角度综合推进乡村环境污染防治监督。

通过继续实施“美丽乡村新面貌行动计划”和“文明卫生新风尚行动计划”，结合旧村落改造提升，引导村民树立生态文明理念，积极开展村庄建筑物外观清洁行动，大力推广示范村建设经验，引导农户合理利用庭院空间，积极发展小菜园、小果园等庭院经济，展现田园风光。以生态发展和维持可持续的生态资源为基础，尊重当地的自然地形地貌、水系和天然植被等，稳步推进污染防治攻坚战，加快推进河流水污染防治工作，借鉴浙江五水共治经验，以河长制层层明确并落实责任，整乡整村治理乡村河流、湖泊。严格监管非法靠山吃山，挖山采石的乡村小作坊。

随着人口增长，四川适耕土地资源有限，人均耕地面积少，又是西南三省粮仓，村民被迫大量施用化肥及农药，使得土地受到污染，土壤肥力下降，间接影响村民的饮用水安全、城市"菜篮子"。城乡可持续发展、粮食安全监管体系都是重中之重；同时，成都市的快速发展和扩张，虽然带动经济发展，但耕地面积也面临缩减。在守住永久基本农田红线的同时，尽快修建高标准现代化农田是可行方案。大力推进生态文明建设，坚持最严格的耕地保护制度和节约用地制度，监理乡村土壤环境质量检测与评估和污染防治与修复制度，开展农田土壤重点污染区的治理和修复示范点，开发抗逆性强的新型农作物，减少化肥农药等的使用量，提高粮食产量的同时提高粮食品质。坚持藏粮于地、藏粮于技，提高粮食综合生产能力。尤其山区和"三州"地区加快发展，优质经济林、木竹工业原料林等特色林产业，推出一体化现代种业体系。

四川地貌特征丰富多样，自然的山川河流给予人居环境最美的大地风景、山水城市、山水乡村。调研中时常发现美丽的《桃花源记》在大山中的乡村上演，例如九寨沟县草地乡黄草坪山中的下草地村。四川乡村人居环境更符合传统的风水学说，既有山水画中的开门见山、曲径通幽、峰回路转，又有营造中的因势利导、山浑水灵、尺码分人，自然与建筑完美融合(图 8-30、图 8-31)。山水格局影响四川至今，大部分乡村仍然维持朴素传统的生态人文环境，越是远郊村越感觉时空停止运转，置身画境。

图 8-30 阆中古城嘉陵江桥山水景观

图 8-31 阆中古城中天楼远眺四方环山

四川乡村是传统文化宝库，众多历史故事，耳熟能详的传说，以非物质文化遗产为载体代代相传。在四川大地上，再小的乡村都可能具有悠久历史，上千年的古镇依然保存至今，等待开发。地形限制、经济发展滞后反而使很多乡村深处的老房子得以保留，值得以文化为链条系统性连片挖掘和保护。近郊村的文物古迹尽快进行评估和保护，以免消逝在城市开发的洪流中。近年，四川出台一系列保护传统村庄的相关政策，亟需对于四川乡村民俗文化、耕读文化、地名文化、驿站文化、传统技艺、传统表演艺术等文化遗产进行收集、整理、研究，并给予有效保护和传承，包括乡村川祖庙、祠堂等传统空间构成模式，在乡村振兴过程中承载集体记忆的场所空间重塑，形成激活乡村精神文化触媒空间，例如望丛祠的门前广场，成为当地居民的公共活动区，广场舞、街舞不胜热闹，而 4 000 多年历史的指路村郫县古城遗址门可罗雀。

四川乡村处于大地壮美的山水格局之间，拥有优美的自然人居环境，在积极落实国土空间规划，坚持“三区三线”的同时，人文环境对于提升乡村居民的精神生活，幸福福祉具有同样重要性。四川还有全国唯一始建于唐代的衙署园林崇州罨画池、我国有遗迹可考的两处唐代古典人文园林之一成都新繁镇东湖公园。调研中还发现一些乡村工作者几十年如一日在山区泥石流危害的道路上，赶赴千里，带给村民电影播放，电影播放前是科普教育。此外，小小的乡村公共篮球场，夜晚成为人们欢声笑语聚集的场所，安静祥和，疏解村民一天的劳累。

8.3.2　生产经济环境可持续发展

四川省乡村人居环境质量与所在地区经济发展水平相关度较高，说明推动不发达地区经济发展是缩小人居环境质量差异的根本途径。乡村生产环境是指乡村产业发展、产业结构、产业发展投入的总称，是乡村人居环境提升的内生驱动力。优化乡村生产环境是脱贫攻坚、实现区域协调平衡与发展，以及乡村振兴的关键。农业在乡村产业发展中占据重要地位，农业现代化是乡村产业发展的关键基础。目前四川乡村农业存在总体规模大而不强、数量多而质量不足、产品机械化水平低等现象。四川不同地区耕地灌溉面积占年耕地实有面积的比重差异较大，大部分地区该比值不到 50%（图 8-32）。因此要加快推进大中型水利工程建设，加快推进已成灌区渠系配套与节水改造。推进高标准的农田建设，大力推进农业机械化，改变以前高消耗，低效率的生产方式，适度规模化。构建现代农业生产体系，利用现代新技术、新方法提高生产效率。继续推进园艺作物标准园、畜禽标准化示范场、水产健康养殖示范场建设；按照国家级、省级有机农产品认证标准，加快制定保障农产品质量安全的生产规范和标准，尽快建立和完善乡村农业生产、农业管理和农业服务的生态环境全方位标准体系。

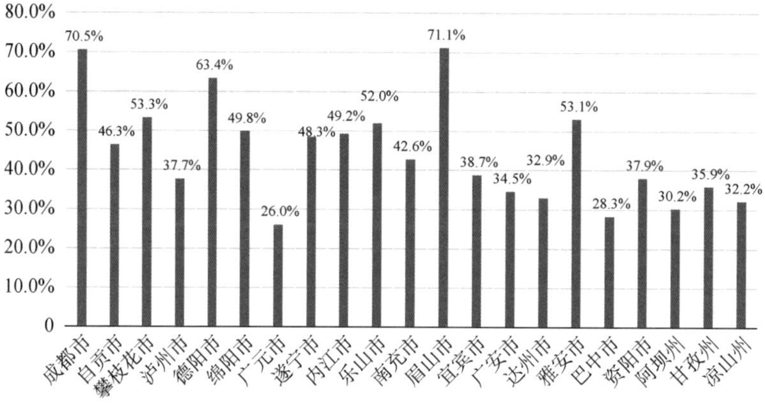

图 8-32　2018 年四川省耕地灌溉面积占比
资料来源：《四川农村年鉴(2018)》。

优化乡村产业结构，以农业为基础，根据地理特征合理利用资源要素，结合各村实际情况，发挥能人效应。找准各自定位，建立产业培育与测度体系。选择既适合乡村发展又有发展前景的特色产业，例如苍溪县的猕猴桃产业、布拖县的苦荞产业等。选择特色农产品进行深加工，利用特有的自然人文景观资源来发展旅游业、教育业以及文化等产业。发展特色农业和乡村旅游，如农业观光园、农业科技园、农业创意村、特色小镇等。扩大美丽乡村的社会影响力，让都市人群回归自然，畅享自然。优化产业结构、产品结构和品质结构；开拓新市场，推进第一、第二及第三产业融合。结合新手段，如发展电子商务，以新媒体平台为宣传渠道，实现产地特色的全网覆盖。

四川省人多地少矛盾十分突出，2018 年四川省土地资源利用现状显示，耕地仅占 13.85％，人均国土面积低于全国平均水平（表 8-10）。依据《四川农村年鉴(2018)》，1957 至 2016 年年末实有耕地面积从 547.85 万到 672.28 万公顷，耕地属于有限资源，人口却从 4 628.5 万人上升到 8 262 万人，几近翻了一倍。相应各市（州）化肥施用量从 1957 年 0.4 万吨到 2018 年达到 235.21 万吨（图 8-33）。四川农业可持续发展要充分考虑到地形地貌特征差异性条件下的农业资源承载力、环境容量、农业基础设施建设及生态环境分区，细化农业，保护优化发展区、适度发展区及控制发展区(图 8-34)。

表 8-10 四川省土地资源利用现状(万公顷)

土地类型	辖区	耕地	园地	林地	草地	城镇村及工矿	交通运输	水域水利设施	其他用地
面积	4 861.16	673.074	72.76	2 214.89	1 221.13	157.15	36.28	103.74	382.14
比例	100%	13.85%	1.5%	45.56%	25.12%	3.23%	0.75%	2.13%	7.86%

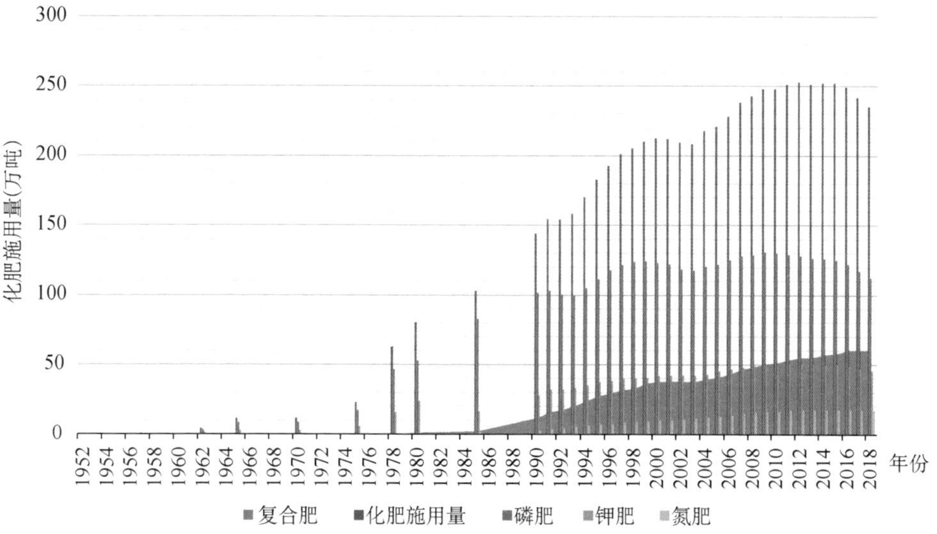

图 8-33 四川省 1952—2016 年间化肥施用量

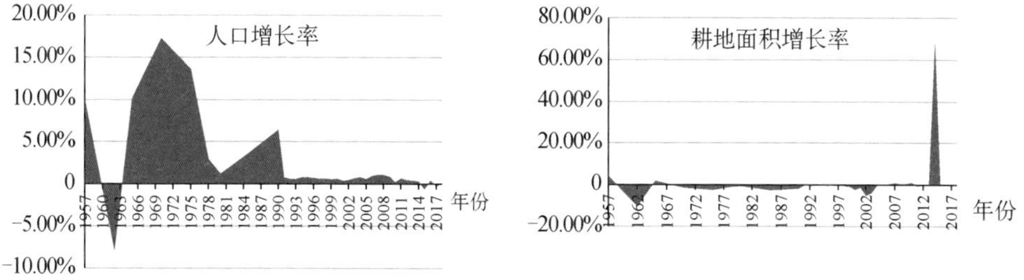

图 8-34 四川省 1957—2017 年间人口增长率和耕地面积增长率
资料来源:《中国农村统计年鉴(2018)》。

四川经济发展滞后地区主要分布在川东平行峡谷区、川西川南干旱河谷区。东部盆地黄壤西部基带红壤,乡村贫困地区和土壤厚度、适耕性正向关联,和生态次级功能区分布相符,大多在川西北高原区和川西高山峡谷区。因此农业发展要尊重自然规律,农作物适宜地耕种,尽快确定不同农业分区耕种重点和开发强度；尊重地貌条件特征，土层厚度、土壤类型及土壤有机质含量，避免单纯追求产量，不顾及自然条件特征的破坏性耕种，以致形成土壤为媒介最终影响人体健康的循环链。随着城乡一体化建设的发展，出现乡村人居空间的实际缩小和大量乡村房屋空置的现状，需要积极调整乡村土地使用权流动政策，加强乡村土地整治工程，对土地利用现状进行综合管理整治，优化乡村尤其是适宜耕种区域的布局；对于农田进行连片优质建设，对空置房和存量建设用地等进行集中盘活。加强适宜耕种区耕地地力保护补贴政策，农机购置补贴政策要落实区域性执行，刺激适宜耕种区的农民生产积极性和安居性；加强农民自我发展能力教育培训，控制为追求产值而将大量适宜耕种农田一刀切地进行单纯创收、单一种植品种的产业园区承包建设，增强丰富菜篮子品种工程。2015 年在住建部“我国农村人口流动性及安居性”田野调研中农民反映突出问题，即四川适宜耕种区主要位于成都平原，但是也是城市聚落密集分布区，尤其要注重城市扩张征地工程中涉及乡村尤其城郊村的占用乡村耕地进行规划建设工程，农民出租土地而不是出让土地，导致失地且租金低；或者农民出让土地流转，导致失地失房等。政策执行要具有透明性、延续性；加强乡村物流、销售渠道、信息流通等方面建设，国家对适宜耕种区的农民以引导安居乐业为首要任务、加强生产加工销售一条龙系统完善和拓展；随着现代化农业技术的发展，坚决避免农民生产单一靠化肥等刺激产值，单纯追求产收速度的违规行为，强化关于农产品安全的监督、“互联网＋”背景下的产地溯源地的大数据技术运用，以及水培水养等多种农作物种植系统扩展开发，保护好民众饭桌子安全。

农田作为四川乡村生产空间，农业的系列政策执行直接影响到乡村人居环境；农业安全直接影响到中国人民健康，四川肩担我国生态安全格局的重要使命，尤其生态水文涵养区，农业分区更为重要。农业始终是乡村发展的根本和国民健康的第一保障，加强乡村人居环境建设，首先确定乡村产业发展分区，农业相关政策差异性制定，农业可持续发展建设是首要任务。

经济滞后发展地区要加快精准扶持工作步伐，深入贯彻落实中央和四川省委巩固脱贫成果战略，做到“精准识别”，将扶持对象瞄准真正的经济落后人群，激发农民内生动力，将被动的“输血式”转化为积极主动的“造血式”经济扶持。四川省民族人口较多、地形地貌丰富多变，具有发展旅游业的先天优势和良好前景。省级非物质文化遗产在录数量较多的区县有很大一部分未来以文化旅游作为发展契机促进经济发展，反哺乡村人居环境质量的提升。

积极引进人才、优化待遇，合理增加编制，完善乡村基层组织治理体系，强化队伍建设、严格考核管理。积极探索新的管理模式，强化管理、提高知识储备，建立良好的促进人才到乡村工作的机制。结合各村实际情况，发挥能人效应、发展特色产业，提高村民物质生活水平，如苍溪县的猕猴桃、布拖县的苦荞等产业。

最后，随着西部大开发、“一带一路”倡议、长江经济带和生态文明建设、城乡统筹等发展政策的深入实施，将进一步拓展农业和农村经济发展空间。国家财政持续加大对农业农村的投入，特别是巩固脱贫攻坚成果工作难度大。当前农业农村创新改革，“双创”战略和“互联网 + ”与现代农业深度融合，新技术、新模式不断涌现，智慧农业等新业态方兴未艾，农业供给侧结构性改革不断推进，农业农村发展的内在动力持续增强。加强根植于乡村人居环境建设的主体农户自身再教育，帮助村民改变陈旧观念，树立主体地位观念，给予更多学习和补充知识的平台，完善农民自身存在的不足，促使乡村“三生空间”主体积极主动地参与到乡村人居环境建设中各个方面(图 8-35)。

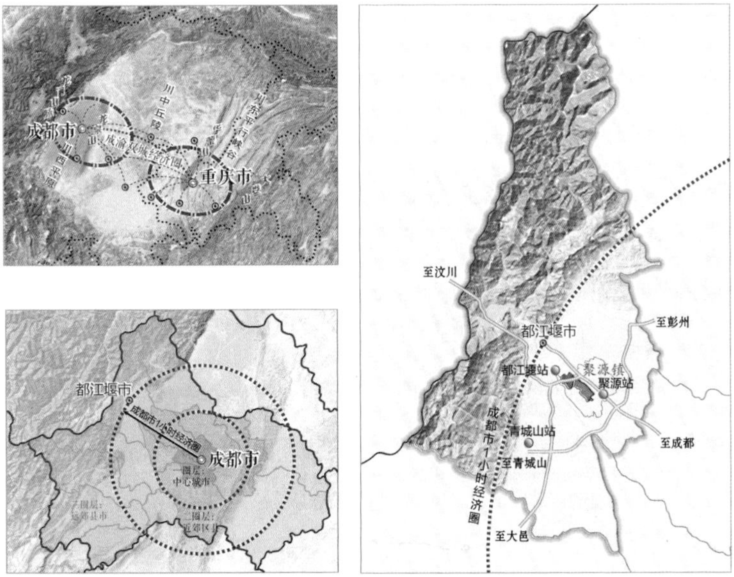

图 8-35　四川省研究区域区位示意图

8.3.3 生活物质环境可持续发展

四川乡村生活物质环境和城市的生活环境尚存在较大差距，这也是乡村人口流失的重要原因之一。乡村总体规划要严格按照《关于落实生态保护红线、环境质量底线、资源利用上线制定生态环境准入清单实施生态环境分区管控的通知》《传统村落保护发展规划编制基本要求》《四川省“幸福美丽新村”规划编制办法》及《四川省村庄建设(整治)规划编制办法》，合理根据乡村人口变化情况，在县域村镇体系规划编制的基础上优化新村建设规划，注重多规衔接及规划可操作性，注重分类指导，合理规划美丽乡村和不同类型乡村人居环境建设，优化乡村空间布局。乡村财政补贴多，资金筹措难，村民生活行为和城市居民有很大差异性。在兴建集中居住社区，切忌依照城市居住区规划公共服务设施配套，以致大量商铺限制，尽早制定符合四川乡村特征及农民生活习惯的社区规划标准。

立足自然地理环境，在原始自然景观基础上，充分顺应原有地形地势、河流水域等，合理布局乡村内不同功能和多样的建筑，保留原有村落选址布局，遵循当地传统院落形式，延续山水田园与村落相融相合的肌理形态，将新建、改造和保护相结合，利用闲置地和现有宅基地。对于传统民居要严格甄别鉴定，可居住的传统民居抗震加固、外立面维修和改善室内设施。对不适宜居住的传统建筑，原样修复、就地封存保护，在水、电、气等基本生活设施改造外，不破坏村落整体布局和民居构造。乡村规划还需要充分考虑农户的需求，生产与生活相结合，保证居民日常生活的便利。合理布局乡村便利店、医疗卫生室、垃圾处理点，注重城乡基础设施连通并共建共享，优化乡村基础设施布局和建设标准，实现基础设施和社会事业覆盖乡村地区。

目前村民对于传统民居保护意识不强，存在盲目标新立异、类城市化、生搬硬套和过度仿古造古现象，对此需要立足地域和民族文化，在彝家新寨、灾后重建、扶贫拆迁等农房建设中，积极探索地域民族文化与建筑结合的特色风貌，依托当地材料，推广不同地域的建筑风貌引导和示范，例如郫县青杠树村、苍溪柳池村等。对于当前农房建设无序化、质量不高、存在许多闲置房及室内设施不完善等问题，需要提升农房建设质量安全、危房改造、合理利用闲置房、改善室内设施条件。改善乡村住房条件需要做到以下几点:①提升农房建设质量安全。做好地震等灾害多发地区的农房建设,引导农民对农房实施抗震设防,开展现有农房选址安全评估,做好农房登记,严格按照《四川省农村房屋建筑施工技术导则》建房,落实监督及指导职责。②对危房进行改造。对于现存乡村危房全面调查,统筹协调安排不同地区、不同类别的乡村危房改造;采用政府补助、村民自建等多种形式,优先解决农户住房,确保经济、实用且安全。③合理利用闲置房。做好乡村户籍整理,一方面可以对已经迁离乡村或有到城镇居住意愿的村民通过设立专项资金,鼓励其放弃乡村宅基地以及土地承包经营地等权益;另一方面,引导农户改建翻修闲置住宅,通过出租等多种方式充分利用资源。

依据乡镇发展定位的乡村集市空间发展更新。乡镇上位规划要求战略定位及发展方向,乡镇自身的区位交通条件、自然资源、人口经济、发展历史等影响乡村集市发展更新。乡镇发展定位是乡村集市发展的决定性指向。目前成都平原乡镇的发展方向主要有行政中心型、交通物流型、商业服务型、农业产业型、工业园区型、文化旅游型,其中行政中心型、工业园区型、文化旅游型居多。①单一性质行政中心型乡镇一般不宜规划较大规模集市,该类集镇往往具有传统意义集市空间,在更新设计时不宜过多改变原有集市空间整体格局,优先考虑其作为地区行政中心驻地对于全域的辐射作用和服务能力;②依托于较为便利的交通条件和人口土地优势以发展工业园区为重点的乡镇一般都位于城市近郊,该类乡镇集市空间具有高度城市化特征,集市设计宜参照城市集贸市场进行建设,优先布局在交通便利且临近企业职工住区或者场镇居住区附近,以满足场镇居民和企业职工为主;③文化旅游型乡镇通常以其较为丰富的自然资源景观或较悠久的特色历史文化为发展基础,该类型乡镇集市空间规划设计首先应该考虑与自然景观和历史文脉融合,并且在其集市空间的内部设计和销售商品中充分体现其文化特色。文化旅游类集镇还应该考虑旅游旺季和淡季的空间分配和有效利用。

乡村集市空间环境整体设计。在《城乡用地分类和规划建设用地标准(2018 年住建部征求意见稿)》中,将镇、村庄用地与城市用地分类进行了统一对接,乡村集市空间在城乡用地类型中归属商业服务业设施用地。由于乡村集市空间用地权属多为地方行政机关,因此其不能单独作为商业设施用地考虑,需要更多考虑其作为乡村公共空间进行布局设置。乡村集市空间应临近乡镇场镇公共活动广场布置，并应该避免与周边较敏感用地的相互干扰（如中小学、托幼所、卫生院、养老院等）。此外，集市所处的交通环境也会对其布局产生重大影响。过境道路经过的乡镇易形成带状场镇布局，而集市也往往依附于此带状沿街道布局。主要道路与场镇在边缘相切时，集市空间一般在主要道路一侧布局。此外，集市改造设计应该避免集市车行入口对乡镇主要道路的干扰，选址在满足交通便利条件的同时有利于场镇居民步行到达的区域。[83]

调研显示，乡村集市空间例如农贸市场采用集中式布局，除去人流高峰时间段外，闲暇时间段几乎没有任何交往行为活动发生，赶集买菜等活动目的性过强，致使菜市场多数时间段的空间活力不强。集市作为乡村公共空间，缺少有支撑自发性活动的城市公共服务设施（座椅、绿化、广场等），自然没有社会性活动发生可能，需要从空间设计层面对空间进行必要的设计或改造，增加乡村集市空间的公共交往性，提升乡村公共空间活力。调查发现，集市空间的使用者中随机采访的 100 位受访者大多为 45 岁以上的中年人群，约占总受访人次的 66%。乡村集市空间设计中尤其应考虑该人群的特殊需求。例如该人群相对会有更多的公共交流需要，因此集市空间内部应该便于中老年使用者之间相互的交流并应该设置一定的休憩空间。考虑到部分行动不便使用者的需求，集市空间及邻近外部空间应该设置部分无障碍设施通道。集市空间也要适应年轻群体消费习惯和需求，激活传统空间形态。此外，旅游文化类乡村集市应该充分考虑旅游者对于旅游地文化了解的需求以及旅行便利化设施服务，对于一些特殊的历史文化、悠久的民俗文化活动应该考虑为其提供合适的活动场所。

加强乡村集市环境边界灰空间设计。亚历山大在《建筑模式语言》指出，“如果边界不复存在，那么空间绝不会富有生气”。乡村集市作为公共空间，需要以开放的姿态来与周边环境产生交流，常见四川乡村集中式集市有商业街道及移动摊贩将内部商业空间延伸到边界空间，形成商业灰空间。这种商业灰空间由于摊贩自由度高，具有潮汐性，常使环境变得“脏乱差”，这部分空间应该加强集市整体设计，以便起到更好的缓冲人流、激发活力空间的作用。结合人们户外活动的选择地，也能提升乡村集市空间的人气。例如出入口与小广场结合，提供人们交流、逗留、经过的场所。2018 年 1 月四川甘孜藏族自治州道孚县乡村集市贸易活动在八美镇开办，首日 4 000 多农牧民群众参加，道孚就业、社保、医保政策宣传点也一起介入，按照“建好做强县城、做大做优集镇、做优提升乡镇、做精做美村寨”的总体思路，就地解决村民民生问题、刺激经济发展，当日交易额达 6.3 万元。乡村集市空间作为乡村人居环境的组成部分，应该与乡村自然环境和社会环境有机融合，做到集市与使用者、集市与自然的合一。应在集市空间内部环境、外部空间做出景观人性化设计，在不影响空间使用功能情况下对空间节点做出改善设计，使集市空间成为富有生命力的乡村商业空间形式，成为乡村风景和名片。

乡村宅院空间设计需要考虑使用者需求和亲情等人际关系构成。现有乡村宅院居住单元体形态和田地规划存在互相反馈机制，需要掌握乡村土地制度、村民通勤时间等影响因素。智慧乡村利用互联网优势，开发农产品在线和电话预订服务，向游客提供带宽上网服务、旅游信息智能推送服务、旅游智能化安全监控服务。因此，在宅院空间设计时，要对乡村物联网环境进行有效设计，可集中小组团（3～6 单元）设置物联网站点，院落空间具有较好沟通性能，加速物联网在人的交流沟通阶段的速度。传统乡村是中华文化的根，我们需要在优化产业结构的同时，解读乡村文化结构、重整建筑建构方向，从而体现中国乡土文化真正的风貌，并符合当下现代化、智慧化乡村要求。

完善乡村基础设施建设，能够提升乡村的生活质量。首先，需要完善乡村道路系统，加强乡村公交站、招呼站等交通节点建设，搭建对外交通路网。其次，建设乡村安全饮水工程，提升自来水普及率。再次，对于环卫设施，需要先明确分类标准，加强垃圾处理及设施建设，按照“适当集中、区域处理”，由县统一处理，做好无害化、安全处置。对于乡村地质灾害多发区，应加强综合防灾设施建设，做好地质灾害防御措施。最后，多渠道筹措建设资金。筹措建设资金是抓好乡村基础设施建设的关键。2019 年国务院办公厅发布《关于深化农村公路管理养护体制改革的意见》，2021 年交通运输部发布《小交通量农村公路工程设计规范》（JTG/T 3311—2021），发挥乡村两级作用和农民群众积极性，强化乡村公路管理养护资金保障，政府资金引导，地方政府债券支持，乡村公路建设和一定时期的养护捆绑招标，进行产业、园区等经营性项目的一体化开发，加强国家政策对乡村人居环境的提升起引领和推动作用。通过合理编制乡村振兴规划，推动村庄规划管理全覆盖，强化规划实施；推行乡村高质量发展，供给侧结构性改革；实行乡村人居环境整治三大革命：“垃圾革命”“厕所革命”“污水革命”，为四川乡村人居环境的优化保驾护航。

发展四川乡村农业服务贸易，积极搭建乡村线上线下交流平台，优化产业配置发展格局，强化创新智慧技术引领，地区性政策地制定执行是全面推动乡村农业服务贸易发展、刺激地区经济增长的有效手段。农业产前、产中、产后全方位调控，扩大主体供应渠道，增进交流、分享经验机会，完善利益联结机制，刺激小农经济增长，加快乡村道路“户户通”及互联网的全方位覆盖。

8.3.4 教育医疗环境可持续发展

四川省乡村人居环境优化与政府在基础设施和公共服务等方面的投入也有较大关联性。公共服务设施方面中教育和医疗是两大重心，也是四川乡村巩固脱贫攻坚成果、“一老一小”民生问题、进城务工农民以及乡村劳动力可持续发展的根本保障。

教育是壮大社会力量的根本，包括适龄儿童学年教育以及劳动力科普教育。解决乡村教育问题重点在于提高教师素质、培养教师梯队、吸引高专人才支教；加强专家区域帮扶计划，完善劳动力农业科技以及信息化教育。经济滞后区需要坚持普及宣传教育思想，尤其鼓励山区建设适龄儿童住宿制学校。一方面加强教师再培训，提供乡村教师更多学习机会，优化师资力量；另一方面补齐师资力量，在偏远贫困及民族地区，继续实施乡村支教计划并给予激励措施。

医疗服务是人们身体健康的保障，调研发现农户更多地希望降低就医成本和提升医师水平。利用现有医疗资源，均衡分配，搭建平台，实现医疗资源共享，保障优质资源及时下基层，改变大医院拥挤、小医院无人的现状。全面构建县、乡、村、网格四级联动体系，政府—村组织—农户保障实施，加强网格管理员具体管控；提高乡村公共卫生医疗设施配置，完善乡村基层首诊卫生医疗点可达性及配置。同时乡村公共医疗服务设施的空间布局亟待优化，既要满足村民最短出行距离或时间需求，还要考虑政府以最少成本实现最大价值诉求，医疗服务水平薄弱区域进行新增医疗设施的区位选址，以提高乡村医疗服务设施的可达性和配置均等性（表 8-11，图 8-36）。

表 8-11　四川生态功能二级分区研究区乡镇医疗设施设置现状

研究区	所属二级分区	所属州县	区位状况	海拔(米)	区域面积(平方千米)	行政区划	人口	医疗设施
黑河镇	川西高山峡谷区	阿坝州九寨沟县	位于九寨沟县西北方向，距县城 57 千米	1 581～4 508	787.25	辖 10 个行政村，62 个自然村(村小组)	4 307	1 所乡镇卫生院、9 所村卫生室
唐克镇	川西北高原区	阿坝州若尔盖县	位于县域西南部，距若尔盖县城 64 千米	3 422～4 121	1 341.79	辖 1 个社区，6 个行政村，55 个自然村(村小组)	5 565	1 所乡镇卫生院、7 所村卫生室
俄里坪镇	川西南山地区	凉山州布拖县	位于布拖县北部边境距县城 37 千米	1 926～3 068	61.84	辖 12 个行政村，54 个自然村(村小组)	6 372	2 所乡镇卫生院、5 所村卫生室
青龙街道	成都平原区	眉山市彭山区	彭山区境北部，距县城 15 千米，地处成都“30 分钟经济圈”内	411～648	43.79	辖 4 个社区，3 个行政村，79 个自然村(村小组)	30 124	1 所二级综合医院、7 所社区卫生站、4 所村卫生室
芦溪镇	盆地丘陵区	绵阳市三台县	位于三台县域北部，距县城 28 千米	405～569	89.25	辖 11 个社区，30 个行政村，131 个自然村(村小组)	44 810	1 所二级综合医院、1 所乡镇卫生院、1 所社区卫生站、18 所村卫生室
歧坪镇	盆周山地区	广元市苍溪县	位于四川省盆地边缘，距苍溪县城 42 千米	308～845	78	辖 4 个社区，16 个行政村，120 个自然村(村小组)	24 303	1 所二级综合医院、2 所社区卫生服务中心、16 所村卫生室

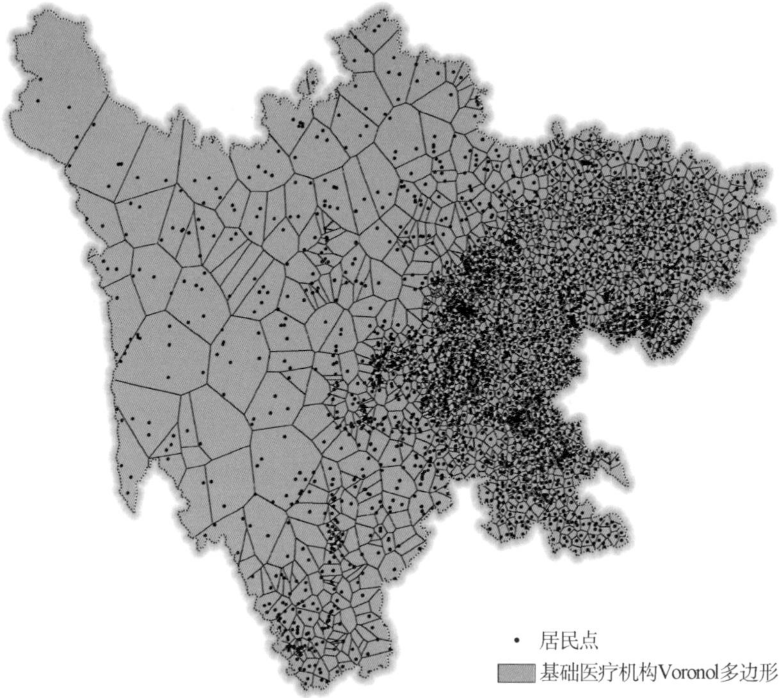

图 8-36 四川省人口与基层医疗机构对比

采用GIS网络分析、邻域分析等研究方法，以四川省生态功能二级分区中不同地形特征下的乡镇为研究对象，分析研究区基层医疗资源的可达性和服务空间格局特征，发现东部盆地区的歧坪镇、芦溪镇、青龙街道比西部高原区的唐克镇、黑河镇、俄里坪镇的医疗设施可达性高；六个生态功能分区之间以及分区内部均存在医疗资源配置不均衡的问题；川西北高原区唐克镇医疗设施可达性最低，医疗设施空间布局类似于成都平原区青龙街道，均呈聚集分布。

研究进行平疫结合背景下的中外基层医疗体系响应情况对比，加强基层首诊医疗网络覆盖是乡村应急情况发生的有效解决方案。目前我国乡村基层医疗卫生机构缺乏公共卫生专业技术人才，并且卫生应急能力欠佳；基层医疗卫生机构卫生应急经费投入不足且缺乏稳定长效的投入机制，后疫情背景下，建立"平疫结合"联防体系，不仅要求在疫情期间基层卫生应急工作的有效措施，也要在"平时"长期有序地进行传染病宣传教育、急救训练与演练等。目前，应急情况下高效转诊制度不完善，基层医疗卫生机构与上级医疗机构对接不畅，与其他卫生健康部门缺少联动，患者分流的合理性有待改进。

2020—2021 年成都市青白江区院前急救月需求来看，夏季 5～8 月有明显高峰。交通事故在院前急救中占很大比例，急救需求的早晚高峰也与交通早晚高峰高度重叠。在 2020 年与 2021 年上半年疾病排名中，急救创伤病人高居首位，内科疾病位居其次(图 8-37)。近年心脑血管急危重症高发，随时会危及患者生命，特别是老年人。对于心脏停搏、呼吸骤停的病人来说 4～6 分钟是黄金急救时间，应立即采取应急措施，否则将产生不可逆的死亡风险。每延迟 1 分钟，患者复苏的成功率就会下降 10%。

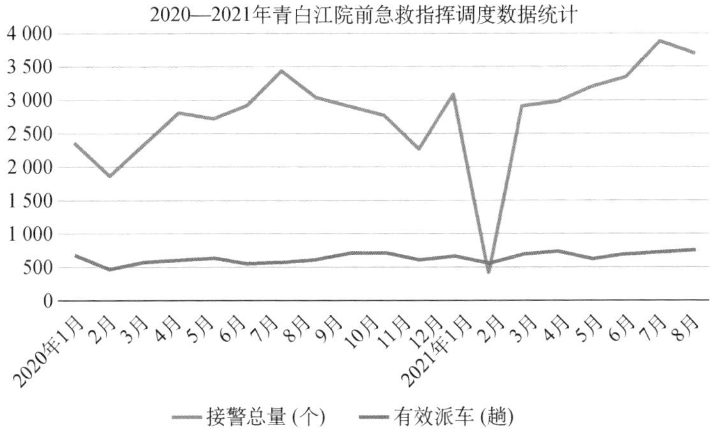

图 8-37　成都市青白江区院前急救指挥调度数据统计情况
数据来源：成都市人民政府网站，http://www.chengdu.gov.cn/chengdu/zfxx/2017-/14/content_bebea81b45954bd4a378d12cadaa11fe.shtml。

四川乡村聚落地域差异大(图 8-38)，尽可能乡村卫生室分级分地区设置。基于聚落形态差异，居民点设置卫生站或首诊医疗点的规划选址建议如下：团状聚落形态，聚落入口功能相对集中，功能布局较为合理，交通聚集，将基层医疗设施点设置在聚落中心区域为宜；条带状聚落形态，居民住宅分布在道路两侧，依据步行 15 分钟生活圈，以人类步行平均速度 5 千米/小时，医疗点可设置在主干道，每 1 200 米左右设一个点；网格状聚落形态，一般为县城区域，由于网格状聚落功能聚集，道路规划相对合理，较强秩序感，建议以 1 千米为缓冲区设置基层医疗点，可实现服务全覆盖。

总之，四川乡村人居环境可持续发展首先要充分尊重农民意愿，着力解决农户关注的热点难点问题，方便生产生活，促增收，保障农民决策权、监督权和参与

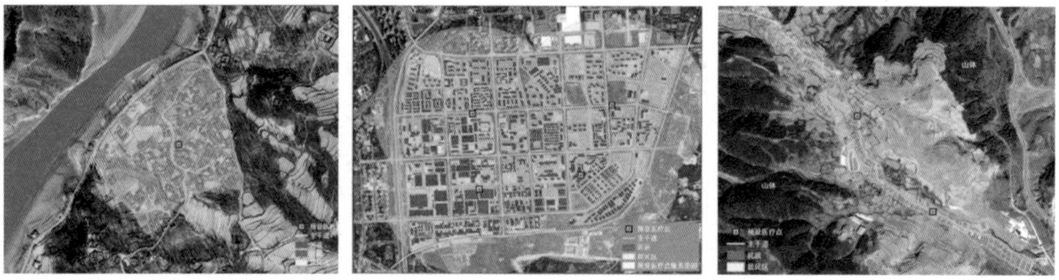

图 8-38　四川省团状、带状、网格状的乡村聚落形态

权。在修建现代高标准农田的同时，关注农民养老托幼问题，坚持不懈地提升教育普及，避免出现大面积单一种植园区承包村庄土地。乡村发展避免主观性，因地制宜，循序渐进，立足现有资源，区分主次，优先实施满足农户基本生活的项目，道路交通硬化，提高可达性，加强物联网建设，调研中显示山区丘陵地带“取消电线杆”工程可以推后。基础设施建设首先是自来水设施、垃圾污水处理设施，其次是医疗服务设施建设，加强乡村卫生医药保障，加强基层首诊卫生机构配置，进行大病早检早预防。有序推进乡村人居环境建设，避免大拆大建，立足农村实际需求，科学制定政策，积极推动地方自主创新和试点，防止“一刀切”，落实权属，加强四川省界交汇处的人居环境建设。顺应、尊重自然，保护农村自然景观、生态田园，传承历史民俗文化，坚决杜绝山沟中盲目开山挖石等破坏自然山体、私开作坊、堵塞交通行为。城乡协调发展，打破城乡二元结构的同时，加快城乡基础设施共享，区域平衡化，协调发展，增强行业部门协作，在宏观调控和市场经济下，实现乡村产业发展分区规划，农民类型细化，以期待更美好的四川乡村人居环境可持续发展的未来。

参 考 文 献

[1] 吴良镛. 人居环境科学导论[M]. 北京:中国建筑工业出版社,2001.

[2] 张欣欣. 乡村人居环境研究相关文献综述[J]. 城市地理,2015,14(7):272-273.

[3] 李伯华,杨森,刘沛林,等. 乡村人居环境动态评估及其优化对策研究——以湖南省为例[J]. 衡阳师范学院学报,2010,31(6):71-76.

[4] 李雪铭,李欢欢,李建宏,等. 人居环境的地理学研究——从实证主义到人本主义[M]. 北京:科学出版社,2015.

[5] 任乃强. 四川上古史新探[M]. 成都:四川人民出版社,2019.

[6] 庄裕光. 巴蜀民居源流初探[J]. 中华文化论坛,1994,(4):76-82,55.

[7] 李先逵. 四川民居[M]. 北京:中国建筑工业出版社,2009.

[8] 李路. 杂谷脑河下游羌族聚落演进研究[D]. 成都:西南交通大学,2004.

[9] 王培荀. 听雨楼随笔[M]. 成都:巴蜀书社,1987.

[10] 四川省地质矿产局. 四川省区域地质志[M]. 北京:地质出版社,1991.

[11] 袁晖. 基于 IRS-P6 卫星遥感数据的四川省干旱河谷分布范围区划研究[D]. 雅安:四川农业大学,2007.

[12] 四川省土壤普查办公室. 四川省第二次土壤普查数据资料汇编[M]. 成都:四川省农牧厅,1992.

[13] 陈艾琳,戴晓爱,张诗琪,等. 2007—2016 年四川省土壤干旱时空动态分析[J]. 山地学报,2020,2(38):31-41.

[14] 陈尧. 四川省不同地貌区农用地土地经济系数研究[D]. 雅安:四川农业大学,2016.

[15] 林正雨,何鹏,李晓,等. 四川省农业地理集聚格局及演化机制研究[J]. 中国农业资源与区划,2017,1(38):207-215.

[16] 四川省人民政府主管主办. 四川农村年鉴[M]. 成都:电子科技大学出版社,2017.

[17] 四川省卫生健康委员会. 四川卫生健康统计年鉴[M]. 成都:西南交通大学出版社,2018.

[18] 李嘉. 四川稻城地区地质景观研究[D]. 成都:成都理工大学,2011.

[19] 乔宝成. 龙门山地区构造地貌及其水系的研究[D]. 成都:成都理工大学,2011.

[20] 四川植被协作组. 四川植被[M]. 成都:四川人民出版社,1980.

[21] 四川省人民政府. 四川省"十三五"生态保护与建设规划[Z]. 2017-4-14.

[22] 四川省人民政府. 四川省生态保护红线实施意见[Z]. 2016-9-29.

[23] 张菡,郭翔,王锐婷,等. 四川省暴雨洪涝灾害风险区划研究[J]. 中国农学通报. 2013,29(26):165-171.

[24] 四川省自然资源厅. 四川省 2020 年度地质灾害防治方案[Z]. 2020-04-26.

[25] 四川省地质灾害防治处. 四川省"十四五"地质灾害防治规划(征求意见稿)[Z]. 2021-05-14.

[26] 李艳菊. 龙门山中北段区域地学景观及传统聚落适宜性研究[D]. 成都:成都理工大学,2013.

[27] 曹俊,郭建强,宁志中,等. 四川省地文景观和水域景观资源分类方案研讨[J]. 四川地质学报. 2020,40(1):169-176.

[28] 黄丹瑞. 四川不同地貌区土地整治对土地利用及景观格局影响研究[D]. 雅安:四川农业大学,2014.

[29] 陈浩,董廷旭. 四川省少数民族自治州土地利用结构的计量地理分析[J]. 贵州师范大学学报(自然科学版). 2016,34(8):1-9.

[30] 四川省地方志工作办公室,四川省人民政府办公厅. 四川年鉴 2018[M]. 成都:四川年鉴社,2018.

[31] 郭晓鸣,张克俊,甘庭宇,等. 四川农业农村发展报告[M]. 北京:社会科学文献出版社,2019.

[32] 四川省国土资源厅. 四川省第二次全国土地调查主要数据成果的公报[EB/OL]. (2014-05-13)[2020-07-04]. http://www.mnr.gov.cn/zt/td/decdc/dccg/gscg/201807/t20180704_1999405.html.

[33] 白军利,张辉,王香玉. 四川省旅游景区空间分布差异研究[J]. 地理信息世

界. 2015,22(2):31-37.

[34] 王婷. 四川省乡村旅游资源空间结构优化研究[J]. 中国农业资源与区划,2016,37(7):232-236.

[35] 杨兆龙. 四川人口的民族构成与分布特征[J]. 人口学刊,1988,(1):24-29.

[36] 国家民族事务委员会经济发展司,国家统计局国民经济综合统计司. 2018中国民族统计年鉴(四川省)[M]. 北京:中国统计出版社,2019.

[37] 戴志中,杨宇振. 中国西南地域建筑文化[M]. 武汉:湖北教育出版社,2002.

[38] 费孝通. 中华民族多元一体格局[M]. 北京:中央民族学院出版社,1999.

[39] 童恩正. 试论我国从东北至西南的边地半月形文化传播带——文物与考古论文集[C]. 北京:文物出版社,1986.

[40] 尹力. 政府工作报告[EB/OL]. (2020-05-09)[2021-12-18]. http://www.sc.gov.cn/10462/11555/11561/2020/6/10/d24e43cef8e14e2d9946776355296eac.shtml.

[41] 川观新闻. 四川省"十四五"规划和2035年远景目标纲要(全文)[EB/OL]. (2021-03-16)[2021-12-18]. http://www.sc.gov.cn/10462/10464/10797/2021/3/16/2c8e39641f08499487a9e958384f2278.shtml.

[42] 四川省统计局,国家统计局四川调查总队. 四川统计年鉴2019[M]. 北京:中国统计出版社,2020.

[43] 四川在线. 重磅!我省五大经济区"十四五"规划出炉[EB/OL]. (2021-09-18)[2021-12-18]. http://www.sc.gov.cn/10462/10464/10465/10574/2021/9/18/c31879f96d7f4a46bf1e81f762a3d82c.shtml.

[44] 四川日报. 四川省农村集体经济组织条例[EB/OL]. (2021-08-05)[2021-12-18]. http://xczxj.sc.gov.cn/scfpkfj/gjtljgwybgtwj/2021/8/5/9829888fbd0e4d3695079398d9776f85.shtml.

[45] 四川年鉴社. 土地资源[EB/OL]. (2019-06-25)[2020-07-19]. http://www.sc.gov.cn/10462/10778/10876/2019/6/25/c84ef994e3204d428af985457e59c41a.shtml.

[46] 王凤珍. 基于GIS的四川省土地利用与贫困相关性分析[D]. 成都:成都理

工大学,2019.
［47］ 向晶,唐亚. 干旱河谷地区农业产业结构的调整对环境及经济的影响分析——以汉源地区为例[J]. 四川环境,2006(1):31-36.
［48］ 四川省统计局. 四川省村(居)常住人口分布概况[EB/OL]. [2021-11-26]. http://tjj.sc.gov.cn/scstjj/c105846/2021/11/26/7b3a591b0f6f451f8ddb3481dbaddfb4.shtml.
［49］ 国家统计局农村社会经济调查司. 中国县域统计年鉴(2017)·县市卷[M]. 北京:中国统计出版社,2018.
［50］ 高明,李小云,李鹏. 全面脱贫后农村多维贫困测量研究[J]. 农村经济,2021,(7):34-41.
［51］ 温泉. 西南彝族传统聚落与建筑研究[D]. 重庆:重庆大学,2015.
［52］ 李子娟. 国内外集市研究综述[J]. 科技和产业,2011,12(11):155-159.
［53］ 翁淋. 乡村振兴战略视角下永泰县传统村落的保护研究[D]. 福州:福建农林大学,2018.
［54］ 厉华笑,周彧,郭波. 农村集市发展与小城镇空间布局策略探讨[J]. 城市规划,2010. 34(S1):48-53.
［55］ 施坚雅. 中国农村的市场和社会结构[M]. 史建云,徐秀丽,译. 北京:中国社会出版社,1998.
［56］ 宁越敏,查志强. 大都市人居环境评价和优化研究——以上海市为例[J]. 城市规划. 1999(6):15-21.
［57］ 杨怀. 彭山经济技术开发区——观音工业园区规划环境影响评价研究[D]. 成都:西南交通大学硕士论文,2008.
［58］ 姜磊,李泽琴,刘东. 四川省苍溪县地质灾害调查分析[J]. 山西建筑. 2010,36(8):106-107.
［59］ 张国伟,郭安林,王岳军,等. 中国华南大陆构造与问题[J]. 中国科学(地球科学辑),2013,43:1553-1582.
［60］ 龙明盛. 川渝地区传统村落调查报告——中国传统村落保护调查报告(2017)[R]. 北京:社会科学文献出版社,2017.
［61］ 川观新闻. 今后五年,四川如何建设宜居乡村[EB/OL]. (2021-12-28)[2021-

12-30]. http://xczxj. sc. gov. cn/scfpkfj/inportantnews/2021/12/28/6e73bb58f40044efbdd7af3647d25b0d. shtml.

[62] 人口处. 四川省村(居)常住人口分布概况[EB/OL]. (2021-11-26)[2021-12-30]. http://tjj. sc. gov. cn/scstjj/c105846/2021/11/26/7b3a591b0f6f451f8ddb3481dbaddfb4. shtml.

[63] 朱彬,张小林,尹旭. 江苏省乡村人居环境质量评价及空间格局分析[J]. 经济地理,2015,35(3):138-144.

[64] 龙花楼,张杏娜. 新世纪以来乡村地理学国际研究进展及启示[J]. 经济地理,2012,32(8):1-7.

[65] 李红波,张小林,吴江国,等. 欠发达地区聚落景观空间分布特征及其影响因子分析——以安徽省宿州地区为例[J]. 地理科学,2012,32(6):711-716.

[66] 李伯华,刘沛林,张博野,等. 欠发达地区农户消费行为空间结构演变特征——以湖北省黄冈市为例[J]. 地理科学进展,2011,30(4):452-462.

[67] 李红波,张小林,吴启焰,等. 发达地区乡村聚落空间重构的特征与机理研究——以苏南为例[J]. 自然资源学报,201,30(4):591-603.

[68] 李昊,徐辉,翟健,等. 面向高品质城市人居环境建设的城市体检探索——以海口城市体检为例[J]. 城市发展研究,2021,28(5):70-76+101.

[69] 刘泉,陈宇. 我国农村人居环境建设的标准体系研究[J]. 城市发展研究,2018,25(11):30-36.

[70] 杜岩,李世泰,秦伟山,等. 基于乡村振兴战略的乡村人居环境质量评价与优化研究[J]. 中国农业资源与区划,2021,42(1):248-255.

[71] Li S, Wei H, Ni X L, et al. Evaluation of urban human settlement quality in Ningxia based on AHP and the entropy method[J]. The Journal of Applied Ecology, 2014, 25(9): 2700-2708.

[72] Hu Q, Wang C. Quality evaluation and division of regional types of rural human settlements in China[J]. Habitat International, 2020, 105: 102-278.

[73] Kiyu A, Steinkuehler A, Hashim J, et al. Evaluation of the healthy village program in Kapit District, Sarawak, Malaysia [J]. Health

Promotion International, 2006, 21(1): 13-18.

[74] 彭超,张琛. 农村人居环境质量及其影响因素研究[J]. 宏观质量研究, 2019,7(3):66-78.

[75] Aguemon B D, Struelens M J, Massougbodji A. Prevalence and risk-factors for Helicobacter pylori infection in urban and rural Beninese populations[J]. Clinical Microbiology & Infection, 2005, 11(8): 611-617.

[76] 杨俊,由浩琳,张育庆,等. 从传统数据到大数据+的人居环境研究进展. 地理科学进展,2020,39(1):166-176.

[77] 陈婷,武文斌,何建军,等. 多源空间数据融合的城市人居环境监测模型与应用研究[J]. 生态学报,2019,39(4):1300-1308.

[78] Shahraki S Z, Hosseini A, Sauri D. Fringe more than context: Perceived quality of life in informal settlements in a developing country: The case of Kabul, Afghanistan[J]. Sustainable Cities and Society, 2020, 63: 102-494.

[79] Tang L S, Matthias R, He Q Y, et al. Comprehensive evaluation of trends in human settlements quality changes and spatial differentiation characteristics of 35 Chinese major cities[J]. Habitat International, 2017, 70: 81-90.

[80] 唐燕,严瑞河. 基于农民意愿的健康乡村规划建设策略研究——以邯郸市曲周县槐桥乡为例[J]. 现代城市研究,2019(5):114-121.

[81] 王介勇,刘彦随,陈玉福. 黄淮海平原农区农户空心村整治意愿及影响因素实证研究[J]. 地理科学,2012,32(12):1452-1458.

[82] Stankiewicz M, Pieszko M, Sliwińska A. Obesity and diet awareness among polish children and adolescents in small towns and villages[J]. Central European Journal of Public Health, 2014, 22(1): 12-16.

[83] 芦原义信. 街道的美学[M]. 尹培桐,译. 天津:百花文艺出版社,2006.

附　　录

附录1:四川省“十三五”生态保护与建设规划分区范围表

一级分区	二级分区	总县数	市(州)	县数	县(市、区)
东部绿色盆地	成都平原区	24	成都	12	金牛区、锦江区、青羊区、武侯区、成华区、温江区、新都区、青白江区、双流区、郫都区、新津县、蒲江县
			德阳	3	罗江县、旌阳区、广汉市
			绵阳	2	涪城区、游仙区
			眉山	4	彭山区、东坡区、丹棱县、青神县
			乐山	3	夹江县、市中区、五通桥区
	盆地丘陵区	55	成都	3	龙泉驿区、金堂县、简阳市
			德阳	1	中江县
			绵阳	3	梓潼县、三台县、盐亭县
			眉山	1	仁寿县
			乐山	1	井研县
			内江	5	市中区、东兴区、资中县、威远县、隆昌市
			资阳	3	雁江区、安岳县、乐至县
			遂宁	5	船山区、安居区、蓬溪县、射洪县、大英县
			南充	9	顺庆区、高坪区、嘉陵区、阆中市、南部县、西充县、营山县、仪陇县、蓬安县
			自贡	6	自流井区、贡井区、大安区、沿滩区、荣县、富顺县
			广安	6	广安区、前锋区、华蓥市、岳池县、武胜县、邻水县
			泸州	4	江阳区、龙马潭区、泸县、纳溪区
			巴中	3	巴州区、恩阳区、平昌县
			达州	5	通川区、达川区、开江县、渠县、大竹县

（续表）

一级分区	二级分区	总县数	市(州)	县数	县(市、区)
东部绿色盆地	盆周山地区	49	泸州	3	合江县、叙永县、古蔺县
			眉山	1	洪雅县
			宜宾	10	翠屏区、南溪区、江安县、长宁县、宜宾县、筠连县、珙县、兴文县、高县、屏山县
			雅安	6	芦山县、荥经县、天全县、宝兴县、雨城区、名山区
			乐山	7	金口河区、峨眉山市、沙湾区、犍为县、沐川县、峨边彝族自治县、马边彝族自治县
			绵阳	4	江油市、安州区、平武县、北川羌族自治县
			成都	5	都江堰市、彭州市、大邑县、邛崃市、崇州市
			德阳	2	什邡市、绵竹市
			广元	7	利州区、昭化区、朝天区、剑阁县、旺苍县、青川县、苍溪县
			达州	2	宣汉县、万源市
			巴中	2	通江县、南江县
西部生态高原	川西南山地区	23	攀枝花	5	东区、西区、仁和区、米易县、盐边县
			凉山	16	西昌市、盐源县、德昌县、会理县、会东县、宁南县、普格县、布拖县、金阳县、昭觉县、喜德县、冕宁县、越西县、甘洛县、美姑县、雷波县
			雅安	2	汉源县、石棉县
	川西高山峡谷区	24	阿坝	9	汶川县、理县、茂县、松潘县、九寨沟县、金川县、小金县、黑水县、马尔康市
			甘孜	14	康定市、丹巴县、九龙县、雅江县、道孚县、炉霍县、新龙县、白玉县、理塘县、巴塘县、乡城县、稻城县、得荣县、泸定县
			凉山	1	木里藏族自治县
	川西北高原区	8	阿坝	4	壤塘县、阿坝县、若尔盖县、红原县
			甘孜	4	甘孜县、德格县、石渠县、色达县

资料来源：四川省人民政府办公厅，关于印发《四川省“十三五”生态保护与建设规划》的通知，https://www.sc.gov.cn/10462/c103046/2017/4/22/77866a6b13084045898f434100566d87.shtml。

附录2：四川省国家级风景名胜区表

序号	名　称	具体分布	景观特征
1	九寨沟—黄龙寺风景名胜区	阿坝州九寨沟县、松潘县	翠海、彩池、藏情
2	黄龙风景名胜区	阿坝州松潘县	钙化奇观、彩池、藏情
3	峨眉山风景名胜区	乐山市峨眉山市	雄秀神奇、佛教文化

（续表）

序号	名　称	具体分布	景观特征
4	青城山—都江堰风景名胜区	成都市都江堰市	道教文化、古堰水利工程
5	剑门蜀道风景名胜区	广元市、绵阳市	三国遗迹、天下雄关
6	贡嘎山风景名胜区	甘孜州泸定县、康定市九龙县	冰川、雪峰、温泉、高山景观
7	蜀南竹海风景名胜区	宜宾市	以竹景为主，兼有文物古迹
8	西岭雪山风景名胜区	成都市大邑县	雪山、原始森林
9	四姑娘山风景名胜区	阿坝州小金县	雪山海子、藏情
10	石海洞乡风景名胜区	宜宾市文兴县	石林、溶洞、大漏斗
11	邛海—螺髻山风景名胜区	凉山州冕宁县、西昌市	高山景观、天然湖泊
12	白龙湖风景名胜区	广元市青川县	湖泊、三国文化
13	光雾山—诺水河风景名胜区	巴中市通江县、南江县	峰丛、红军史迹、喀斯特地貌
14	天台山风景名胜区	成都市邛崃市	丹霞地貌、峡谷
15	龙门山风景名胜区	成都市彭州市	国家重要湿地
16	米仓山大峡谷风景名胜区	广元市旺苍县	山水、峡谷、温泉、中国红军城

资料来源：地质云平台（http://geocloud.cgs.gov.cn）成都地质调查中心提供《四川省生态保护区与旅游文化资源分布图》结合国家湿地公园批复情况，http://www.forestry.gov.cn/sites/main/main/gov/govindex.jsp（截止 2020.12）。

附录 3：四川省世界文化自然遗产列表

序号	名称	遗产种类	具体分布	具体分布
1	九寨沟	自然遗产	阿坝州九寨沟县	翠海叠瀑彩池藏情
2	黄龙	自然遗产	阿坝州松潘县	钙化奇观彩池藏情
3	峨眉山—乐山大佛	文化与自然遗产	乐山市、峨眉山市	雄秀神奇佛教文化
4	青城山都江堰	文化遗产	成都市都江堰市	道教文化古堰水利
5	四川大熊猫栖息地	自然遗产	成都、阿坝、雅安、甘孜州	大熊猫栖息地

资料来源：四川省情网，http://www.scdfz.org.cn/whzh/slzc1/content_24782。

附录 4：四川省非物质文化遗产类别分布

类别	亚类	申请地区	数量	比例
语言和口头文字	民间文学	甘孜州、凉山州、宜宾市、巴中市、乐山市、绵阳市、德阳市、达州市、眉山市、成都市、阿坝州	34	4.8%
表演艺术类	传统音乐	达州市、广元市、泸州市、凉山州、甘孜州、阿坝州、成都市、宜宾市、内江市、巴中市、南充市、绵阳市、遂宁市、攀枝花市、德阳市、乐山市、雅安市、眉山市、自贡市	105	14.8%

（续表）

类别	亚类	申请地区	数量	比例
表演艺术类	传统舞蹈	凉山州、绵阳市、甘孜州、阿坝州、泸州市、成都市、南充市、巴中市、乐山市、广安市、雅安市、内江市、攀枝花市、达州市、广元市、眉山市	97	13.7%
	传统戏剧	南充市、广元市、成都市、泸州市、雅安市、甘孜州、阿坝州、绵阳市、巴中市、内江市、自贡市、广安市、乐山市、资阳市、达州市、宜宾市	41	5.8%
	曲艺	成都市、泸州市、达州市、阿坝州、南充市、乐山市、凉山州、眉山市、宜宾市	20	2.8%
	传统体育、游艺与杂技	达州市、泸州市、宜宾市、广安市、乐山市、绵阳市、成都市、内江市、雅安市、凉山州、阿坝州、南充市	20	2.8%
仪式习俗类	民俗包括 信仰民俗（祭祀） 社会民俗（习俗） 生活民俗（婚嫁）	甘孜州、凉山州、眉山市、阿坝州、雅安市、达州市、内江市、泸州市、巴中市、德阳市、广元市、攀枝花市、宜宾市、遂宁市、成都市、乐山市、南充市、绵阳市、广安市	105	14.8%
知识实践类	传统医药	成都市、绵阳市、达州市、南充市、眉山市、广元市、阿坝州、甘孜州、凉山州、泸州市、宜宾市、乐山市、遂宁市	24	3.4%
传统手工艺技能	传统美术	成都市、凉山州、乐山市、宜宾市、阿坝州、甘孜州、雅安市、绵阳市、广安市、眉山市、巴中市、攀枝花市、遂宁市、广元市、德阳市、自贡市、泸州市	61	8.6%
	传统技艺	凉山州、阿坝州、甘孜州、泸州市、成都市、宜宾市、雅安市、眉山市、巴中市、南充市、内江市、乐山市、绵阳市、达州市、自贡市、德阳市、遂宁市、广元市、眉山市、资阳市	203	28.6%
数量总计	710			100%

附录5：凉山州干旱河谷地区相关指标信息表

河流	市县	国土面积（平方千米）	常住人口（万人）	人均GDP（万元）	县域平均海拔（米）	民族组成	核心产业	土壤类型
雅砻江/安宁河	喜德	2 202.52	19.7	0.37	1 800	彝、藏、羌等	第三产业（主要为国际贸易、旅游）	紫色土
	盐源	8 412.43	37.1	0.8	2 563	汉、彝、藏等	第二产业（主要工业；增加值占地区总产值的24.7%）	红壤、黄壤
	德昌	2 299.68	22.2	0.84	1 300～1 400	汉、彝、傈僳族等	第三产业（主要为旅游业占地区总产值的23.17%）	红壤、黄壤

（续表）

河流	市县	国土面积（平方千米）	常住人口（万人）	人均 GDP（万元）	县域平均海拔（米）	民族组成	核心产业	土壤类型
雅砻江/安宁河	西昌	2 657.13	81.8	1.54	2 279	汉、彝、藏等	第三产业（主要为国内贸易，消费品零售总额 3 098 439 万元）	潮土
	木里	13 222.66	13.7	0.88	3 100	藏、彝、汉等	第二产业（工业支撑、突出水电工业）	山地草甸土
	冕宁	4 422.02	35.9	0.78	2 362	汉、彝、藏等	第二产业（主要为工业企业营收，总资产贡献率 7.5%）	红壤、黄壤
	会理	4 536.54	42.6	0.90	1 800	汉、彝、傣等	第三产业（主要国内贸易、旅游及对外经济；旅游收入占地区总产值 19.7%）	新积土和红壤
金沙江	会东	3 224.62	37.8	0.86	1 800	汉、彝、傈僳族等	第二产业（主要为工业、占地区总产值的 14.3%）	新积土
	宁南	1 671.54	19.2	0.79	1 191	汉、彝、布依族等	第三产业（主要国内贸易和招商引资、消费品零售总额 22.9 亿元，增长 12.2%）	燥红土
	布拖	1 685.18	18.2	0.42	2 709	彝、汉、苗等	第三产业（主要旅游和贸易；旅游收入 1.2 亿元；城乡消费品零售总额达 4.01 亿元、2.12 亿元）	黄壤和潮土
	金阳	1 586.99	17.9	0.50	4 027	汉、彝、苗等	第二产业（主要为工业；对 GDP 的贡献率为 17.5%）	山地草甸土
	雷波	2 840.48	24.1	0.67	1 630	彝、汉、苗等	第二产业（主要为工业；增加值占地区总产值 33.8%）	黄壤
	美姑	2 514.74	24.1	0.41	1 980	彝、藏、羌等	第三产业（主要贸易和旅游；旅游收入占地区总产值 5.5%，消费品零售额 77 353 万元，年增长 9.6%。）	黄壤和新积土

资料来源：四川统计局《2019 年四川统计年鉴》《2018 四川农村年鉴》，凉山州统计局《2017 统计年鉴》、县情资料网。

附录6:四川省乡村人居环境质量评价得分结果

区县	得分	区县	得分	区县	得分	区县	得分
双流区	0.5753	大邑县	0.4151	金口河区	0.3596	阿坝县	0.2318
旌阳区	0.5448	渠县	0.4134	安州区	0.3578	九寨沟县	0.2306
广汉市	0.5365	犍为县	0.4132	仪陇县	0.3578	茂县	0.2306
涪城区	0.5277	盐亭县	0.4131	屏山县	0.3570	盐源县	0.2289
龙泉驿区	0.5159	富顺县	0.4130	峨边彝族自治县	0.3547	仁和区	0.2269
崇州市	0.5062	南溪区	0.4114	洪雅县	0.3502	若尔盖县	0.2248
简阳市	0.5023	市中区	0.4112	罗江区	0.3500	马尔康市	0.2245
新都区	0.4999	夹江县	0.4092	兴文县	0.3468	木里藏族自治县	0.2222
翠屏区	0.4952	大安区	0.4080	剑阁县	0.3466	金阳县	0.2213
中江县	0.4902	沐川县	0.4072	平武县	0.3454	会东县	0.2212
什邡市	0.4898	通川区	0.4036	嘉陵区	0.3441	理县	0.2201
射洪市	0.4772	游仙区	0.4023	前锋区	0.3440	普格县	0.2178
温江区	0.4772	梓潼县	0.4021	达川区	0.3424	美姑县	0.2155
郫都区	0.4750	岳池县	0.3998	雨城区	0.3411	雷波县	0.2145
江油市	0.4707	东兴区	0.3997	蓬安县	0.3405	盐边县	0.2131
东坡区	0.4699	高县	0.3994	恩阳区	0.3394	西区	0.2037
仁寿县	0.4684	市中区	0.3987	名山区	0.3347	巴塘县	0.2029
安岳县	0.4664	沿滩区	0.3958	青神县	0.3337	甘孜县	0.2024
彭州市	0.4658	营山县	0.3950	北川羌族自治县	0.3334	金川县	0.2021
雁江区	0.4649	五通桥区	0.3941	筠连县	0.3318	甘洛县	0.2007
船山区	0.4632	荣县	0.3927	西昌市	0.3296	汶川县	0.2002
邛崃市	0.4625	马边彝族自治县	0.3923	丹棱县	0.3227	布拖县	0.1996
金堂县	0.4591	井研县	0.3902	宣汉县	0.3164	松潘县	0.1979
三台县	0.4575	合江县	0.3859	青川县	0.3158	新龙县	0.1974
绵竹市	0.4556	巴州区	0.3849	南江县	0.3094	道孚县	0.1956
乐至县	0.4488	纳溪区	0.3836	东区	0.3081	昭觉县	0.1937
江阳区	0.4452	沙湾区	0.3833	天全县	0.3020	石渠县	0.1909
自流井区	0.4439	古蔺县	0.3832	昭化区	0.2994	小金县	0.1893
都江堰市	0.4429	龙马潭区	0.3832	通江县	0.2957	越西县	0.1888

（续表）

区县	得分	区县	得分	区县	得分	区县	得分
叙州区	0.442 2	隆昌市	0.380 0	平昌县	0.293 0	炉霍县	0.187 3
蓬溪县	0.440 9	西充县	0.379 3	米易县	0.288 3	德格县	0.186 0
广安区	0.440 3	华蓥市	0.378 8	荥经县	0.286 1	得荣县	0.185 1
青白江区	0.433 5	开江县	0.378 7	朝天区	0.276 7	冕宁县	0.179 3
大英县	0.432 8	阆中市	0.377 1	旺苍县	0.269 9	白玉县	0.174 8
资中县	0.430 6	高坪区	0.376 4	德昌县	0.268 6	色达县	0.168 4
峨眉山市	0.428 8	邻水县	0.375 5	宝兴县	0.263 0	丹巴县	0.165 0
长宁县	0.426 5	大竹县	0.374 9	汉源县	0.257 1	稻城县	0.164 7
安居区	0.424 8	江安县	0.374 4	万源市	0.256 6	雅江县	0.162 7
顺庆区	0.421 7	武胜县	0.369 5	会理县	0.256 2	乡城县	0.160 6
南部县	0.421 4	利州区	0.369 4	壤塘县	0.249 9	康定市	0.160 4
威远县	0.420 7	苍溪县	0.368 9	石棉县	0.247 3	理塘县	0.159 2
贡井区	0.416 5	叙永县	0.367 8	喜德县	0.242 3	泸定县	0.128 1
新津区	0.416 4	珙县	0.366 1	红原县	0.238 1	九龙县	0.120 8
泸县	0.416 1	彭山区	0.360 3	黑水县	0.236 9		
蒲江县	0.415 9	芦山县	0.359 8	宁南县	0.234 1		

附录7：甘孜州传统村落片区保护示范村自然环境

村落名称	传统村落自然环境
莫洛村	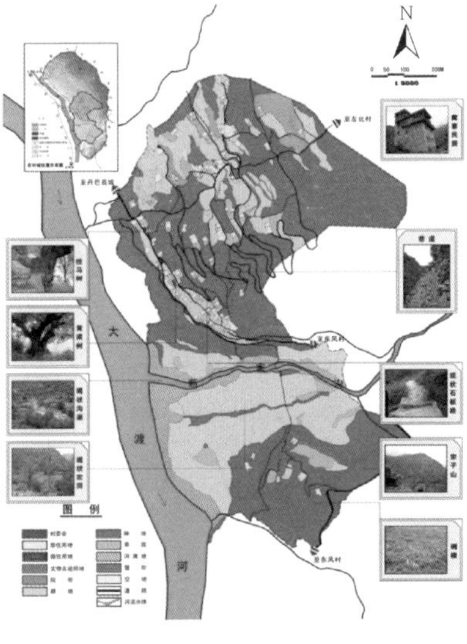 高山峡谷地区干旱河谷地带，空间结构布局以自然山水环境为基础，依山就势，经济林木群落、古树名木群落、与古碉古藏房群落沿山势呈台地分布，村内古黄梁树、古柏树成片集中，寨内古井、石阶铺地保存完好，原始风貌明显；背山面水而建的莫洛村，坐落在戈马山山坡台地上，由卓戎山、宋子山环抱，面前为大渡河奔流而过，隔岸相望的是宋达村蒲角顶的古碉群 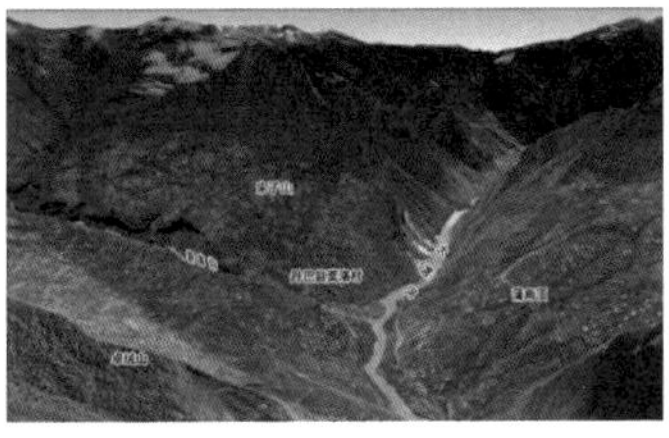

（续表）

村落名称	传统村落自然环境
亚丁村	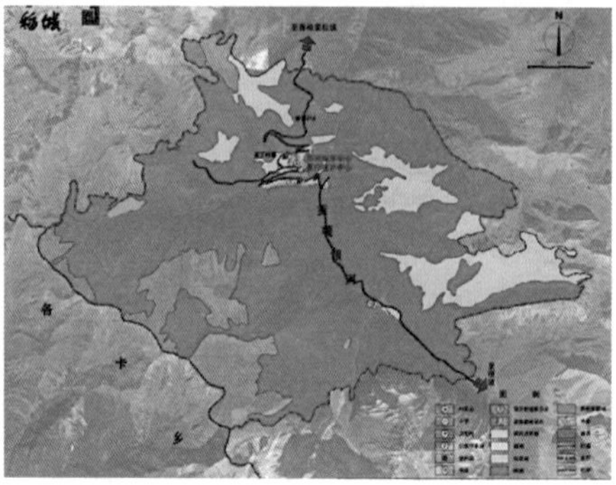 地处横断山山脉东侧，青藏高原东南缘，地形复杂，包括高山及峡谷地形。村落选址海拔 3 900 米中山平坝，四面环山，两面有峡谷溪流，村落内可远眺正南方三座神山。农田分布村落四周，村落总体结构布局以自然山水为基础，建筑群落依山傍水，风格古朴，具有典型藏式碉房传统民居特色，随着地形起伏，错落有致，建筑、院坝、步道、农田、溪流和山林 6 个主要传统格局要素，构建山—林—建筑的完整空间格局
欧普村	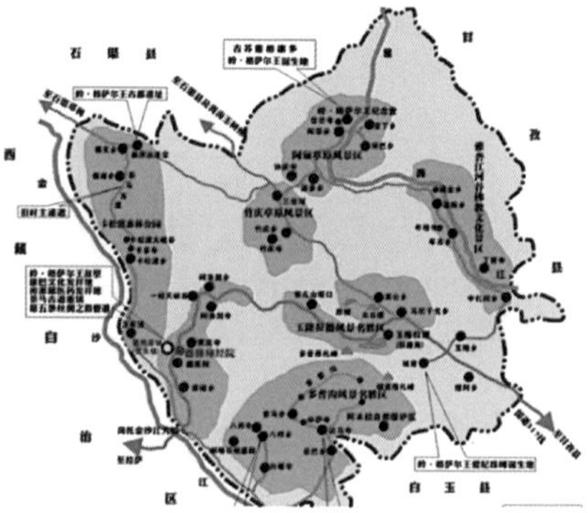 村域范围内现代冰川发育，有冰川 30 余条，高山湖泊较多，海拔 5 000 米以上山峰 30 座。雅砻江北入东出，有巴曲、玉曲等 12 条支流。金沙江为西部界河，有色曲、麦曲等 5 条支流。村域范围内现代冰川发育，有冰川 30 余条，高山湖泊较多，海拔 5 000 米以上山峰 30 座 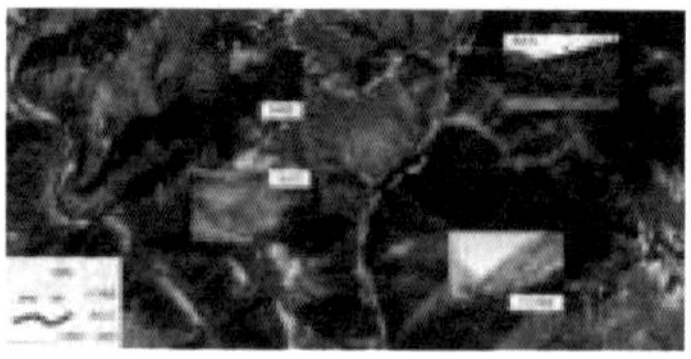

后　记

回首过往，非常感谢2015年同济大学张立教授将住建部“十三五”规划人居环境系列四川子课题委任于我，扎实的工作作风、严谨的学术态度一如既往，不忘初心、砥砺前行的奋斗精神已经深刻影响着我及整个课题团队，我们结下亦师亦友的深厚友谊，同时开启我这六年关于四川乡村人居环境方面研究。结合习近平主席“乡愁城镇化”理论，结合国家自然科学基金“基于灾后评价的龙门山区域聚落景观适宜性研究”课题，展开乡村宅院空间、乡村集市、乡村街道、乡村聚落、乡村景观、乡村非物质文化遗产、乡村贫困根源，以至乡村自然生态环境、乡村经济环境等构成要素区划研究，最后形成关于四川乡村人居环境基于两个生态功能一级分区及六大二级分区的地理空间格局人居环境质量评价。

感谢国家近年对于四川西部地区人居环境改善等的一系列政策支持，四川人居环境改善方面包括甘孜州连片传统聚落保护和川西特色林盘国家农业文化遗产申请等一系列举措，具有先进代表性，使本书的撰写内容更加充实。撰写过程中，作为在四川生活十五年的研究者为四川多姿多彩的地形地貌、文化民俗和其在农业、水土保持等方面的重要地位和成就感到骄傲和自豪。

本书相关课题研究及成书过程历时六年，由成都理工大学李艳菊总撰。感谢全孟迪、韩钰、韩江雪、朱天怡、翟方婧、张正文、伍眉函、黄斌、吴雨泓、贾蕊、崔文婷、王欠欠、焦兴义、王筱、温馨、田艳、王蕴秋、杨艳萍、王云龙等学生，以及同济大学参与部分相关研究工作的研究生何莲、王丽娟。

非常感谢同济大学出版社华春荣社长、高晓辉副总编辑、翁晗编辑、冯慧编辑、熊磊丽编辑以及各位评审专家，给予国家出版基金申请支持并使各个出版环节耐心而有序地推进，给予整个课题组信任和专业的支持；感谢课题组各位教授，多次参与丛书撰写会议的专业交流，为整个课题组始终把握前沿的研究动向和方法提供非常宝贵的支撑；感谢同济大学赵民教授在百忙之中为整个书稿的撰写严格把关和审阅；感谢四川省住建厅乡建处王建平，其多年乡村工作经验和对政策纲领、实践动向的准确把控给研究带来了帮助；感谢四川省住建厅范思危、甘孜藏族自治州住房和城乡建设局村镇科杜春涛、杨磊，成都市郫都区农业农村和林业局高露、王亚平、黄芳茂，成都市龙泉驿区洛带镇岐山村李德根、杜华群，宝胜村何旭、袁雨婷，花楸村闫中伦及所有在四川省乡村人居环境研究课题中提供支持和帮助的乡镇工作人员。

非常感谢成都理工大学青年骨干教师基金支持，也感谢强大的四川地学、生态环境研究平台，为本书的四川人居环境系统理论构成提供支撑；感谢成都理工大学旅游与城乡规划学院朱创业教授、史建南、阚瑗珂、向明顺、彭俊生、石松林，以及四川大学城乡规划专业李春玲在本书撰写中给予的专业配合和支持；感谢姥爷张兴华、姥姥崔淑荣，父亲李午、母亲张秀莲，孩子史一然、李奕然给予我的理解和支持，让我得以安心前行。

因为同样的专业秉承结缘相识，书稿完成之际，非常不舍和感激，感谢整个团队专业的合作以及在 2015 年课题组田野调查参与配合的各位乡村干部工作者，还有那些不顾四川地质灾害危险暑期进入大凉山调研的课题组成员伍秋橙、徐剑成等。这样充满爱和奉献精神的彼此，相信四川乡村人居环境建设会更美好。

最后再次感谢同济大学张立教授、同济大学出版社华社长，没有你们持之以恒地坚持，就没有这本书的出版面世。《四川乡村人居环境》书稿至此撰写完成之际，六年的时间仿佛一霎光景，撰写的广度、深度、角度仍然觉得还有很多待完善之处，如果能够给四川乡村人居环境带来改善，给相关从业者带来参考，将不胜荣幸。

李艳菊

2021 年 12 月